125

新知
文库

XINZHI

The Stones of London:
A History in Twelve Buildings

Copyright © Leo Hollis 2011

This edition arranged with PEW Literary Agency Limited acting jointly with Conville & Walsh Limited through Andrew Nurnberg Associates International Limited

伦敦的石头

十二座建筑塑名城

［英］利奥·霍利斯 著

罗隽 何晓昕 鲍捷 译

生活·讀書·新知 三联书店

Simplified Chinese Copyright © 2020 by SDX Joint Publishing Company.
All Rights Reserved.

本作品简体中文版权由生活·读书·新知三联书店所有。
未经许可，不得翻印。

图书在版编目（CIP）数据

伦敦的石头：十二座建筑塑名城／（英）利奥·霍利斯（Leo Hollis）著；罗隽，何晓昕，鲍捷译．—北京：生活·读书·新知三联书店，2020.8
(2022.3 重印)
（新知文库）
ISBN 978-7-108-06744-9

Ⅰ．①伦… Ⅱ．①利… ②罗… ③何… ④鲍… Ⅲ．①建筑史－伦敦 Ⅳ．① TU-095.61

中国版本图书馆 CIP 数据核字（2020）第 008656 号

责任编辑	唐明星	
装帧设计	陆智昌　刘　洋	
责任校对	张　睿	
责任印制	卢　岳	
出版发行	生活·讀書·新知三联书店	
	（北京市东城区美术馆东街22号 100010）	
网　址	www.sdxjpc.com	
图　字	01-2018-6783	
经　销	新华书店	
印　刷	北京隆昌伟业印刷有限公司	
版　次	2020年8月北京第1版	
	2022年3月北京第2次印刷	
开　本	635毫米×965毫米　1/16　印张34.75	
字　数	390千字　图47幅	
印　数	6,001-9,000册	
定　价	68.00元	

（印装查询：01064002715；邮购查询：01084010542）

新知文库

出版说明

在今天三联书店的前身——生活书店、读书出版社和新知书店的出版史上，介绍新知识和新观念的图书曾占有很大比重。熟悉三联的读者也都会记得，20世纪80年代后期，我们曾以"新知文库"的名义，出版过一批译介西方现代人文社会科学知识的图书。今年是生活·读书·新知三联书店恢复独立建制20周年，我们再次推出"新知文库"，正是为了接续这一传统。

近半个世纪以来，无论在自然科学方面，还是在人文社会科学方面，知识都在以前所未有的速度更新。涉及自然环境、社会文化等领域的新发现、新探索和新成果层出不穷，并以同样前所未有的深度和广度影响人类的社会和生活。了解这种知识成果的内容，思考其与我们生活的关系，固然是明了社会变迁趋势的必需，但更为重要的，乃是通过知识演进的背景和过程，领悟和体会隐藏其中的理性精神和科学规律。

"新知文库"拟选编一些介绍人文社会科学和自然科学新知识及其如何被发现和传播的图书，陆续出版。希望读者能在愉悦的阅读中获取新知，开阔视野，启迪思维，激发好奇心和想象力。

生活·讀書·新知三联书店
2006年3月

伦敦不仅仅是一大片街道和市场。伦敦是建筑师雷恩的教堂和 ABC 茶铺。伦敦是伯灵顿拱廊街（Burlington Arcade）和圣殿。伦敦是雅典娜会馆（Athenaeum）和阿德尔菲拱门（Adelphi Arches）。伦敦是肯宁顿大煤气鼓（Kennington Gasometer）和动物园；伦敦是查令十字站的铁桥和皮卡迪利圆环广场（Piccadilly Circus）上的爱神雕像。伦敦是海德公园里的婉曲河（Serpentine）和魔氏兄弟集团。伦敦是帕丁顿游乐场和纳尔逊上将纪功柱。伦敦是大本钟和骑马卫兵。伦敦是国家画廊和皮姆酒。伦敦是维多利亚式宫殿和拉德盖特山丘（Ludgate Hill）。伦敦是二手书店、殡仪馆、电影院、后街上廓影朦胧的礼拜堂。伦敦是街角酒馆、占卜人、有轨电车、流浪儿收容所。这一切都是伦敦。

还有人，他们也是伦敦……

——诺曼·科林斯（Norman Collins）《伦敦属于我》（1945）

目　录

导言　1

第一章　词语与石头：古城碎片　1
第二章　西敏寺：亨利三世的人间天堂　33
第三章　皇家交易所：托马斯·格雷欣爵士与大西洋世界的诞生　74
第四章　格林尼治：剧场、权力与现代建筑的起源　110
第五章　小王子街19号：斯比托菲尔兹与英国丝绸业的兴衰　150
第六章　休姆府：冥府女王与礼仪的艺术　187
第七章　摄政大街：约翰·纳什打造世界之都　226
第八章　国会大厦：查尔斯·巴里和A. W. N. 普金一起重写历史　266
第九章　维多利亚堤道：约瑟夫·巴泽尔杰特爵士与现代城市的成形　306
第十章　温布利球场：郊区与帝国　344

第十一章　基林公寓楼：丹尼斯·拉斯敦爵士与
　　　　　新耶路撒冷　381
第十二章　圣玛利亚·埃克斯街30号：规划
　　　　　未来的城市　421

注释　459
参考文献　467
致谢　490
译后记　492

导　言

　　游走于伦敦城的任何一个街口，都是一段历史之旅。环顾四周，你将看到一个绵延千年的故事。现代世界的玻璃和钢，反衬着昔日历史的石头。即便是匆匆一瞥，你也能捕捉到烁光的教堂和皇家宫殿，它们由浅白色波特兰石筑造，被都市生活的烟灰所熏陶。你还能望到砂黄砖、乳灰泥，它们用本地的黏土制作；疙疙瘩瘩的肯特碎尖石，它们为罗马人和撒克逊人所喜爱；大理石、灰块石，它们从意大利或者从诺曼底的卡昂辗转运来；赤烧土陶器，它们模仿威尼斯文艺复兴风格；达特磨花岗岩，它们铺在水泥路的边缘；人造科特大理石门廊和装饰性构件，它们发明于18世纪60年代，曾经是西敏桥大街商铺里的抢手货。还有，色彩斑斓的瓷砖、遥远古迹上珍稀的有色斑岩碎片，这一切都是建造伦敦的石头。

　　各式各样的石头证明，这座大都市不仅仅是一处场所，形成于某个特定的时刻，而且是多元的，是一串串层层叠叠的故事。破解它，需要像古生物学家挖掘地质的断层那般精细，一层一层。有凯尔特的，有古罗马的，有撒克逊的，有诺曼的，有中世纪的，有近代的，有乔治王时代的，有哥特式的，有现代主义的。所有的这些石头都在提醒着我们：伦敦并不是一座现代性城市，从来就不是。尽管它深深地渴望着摆脱历史，但这座城市总是发现，自己的口袋里揣满了昔日的石头。

特拉法加广场（Trafalgar Square）南侧，车水马龙，川流不息。人、车环绕的交通岛上，矗立着查理一世（Charles I）的骑马雕像。高大骏马面对的，却是其主人1649年被行刑者砍头的地方——怀特霍尔宫（Whitehall）①。这里是城市的中心，所谓伦敦的零点地标，所有以首都为基准的度量，都是由此开始的。雕像的前方，城市的主干道四通八达。正是在此，约翰逊博士说了一段向大都会致敬的名言："不，先生，如果一个人厌倦了伦敦，他也就厌倦了生活。因为伦敦拥有能够赐予人生的一切。"② 也是在此，城市袒露了自己从其最早的源头一直流淌至今的真实面容。

19世纪30年代，当工人们为开发这座广场挖地筑基之时，他们吃惊地发现了一些史前动物诸如毛象和河马的骷髅。毛象和河马曾经漫游于泰晤士河河畔。而罗马人正是在这条河的岸边，最早构筑了道路。那条路至今依然从古时的城墙起步，沿着弗利特街（Fleet Street）③，经过拉德门（Ludgate），顺着河流西去。罗马人走

---

① 音译"怀特霍尔宫"，中文又意译作"白厅宫"。自1530年至1698年间，这里为英格兰国王在伦敦的主要居所，并逐渐发展成欧洲最大的宫殿，其规模超过梵蒂冈的宗座宫殿，也超过巴黎近郊的凡尔赛宫。1698年遭大火焚烧，仅剩下其中的国宴厅保留至今。英格兰都铎时期的一些建筑常常以"怀特霍尔"命名，其意可能指这座建筑由浅白色石材建成，也可能指这座建筑带有节庆性质。伦敦的怀特霍尔宫两者兼具。因为这座宫殿的影响力，其门前的街道也获得同样名称。——译注
② "约翰逊博士"（Semuel Johnson，1709—1784）亦常被译作"詹森博士"，集评论家、诗人、散文家、传记作家于一身，尤以其所编撰的《英文词典》而蜚声。——译注
③ "Fleet Street"，是伦敦一条古老而著名的街道，得名于其所跨越的同名河流"弗利特河"（Flēot）。"Flēot"为中世纪盎格鲁-撒克逊语，意为"潮汐河口"。这条河在黑衣修士桥北桥墩的位置，汇入泰晤士河。工业革命时期受到污染，流量大为减小，19世纪因为建造摄政运河而被覆盖，成为伦敦城最大的暗河。作为街名的"Fleet"，实为与"Flēot"同源的异形同义词，其含义也是潮汐河口，而非现代英语字面上的含义"舰队"。因此我们将这条街音译为弗利特街，而非"舰队街"。——译注

了之后，这条河流的两岸成了撒克逊人的地盘。近年在广场东北角圣马丁教堂（St Martin-in-the-Fields）①的考古挖掘，揭开了一片早期基督教墓葬之地。由此证明，自诺曼时期以来，这座广场就已经是英格兰王宫与伦敦城之间的交集地。

环顾广场的四周，今人依然可以发现这座城市层层堆积的证据。查理一世的骑马雕像取代了从前的旧查令十字。后者是爱德华一世（Edward Ⅰ）为自己的埃莉诺（Eleanor）王后建造的纪念性十字架②。如今，它仅仅是作为名字保留着，用来称呼附近的火车站。向南俯视，可以从怀特霍尔大道一直望到国会大厦威斯敏斯特宫③。巍峨的哥特式大厦仿佛漂浮于国宴厅④之上。后者堪称伦敦的第一座拥有现代意义的建筑，由建筑师伊尼戈·琼斯（Inigo Jones）于1619年设计。它也是都铎和斯图亚特时期英格兰国王们的寝殿，即怀特霍尔宫的最后遗留。而通过开敞的水师提督门（Admiralty Arch）往西，你可以看到今日的皇家宫殿白金汉宫矗立在优雅的林荫道的尽头。

圣马丁教堂堪称18世纪初城市转型期的标本。彼时的大都

---

① 该教堂初建于13世纪。当时那里还是一片旷野。严格地说，应该意译为"旷野上的圣马丁教堂"，或音译为"圣马丁菲尔茨教堂"。英语国家很多地名的后缀都带有"Field"或"Fields"，基本都是因为其所在地当初是一片旷野或草地。现存的圣马丁教堂，建于1722年到1726年之间，由建筑师詹姆斯·吉布斯（James Gibbs, 1682—1754）设计。落成之时，其新古典主义风格遭到众多的批评，但后来变得非常著名，尤其深深影响了很多美国教堂的布局和外观。——译注
② 埃莉诺王后逝于威尔士。在其遗体运回伦敦途中所经过的每一座驿站（总共12处），爱德华一世都建造了一座顶端带有十字架的纪念碑，以表纪念。其中的一座位于当时伦敦城的西郊查令村，从而得名"查令十字"。查令村的名称，源于古英语"cierring"，意思是河流弯曲处。也就是说，这座村庄位于泰晤士河大转弯的地段。如此特征，至今保留。——译注
③ 威斯敏斯特中文又译作"西敏斯特"。鉴于中译"西敏寺"广泛流行，本书余下的部分多将威斯敏斯特宫意译为"西敏宫"。——译注
④ 本书第8章对国会大厦有专门介绍。第4章对国宴厅有简单介绍。——译注

市日新月异，从而激发了一项兴建51座新教堂的大工程。特拉法加广场的完工则标志了伦敦此后一个世纪的发展。先是由建筑师约翰·纳什（John Nash），后来又是建筑师查尔斯·巴里爵士（Sir Charles Barry），主导了这一世纪性工程，将破败的皇家堂榭改造成恢弘的公共空间。2003年，它再次经过当代建筑师诺曼·福斯特（Norman Foster）之手，被重新打造为"世界人广场"，由此重新定义了21世纪的城市公共空间。

  曾几何时，这座广场不仅是城市的中心，它还是整个帝国的支点，可谓昔日大英帝国由石头垒成的明证。广场中央的纪功柱拔地而起，高耸入云，是为了纪念霍雷肖·纳尔逊（Horacio Nelson）海军上将。这位将军在1805年击败拿破仑的特拉法加海战中阵亡。纪功柱置于由四座卧狮环绕的基座之上。雄狮象征着帝国的威武，由爱德文·兰歇尔爵士（Sir Edwin Landseer）雕塑。为教导人们不忘昔日的英豪，广场上又加建了两座将军雕像。一位是亨利·哈夫洛克少将（Sir Henry Havelock），一位是查尔斯·詹姆斯·纳皮尔上将（Sir Charles James Napier）。前者成功平息了1857年的印度起义，后者在信德（Sindh）穆斯林地区组建了英殖民地执政政府。2010年夏，长期虚空的"第四基座"上，安放了一只内部带有一艘巨型大帆船的玻璃瓶。设计人是英籍尼日利亚裔艺术家尹卡·绍尼贝尔（Yinka Shonibare）。大帆船是纳尔逊海军上将的"胜利"号战舰（HMS Victory）复制品。其甲板上，铺满了充满活力的非洲织品装饰。矗立于广场边缘的两座大楼，一座是南非馆，一座是加拿大馆。南非馆建于20世纪30年代。加拿大馆建于19世纪20年代，由建筑师罗伯特·斯墨科爵士（Sir Robert Smirke）设计，最初用作联合会会馆。两座壮观的建筑都在提醒着我们，伦敦是世界级大都市。

作为一座广场，它还向我们诉说着另外的故事。那是关于伦敦公共历史的故事。自建立以来，这里就作为示威游行的集结地，民众聚集于此或庆祝或抗议。19世纪40年代，宪章运动人士在此召集会议。1887年11月，这里爆发了示威游行，抗议爱尔兰地区的高压统治，抗议伦敦东区工人贫苦的生活状况。游行民众与警察之间的冲突，后来被称作"血腥星期日"。1990年，广场上再次发生警民冲突，骑警冲入抗议人头税的示威人群。20世纪80年代，南非馆的前方举办了反种族隔离守夜斋。2003年，抗议入侵伊拉克战争的百万人大游行，以这座广场作为抗议活动流程的重要环节，示威的民众在此停留、呐喊。然而，这里同样也是公众庆典的活动场所，诸如1945年5月8日第二次世界大战欧洲胜利日的欢呼；一年一度的新年夜狂欢。2005年7月6日，也是在这里宣告伦敦成功赢得了2012年奥运会主办权。

今日的特拉法加广场又一次转型，俨然成为整座城市的客厅，将威廉·威尔金（William Wilkin）设计的希腊古典复兴式国家画廊，与城市的装饰性开放空间连到了一起。在大伦敦市长的推动下，这座广场还成为伦敦的主要旅游景点之一，并承办各类大型活动，诸如音乐会、节日庆典、公众聚会等。于是广场成为微型版城市景观，生生不已，交相辉映着关于石头和记忆的多重叙述。

本书中，我将通过12大建筑讲述伦敦的故事。当我们头一回抵达一座城市之时，第一印象首先来自其物理环境，诸如建筑物的密度、交通的繁忙程度、目光所及之处天际线的垂直感等等。等到调整好自己的方位，我们便开始感悟这座城市的整体规模，体会那些被人造的景观、街道和房屋所模糊的地平线。目不暇接的景色还会导致我们情感的波动，诸如恐惧、孤独、放松。我们也几乎被无意识地卷入置身于其中的空间。这便是城市的物理特质，所谓的石头本身，正是我们探索的起点。

19世纪评论家约翰·拉斯金（John Riskin）[①]明确指出，有关建筑的故事，是审视人类历史最强大的取景框："伟大的民族以三部巨著书写自传：记行之书、载言之书以及造艺之书……三者中唯一可信的，是最后一个。"建筑不会撒谎。被创造之初，它们是坚实和永久的信念。即便是偶然，它们也囊括了其所处时代的经济、技术和政治现实。因此，它们所叙说的故事，多姿多彩，广涉与建筑相关的各类人事，以及这些人事之间盘根交错的复杂关系，包括客户、建筑师、建造承包人、旁观者，乃至让建筑物生根的更为广阔的城市。随着时光的流逝，建筑物开始转型，开始变化。其沧海桑田般轮转同样嵌入有关建筑的故事，传承至今。

有鉴于此，我们将目光聚焦于建筑。本书的12处或建筑或场所或建筑遗存，如今依然以不同的状态存在于世。有的是废墟重建，有的已经转型。选择的理由，并不是因为它们是伦敦最好的建筑，甚至也不是各自时代里最著名的建筑，而是因为它们是关于城市最为本质的叙说。

故事的叙说立足于单体建筑与整座城市之间的关系。某些时候，如此的关系还颇为出人意料。为此，这12处建筑提供了一个切入点，不仅可以帮助人们审视伦敦的建筑，还有助于研究挖掘城市生活的历史。诸如商贸的重要性、权力的表演、在政府管制与市民自由生活之间达成平衡、充分展现资助人所期望的豪华场景等等。所有的实例中，有关的建造全都是始于梦想，充满着憧憬。然

[①] 约翰·拉斯金（1819—1900）是英国维多利亚时代杰出的艺术评论家、艺术赞助家、制图师、水彩画家、社会思想家和慈善家。其写作题材包罗万象，从地质到建筑、从神话到鸟类学、从文学到教育、从园艺学到政治经济学。其写作风格和体裁犀利多彩。其在建筑学上的开创性著作有《建筑的七盏灯》《威尼斯的石头》等。

后便纠缠于琐碎的日常生活。因此，我们的故事还牵扯出某些意想不到的千丝万缕，仿佛一幅关于昔日城市的幽灵地图。但今日的城市依然鲜活。

有关伦敦的故事却也不能单靠城市里的石头来揭示。它也是人的叙事。活生生的人与石头之间的关系是不可思议的。因此，有关建筑的故事，同时也是人的故事。那些胸怀理想并生活于伦敦的男男女女，他们将自己的印记刻画进首都的肌理之中。反之亦然。也就是说，通过对这些建筑的感悟，我们可以更好地认知自己。诸如，作为人，我们对建造宏伟的纪念性建筑有着怎样的心理需求？面对外在环境的风云变幻，如何创造出一方属于个人的空间、一处避难所？在有限的城市空间内，如何应对庞大的人口规模？还有，如何应对消费的增长？如何应对社会性住房的危机？如何疏导和管理出入于公共空间的密集人群？

同理，这不是有关建筑历史的专著，也不是有关伦敦的完整故事。我们所做的，只是将一座座建筑镶嵌到大都市全景图画的广阔背景之上，并试图揭示出瞬息万变的都市生活艺术。为此，这是一个多重表述，旨在向人们展示各式各样的交集和碰撞。诸如建筑师与赞助人、国王与皇帝、工作与娱乐，乃至战争的冲击、贫困对生活的影响等。显然，这也是一段有关当代的历史，一段关于伦敦从其源头续写至今的两千多年纪事。

希望这些纪事能够帮助我们领悟一些关键的理念，以更好地建设未来的城市。

第一章
词语与石头：古城碎片

> 这是走向天涯之旅
> ——帕特里克·凯勒（Patrick Keiller）《伦敦》[①]

伦敦的历史常常隐匿于地表之下。很多时候，城市最为壮观的财富，诸如一串流失的文艺复兴时期珠宝、一卷久已遗忘的手稿、一座古罗马墓地，都是被偶然发现和挖掘出来的。用威廉·弗朗西斯·格兰姆斯（William Francis Grimes）教授的话说，1954年的9月实属"侥幸"，却对揭开伦敦的多层面往昔有醍醐灌顶般的启示。

1952年，二战之后的大规模重建前夕，作为伦敦顶尖的考古学家，格兰姆斯教授在从前被称作巴克勒斯伯里府（Bucklersbury House）的大楼附近，展开挖掘。巴克勒斯伯里府位于伦敦老城的中心，靠近泰晤士河。自维多利亚时代以来，这里就是一片繁华的商业区，有各式各样的写字楼和商铺。律师、保险经纪人和莱昂斯

[①] 《伦敦》是一部关于现代伦敦的纪录片杰作，于1994年在柏林国际电影节首映，并获得慕尼黑纪录片电影节一等奖。其导演是帕特里克·凯勒。——译注

茶铺①簇拥其间。巴克勒斯伯里府坐落于一条历史极为悠久的大道一侧。其东面的沃尔布鲁克街（Walbrook）曾经被一条古老的河流分隔。与街道同名的小河虽然在18世纪被覆盖，但其2000多年的历史依然潺潺流淌于现代的街巷之下。格兰姆斯教授明白，眼前的建筑立于古老的地基之上。

二战之后，这里沦为荒地，到处是10年前伦敦大轰炸留下的瓦砾。石头和砖块窒息了被毁坏的地层。1940—1941年之间的纳粹轰炸，将垃圾带进伦敦，从码头向东，一直穿过大都市的心脏。二战胜利日（VE day）之后的几年里，曾经有望让城市从纳粹轰炸的灰烬中复苏，然而，进展令人痛苦地缓慢。直到1952年，开发商才开始关注沃尔布鲁克街区，计划在这里建造一幢办公大楼。

动工之前，开发商听从了时任伦敦博物馆馆长格兰姆斯教授的呼吁，在其原貌彻底消失之前，勘探这个曾经遭到过破坏的地段。早在1947年，格兰姆斯就在自己的著述中乐观地展望，伦敦大轰炸也许会让某些拥有历史意义的遗迹得以浮现："裸露的地窖，为考古学家提供了前所未有的良机。我恐怕这种良机以后不会再有。"[1]格兰姆斯及其领导的考古团队希望找到证据，证明沃尔布鲁克河沿着街巷，流到了其南边的泰晤士河。那个夏天，考古队开始探索性地挖掘一些地段。他们先从一些零散而有趣的发现着手，并将所发现的古物清理后，送到伦敦历史博物馆加以检视。格兰姆斯教授未能料到能有1954年9月18日的大发现。

伦敦人一直痴迷于自己所在城市的起源。中世纪的编年史也给在老城内所发现的一些废墟带来神秘感，并将编年故事与那些遗留

---

① 莱昂斯茶铺，是英国J.莱昂斯公司（J.Lyons& Co）旗下的连锁餐厅。该公司成立于1884年，是英国一家集餐饮连锁、食品建造和酒店业务于一体的集团公司。也是英国第一家（1951年）使用商业计算机的公司。——译注

至今的残存古迹或碎片联系到一起。如古物学家约翰·斯托（John Stow）就将古代故事融入自己对都铎王朝之都的记述当中。再往后，当克里斯托弗·雷恩（Christopher Wren）在1666年伦敦大火后开始重建伦敦之时，他对其中的一些经典地段做了挖掘。18世纪的启蒙运动思想家们则期望，在泰晤士河的岸边重建罗马。面对在伦敦城挖掘中所发现的古老建筑和考古证据，维多利亚时代的人士更是被深深震撼。1869年，当人们为建造一套新的下水道系统而大兴土木之时，工程师们着迷于在沃尔布鲁克街数步之外所发现的马赛克。这些马赛克证明，此处曾经建有华丽的别墅。甚至直到今天，我们依然能够发现古老的宝藏。比如20世纪90年代，在南沃克（Southwark）一带拓展地铁银禧线（the Jubilee line）之时，大批古罗马时代的遗迹被发现，并由此改变了我们对古城的认知。

1954年9月的那天，原计划是实地作业的最后一天。通过缓慢而耐心的挖掘，考古学家们已经挑开了那些隐身于几个世纪之久的时光层面。现存建筑的巨大地基，压缩且扭曲了某些地段的土壤沉积层，对周边几座建筑物地下室的挖掘，更是破坏了几个世纪以来所积累的证据。然而，在河流东侧街道的地面之下2.5米深的地方，终于发现了一段孤零零的建筑物残迹。此处的土壤被水淹没，难以挖掘，却因此保住了石块，"没有变成缥缈的幽灵，而维持了其原初的自我，坚固而真实"[2]。随着挖掘的深入，更多的秘密被揭开。原来，这是一座异教的圣殿！如此大的发现再次点燃了伦敦人对自己过往古典的热情，恰如二战之后对美丽新未来激情满怀的憧憬。

截至9月18日，考古队已经摸索出这座圣殿的外轮廓，并找到一尊石制的祭坛。随着"最后的收官"，这天又发现了一座雕像。那是一尊戴着帽子的男人头像。第二天的《星期日泰晤士报》（The

Sunday Times）声称，该头像被鉴定为米特拉斯神（Mithras）。故事立即引起了轰动，伦敦人如潮水般涌向挖掘地。人人都希望找到自己的新发现。到了星期一，《泰晤士报》（*The Times*）呼吁，要将这座圣殿当作具有重大历史意义的遗址加以保存。

考古学家们在探究这些证据时，一定带着某种莫名的历史性眩晕感。这项挖掘工作起始于巨大的变革期。当时的伦敦，正试图从战争的残骸中寻找到自己的步伐。不曾想战争的破坏，却为揭开一段隐匿了1700多年的历史提供了良机。考古学家们肯定觉得，自己正在慢慢撬开这座城市的基石。

伦敦脱胎于一片罗马人的飞地。建造它的石块可以追溯到今日依然可见的5大古老碎片：1. 一段弯曲的木桩，那是伦敦木桥的最古老残余，如今安放于泰晤士街圣马格努斯殉道者教堂（St Magnus the Martyr church）的门廊，它记下了伦敦城最早的身份标记——一座横穿泰晤士河的渡口。2. 古罗马时期的第二座"市政广场"（the second forum）的一段残垣，如今矗立于利德霍尔市场（Leadenhall Market）理发厅的地下室。借着这座建于公元2世纪的广场，罗马帝国边陲的殖民地得以施政，并通过绵长的商贸路线，与更为辽阔的帝国相连。3. 一段古罗马城墙，如今依然蜿蜒于老城东部边缘的伦敦塔附近，这堵建于公元190年的老墙，为的是保护古罗马行省日益扩大的首府，这座首府最初被称作"伦蒂尼姆"（Londinium）[①]。4. 一块被称作"伦敦石"的欧利特鲕状岩石，其来历不甚明了，也几乎被今人所遗忘，却让伦敦缠绵于古典神话及其悠远的源头。5. 源于3世纪的米特拉斯圣殿（the temple of

---

[①] "Londinium"为拉丁文，中文或意译为"罗马伦敦"。但这个看起来是拉丁文的地名，实源于当地凯尔特人的语言，可谓罗马人对凯尔特语的拉丁化，意思可能是"荒野之地"或"河流经过的地方"或"难涉之川"。——译注

Mithras）凸显了城市的神圣性。桥梁、广场、城墙、圣殿和石头，都是伦敦的基因密码，也是城市生活的建筑篇章。这是一处喧嚣的来往穿梭之地；这是一座世界货物的集散地和贸易中心；这是一处神圣、奇迹和朝拜之地。它提供保护、设置关卡并界定公民的归属身份。所有这些都是伦敦的构成要素。至今，它们依然让这座城市蕴含着某种独有的品质。

然而，罗马人到来之前，并无伦敦。除了滚向河边的木料和少许的家宅耕地，这里几乎是一无所有。零星的瓦片点缀着湿漉漉的水岸，让人很难弄清楚哪里是河口，哪里是陆地。绕行于沙洲之间的泉水溪流，在潮汐环流的内侧，围成一座座小岛。小岛附近的水面，浅而宽阔，为居住于此的各个部落确立了边界。也是在这里，凯尔特部落的卡图维劳尼人（Catuvellauni）与特里诺文特人（Trinovantes）得以融合。总之，这是一处连接不同领地的空间，一条供人通行的水道。

公元前55年，尤利乌斯·恺撒（Julius Caesar）大帝征服了高卢人（Gaul），并将这些敌人赶过海峡，进逼到泰晤士河边。大帝却没有打算在此地安营扎寨。因为没有必要。正如他后来写道："对我们罗马人而言，那里什么都不是，得之不喜，失之不忧。"[3]恺撒看见的，是一片宽广的河口。涨潮时的潮汐，可以沿着低洼的南岸，横跨千米。北岸，两座小山微微隆起于沼泽之上。两山之间，一些点缀着河水浅滩的砾石小岛，被用作跨越水面的落脚石。恺撒"一无所获"，撤回罗马。也因此，不列颠标志着已知世界的尽头，是天涯海角，不值得去征服。

公元43年，罗马人又回到这里。此番入侵是一种政治行为，目的是分散意大利人对本土问题的关注，也是一幕由克劳狄一世（Emperor Claudius）执导的恺撒主义表演，以证明自己有足够的帝国武威，征服其他民族。不列颠是一个软柿子。当年，一大批贝尔盖高卢部落人（Belgic tribesmen）被恺撒击败后，逃离高卢，向东南迁徙。最终，这些人在泰晤士河一带定居。于是泰晤士河的沿岸，北面是卡图维劳尼人和特里诺文特人，南面是阿垂贝特人（Atrebates）和坎提人（Cantii）。这些部落在各自定居的土地上，创造了财富，并与他们仍然留居在欧洲大陆的近亲建立起贸易网络。于是，这给了克劳狄一世宣战的充足理由。再说，还有额外的红利，那就是完成伟大的恺撒留下的未竟大业。

　　罗马军队集结到高卢海岸之时，充满恐惧的士兵们变得慌张。"他们对奔赴陌生世界的远征，有一股强烈的怨恨。"[4]然而，等到他们漂洋过海之际，一颗彗星从东向西划过天空。好一个吉兆！士兵们顺利抵达肯特海岸，没有遭到当地人的阻击。生活在这里的不列颠部落人，只是远远地观望。随着入侵者的趋近，部落人分散到树林和沼泽中。等到布立吞人（Britons）①终于鼓起勇气，奋力作战时，他们很轻易地就被罗马军队击溃了。最后，在泰晤士河"入海"处梅德韦（Medway）展开的激战中，布立吞人被迫撤退。

　　一队鲁莽的罗马士兵紧追着布立吞人，直到一条河流横在眼前。"布立吞人很容易渡河，因为他们知道哪里有踏实的浅滩可以溯过。罗马军队尽管全速追赶，却追不上布立吞人。罗马军队中的日耳曼小队开始渡河，其他士兵冲向河流上游不远处的一座小桥，从那里过河。他们从四面围攻布立吞人，并切断了布立吞人的后路。然而，轻率的追击让罗马军队陷入无路可寻的沼泽地，很多士兵因此而殉命。"[5]其余的罗马军队等在南岸，直到后援部队、驼象和军械抵达，再行渡河。他们没在河边耽搁太久，而是很快修建

---

① 布立吞人是凯尔特人的一个分支，亦常常被用于对不列颠人的别称。——译注

了一座由船只搭成的浮桥。浮桥完工后，士兵们便立即跨过河流，继续追击敌人，并迅速击败了那些本地人。

克劳狄一世回到罗马之后，修建了一座凯旋门，以庆祝对12个不列颠国王的征服。此外，他还在自己的宫殿上放置了一顶海军桂冠，不仅象征对不列颠的征服，亦"标志着已经跨越，就好比征服了海洋"[6]。几年后，卡图维劳尼人的领主卡拉塔丘斯（Caratacus）兵败被俘。他被带到帝国都城罗马，游街示众之后，得到罗马元老院的赦免。怀着惊愕和羡慕，这位昔日的领主感叹道："你们已经拥有如此多的财富，如此之多，怎么还要觊觎我们那可怜的小帐篷？"[7]

正是从那座摇摇晃晃的军用浮桥，诞生了伦敦。接下来的350多年里，伦敦一直矗立于世界上最伟大的帝国的边陲。其当初微不足道的聚落，显然缺乏书面记载，仿佛它不值得被编年纪事。没有法律文书，没有规章制度，没有账目或银行收据，也没有发现情书或回忆录。有关的叙事只能通过一些残存的碎片得以表达。我们所知道的历史，如塔西佗（Tacitus）对其岳父、不列颠总督阿古利可拉（Governor Agricola）的描述，是二手的，并且是专为地中海的读者而写的。同样，卡西乌斯·迪奥（Cassius Dio）的著作《历史》（*History*），将更合乎亚壁古道（Appian Way）①的词汇，塞入不列颠本地人之口。"不列颠尼亚"一词，仅仅出现于有关皇帝到访的故事，或者地方军团被卷入阴谋之时的报道。除此之外，不管是政治还是科学论文，这个国家不过是唾手可得的征服地标，一只装着神话和假设的粗布袋。历史由胜利者叙述，不列颠尼亚只有通过罗马方能发声。

---

① 亚壁古道是古罗马最早和最具战略意义的道路之一。从罗马经过普利亚（Puglia）通到港口城市布朗迪西恩［今布林迪西（Brindisi）］，全长约350英里。——译注

有关不列颠尼亚的叙事词句之所以留存下来，仅仅出于偶然，或刻于硬币，或刻于殡葬石头，或刻于庞杂的咒语牌匾之上。最早的"伦蒂尼姆"字样，不是出现于有关当地的记录或官方文本，而是刻画于一只瓶子的底部：献给伦蒂尼姆的伊西斯圣殿（Londini and Fanum Isidis）。在北部边界军事基地所发现的书信和报告里，除了一些姓名或者有关伦敦生活的片段，别无其他。我们只能通过某些碎片重构城市的昔日形象。诸如烧制于瓦片上的官方印鉴告诉我们，何人主事、建筑贸易的功能，以及所委托建造的建筑物的身价地位。那些深埋于建筑物之下的硬币，不管是无意间被偶然抛撒还是特地被当作警示预言，都只能向我们展示一个大致的编年纪事。倒是那些用于构筑的石头，开启了城市的新篇章。

罗马帝国建于酷政之上，对不列颠的征服是一场权力的表演，早就娴熟地运用于帝国的各个角落。罗马人跨过海峡，不是向凯尔特部落输送文明，而是让帝国的军队掠夺原材料，以满足帝国的贪婪，并征服那些在海峡两岸威胁着帝国的部落。如此入侵代价却也是巨大。最初以武力取胜，公元43—81年，罗马军队残酷镇压了许多的当地部落。当地部落大约25万人遭到屠杀。罗马入侵的头一年，经过了卡姆罗多努（Camulodunum，今科尔切斯特［Colchester］）战役之后，不列颠南部的11个国王俯首称臣。卡姆罗多努迅速变成了古罗马行省的第一座首府[①]。不久，几乎所有的部落都被武力征服。他们的土地和货物跟着拱手相让。其中主要的部落有：杜罗特里吉人（Durotriges）、达姆努尼人（Dumnonii）、阿垂贝特人、科利尔塔维人（Corieltauvi）、多布尼人（Dobunni）、爱

[①] 被罗马人授以"不列颠尼亚第一座首府"地位之前，卡姆罗多努先后为特里诺文特人和卡图维劳尼人的首府，如今它被誉为"不列颠最古老的城镇"。——译注

西尼人（Iceni）、科诺维艾人（Cornovii）、迪森尼人（Deceangli）、布里甘特人（Brigantes）、塞留尔斯人（Silures）、奥陶外斯人（Ordovices）以及北部的喀里多尼亚人（Caledonia）。

然而，新征服的领土却不能给罗马人的投资带来即时的回报。因为这里既没有发现黄金，也没有找到财宝。对当地野蛮部落的统治更是耗资巨大，常常甚至需要动用罗马帝国兵力的十分之一。其中有从帝国各地诸如日耳曼和北方高卢征召的雇佣兵，也有西班牙骑兵。因此，除了巨额的政权启动经费，还需要向军队供应补给，这就使初期的利润少得可怜。大概只有少量的奇珍异宝才能勉强满足罗马人的胃口。

然而，军队所到之处，贸易紧跟其后。在诺森伯兰郡（Northumberland）的北方要塞文德兰达（Vindolanda）① 所发现的信件里，有很多收据、账目清单以及往来于前沿要塞与后方奸商之间的商业交流。奥克塔维斯（Octavius）在给他兄弟维莱伊乌斯（Veldeius）的信中写道："我已经给你写过好几封信了，我在这里买了大约5000斗（modii）谷穗，因此，我急需现金。如果你不给我送来至少500个迪纳厄斯银币（denarii），我已经支付的300个银币押金，就会打水漂，而且我也会被套牢。所以，求你，尽快给我送现金。"[8] 正是在诸如此类要求紧急汇款的求援中，伦敦得以发展。

更重要的是，这里是一个得天独厚的集散地。地处泰晤士河河口的最东端，从这里可以顺着连接各港口的路线，北上南下。但这条河充满危险，变幻莫测，日日被潮水淹没的潮汐盆地里，到处是溪流环绕。蜿蜒的河水两侧，是砂石山丘和黏土堤岸。慢慢地，商人们在河上建起了一座桥。此后，正如历史学家 R.E.M. 惠勒（R.E.M. Wheeler）

---

① 这里是英格兰最北处与苏格兰交界的地方。——译注

的挖苦，定居点的增长，犹如浮游于桥两端的寄生虫。

征服者并没有立即将泰晤士河的周边地区划作殖民地。从这个区域所发现的大量散落的硬币，显示了最早街区的古老地图。由此证明，这个聚居地是交通网络上的一个停靠站。随着交通网的日益发展，到了公元50年，沿着泰晤士河的南岸修建了一条道路，将沿途的各大港口一直连向了今日南沃克的地段。泰晤士河的北岸亦建有道路。即便在今天，我们在离泰晤士河北岸河沿30米开外的地方，依然可以辨别出一些交叉路口的印记。这些印记应当是沃特灵大道（Watling）的最早遗迹。正是这条大道将伦蒂尼姆连向了维鲁拉米恩（Verulamium）以及不列颠的西部。维鲁拉米恩即今日的圣奥尔本斯（St Albans）。不久，沿着沃特灵大道附近，还建了一些分支岔道，将伦蒂尼姆连向了东部的卡姆罗多努以及北方的前线。

接下来的几十年里，这里发展成古罗马帝国的第一座前哨基地，一个没什么名气的十字路口。然而，十字区在砾石山脉的高地一带向北发展，还建起了谷仓和房屋。到了公元69年，沿路的交叉口俨然已经发展成一个小街区。它总共有三条街道，早期分散的木制谷仓，不仅演变为较为规整的泥篱墙住房，甚至还透露出某些奢华的迹象，诸如彩色粉刷、玻璃和大理石装饰，乃至输水管道。然而，正如塔西佗所言，这个新建的街区"并未被授以'罗马人行政区划上的殖民地'[9]地位。不过，却也是重要的商贸中心"。

更为重要的是，这个集散地渐渐发展成一个交易中心。一些小型的作坊沿着河边发展起来。根据考古发现，这些作坊大多是一些窑场，用于打制铁器和青铜器。考古发掘甚至还发现了一些宝石。这表明该地已经是一处离岸地，转运来自古罗马帝国其他地区的货物。总之，这块商人特区位于十字路的两端，住满了从军用配给运输中获利的边境拓荒者。

证明此地作为永久性集散地的第一批证据，出现于公元1世纪50年代。那是一段规模适中的砾石堤坝、一座桥墩和几根木桩，全都是号称伦敦第一座桥梁的遗存。这座建于鱼山（Fish Hill）山脚的桥，建造方法很可能是先将木桩打入河床，然后沿着木桩的跨度，建一个格子支架。据说它异常坚固，足以承受爱西尼女王布狄卡（Boudicca）于公元60年发起的猛攻。而这场战役几乎捣毁了整座聚落。尽管如此，战后对它的修理是必要的。正如在一根木桩上所发现的铭文显示，某些不幸的士兵，"色雷斯人（Thracians）奥古斯坦（Augustan）小分队"[10]，参加了重建。

公元1世纪80年代，这座桥被其东边数米之远的另一座桥所取代。但新桥很可能只是一个临时的设施。此后，依然于原来的地方建了一座更为结实的桥。它架设于砖砌的桥墩之上，并带有砖砌的拱门，拱门之下有一条木板路。证明此桥存在的依据是，泰晤士河中所发现的大量硬币和献祭物，恰好就处于考古学家所推测的这个地点。这座桥不仅巩固了其所在聚落的地位，使之成为一个永久性的集散地，同时还拥有第二个功能——对所有来访的船只设立关卡。因此，这座桥既是港口又是枢纽。不久，这里就上升为新建聚落的重要地区，由官员管理并征收关税。显然，早期的伦敦不只是一处贸易场所，它还是政府的执政场所。

这座桥得到一代又一代人的不断修复，并始终被当作罗马人定居点的中心。它甚至还让其所在的城市上升为整个殖民地的中心。这就让定居点获益良多，不断发展。到了公元100年，沿河一带已不再仅仅是商人和老兵居住的街区。人口已接近3万，远大于前述的卡姆罗多努了。更重要的是，人们已经开始将这个从前的贸易中心，发展成兴旺发达的城市。公元2世纪，埃及哲学家和星相学家托勒密（Ptolemy）①，在其《地理学指南》（Geographia）一书中，提到"伦敦"一词。当时的托勒密试图建立一套亚里士多德式的宇宙学说。他对不列颠其他地区的描绘，都通过它们与伦敦的关系来界定。这些地区与伦敦的远近，又通过各自与上述桥梁即伦敦桥的距离来度量。

公元60年，住满了商人的无名社区被夷为平地。此后，新的伦蒂尼姆于灰烬中重生。在今天的考古学家看来，代表这一残酷转折点的，是一层大约半米厚的薄灰，以及那些深埋于伦敦地下的陶器残片。所幸，灰烬中新生的第二块飞地，将当初的街区扩展成一个庞大的商业中心，一座极为发达的商贸网络中心，一处由富贵精英组成的特权市场。贸易带来权力，便需要建立保护买卖双方权益的法律。一座市政广场应运而生。这便是伦敦的第二块基石。在此，企业与政府结合。

伦蒂尼姆不是一个军事前哨。在其四周所挖掘的简陋沟渠，可能只是用作边界的标记。结果，当这里遭到布狄卡女王的袭击时，基本就没了希望。而动乱之源早就是预料之中的。征服者与被征服者之间酝酿已久的怨恨，一旦碰到有关土地的争端，便有了出气的渠道。通常，罗马人先是大败部落军队，然后通过收买部落首领，试图与部落人共处。然而这次，某些环节上出了问题。

其时，罗马军队正在拓展其帝国的边界，苏埃托尼乌斯·保利努斯（Suetonius Paulius）总督正领军攻打莫那岛（Mona，即安格尔西岛[Anglesey]）②。与此同时，在不列颠的东部，随着爱西尼国王普拉苏塔古斯（Prasutagus）的故去，罗马帝国地方治安官乘机抢夺

---

① 托勒密以其"地心说"著名。他出生并长期生活于埃及，却是罗马帝国的公民。其父母则是希腊人。托勒密以希腊语写作。——译注
② 该岛屿位于威尔士西北，也是威尔士第一大岛。——译注

爱西尼皇家的土地。"普拉苏塔古斯的遗孀布狄卡甚至遭到鞭打,他们的女儿被强暴……国王的亲戚被当作奴隶。"[11]如此残暴的行径,连罗马人自己都感到吃惊,更是震惊了当地的部族。由于害怕遭到更多的打击报复,爱西尼人与他们的邻居特里诺文特人揭竿而起,联手反击。他们先是向卡姆罗多努挺进,接着,向南开往伦蒂尼姆。

由于罗马人的主力部队远在数里之外,爱西尼人发起冲锋,如入无人之境。最终保利努斯的军队被迫向东转移,希望在泰晤士河河口与当地的雇佣军会合。可到了那里之后,保利努斯发现,伦蒂尼姆不可能抵抗得住布狄卡部队的攻击,于是他决定放弃这块飞地,尽力撤退。那些未及撤走的人只能听天由命。在塔西佗的笔下,景象更为阴沉可怕:"敌人既不抓捕也不出售俘虏,亦没有沉迷于普通战争所常见的掠夺战利品,而是杀、吊、烧以及钉十字架,从而发泄极端的怒火。"[12]

但只要最终能够击退布狄卡,罗马人还是可以收复失地。最后,在那场长期被认为发生于城市之北的"战桥"村之战中,两军摆开了阵势①。塔西佗笔下的保利努斯总督和不列颠女王都发表了华美高贵

---

① 布狄卡的起义,摧毁了罗马人在不列颠尼亚的三大殖民地——卡姆罗多努、伦蒂尼姆和维鲁拉米恩。至于两军对垒的最后一战到底发生于何地,至今尚无确切说法。大多数历史学家认为,应该发生于伦蒂尼姆与维洛科尼乌姆(Viroconium Cornoviorum)之间的沃特灵大道的地区。维洛科尼乌姆即今日什罗普郡的佛洛克西特(Wroxeter)。此处的"战桥"村位于今伦敦国王十字区(King's Cross)。大概因为该村庄在中世纪被叫作"战桥"村,从而引起误解,以为它是布狄卡与罗马军队的最终交战地。塔西佗笔下的布狄卡服毒自尽,但卡西乌斯·迪奥认为,布狄卡是病死的,并得到厚葬。不管怎样,布狄卡成为英国一个重要的文化象征。尤其在维多利亚时代,因其与维多利亚女王的名字同义(意指"胜利"),有关她的故事更成为传奇。19世纪五六十年代,在维多利亚女王的丈夫阿尔伯特亲王的鼓励下,雕塑家托马斯·桑尼克罗夫特(Thomas Thornycroft)创作了布狄卡及其两个女儿驾驶卷镰战车的青铜雕像。1905年,该雕像安放于西敏桥西端,与大本钟遥遥相望,屹立至今。但据一些考古学家考证,卷镰战车的作战效果并不理想,实际上的布狄卡战车并没有卷镰大刀,桑尼克罗夫特的灵感可能来自古代叙利亚的卷镰战车。——译注

的战前演说。战斗却是残酷的，甚至用于运输辎重的牲畜都被埋进了死人堆。布狄卡拒不投降，最终她服毒而死，也毒死了自己的女儿。

商人特区重建缓慢。一些新建筑在战火之后两年才得以建造。而且，整座聚落的重生不仅受制于当地的困境，还受制于远方的罗马时局。公元69年，随着尼禄皇帝（Nero）驾崩，内战震撼了罗马帝国。那一年，见证了四帝争制。加尔巴（Galba）、奥托（Otho）、维特里乌斯（Vitellius）、维斯帕先（Vespasian）四位皇帝相继登位。最终，维斯帕先一统称雄，建立了弗拉维王朝（Flavian dynasty）。称帝之后，维斯帕先发誓要凝聚帝国的力量。然而在其统治之初，他遭到东部犹地亚（Judea）以及日耳曼人的反叛。对此，维斯帕先冷酷地进行了镇压。同时他也明白，还要对北部不列颠尼亚的一些部落实行镇压，否则自己的土地将永无宁日。于是他发动了对不列颠尼亚的入侵，同时也目睹了危险。

71年，大批的罗马军团开拔到不列颠，向此间尚未征服的其他地区挺进，包括威尔士、英格兰北部和苏格兰。在罗马帝国的这个新框架下，伦蒂尼姆被建设成新殖民地的长驻性行政中心。随着军团的推进，这个特区也变得更为强大。近年沿泰晤士河北岸的考古发掘中，发现了一些重要线索，由此证明，1世纪70年代，这里建有一座古罗马港口。那是一片沿着桥梁两侧的木制滨水连排屋，很可能是受执政官的委托而建。用于建造的费用，则来自城市所征收的关税。如此新发展，可能恰好对应了伦蒂尼姆最终所获得的自治市地位。这里也成为总督（governor）与检察官（procurator）所共有的永久性基地。前者是殖民地的军事领导人，后者是帝国的立法者和收税官。

77年，随着新总督阿古利可拉的上任，聚居点的建设得到加强。这位被维斯帕先派来的封疆大吏所肩负的另一要务是，在被征服的领土巩固罗马的统治。不辱使命的阿古利可拉取得突破性进展，开创了殖民新局面，大大强化了罗马的软实力。正如其女婿塔西佗所言："他鼓励对圣殿、公共广场以及精美房屋的建造，并提供官方援助。他赞美勤奋工作，谴责懈怠。他认为对荣誉的竞争与强制性手段一样有效。"[13]因此，建造伦敦的基石，从一开始就是一种以别样方式运作的政治，一种喧嚣的权力体现。

至此，伦蒂尼姆终于获得了足够的规模和财富，成为商家的目的地。贸易也不止于一些稀有商品，还包括更为通用但同样有利可图的货物。前者主要是一些来自非洲的象牙手镯，来自波罗的海的琥珀，来自欧洲大陆和中东的宝石等。后者则种类繁多，有从地中海运来的粮、油、酒和橄榄，它们被封存于大型的黏土油罐中；有从远方经由泰晤士河运来的石材；有横跨英吉利海峡运来的大理石……一旦商船靠岸，官方执法人员便开始忙碌运作，对所有卸载的商品估价标码，然后将它们转运给当地的客户或北部的前线驻军。此后的1800来年里，讨价还价的商务活动始终围绕着这座沿着泰晤士河河岸的港口。然后，它只是朝泰晤士河东部出海口的方向外移了不足一英里，并作为港口一直沿用到20世纪60年代。

1世纪70年代，这里还开展了其他一些土木工程，进一步确立了伦蒂尼姆在不列颠尼亚的领导地位。当时修建的一座滨水浴室，做工精致，以至于今天的考古学家仍在争论它到底是属于运动场馆还是总督府的附属设施？在泰晤士河南岸，还兴建了一座被称作"漫休"①（mansio）的驿站。驿站金碧辉煌，外带一方18米见

---

① "漫休"，是罗马人在新建的罗马道路上设置的官方驿站。这类驿站由中央政府掌管，主要供官员以及公务员旅行时使用，功能包括会议、住宿、餐饮以及阅读等。——译注

方的庭院。随着人口的增加，聚落的边界进一步向外扩张，穿过沃尔布鲁克河，向西抵达拉德门山，并在那里修建了一座堡垒和一座临时性的木制圆形剧场。新的道路网连接并划分了不同的邻里。在阿古利可拉将军的鼓励下，建房被看成一种公民行为。因此，许多珍贵的建筑由私人投资建造。也就是说，可以通过对罗马帝国的建设而成为罗马人。

所有的建筑中，最重要的当推位于聚落中心的市政广场。事实上，在弗拉维王朝的头30年里，伦蒂尼姆的发展非常快，以至于建了两座市政广场。第一座较小，长104.5米，宽52.7米。其主要组成是一座露天市场。露天市场的四周环绕着一系列用作商铺的房间。其中的许多商铺还朝广场之外的街道开门。整座广场的主入口位于围墙的南端。围墙的北端矗立着宏伟壮观的巴西利卡（basilica）。这是一座长宽分别为44米和22米的厅廊式建筑，两侧廊之间的中央大厅用来公开处理城市的政务。建造地基的燧石和棕色砂浆，可能从附近的肯特郡乡间用船运来。地面之上的墙体采用当地出产的瓷砖贴面。墙体的外侧，还附加了以砖块加固的扶壁。整座建筑的顶部覆以在城外烧制的土制瓦片。

罗马人的市政广场的布局，诸如庭院及其四周的房屋和商铺，不仅堪称中世纪利德霍尔市场（Leadenhall Market）喧闹叫卖方式的鼻祖，亦可谓伊丽莎白皇家交易所回廊的前身。前者于1200年后建于罗马人市政广场的旧址之上，并很快成为伦敦城的主要肉类市场。后者源于一间咖啡屋。该咖啡屋的所在地交易巷（Chang Alley）与罗马人的市政广场之间，不过是几米之遥。我们甚至可以说，不远处各大现代国际银行的交易大厅，同样得益于罗马人市政广场的灵感。当然，现代的交易大厅，已经为耀眼的钢铁和玻璃等现代化材料所包裹。

广场北端的巴西利卡是伦敦城最为引人注目的建筑。为此，它被建在一座由碎石垒成的台座之上，从而确保它居高临下，俯视四周，统领整座广场。其内的通长大厅，被用作元老院或理事会总部。元老或理事会委员们在此碰头，审议有关城市的章程。大厅的东端设有一所治安法院，用于执法。因此，这栋建筑也堪称日后伦敦城许多重要机构的先声。建于昔日辉煌的圆形剧场遗址之上的伦敦城的市政厅，便是由此得到启发。市政厅是市长官邸和伦敦城的议会所在地。在此，商业与政治再一次得以紧密相连。伦敦法团（Corporation of London）也因为市长①和伦敦城的议会而得以规范。巴西利卡的建筑形式，亦对伦敦城的建筑形态产生了巨大影响。1708年完工的伦敦宗教中心圣保罗大教堂，其布局便是以罗马的和平殿为模板，后者正是弗拉维式巴西利卡。如此布局也界定了这座大教堂的特性：既具有神的威力，也是一处公民聚会场所。

从此，确立了罗马帝国权力的两大支柱：政治与商业。元老厅里，统治者辩论着各类不同的议题：公民的权利、贸易规则以及为了帝国的利益如何开拓殖民地。虽然没有发现有关伦蒂尼姆的宪法和法律文件，但随着这块无名飞地的不断发展，诸如从行政中心到

---

① 伦敦法团是伦敦城的自治组织和地方政府，而非今日的大伦敦市政府。跟英国其他城市历史上的法团不同，现存文献中没有赋予伦敦法团法律资格的专门制诰。其法团资格被认为是依据时效（by prescription）而取得。也就是说，因为它曾经长期被视为拥有法团的资格，后来的法律据此设定它拥有法团资格。伦敦法团所获得的第一张王室制诰，当是威廉一世登基不久向伦敦市民颁发的制诰，确认了伦敦"平方英里城"自忏悔者爱德华时代起即享有的特权。此后，伦敦法团获得各种权利待遇。其最高首长即伦敦城的市长，也是此处所言及的市长。需要指出的是，伦敦城的市长与大伦敦市长（Mayor of London）是两个不同的职位。英文里，前者带有"Lord"字样，其职位初设于12世纪末，任期为一年。后者创设于20世纪末，任期为4年。为了区分，本书余下的译文中，多将前者译为"伦敦城的市长"，后者译为"大伦敦市长"。——译注

殖民地乃至一座自治城市，它也逐步地罗马化了。结果，市政府必须要在两股力量之间求取平衡。前者是从本地商业中获取财富的当地新精英群体，后者是帝国的中央政府。

于是，一个人在社区的合法地位取决于其公民身份的确立。也就是说，一个人不仅仅要成为伦蒂尼姆的公民，还要成为罗马帝国的公民。对一些墓地中的尸骨的基因研究，证明了当初聚落人口的多样性。有从日耳曼、西班牙和叙利亚开赴此地的士兵，有从罗马帝国其他地区奔着商机而来的商贸人员。当地那些被征服的凯尔特人精英，亦逐渐融入了罗马帝国的生活方式而变得"文明"。这些人更渴望成为这个世界上最强大的俱乐部的会员。罗马帝国公民的身份可谓联合各个不同人种的唯一纽带。这种归属感鼓励了求同的意愿。更重要的是，它确定了有关的规则，诸如财产所有、通商自由以及对政治权力的行使。

作为市场和政治交流场所，市政广场规范了社区的政治。随着城市的壮大，有关的政治机构亦获得了特权。这是一处微型罗马。正如立于圣殿里的罗马皇帝雕像显示了帝国的存在，市政广场象征着权力。随着军队的职能从武力征服演变为和平执政，市政广场也就显得更为重要。总督从昔日的武将变为政治领袖。因此，总督的权力不再通过其驻军的规模或者在战场上的声望而获得，而取决于他是否拥有一个更为永久性的统治基地。

96年，维斯帕先的儿子图密善皇帝（Domitian）[①] 被元老院的政敌谋杀，弗拉维王朝随之终结。但尽管发生了政变，其后的皇帝涅尔瓦（Nerva）却继承了一个稳定并走向繁荣的帝国。伦蒂尼姆在接下来的50年里大为获益，也达到了权力和财富的巅峰，并

---

① 作者原文将图密善写作维斯帕先的孙子，有误。译文已修正。——译注

再一次通过石头彰显。老市政广场被拆除之后，重建了一座规模相当于原来五倍（166米×167米）的新市政广场。新建的市政广场成为不列颠尼亚最伟大的建筑，采用了与老市政广场相同的布局。一个宽敞的庭院以墙围绕。其北端同样矗立着一栋巴西利卡建筑。原来的巴西利卡很可能保留于原地，因其体量较小而很容易被置于庭院之内。新建的巴西利卡则以其52.5米×167米的体量，格外引人注目。其室内拥有一些带拱廊的房屋。正因如此，城市权力得以确立。为了营造宏大的气势，后来又添加了一座优雅的门廊和人字形地砖。最终，市政广场成为伦敦城最重要的空间，包括交易厅、法院和议政大厅。随之，伦蒂尼姆成为不列颠尼亚的罗马人市政广场。

到了2世纪90年代，伦蒂尼姆已然经历了一个世纪的兴衰。随着帝国军队向北方的不断推进，这座城市从军火合同中获取了大量财富。83—84年，阿古利可拉将军率领军队，在格劳庇乌山（Graupius）战役中取得辉煌的胜利①。正如塔西佗记录的："到处都是断臂和裂开的躯体，大地流淌着血腥……追逐只因为黑夜和疲惫而停止。敌方有万人伤亡。"[14] 然而罗马人没能巩固取得的胜利，被征服的喀里多尼亚部落不久就恢复了元气。于是对北方边境的守卫不仅仅是伦蒂尼姆商人的负担，而且成为了一个漫长而耗资巨大

---

① 对于格劳庇乌山战役的具体发生地点，尚有争论，一般认为大致涵盖了整个苏格兰的东北。据塔西佗的记述，罗马人在这场战役中取得了决定性胜利，并短暂控制了整个不列颠。但随后由于图密善的反对以及罗马帝国其他地区对兵力的需求，阿古利可拉被召回，其继任者因为缺乏兵力等其他因素，放弃了继续进攻苏格兰的政策，转而以修筑防御性堡垒和兵站为主，乃至最后修建哈德良长城。但有人怀疑塔西佗对这场战役的胜利有所夸大，图密善通过其他渠道识破了谎言，因而召回了阿古利可拉。不管怎样，最终的结果是，罗马人未能征服苏格兰，罗马帝国在不列颠的疆土，被永久性地固定在哈德良长城以南的地带。——译注

的事务。在图拉真（Trajan，98—117年在位）和哈德良（Hadrian，117—138年在位）两位皇帝统治时期，不列颠北方部落的起义此起彼伏。格劳庇乌山战役之后，在英格兰北部的文德兰达要塞开始进行防御建设，士兵们自己动手修建。至于设备和材料，则由那些在喀里多尼亚荒原大胆冒险的交易商提供。不久，一片平民街区沿着要塞发展起来，商人、工匠、奴隶、妻子，还有妓女，纷纷而来，满足了士兵们所有的需要。

122年，哈德良莅临不列颠，考察其北方前沿的实际状况。他担心零星的防御工程因为动用了太多的士兵，花费巨大，而目前帝国面临着更为紧迫的征服大业。于是他启动了一项沿着北部边界的防御总工程，也就是建造哈德良长城。要说这座长城是罗马人与不列颠北方野蛮人之间的屏障，却也不全是。计划是沿着那些两侧都被敌方占领的有争端地区建造城墙。但建造长城并不意味着排斥，而是控制两个区域之间的人员流动。问题是，这种新的监管制度所带来的和平难以持久。

不列颠北方的稳定果然没能维持太久，更大的威胁渐渐逼近，罗马帝国已经走向崩溃的边缘。192年，康茂德（Commodus）皇帝被摔跤手纳尔奇苏斯（Narcissus）勒死。接下来的10年，罗马帝国为阴谋与死亡的阴影所笼罩，群雄并起。不列颠尼亚尽管远离罗马帝国的中心，但发生于前沿边界上的事件具有破坏帝国稳定的惯性。因此，不列颠尼亚无法置身事外。按照历史学家爱德华·吉本（Edward Gibbon）的论断，这是罗马帝国灭亡的开始。由于担心不列颠尼亚总督的军事力量可能威胁到罗马本土，罗马帝国在不列颠的殖民地被一分为二：南方不列颠尼亚（主）和动乱的北方不列颠尼亚（次）。于是不列颠有了两位总督，均不至于强大到足以颠覆罗马。伦蒂尼姆被定为南不列颠尼亚的首都，更名为奥古斯塔

（Augusta）。如果想在这块飞地上建造一堵城墙，需要经过罗马帝国的许可。显然，伦蒂尼姆在帝国的角色正在改变。

　　修建绕城之墙还是很快就启动了。不仅仅出于安全的需要，围墙还可以作为一个多面屏障，既是一种象征，亦可谓真实性存在，更高于城市居民的生活需要。城墙的西侧，伦敦城已经拥有天然的屏障，即弗利特河。于是在其他地方，沿着城市边界的外缘，开挖大约5米深的壕沟。壕沟建造采用标准的防御技术，让城墙的外部尽可能地高。也就让壕沟成为城内与城外之间的分水岭。这里既不是城市也不是乡村。这个角色由于它迅速变成一个巨大的垃圾场而引人注目。这个地方如今已经得到挖掘。自罗马时代堆积至今1800来年的瓦砾中，考古学家发现了大量的证据，这一被称作"猎狗城壕"的地方，原来真的"埋有许多的死狗"[15]。几个世纪以来，这里总是发生一些惊悚事件。

　　大约6米高、2.5米厚的城墙，展示了罗马人所有已知的精湛技术。用于砌筑城墙外贴面的石头是肯特碎尖石。这种石头异常坚硬，不易雕琢，但质量一流。从位于泰晤士河上游大约30英里的梅德斯通（Maidstone）用船运来。弗利特河与泰晤士河相交处的黑修士沉船遗址表明，这里应该是将肯特碎尖石运到首都的中转站。这个遗址也是英国3座古罗马时期的沉船遗址之一。城墙的某些部位，以红砖平顺砌筑，从而稳定结构。在城墙的内侧，则以从壕沟挖出的泥土砌筑堤坝，并逐渐形成一段护墙／压檐墙。在这个护墙上，守城部队可以监视城墙的四周。此外，压檐护墙还与3座带有木楼梯的塔楼相通。

　　城市的对外交通通过4座城门向外伸展。主教门（Bishopgate）通向不列颠尼亚的东北和约克（York）；位于昔日要塞所在地的克里普门（Cripplegate）通向西北；新门（Newgate）通向西部和格洛斯特（Gloucester）；拉德门（Ludgate）通向牛津（Oxford）和西南。后来，又于4世纪50年代，新建了一座参事门（Aldersgate）[①]，从这里可以通向不列颠的东部。在新门一带的考古发现表明，这些城门全都拥有宏大的结构。两座塔分别立于门洞的两侧，门洞之下是足有10米宽的双行马车道。18世纪被拆之前，这些城门一直是城市的主要交通节点。即便是今天，在伦敦的"平方英里城"（Square Mile）[②]，依然有许多与城门同名的街道、坊里和教区。

　　修建城墙是一项宏大的工程，包括采矿、采石以及将泰晤士河以东的大量石头运送到城墙的建造地。除了当地制砖工人的努力协作，还必须找到大批用于黏合石头的砂浆和黏土供应商。我们不能断定是否像建造哈德良长城那样动用了军队，但可以肯定的是，这项工程经历了至少两年的连续施工。

　　如此大兴土木的建造活动，赋予了城墙及其所围合空间的地标性特征。城墙既是伦蒂尼姆在帝国地位得以提高的具体表现，亦暗示了如此地位所承受的威胁。正是基于防御和提高城市地位的双重考量，刺激了城墙修建。而工程一旦开始，随之而来的便是城墙作为屏障的经济效益，如兴建后的城墙如何回馈其建造时所花掉的费用。和哈德良长城一样，伦蒂尼姆的防御兼具交通要道和缓冲区的功能。于是这堵墙就扼守了进入罗马帝国殖民地最富有市场的通道。正如所有抵达泰晤士河码头的货物都会被征税，如今，所有来

[①] 从古罗马时期的伦敦地图看，参事门位于城市西部。位于东部的城门为阿尔德门（Aldgate）。这两座城门的英文拼写非常接近，疑为作者笔误。——译注
[②] 在本书的其他章节，根据不同的语境，多将"Square Mile"翻译为"伦敦城""伦敦老城""金融城"或"伦敦金融城"。这里将其译为"平方英里城"，是为了体现罗马人所建造的伦蒂尼姆，其规模大致为一平方英里。口语里，伦敦本地人习惯以"Square Mile"或"The City"来称呼这个地区。如今，这里其实不过是大伦敦的一个街区，但继续拥有"城市"的地位。

伦敦的石头：十二座建筑塑名城

自陆路的货物都被要求在城门口停下来，接受盘查，缴纳费用。为此，市场得到保护，贸易安全顺利地成交。同理，不受欢迎的人也会被拦在外面而不准入城。城墙变成了体现市民特权的实际载体，用来界定谁可以拥有这个特权。

罗马人离开伦敦1000年后，最早的木桥以石头重建。广场消弭，圣殿入泥，罗马伦蒂尼姆的梦幻却依然萦回。千年之间，作为首府的伦敦，经受了来自撒克逊人、维京人、丹麦人和诺曼人的无数次攻击。那里还添建了一座大教堂和宫殿。哥特式尖顶取代了昔日的巴西利卡；职业行会和新的管理体系取代了从前的元老院。当初的罗马道路大多被新建的构筑物所覆盖。一些木结构房屋如雨后春笋般从曾经规则的街面拔地而起，并受制于那些今日伦敦该当如何如何的新理念。但尽管历经所有这些变化，尽管建造伦敦的石头动荡不安，古墙环绕的罗马城精髓尚在，古韵犹存。

时至今日，古韵依然可寻。裸露的城墙残骸，随机而尴尬地散置于城市各处。在一些地方，它们被整合到一栋现代办公楼的门厅，或者封闭于玻璃罩之内。在另一些地方，残骸光秃秃地混杂于车马人流。接下来的岁月里，城墙被重建扩展，一些防御地带还添建了房屋。更重要的是，在那些城墙业已消失的地方，其原初的设计意向仿佛复写于羊皮纸上，依然可以从环绕着伦敦老城的某些街巷和地段中找到踪迹。这些路段包括：从东部伦敦塔的拱门开始，顺着阿尔德门和猎狗城壕，走向莫尔门；格兰姆斯教授所发现的古城墙遗址（即伦敦博物馆所在地）沿途；顺着弗利特街和黑衣修士街区，走向泰晤士河。这段路线也就是从前的弗利特河河道。显然，古罗马时期的城墙依然界定着如今已然成为伦敦金融城的"平方英里城"。

然而一座城市的身份特征，不仅仅体现于人、贸易、政治和法律，以及这些要素之间的复杂关系，它还是一处神的领地。圣灵和俗务都必须在此地找到归宿。那些用于敬神的场所，可以让城市的街区圣洁，让当地的居民蒙福，亦规范了街区的秩序，为巩固社会的平稳提供了一套超自然的等级制度。罗马人的宗教错综复杂，却也非常人性化，时刻注视着天神与凡人之间的互动。于是，罗马众神的历史糅合了征兆与仪式、献祭与承诺，并由此平衡世界、保护信众。这样的宗教，可以用来团结大众，将不同的人群纳入一个命运共同体。

一般说来，即便有了武力征服，除了对超自然神力的共同恐惧，征服者与被征服者之间没有共同的纽带。于是当罗马人于43年抵达不列颠尼亚时，他们带来了自己的诸神。战场上的胜利，也反映在强大的拉丁语之神击败了当地的神祇。接下来的几十年里，便是对当地的信仰和万物有灵观的征服。不列颠人的神秘仪式，也开始仿照罗马人行事。在这种被塔西佗称为"翻译"的过程中，后者吸收了前者的神力。如此翻译行为的功效，绝不亚于军团或者商人货车的作用。后二者长期跋涉于新殖民地的疆土之上。

罗马诸神既不理性也不顺从，但这些捉摸不定的神明能够提供护佑，并带来好运。因此，抵达不列颠海岸的罗马士兵坚信，自己每到一处，都必须祈祷、提供祭品、设立祭坛。随着这些士兵在帝国各地穿行，他们又将当地的诸神和职业保护神与帝国和官方的礼拜方式糅合混杂，最终合成了一套极其复杂的天国系统。除了例行的日常祭拜，还要在年历上标出特定的节庆日，以祈福季节的转换。为此，要定期供奉祭坛，以确保战事的胜利，要举行礼仪，让当前的日常事务神圣化。宗教行会、家庭神龛和护身符则用于阻挡鬼怪。连路标上都雕以饰记，以保护旅行者免遭邪恶侵扰。

因为深感远方的统治者始终监视着自己的疆土，一些人开始把皇帝本人当作崇拜对象。于是，罗马帝国的皇帝大都与神相通。康茂德自喻为大力神（Hercules），图密善推崇发明音乐和保护大地的女神密涅瓦（Minerva）。哈德良将自己的情人安东尼（Antinous）神圣化，他还为这位情人创立了诸多的神位，将其奉作罗马神巴库斯（Bacchus）或埃及神奥西里斯（Osiris），二者均象征着重生和青春。

军队是迷信的温床，宗教狂热也就随着行军路线播向各地。殖民地建立伊始，卡姆罗多努率先建起了圣殿，以敬奉克劳狄一世。其他罗马诸神也迅速在伦蒂尼姆的泰晤士河河畔落户安家。根据在伦蒂尼姆第一座市政广场附近所发现的铭文，此处所建的小型巴西利卡里，至少有一座祭坛，用来敬奉众神之父朱比特（Jupiter）①。泰晤士河南岸建造的圣殿，敬奉着埃及神伊西斯（Isis）。彼得山上的一座圆形建筑遗迹，可能也是一处圣地。据说那里建有一座圣殿，敬奉狄阿娜女神（Diana）②。至少在过去的1400年里，它一直被称作圣保罗大教堂。大量被挖掘的祭坛、牌匾、誓言、祭品和符咒表明，罗马人见证了他们的众神行走于伦蒂尼姆的街道，为虔诚的祈祷者谋福消灾。

到了3世纪中叶，南不列颠尼亚首府又成为一种新型神祇的家园。这位大神便是米特拉斯神，源于波斯的米特拉教（Mithraism），最早大概流行于罗马帝国的东部边境、今属于土耳

---

① 这位罗马神话里的众神之父朱比特（拉丁文Jupiter，又写作Luppiter），很多时候被称作约维（Jove），即希腊神话里的宙斯（Zeus）。——译注
② 狄阿娜（Diana）为拉丁语，即希腊神话里的阿耳忒弥斯（Artemis）。她是罗马神话里的月亮女神和狩猎女神，是众神之父朱比特与暗夜女王拉托娜（Latona，即希腊神话里的勒托，Leto）的女儿，是太阳神阿波罗（Apollo，其希腊名和罗马名相同）的孪生妹妹。与欧洲王室纵横交错的关系类似，古希腊和古罗马诸神的谱系也是错综复杂，常常不合逻辑，经不起深究。

其的一座小镇——塔尔苏斯（Tarsus）。罗马人关于这一信仰的最早记载，出自萨斯达斯·巴巴鲁斯（Sacidus Barbarus）的献词。巴巴鲁斯是第15阿波罗军团的一位军官。这个曾经驻扎于奥地利的军团，不断地在奥地利、亚美尼亚、耶路撒冷等地之间迂回作战。其中的某个时候，巴巴鲁斯皈依了一种被称作米特拉教的信仰。之后，该信仰迅速渗入军队。先是在东部那些见识过祭拜礼仪的军人之间流行，之后很快在日耳曼和高卢扎根。大约于3世纪初，它传入不列颠尼亚。恰逢其时，这个信仰得到了罗马帝国的官方认可，在不列颠尼亚北方边界地区的军队中广受欢迎。于是，在古罗马城墙内的沃尔布鲁克河东岸，便有了一座圣殿，以敬奉这位波斯神。

至于米特拉教到底为何方神圣，尚有很多争论。不久前，有人认为，这是琐罗亚斯德教（Zoroastrianism）的突变，或者说是一种以动物之血作为献祭的原始崇拜。格兰姆斯教授1954年所发现的米特拉斯圣殿，其形制与同类的建筑颇为一致，诸如在德国边境和罗马附近所发现的米特拉斯圣殿都是类似形制。具体来说，伦敦的这座米特拉斯圣殿以石头建造，其外贴面为肯特碎尖石，并且平铺了好几排瓷砖。其平面布局遵循标准的巴西利卡形制，大约为东西向，长19米，宽11米，门廊位于建筑的东端，祭坛在西面。建筑的内部为一段通长的中殿，两侧各有一段带石柱拱廊的侧廊，朝拜的信众匍匐于此。在西端，一组台阶从平台向下延伸。建筑的南面还有一口水井，正是在这里，格兰姆斯教授找到了最意想不到的东西。

米特拉教的核心标志"屠牛像"（Tauroctony）[①]向我们描述了

[①] 米特拉斯宰杀一头圣牛的"屠牛像"，或者是浮雕，或者是独立式雕塑，一般都安放于米特拉斯圣殿的核心部位。

该信仰的主神米特拉斯的主要事迹：有着神性的米特拉斯从岩石中出生，并与一只狗、一条蛇、一只渡鸦、一只蝎子一起，杀死了一头公牛。因此，很多研究者认定，这是一个沾满鲜血和牺牲的信仰或邪教。然而最近的研究表明，米特拉教比大多数古代信仰更为理性。屠杀公牛的象征，应该被看作一种天文预测，也就是春天走向夏天的瞬间。每一类动物形象，都对应了占星术里的一处星座。公牛是金牛座（Taurus），狗是大犬座（Canis Major），蛇是长蛇座（Hydra）。此外，还有一些关于太阳和月亮、天蝎座（Scorpi）、狮子座（Leo）、双子座（Gemini）的星相证据。

塔尔苏斯曾经被誉为知识的宝库，那里拥有一座超过200万册藏书的图书馆。图书馆里有希帕初斯（Hipparchus）的著作。这位希腊天文学家的工作弥合了巴比伦与传统星相观察家之间的科学差距。为了预测日食和天体运行，巴比伦人系统地观察和描绘了夜空。希帕初斯据此得出结论：整个宇宙沿着某种特定的轨迹运转，可以通过仔细的观察来辨别这些轨迹。因此，米特拉教的"屠牛像"描绘了对宇宙秩序的某种期盼，并通过建立一套抚慰诸神的天国系统，来控制人间的命运和季节。也就是说，不仅可以通过神灵预测人间的财富和秩序，还可以通过对天体运行的掌控，感知人类的未来。

地理与天文对应，于是米特拉斯圣殿代表了帝国的统一，其含义也就具体化了。这种最初流行于军队的信仰，强调秩序和运气，让那些从不同种族征召而来的雇佣兵很容易就团结到一起。因为它把天体的转向与当地的需要和恐惧联系到一起，并提供某种天意下的归属感。同理，这一信仰也很快为商人所接受。具体说来，通过一套深奥难解的七等级启蒙仪式，米特拉教将社会的秩序神圣化，并落实到七个等级：渡鸦、新郎、士兵、狮子、波斯人、太阳的信使、教父。至于每个等级到底意指何种秘密，则不得而知。

米特拉教传入不久，基督教来到不列颠尼亚。与米特拉教的多神崇拜不同，基督教强调一神崇拜。接下来的几十年里，基督教会的命运随着皇帝的兴致而起伏。曾有记载提到一座基督教巴西利卡、一位伦敦主教和一位罗马授权的代理人，然而迄今没有发现证据。可以肯定却又颇具讽刺意味的是，杰作《罗马帝国衰亡史》的作者爱德华·吉本，将基督教归结为罗马帝国消亡的主要原因之一。因为米特拉教将其信徒与宇宙系统以及帝国的命运紧密联结到一起，基督教却提供了另类权力，将个人救赎置于公共礼拜之上。不到一个世纪，罗马便受到了威胁，众神也无力回天。

410年，罗马人撤离不列颠尼亚之时，霍诺留（Honorius）总督丢下一句让不列颠尼亚"自保"，一走了之。作为城市基石之一的圣殿却留了下来。2006年，有人宣布，这些古老的石头将被放回到它们当初位于沃尔布鲁克河附近的位置。但事情没有按计划进行。相反，那里建造了一座由福斯特建筑事务所设计的现代建筑——沃尔布鲁克大厦。这座大厦号称拥有宽敞的办公空间和齐全的购物设施。圣殿被其现代的化身"购物中心"所取代，听起来不免有些滑稽。

罗马人放弃了奥古斯塔，不列颠尼亚很快就被其他的部落所占领。这些部落人对城市没有兴趣。不久，罗马城也遭到颠覆。一个没有中心的帝国不可能持久。没有了罗马帝国，伦敦也就是多余的了。桥梁、广场、城墙和圣殿全都只能任其凋零。直到几个世纪之后，当昔日建造城市的石头得到重建之时，伦敦的故事方能继续。

围绕着诞生一座城的神话，常常涉及诸神下凡。诸如一段游牧人的游荡、预言的实现，乃至获得神谕，每一座城市都需要自己的创世故事。正如约翰·斯托所言："通过人、神交织，城市的第一块基石便更加荣光，更加神圣，也就让城市更为威严。"[16]《圣经》和《古兰经》中都有记载，人类的第一座城由亚当之子该隐建造。出于妒忌，该隐杀死了自己的牧羊人弟弟，并因此被上帝驱逐，成了地球上的第一位造城人。因此有人说，该隐的标记见诸所有城市的创世神话。

新的伦敦史出自 12 世纪牧师、蒙矛斯的杰弗里（Geoffrey of Monmouth）之手①。这是一位在伦敦生活了大半辈子的威尔士人。他声称自己的故事最早从牛津大学考古学院院长沃尔特（Walter）那里听来，很可能摘自"一本以英文撰写的古书"[17]。但估计杰弗里也读过南尼厄斯（Nennius）的著作。南尼厄斯是班戈（Bangor）城的主教，他说过类似的故事。为了证明自己的故事的神圣性，下笔之前，南尼厄斯发誓说，自己是威尔士主教"圣爱尔沃达戈（holy Elvodug）的学生"[18]。这个故事告诉我们，伦敦不是诞生于该隐杀死弟弟的兄弟之血，而是源于让特洛伊（Troy）毁灭的烈火。其中的主角布鲁图斯（Brutus）②是埃涅阿斯（Aeneas）的重孙。埃涅阿斯即维吉尔（Vigil）诗歌中的特洛伊英雄。话说英雄的后代布鲁图斯逃离了特洛伊大火之后，为了寻找自己的避难地，徘徊于欧洲。途中，他经过一座荒无人烟的小岛——奥吉提亚岛（Leogetia）。在这座岛上，他梦见了女神狄阿娜。女神对他说：

> 布鲁图斯，朝着太阳的方向一直往前，走过高卢的领地，海中有一座岛屿。那里曾经被巨人占领，但现在已经空无一人，正等着你和你的族人前往。时间将会证明，那是你和你的族人最宜

---

① 杰弗里是英国史学发展中的重要人物，其最著名的作品是编年史《不列颠诸王史》。正是他最早杜撰了亚瑟王的故事。
② 布鲁图斯亦常常被认为是"不列颠"之名称的起源。

第一章　词语与石头：古城碎片　　29

居之地。对你的后代来说，它将是另一座特洛伊。那里还将诞生出一支源自你祖先的、伟大的王者之族。整个地球都会臣服于他们的脚下[19]。

于是，从非洲到非利士人（Philistine）的祭坛，到中东的盐湖，到罗斯卡达（Russicada）和杂月可之山（Mountains of Zarec），航渡马尔夫河（River Malve），登陆毛里塔尼亚（Mauretania），乃至抵挡海格力斯之柱的诱惑，在历经许许多多的险境之后，布鲁图斯带着他的族人终于来到阿尔比恩（Albion）海岸①。在这座岛屿的西南托特尼斯（Totnes），他们建立了新王国。他们很快发现自己已经登上了巨人岛。又历经一番争斗，特别是在击败了哥格马格格人（Gogmagog）之后，布鲁图斯及其族人占领了整座岛屿。与此同时，布鲁图斯开始寻找自己的城市："为找到一处合适的地方，他走遍了岛上的每一个角落。最终，他来到泰晤士河边，沿着河岸来回巡逡，选中了一块适意之地。他在那里建造了自己的城市，并称之为'托亚·诺瓦'（Troia Nova）。"[20]意思是新特洛伊。

布鲁图斯死后被埋在自己所建立的城市的城墙里[21]。他的后人则成为世世代代的不列颠国王，最后一位便是拉德王（King Lud）。正是这位拉德王在面对恺撒的威胁时，改进了城防："重建了特里诺文特人小镇的城墙，在环状的城墙上建造了许多塔楼。"[22]拉德王死后，城市更名为"拉德堡"（Kaerlud）。再后来，这座拉德堡衰落为"伦丁兰德堡"（Kaerlundeinand）。最终，经外国入侵者之口，被叫作了"伦敦斯"（Lundres）。拉德王死

---

① "阿尔比恩"是对大不列颠岛的最古老的称呼，原意可能为"白色"，大概指进出不列颠的重要渡口多佛尔（Dover）的望海白悬崖。

后，被埋于一座城门之下。该城门不久便被唤作了"拉德门"。城门本身经历了曲曲折折的变故，但伦敦城的西边至今依然有一座城门被唤作"拉德门"。只是昔日的故事可能并不神圣，"拉德门"这个单词很可能从古英语里表示"侧门"的单词"Ludgeat"演变而来。

显然，罗马人撤离的千年之后，有关城市的传说和石头都经过了重塑。杰弗里的目的是为了找到伦敦在恺撒到来之前的源头。布鲁图斯的故事刚好证明了伦敦与罗马平起平坐，而非罗马的附庸。于是，伦敦不再位于罗马帝国历史的边陲，而立于自己叙事的中心。

这篇创世神话被牢牢地砌入有关"伦敦石"的故事，也让这块石头被誉为建造伦敦的第一块基石。如今它被安放于泰晤士河北岸的坎农街（Cannon St.）。其四周为维多利亚时代的铁栅栏所围。对一些人来说，这是一块布鲁图斯随身携带的石头，以标记他在泰晤士河边所建的新城。有趣的是，这个神话又衍生出丰富多彩的传奇，并赋予这块石头新的神力。神秘主义诗人威廉·布莱克（William Blake）认为，它可能是一座德鲁伊（Druid）祭坛。还有人认为，它是敬奉狄阿娜女神的祭坛。神话也好，俗说也罢，千百年来，伦敦石早已成为伦敦城的核心、公民权利的焦点、一块让神话成为历史的神奇之石。约翰·斯托指出，被"言辞优美的福音书"渲染过的石头，属于10世纪撒克逊国王阿瑟斯腾（Ethelstone）。伦敦城第一任市长亨利·费兹·奥文（Henry Fitz Ailwyn）另有一个附加姓氏，即"伦敦石"。显然，奥文是想通过这块石头增强自己的权威。有记录表明，历史上的伦敦城在发布任何告示之时，都要用政府的典仪之剑敲击伦敦石。如此的政治表演，在莎士比亚的《亨利六世》第二部得到戏剧化的表现。杰克·凯德（Jack Cade）带着一群农民起义军冲进城市之后便宣布："现在，我坐在伦敦石之上，主管城市并发布命令。在我统治的第一个年头里，只准让尿管子[①]流出红葡萄酒，费用由市政府承担。"[23]

但我们应该对这块石头抱以谨慎之态。为了某种目的，所有的传说都在前人之言上添加新的阐释，对伦敦石来说尤其如此。它从前乃至今后依然会引发各种遐思猜想。谚语道："只要布鲁图斯的石头平安，伦敦就会繁荣长久。"但这个谚语后来被戳穿为维多利亚时代的骗局，实则是威尔士牧师理查德·威廉姆斯·摩根（Richard Williams Morgan）的自娱自乐。然而，时至今日，造神仍在持续。2002年，历史学家阿德里安·吉尔伯特（Adrian Gilbert）宣称，这是一块亚瑟王安放王者之剑的宝石。可是不久前，在宝石附近的考古挖掘中发现了一座大型古罗马时期的别墅。这不由得让人推测，宝石可能只是一个门柱子。它也可能是一块里程碑标记，所谓的中心石，即测绘的起点。在此，辐射出所有通往罗马帝国的道路。可这一切的真假，我们永远也弄不明白。也许，事情本该朦胧。

但不管如何，布鲁图斯和伦敦石的神话，与重新考察伦敦其他的古代石头同等重要。桥梁、广场、城墙和圣殿能够告诉我们这座城市的基石所在。有关伦敦起源的故事则告诉我们这座城的兴衰以及它如何重生。它兴于偶然，成于侥幸。其城市的形态，随着不同的功能而演进。这些不同的功能包括作坊、堡垒、码头、市场、圣地。雕琢于石头之中，尔后又经过创世神话的重塑，于废墟中重生的伦敦，最终变成了永久。其多重的源头衍生出多彩的面目。

[①] 这是伦敦齐普赛街（Cheapside）上一根柱式公用水管道。因其流出的水极细，被戏称作"尿管子"。英文常将这种管道（conduit）写作"fountain"，为此很多中译文称之为"喷泉"，其实并不准确。"Cheapside"源于古英语"ceapan"，意为"购买"。这条街的含义是"市场"。

第二章
西敏寺：亨利三世的人间天堂

> 凿子的妙作，仿佛魔法，让石头轻盈剔透。
>
> ——华盛顿·欧文（Washington Irving）《见闻札记》
> (*The Sketchbook of Geoffrey Crayon, Gent*)

1997年9月6日上午9点08分，戴安娜王妃的灵柩从肯辛顿宫（Kensington Palace）的皇家公寓，移回到圣詹姆斯宫（St James's Palace）[①]。肯辛顿宫位于肯辛顿公园边缘，其中的部分房屋由建筑师霍克斯莫尔[②]于17世纪末设计。王妃去世之后的几天里，这座古老宫殿的前方，从碎石路一直到大门上的黑色金属栏杆，到处都是鲜花做成的花圈。灵柩移回到圣詹姆斯宫之后，被抬上殡仪车，以王室殡葬的标准，由女王的皇家马队护送。王妃的家人紧

[①] 戴安娜王妃最早居住于圣詹姆斯宫，后来住进肯辛顿宫，直到去世。因此她去世之后的遗体最先安放于肯辛顿宫内的皇家公寓。——译注
[②] 霍克斯莫尔（Nicholas Hawksmoor，1661—1736），英国17世纪下半叶到18世纪上半叶最杰出的建筑师之一。本书第4、5、11章对其设计理念以及部分设计作品均有所讨论。——译注

随其后，皇家卫队组成的方阵护卫左右。送灵队伍所经过的道路两边，挤满了伤心落泪的人，其中有些人甚至早就在那里彻夜守候。一段绕行之后，送灵队伍向着西敏寺①的方向前行。

过去的900多年来，这座古老的修道院一直作为英格兰皇家举办各类仪礼的圣地。此刻，这座古老的修道院里，早已挤满了达官贵人，有英格兰王室和王妃的家人，有来自英国本土和世界各地的政要，有来自欧洲和其他地区的王室人员。还有一些当代的名流，包括流行歌手、电影明星和时装设计师。其间，歌手埃尔顿·约翰（Elton John）吟唱了一曲挽歌。曾几何时，埃尔顿·约翰将这支曲子敬献给玛丽莲·梦露。现在，他将歌词改写为对"英格兰玫瑰"的赞美。这支曲子不久就唱响了全世界，并成为法兰西、挪威和日本最畅销的金曲。3200多万英国人和世界其他地区的几十亿观众观看了全场葬礼。

700多年前，1269年10月13日，所有的不列颠贵族也都接到命令，参加英格兰国王忏悔者圣爱德华（St Edward the Confessor）的遗骨迁葬大典。自1245年以来，圣爱德华国王的遗体一直安放于西敏寺内的圣骨盒里。那一天，这具遗骨被抬了出来。六位抬棺人分别是：亨利三世（Henry Ⅲ）、德王理查德（King Richard of Germany）②、两位王子爱德华（Edward）和埃德蒙（Edmund）、萨里伯爵（Earl of Surrey）和菲利普·巴赛特（Philip Bassett）。六个人先是抬着圣棺，绕着尚未彻底竣工的西敏寺四周环行，最后将先王的遗体安放进寺内新建的祠墓里③。祠墓位于祭坛后方，四周满缀

---

① 西敏寺（Westminster Abbey）中文又译作"威斯敏斯特修道院"。——译注
② 这位德王是亨利三世的弟弟。——译注
③ 作者原文用的是"tomb"，但这种墓位于地面之上，实则为一种石棺。鉴于作者在余下的文中多称呼其为"shrine"，这里将"tomb"转译为"祠墓"。亦有中文将其译作"神龛""圣陵"或"圣骨匣"。——译注

特拉法加广场
纳尔逊记功柱尚未建造
绘画：詹姆斯·波拉德（James Pollard，1792-1867）

1843年正在建造中的纳尔逊记功柱
摄影：威廉·H. F. 托博特（William Henry Fox Talbot, 1800—1877）

古罗马时期第一座伦敦
木桥残片遗留

17 世纪的伦敦石桥

绘画:克劳德·德·琼格(Claude de Jongh, 1605—1663)

古罗马时期第二座市政广场遗址

古罗马时期伦敦城墙残迹

"伦敦石"
如今安放在泰晤士河北岸的坎农街,有铁栏环绕保护

古罗马时期米特拉斯神庙遗迹

18世纪西敏寺教堂内景
绘画：不知名艺术家

西敏寺牧师会礼堂内景

18世纪的西敏寺外景

西立面两侧塔楼于18世纪由建筑师霍克斯莫尔设计重建

绘画:卡纳莱托(Canaletto,1697—1768)

修复后的科斯马提铺面图案

爱德华一世留下的加冕御椅
不见了国运之石

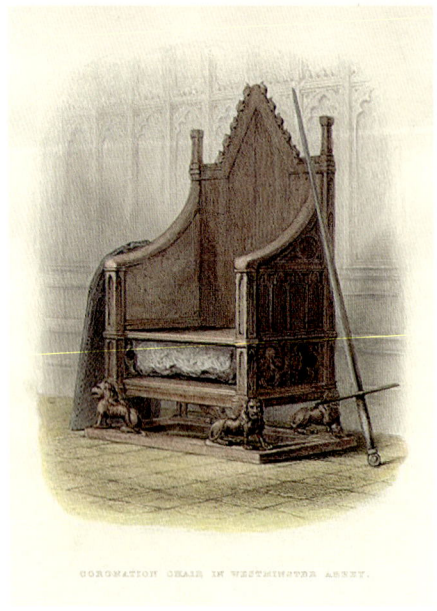

19世纪中叶画中的加冕御椅
国运之石稳稳安放
绘画：不知名艺术家

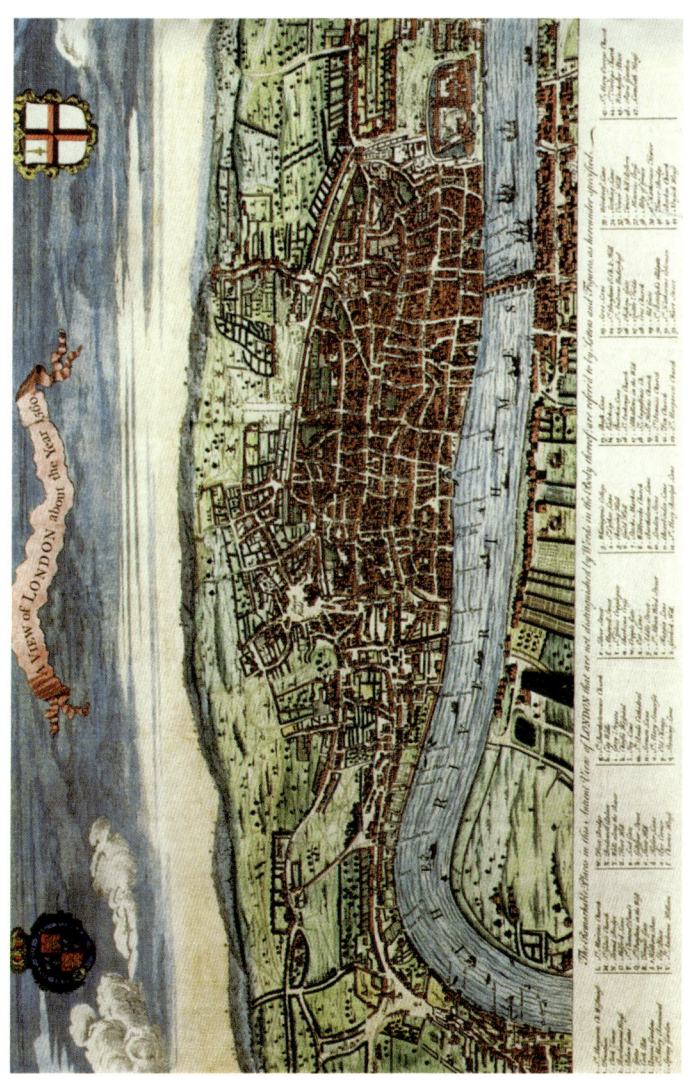

16世纪早期的伦敦地图

让约翰·斯托抑腕叹息和留恋的伦敦郊区尚未消失。图的左边,西敏寺依然可辨

今日皇家交易所局部
尽管自格雷欣时代以来历经两次重建，金蚂蚱依然傲视群雄

格雷欣勋爵 26 岁时的肖像画
绘画：不知名艺术家

格雷欣所建皇家交易所外观
仿佛敬奉给首都的新式大教堂

INTERIOR OF THE ROYAL EXCHANGE, LONDON.

格雷欣所建皇家交易所露天内庭

格林尼治宫苑的风景
绘画：斯塔文茨（Adriaen Van Stalbemt, 1580-1662）
　　　白尔坎姆（Jan Van Belcamp, 1610-1653）

着精心装饰的石雕和珍贵的圣物。随着国王的遗骨被抬向自己的权力宝座，聚集一堂的政要、贵族和主教大人们趁机也环顾左右，一览这修葺一新的修道院。石头和玻璃筑成的建筑巍峨高耸。此时此刻，它是英格兰的圣中之圣。亨利三世倾力翻修此地，正在于彰显自己王室血脉的神圣和荣耀。在他看来，将国王的遗体安放到经自己翻修过的修道院正中，不仅体现了自己神圣的宗教信仰，还证明了自己头上那顶英格兰王冠的神圣性。

戴安娜王妃的灵柩终于抵达西敏寺内用来安葬王妃的祠墓。这座祠墓同样满缀了黄金和珍宝。四周的礼仪烛光闪烁摇曳，让修道院内的那些装饰性石头格外醒目。这些宝石大多从意大利、希腊和埃及等遥远的古迹之地辗转而来。它们所组成的图案，精细迷人，遍布西敏寺的各个角落。其中，祭坛前方的地面上，有一段新近修理和清洗过的石制铺面，可谓西敏寺内最神圣的空间。英格兰王室所有的典仪，包括洗礼、加冕和葬礼，全都在此间举行。铺面上的石头图案、符号和样式，更是令人遐思不已——这座修道院与上帝创世之间到底有着怎样的关联？如此的隐喻谜题，也让英格兰的王座成为一种传媒中介，连接着人间与天堂的两个世界。

上述两场大典虽然相隔几个世纪，但从表象到内涵却是颇为一致。也就是说，将雄伟有力的建筑作为某种特殊的手段，让普通事物超然质变。借此，皇族凡胎超度为圣人。然而，建造西敏寺背后的故事并非超然，而是一段如何以伦敦的石头垒筑新权力的故事，乃至如何利用一种新的建筑风格——哥特式，为政治和宗教服务。西敏寺的建造时间，不仅是英格兰王室历史上的转折点，也是伦敦城市发展史上的转折点。如此多重特征，至今依然蕴含于这座由亨利三世建造的宏伟建筑的肌理之中。

1245年,"本着对圣爱德华的虔诚敬仰"[1],亨利三世下旨重建西敏寺。其时,他执政的时间已经比大多数的前任都更长。但是,他的统治地位却从未稳固,既有来自英格兰内部的挑战,也有来自外部的威胁。前者如强势的英格兰贵族,他们不仅要求制约亨利三世的王权,还要将相关的制约以书面形式写成法律条文。后者如法兰西国王,他乘英格兰国力衰弱之机,觊觎亨利三世的领地。既然无法在实际的斗争中挫败对手,亨利三世便寻求其他的方式。比方说,从信仰中获得神助。他的信仰便是敬畏从前的英格兰撒克逊国王圣爱德华。刚好,离自己的寝宫西敏宫近在咫尺的西敏寺,当初正是由圣王爱德华建造的。自10世纪以来,这里就是一座修道院兼研修中心,并因为靠近皇宫而拥有某种独特的优势。亨利三世于是下定决心,将从前的特区转化为人间的天堂,由此打造一个广涉上帝、国王、人与城市的新型宇宙观。这种新型的宇宙观,可以帮助他维系自己的皇权。

好比伦敦城,有关西敏寺起源的神话故事同样是众说纷纭。按照14世纪修士约翰·弗莱特(John Flete)① 的说法,这座修道院初建于6世纪,建于一座敬奉阿波罗的神庙遗址之上,因此,里面还保留了一些古罗马时代的圣石。其他的编年史则声称,这座修道院由肯特国王艾塞尔伯特一世(Ethelbert I)在7世纪建立,是为了敬奉圣彼得(St Peter)。604年,圣彼得还神奇地现身,亲自执行了教堂落成的献祭仪式。同年,又在那里建造了一座礼拜堂,并指望它日后会发展成圣保罗大教堂。所有的这些故事编造于不同的时期,并塞入一些伪造的典章和不准确的编年史,目的是提高这里的

---

① 约翰·弗莱特大约于1398年出生,1420年前后加入西敏寺,并于1456—1466年担任该修道院的院长。其代表作有《西敏寺编年史》等,因此他亦被誉为英国神学历史学家。但从其活跃的时间来看,更应该被归入15世纪人物。

神力，让这座修道院显得更为古老，也比其同类拥有更大的潜力。

实情却较为卑微。最初的建筑不过是一座小小的撒克逊教堂。其建造时间是 7 世纪之后，彼时正是麦西亚王国奥法王（Offa of Mercia）统治时期。直到临近新千禧年之际，它才升格为修道院。那是 970 年，国王埃德加（Edgar）发现，在各地建立一个宗教网络是巩固自己的撒克逊领地的最佳方式。于是他将这座小教堂连同其所在地索内岛（Thorney），一并封赏给坎特伯雷大主教邓斯坦（Archbishop of Canterbury，Dunstan）。邓斯坦随即带上 12 位遵循本笃会（St Benedict）教规的修士来到此地，致力于每日每时的祷告和劳作。当然，这座修道院也有一些地产，这就让修士们变得富有且颇具影响力。一条所谓的"西敏斯特走廊"逐渐延伸到新兴的伦敦城郊外。沿着走廊的周边，还发展出一些繁荣街区。从霍尔本（Holborn）到河岸街（Strand），并一直往北绵延到亨登（Hendon）和汉普斯特德（Hampstead）。结果是，修道院的财富与大都市的兴衰息息相关。

这座修道院虽从属于城市，却又是独立的。它既是人世间极为富有的土地主，却又与修道院回廊之外的人间俗世完全不同。也就是说，在修道院的院墙之内，是一片圣洁的街区、一个封闭的世界，致力于灵魂救赎大业。日常生活中，此地严格遵循中世纪第一部神学典章所宣扬的教义。这部经典著作《神的城市》（*The City of God*）出自圣奥古斯丁（St Augustine）之手，成书于 5 世纪，旨在对抗自罗马帝国灭亡之际所兴起的异教。圣奥古斯丁将世界分为两座城市：人的城市与神的城市，均诞生于亚当被驱逐出伊甸园之时，并最终落实到两个儿子的出世："先出世的是该隐，属于人的城市。后出世的是亚伯，属于神的城市。"[2] 西敏寺向那些摒弃该隐的人士提供了庇护。这些人拒绝世间俗趣的诱惑，致力于修复新耶路撒冷。

然而它不仅仅是一处避风的天堂，因为其建立之时恰逢欧洲寺院的政治革命。第一个千禧年即将到来，这个日子被认为很可能是世界末日。于是，位于法兰西东部克吕尼（Cluny）的本笃会主持圣博诺（St Berno）立下宏愿：在末日来临之前，不仅要建造新的耶路撒冷，还要建立一处人间的天堂。为此，克吕尼的修道院远离俗世政治，唯守上帝的律法。它们归属教皇而非当地的领主。到了12世纪，这里已然发展出314座大型修道院，外加许许多多的小型牧师会和隐修院，并且它们全都遵循克吕尼改革。所有这些肯定对西敏寺产生了深刻的影响，让它逐步演变成一座修行式寺院。其内拥有由兄弟会教士组成的社区。教士们致力于祷告和研习。然而西敏寺所处的地点，却又使其不可能远离自己所在地的政治旋涡。

从此，西敏寺反映了城市的多重面目。在形而上学层面，它代表了圣奥古斯丁的《神的城市》，在现实生活中，它与其东部老城墙之内的伦敦城关系密切。那么让我们来看看伦敦城的发展。自7世纪以来，罗马人建造的老城墙早已是摇摇欲坠。为了摆脱在破败的老城墙内苟且偷安的生活，撒克逊人将他们的定居点向老城墙之外拓展，重建了一座被称作伦敦维奇（Lundewic）的新城。其所在的位置，即今日伦敦的奥德维奇（Aldwych）街区。在新地段一处布满碎石的海滩，他们还建造了一座初级港口。贸易商们再也不必将商船停靠到罗马人的老码头，而是在新建的港口直接将商船拖到海滩上，叫卖从船上卸下的货物。这一举措让周边地区蓬勃发展起来。随之，这里成为了各路人马的必争之地。在不同的时期，这里相继被东撒克逊人、西撒克逊人和麦西亚人占领。考古学家在此地发现的一些证据显示，撒克逊定居者与法兰西北部、低地国家以及莱茵地区均有良好的贸易往来。

但到了9世纪,阿尔弗雷德(Alfred)大帝鼓励部落人搬回罗马老城墙之内。于是被称作伦敦堡(Lundenburgh)的伦敦城得以复兴。复兴后的聚落有40多座房屋。围绕其间还修建了一个新的街道网络,其中一些主要街道铺设于当初的古罗马大道之上。我们在上一章描叙过的木桥,依然是城市的主要集散地,是城市需要保护的中心。1013年,正是在此,伦敦堡的市民们向丹麦王八字胡斯韦恩(Svein Forkbeard)[①]的军队进行最后的抵抗。第二年的围城战中,奥拉夫二世(Olaf Ⅱ)试图用他的战船撞毁这座木桥,由此唱响了民谣《伦敦桥要倒了》(*London Bridge is Falling Down*)。位于城墙西部的那座老西敏寺同样遭到北欧人的猛攻,一无所剩。

丹麦人的胜利改变了伦敦城的命运。斯韦恩的儿子克努特(Cnut)征服了这座城市之后,开始在老城墙内建造王宫。泰晤士河及其优良的航运水道,让伦敦城成为新统治者颇为中意的港口。新王依然拥有横跨北海(North Sea)之外的土地。和罗马人一样,克努特选择伦敦,也是因为它拥有良好的地理位置,很容易将这里的财富运往欧洲大陆。当然,这是有代价的。1018年,簇拥于克努特大帝宫殿附近的新建街区被迫支付的税收,相当于英格兰总税收的八分之一。

1040年,克努特的儿子哈罗德一世(Harold Ⅰ)下葬于西敏寺,

[①] 八字胡斯韦恩(960—1014),又译作"八字胡斯文",是丹麦国王(985—1014年在位)、英格兰国王(1013—1014年在位)以及挪威国王(1000—1014年在位)。986年或987年初,在其父亲蓝牙哈拉尔一世去世后,继位成为丹麦国王。1013年攻入英格兰,击败英格兰决策无方者埃塞尔雷德二世(又译作爱塞列德),成为英格兰国王,但仅仅一年后的1014年2月,斯韦恩便去世了。——译注

显示了皇家与宗教社区的某些关联。哈罗德一世的弟弟哈德克努特（Harthacnut）得到消息后，从丹麦匆匆赶来，然而他并不希望其兄长拥有所谓皇家殡葬礼仪的荣耀，而是最好将其尸体"抛入沼泽荒野"[3]。此后，哈德克努特执政仅仅两年，便由其同母异父的兄长爱德华（Edward）继位。爱德华出生于不列颠，是埃塞尔雷德二世（Aethelred）与其诺曼底妻子艾玛（Emma）①的第七个儿子。继承英格兰王位之前，他流亡在外24年。据说，爱德华曾经对圣彼得许愿，如果自己获得王位，便前往罗马，朝拜圣彼得的陵墓。他身边的贵族反对这个想法，因为爱德华在后半生的40多年里，处境险恶。为避免凶险的长途旅行，爱德华请求教皇，宽恕自己不能履行誓言。条件是，爱德华重建位于伦敦的西敏寺。显然，这一神圣的誓言强化了西敏寺与王室之间的关系。

到了11世纪50年代，西敏寺的修建已经进行。根据后来的编年史家马姆斯伯里（Malmesbury）的威廉（William）所述，这是"英格兰最早的耗资巨大且跟风时尚的建筑"[4]。其罗马式风格是诺曼时代甚至诺曼征服之前的外国新式样。厚重而令人印象深刻的建筑，可谓古罗马巴西利卡的复活，却又带有拜占庭帝国的新影响和新理念。这些理念，通过开拔到圣地的英格兰士兵或者到东部寻找香料的贸易商带回英格兰。其厚重的质感和高耸的石块，在当时飘忽而多变的尘世创造了具有纪念碑特性的永恒品质。对这座西敏寺的记载，几乎没有多少留存下来，不过由本笃会修士苏卡德（Sulcard）写于1080年的记事却留下了一鳞片爪，大概也是关于它最早的记载了：

---

① 诺曼底的艾玛，先是英格兰王埃塞尔雷德二世的第二任妻子，后与克努特大帝结婚，也因此两度成为英格兰王国的王后。著名的征服者威廉一世是她的侄孙。——译注

祭坛壮丽堂皇，带有高耸的拱顶，四周环绕着均匀砌筑的石块。圣殿通道的两侧，环绕着由结构坚固的石造双拱构成的围合式空间。为了支撑最高顶点处来自两侧的压力，教堂的十字交叉处，也就是唱诗区的中心，矗立起了一座中心塔楼。构成这座塔楼的，先是一个低矮而壮实的拱券，进而升起诸多带有繁复雕琢的螺旋式台级。再往上是直通木屋顶的素面墙。木屋顶由精心制作的铅制品衬里。[5]

爱德华营建的西敏寺于 1065 年年底竣工，并计划于当年的圣诞节举行祝圣典礼。然而事与愿违，祝圣前夕，爱德华在新寝宫里发病。次日，他由贴身男爵伺候着起身，却还是十分虚弱，不能前往观礼，只好让其妻子伊迪丝（Edith）代表前往。1066 年 1 月 5 日，爱德华故去。其遗体被抬到新近落成的修道院，在庄严的仪典中安葬于祭坛前方的地下。几乎立即就有传言宣称，故去的国王正在履行神迹。显然，爱德华的故去，将这座修道院变成了一座皇家陵墓，也留下了一个空空的御座。

几天后，爱德华的妻兄哈罗德·戈德温森（Harold Godwinson）在西敏寺加冕。然而到了年底，坐在王位上的却是新诺曼王朝的国王。那年 10 月，哈罗德的老熟人诺曼底公爵威廉（William, Duke of Normandy）① 领军争夺王位。威廉甚至还得到教皇的支持。在肯特郡的黑斯廷斯（Hastings），两军摆开了战场。第二天早上，英格

---

① 威廉是英格兰国王忏悔者爱德华的小外甥。他争夺王位的理由有二：一、威廉某次访问英格兰时，忏悔者爱德华亲口许诺将威廉作为王位继承人。二、哈罗德·戈德温森 1064 年触礁被困在诺曼底公国时被骗立下白骨誓约，将英格兰王位的继承权让给威廉。然而 1066 年，爱德华在去世前举荐了病榻边的哈罗德为王。在两位约克大主教的见证下，哈罗德宣誓继位。威廉听到这个消息后大怒，随即召集群臣，宣布出兵英格兰。——译注

兰国王战死，诺曼人宣告胜利，不过威廉尚未获得王位。

像所有的征服者一样，威廉明白，要想得到这个国家，必须征服伦敦。然而这座城市"左边有墙，右边有河，既不担心敌人的入侵，亦不怕自然风暴"。最后，威廉进逼泰晤士河南岸，要拿防御薄弱的南沃克开刀。威廉的军队没有直接攻打城墙，而是越过泰晤士河，驻扎于西敏寺。在那里，他放出话来，威胁说将建造发动机和攻城槌，摧毁城墙，让对手"引以为豪的伦敦塔沦为废墟"[6]。善于经商而不尚武的伦敦人也就投降了。

1066年的圣诞节那天，诺曼底公爵威廉在爱德华的西敏寺加冕称王，是为英格兰威廉一世（William I of England）。这场加冕仪式，让西敏寺与王位之间的神圣关系再次得到巩固。庆典安排得非常巧妙，凸显了威廉是圣王忏悔者的真正继承人，新王朝从旧王朝直接脱胎而来。征服者还热衷于证明，自己也是查理曼大帝（Charlemagne）①的天然继承者。后者是神圣罗马帝国的缔造者，于800年的圣诞节那天在罗马的圣彼得大教堂由教皇亲自加冕。如此比照，立即让西敏寺跃升为权力的智库，激发王者重建神圣的罗马帝国。这个帝国从苏格兰一直绵延到西西里岛。150年之后，亨利三世肯定有着同样的情结，通过神圣的石头巩固自己的王权。

不久，在新建的宫殿附近，沿着西敏寺的外围，逐渐发展出一座被称为"西敏斯特"的小城②。这座神的城市也迅速演变为国王的特区。与之前的诸多前辈一样，威廉一世很少在一个地方久留。

---

① "Charlemagne"更应该译为"查理大帝"，因为"magne"即指"大帝"，但因为"查理曼"早已广为所用，此处从众。——译注
② 本书其他处，多将之简译为"西敏城"。如同伦敦城至今依然拥有"城市"的地位，今日"西敏斯特"同样拥有城市的地位。而事实上，它跟伦敦城一样，只是大伦敦的一个街区。——译注

但西敏寺却成为他举行重大典仪的场所,也成为他的行政中心之一。东征西讨之后,他回到此地,并且在西敏寺的浓荫下建起了宫殿。他的儿子威廉·鲁夫斯(William Rufus)①于1087年继承了王位之后,又加建了宏伟的西敏厅(Westminster Hall),以彰显自己的威严。在此,鲁夫斯不仅召开宫廷会议,还举办"圣灵降临节"(Whitsun)②年度国宴,宴请"英格兰王国的要员"[7]。

即使说西敏厅算不上欧洲最为壮观的建筑和最雄伟的厅堂,也肯定是不列颠之最了,长73米,宽20米,墙高12米,堪称中世纪工程的惊人之作。尤其令人印象深刻的是屋顶,其跨度之大,可谓由圆柱、叠柱和拱廊灵巧组合的木工森林。粉刷后的白墙,覆以"丰富而精致的图画"[8],以及一些诸如幕帘、帷帐之类的悬挂饰品。12世纪添加玻璃时,窗户全都换成了彩色玻璃。显然,暴虐的君主已经将政治权力转化成建筑。之后的800年里,这座大厅始终是不列颠政权的核心。

后来,西敏宫逐渐发展成为永久性的法律和行政中心,既管理国王的财务,也处理国王的政务。到了亨利二世统治期间,国王甚至将自己的金库从温彻斯特(Winchester)搬了过来,让西敏宫成为英格兰名副其实的财政中心。这个做法很快就吸引了其他权力机构。随着朝廷对合约与形制的重视,地处西敏宫与伦敦城之间,由圣殿骑士团(Knights Templar)于1185年建造的圣殿,逐渐演变为

---

① 威廉·鲁夫斯是威廉一世的第三个儿子,俗称红毛威廉,1100年死于一场狩猎事故。此后,王位由其四弟亨利夺得,史称亨利一世,即本章主角亨利三世的爷爷的外公。欧洲王室之间的关系千丝万缕,加上诸多同名,尤其令人困惑。我们将通过译注,试图对本书所涉的英格兰王室传承作简要介绍。——译注
② 圣灵降临节又称作五旬节,是基督教的重大节日之一,定于复活节后的第7个星期日。这天的庆典中,天主教弥撒祭服为红色,但教职人员都身着白色服装,因此这个节日在古英语里被称作"Whitsun",其字面意思是白色星期日。——译注

法律从业者的总部①。不远处泰晤士河对岸的兰贝斯（Lambeth）一带，英格兰最有权势的教士坎特伯雷大主教，建起了自己的兰贝斯宫。约克大主教（Archbishop of York）则在附近泰晤士河北岸的河边置下房产，作为自己的宅邸②。

随着朝廷权力的增强，王室的宫墙外逐渐发展出一片街区，并因为靠近权力和金钱而获利。1086年的《末日审判书》（*Domesday Book*）③上，西敏寺被归类为"村落"。它拥有19个隶农、42个佃农，外加一座拥有25位骑士和其他男性的修道院。到了1200年，这里已然是重要而繁荣的特区。许多新来的人口并非神职人员，而是管家、理事、文员等。其中的某些高级职务以及西敏寺附近的地产房屋，甚至变成了世袭。

因为靠近皇宫，这片街区很快就吸引了一大批官员大臣。他们当中许多人所租住的地产隶属于西敏寺。曾经由修士们耕种的田地，迅速变成了繁华的街道。其中的一些街道依然为今人所知。如国王街（King Stree）当年住的是王室的仆人和富有的商人，奥德街（Odo）住的是金匠，拉菲温特街（Ralph Vinter）住的是葡萄

---

① 此即今日尊贵的内殿律师学院（The Honourable Society of the Inner Temple，简称内殿）的前身。——译注

② 这座宅邸（York Place）此后一直为历任约克大主教居住。最后一位居住者是权倾一时的托马斯·沃尔西（Thomas Wosley，约1471—1530）。作为亨利八世的重臣，托马斯·沃尔西历任林肯大主教、约克大主教乃至红衣主教。在其居住约克宫期间，托马斯·沃尔西对原有的宫宅大加扩展。但这位红衣主教未能成功说服教皇同意亨利八世的离婚及再婚，加上其他的一些原因，最终他被亨利八世革职，没收财产。约克宫成为亨利八世的寝宫，并改名为怀特霍尔宫。——译注

③ 《末日审判书》指的是1086年奉威廉一世之旨，对英格兰土地的面积、价值、所有权等所做的调查清册。其目的在于弄清王田以及国王封臣的地产数据，以便王室收取租金。它在加强财政管理的同时，还进一步确定了封臣的封建义务。如此命名，可能是为了说明其所记录的数据不容否定，犹如末日审判。另一说法是，威廉一世派出的调查员，个个如凶神恶煞，调查的内容又极其细致，使被调查者如同接受上帝使者的末日审判。——译注

酒小贩，托特山街（Tothill）和长沟街（Longditch）则住着受到西敏寺赏识的工人。工匠和朝臣们还希望从城市东部一些村落的住房市场中获利。这些村落包括查令十字村和圣马丁旷野村等。对投机者而言，这些村落和街区恰好是桃子熟了。皇宫的守门人纳森尼尔·德·勒文伦德（Nathaniel de Levelond），还有他的邻居约翰·德·厄普顿（John de Upton）上校，均是获利丰厚。因为住在西敏厅警卫室附近，这两个人近水楼台。

皇宫与其东部伦敦城之间的关系也日益密切。威廉一世登基不久，便以亲切的口吻向伦敦城的主教、市政长官和市民们颁发制诰，告诉他们，本城的法律将与"爱德华国王时代的一样"[9]。这是明智之举。如此一来，尽管曾经血染沙场，诺曼领主也继续野蛮地处置其新征服的领土，但伦敦城却没有因为换了新主人而遭到打压。之后的150年里，伦敦城与西敏城的皇家逐渐分离，强化了自己的身份，也壮大了其作为岛上贸易之都的力量。尽管偶有龃龉，但作为获得自由的回报，伦敦城支持并资助王权，并在国家的中心地区发挥着变革催化剂的作用。

威廉一世给了这座城自由。与此同时，他通过石头巩固了自己的霸主地位，以驾驭"变幻无常的众怒"[10]。在城墙的东端，他修建了高30米、墙厚5米的白塔①，向那里派驻了自己的亲信大将，并设立了军械库。在西边，他建造了贝纳德城堡（Baynard's Castle）和蒙特费彻特塔（Montfichet Tower）。说起来，这些防御工事主要是为了抵御丹麦人的入侵，却也清楚地表明，它们同时在监视着城市，紧靠城墙西边建造的弗利特监狱便是明证。

---

① 此即伦敦塔中央的塔楼。威廉一世对英格兰建筑业的一大贡献，便是引入了城堡，此前的英格兰没有城堡建筑。——译注

但不管怎样，和平时期的安定以及与欧洲的贸易让伦敦城受益。通过法兰西的加来港（Calais）出口羊毛，并经由诺曼王国进口葡萄酒和贵重金属，伦敦城得以发展为几乎当时欧洲北部最大的城市。诺曼底征服时的城市人口是1万人到2万人之间。这个数字在之后的一个世纪翻了一倍。到了1300年，城市人口已趋近10万人。城市也更加富有，对充实国王的金库做出了巨大贡献。因此，王室的经济越来越依赖于伦敦城码头区的繁荣。

于是伦敦城与西敏城共生共长。西敏城为运送到泰晤士河的奢侈品提供了大好的市场。因此，尽管伦敦城不时地寻找机会摆脱皇权的控制而谋求独立，却也在王室困难时期提供了保护。作为回报，王室在自己最需要金钱或支持之时，不会对伦敦城指手画脚。随着时间的推移，这种相伴相生的关系，给两座城之间有关政务、章程和权力的政治体系打上了深深的烙印。双方之间常常动荡不安的关系也因此得到制约和平衡。

威廉一世所继承的伦敦城，已经被划分为一系列里坊。其间的政务由参事们领导。在这个行政结构之上，威廉一世加设了两位代表皇家的郡长，以及几位负责税收的皇家官员。12世纪30年代，斯蒂芬（Stephen）与玛蒂尔达（Matilda）争夺王位的内战期间[1]，伦敦城的参事们以拥立谁为王作为筹码，与国王讨价还价，要求自

---

[1] 斯蒂芬是亨利一世妹妹的儿子，玛蒂尔达是亨利一世的女儿。由于亨利一世唯一的儿子溺水身亡，玛蒂尔达被其父指定为英格兰王位继承人。然而亨利一世1135年去世时，斯蒂芬第一时间赶到，在一些贵族的支持下，宣告继位。此后，玛蒂尔达与斯蒂芬之间展开了长达十几年的王位争夺战，互有胜负。其间，玛蒂尔达与其第二任丈夫安茹伯爵诺弗鲁瓦五世的儿子小亨利，在家族内战中历练成长。尽管玛蒂尔达最终未能从斯蒂芬手中夺得王位，两人之间达成一份协议，斯蒂芬死后，由玛蒂尔达的儿子亨利继位，史称亨利二世（1154年加冕）。这个人便是亨利三世的爷爷。从此，英格兰进入安茹王朝时期。因为亨利二世的父亲安茹伯爵诺弗鲁瓦五世常常在帽檐别一朵金雀花，因此"安茹王朝"又被称作"金雀花王朝"。——译注

行任命各自里坊的郡长。因为太需要支持,暂时为王的斯蒂芬不仅同意这个要求,还答应将这座城市提升为一个自治的"自由城"。这有些类似于意大利或法兰西北部的独立城邦。战事结束后,最终得到王位的亨利二世(Henry Ⅱ)便废除了所谓独立城邦的许多特权。问题是,先例已开。

12世纪末,英格兰王室再次陷入困境。在十字军东征途中,狮心王理查一世(Richard Ⅰ, the Lion Heart)[①]被俘。因此,狮心王在英格兰的王位代理人、伊利主教威廉·德·龙骧(William de Longchamp),受到王弟约翰(John)[②]的挑战。约翰于1191年领军征讨伦敦。威廉·德·龙骧被迫躲到由伦敦市民所围护的伦敦塔里。伦敦城的参事们便乘机以承认约翰为王作为条件,与约翰谈判,使伦敦城再次获得了"自由城"的地位。此外,参事们还迫使约翰同意,允许伦敦城的市民们推选出自己城市的市长(Lord Mayor)。随即,住在伦敦石附近的布料商人亨利·费兹·奥文当选为第一任伦敦城的市长。奥文是当时伦敦城参事们的领头人,也密切参与了与约翰的谈判。作为市长,他代表伦敦城的上层市民向国王提出王权统辖下的市民权益诉求。同时,他又代表国王,向市民传达国王的统治政策。随着时光的流逝,市长的角色得到界定,伦敦城的市长年度选举制持续至今。

[①] 理查一世(1157—1199,1189—1199年在位),是亨利二世的第三个儿子。1189年亨利二世死后,理查于同年7月即位,史称理查一世,因勇猛善战而获得"狮心王"之称。但这位狮心王虽然身为英格兰国王,却仅仅到英格兰小住过两次。第一次是为了加冕典礼,第二次是十字军东征途中被俘释放后,回到英格兰击败企图篡位的弟弟约翰。

[②] 这位约翰,便是臭名昭著的坏约翰王(1166—1216,1199—1216年在位)。他是亨利二世的第五个儿子、理查一世的弟弟。有关罗宾汉的故事里,有大量关于他的恶迹。——译注

城市的领导人获得了权力和财富之后，便希望建造属于自己的宏伟建筑。随着城市行政当局的壮大，觅一处便于政府运作的处所越发显得重要。同时，城市的参事们也需要一处议事场所，来行使权力。根据编年史家、威尔士的杰拉尔德（Gerald of Wales）牧师记载，最早的议事地点是在一家知名的小酒馆，但不久就搬迁到老城墙西北角古罗马圆形剧场的位置。据说，撒克逊部族的议事者们曾经以这座石制圆形剧场的柱墩废墟为家，这也就证明伦敦城的市政府其实比诺曼王朝和金雀花王朝更历史悠久。因此，这里是市政厅的理想场所。最早提及市政厅的文字，出现于1127年的一部宪章。不过，那座至今依然作为伦敦法团行政中心的建筑[①]，却是过了几个世纪之后才有的。

城市政治身份的确立和加强，也体现于建造庞大的码头和宏伟的伦敦桥。这些项目始于12世纪70年代，大约于1209年完工。伦敦桥建造工程虽然由亨利二世倡导，但其具体实施却由伦敦城的参事们控制。因此，在那些不太舒心的和平时期，伦敦桥成为连接国王与伦敦城之间难得的纽带。从泰晤士河北岸横跨到对岸南沃克的19条跨河拱桥，由牧师兼建筑师皮特·德·科勒查奇（Peter de Colechurch）设计。这项工程亦象征着城市的力量。在那个时代，架设桥梁的智慧与建造大教堂的精巧互为衬托。掌握这两大事务的大师们，必定拥有某种特别的奥妙和秘诀。桥梁代表了人类对自然的征服，建筑科学则给人居住的城市带来秩序和理性。能够指挥建造的人，一定有着非凡的能力。既然伦敦桥得以成功建造，也就预示着这座城市的下一项伟大工程必定是建筑。这便是亨利三世对西敏斯特修道院（即西敏寺）的重建。

---

① 此即伦敦城的市长官邸，位于今伦敦的市长官邸街。——译注

亨利三世在孩提时期就从骨子里对伦敦城充满着焦虑和不信任。1215年5月，8岁的亨利眼见着伦敦城与自己的父亲约翰王反目为仇，转而支持其他贵族。这些贵族因为质疑国王的权限而发动了内战。约翰王对自己的臣民专横霸道，榨取他们的金钱，用于自己在英格兰之外的冒险投资。他的兄长理查一世常年流放国外，同样挥霍着国家的财富，却带着胜利和荣誉返回了英格兰。兄弟相争中，约翰最终败北，拿钱走人。这让他得到两个绰号——"弱剑王"和"无地王"。第一个绰号是因为他作战失败；第二个绰号是因为他是自威廉一世以来的第一位丢了自己在诺曼底的全部土地的英格兰国王[①]。那年5月，英格兰的贵族们再也容忍不了约翰的专制，共谋暴动。伦敦城的市长甚至让这些人以伦敦城的城墙作为防御。

约翰王的失败凸显了王室与国家之间的关系正在发生变化。传统的封建王权制度不再可行。人们开始提出新的理念，并要求重塑社会的形态。恰如当时英格兰的重要学者、思想家、林肯主教罗伯特·格罗斯泰斯特（Robert Grosseteste）所言，国王只是政体的一部分，不能凌驾于法律之上。他也不是与上帝对话的唯一神圣代理人。这个理念尤其得到英格兰贵族们的共鸣。长期以来，这些贵族就坚信：国王并非超人般的半神半人，他只是人间的一个首领，领导着所有平等的众人。再加上约翰王过分敛财，压榨其他的贵族，不让这些人获得利益回报。最终，他也就必然祸事临头。那个夏天，贵族们以武力强行将约翰王从他的西敏宫带到拉尼米德宫（Runnymede），迫使他在一部宪章上签字。正是这部宪章重新界定

---

① 另一说法是，亨利二世把自己在法兰西的领地，全都分封给了其他几个儿子，也就没有剩下的领地可以封给小儿子约翰，约翰由此被称为无地王。话说理查一世回到英格兰击败了约翰，却也赦免了举白旗的约翰。理查一世1199年去世后，因为没有婚生子嗣等原因，弟弟约翰继位为王。

了英格兰国王的权限。

也就是说，这场以伦敦城为中心的政变，催生了大宪章（Magna Carta）以及对权利和自由的明确定义，也结束了基于义务和职责的封建关系。大宪章中的第13条还特别强调了王室与城市之间的新关系："伦敦城将享有其自古以来就拥有的所有自由和自由关税。所涉及的范围包括土地和水系。我们还将授权其他所有的城市、自治区、城镇和港口，让它们享有同样的权利。"[11]

然而，约翰王在宪章上签了字，却没打算遵守。他余下的短暂的统治期间几乎全部处于内战中。等到他1216年10月去世之时，已经丢掉了所拥有的大部分领地。据传，在绝望的逃命途中，他还在沃什湾（Wash）丢失了大批财宝①。更为糟糕的是，一些贵族已经邀请法兰西王子路易来到英格兰继承王位。路易甚至被热烈地迎进了伦敦。几个月之后，由苏格兰亚历山大二世（Alexander Ⅱ）统领的苏格兰军队，开进到伦敦桥。1216年12月28日，9岁的亨利在他母亲的格洛斯特修道院匆忙加冕。格洛斯特修道院远离伦敦的神圣王权，亨利加冕的也不是王冠，而是花冠。直到4年后，他才按照王室先辈的祖制，在西敏寺正式加冕。

加冕之时，大主教让亨利发誓保护教会和臣民，维护国家的

---

① 据说约翰王是个守财奴，总喜欢将财宝随身携带。1216年10月，内战中不断失利的约翰，北上解围林肯郡之后，向东折向诺福克郡港口城市金斯林恩（King's Lynn）。这可能是为了在此督阵，好给自己的军队提供补给。不料在金斯林恩，约翰王染上痢疾，只好返回林肯郡。先行一步的约翰王沿着沃什湾边缘，走的是较长但安全的路线，却让押运财宝辎重车的部下走近道，直穿沃什湾沼泽地。就在这队人马行进的途中，潮水突涨，人、马、车以及车上满载的珠宝全都被卷走。等到潮水退去，却再也找不回失落的财宝。几天后，丢了财宝的约翰王在诺丁汉郡纽瓦克城堡（Newark Castle）死去（也有人认为他是被毒死的）。此后的800多年里，关于这批财宝丢失的传说，引得无数人寻找，但至今无果。也有历史学家怀疑，约翰王遗失宝藏的故事可能是他本人编造的计谋。——译注

法律。于是，通过"最神圣的爱德华国王的王冠和王室徽章"[12]，亨利终于得到了正式的祝福。这场神圣的典仪，也让他与英格兰皇家的圣人紧密地连到一起，既从"亲属"的角度，也是虔诚的。这一切很快成为亨利三世王权的中心。1226年，当他开始对西敏宫进行翻修之时，他专门要求设计了一间四壁满是图画的厅堂，作为自己的私人居室。墙面上的图画，全是有关圣人的生活场景（其中的两块面板如今依然保存于大英博物馆）。于是，一间用于国王睡觉的起居室，变成了供奉前辈圣王爱德华的绚丽圣殿。亨利三世坚信，如此一来，自己的王权也就神圣化了。具有讽刺意味的是，亨利三世的儿子爱德华一世后来却批准将这间屋子用作国会的永久性总部①。这可能是对其父亲的报复吧。

年幼的亨利几乎得不到什么保护人辅佐。他已经没了父亲，母亲也在几个月后逃回法兰西娘家。这就逼着少年国王依靠他人的权威来维持自己的皇权。因此，他度过了一个急切寻求父亲角色的童年。后来的编年史家常常将亨利三世形容为"最虔诚的""最单纯的"人。这些词的真实含义实在是难以言传。对其敌人而言，表示愚蠢；较为公正仁厚的说法是——幼稚。他不知如何掌握分寸，以控制发生于身边的事。尽管号称英格兰统治时间最长的君主，他却没能克服自己天生的弱势。其可怜的王权，只得依赖于那些强迫他承认大宪章的男爵。但到了13世纪20年代末期，他试图从主宰他少年时代的贵族们手里夺回权力。13世纪30年代，他甚至筹划着按自己的意图施政。

既然无人辅佐，那么年轻的国王只得在祷告中获取神威。如此地虔诚，也让他形成了某些惊人的嗜好。譬如长时间在教堂的唱

---

① 国会正是亨利三世的敌人。——译注

诗班吟唱《皇帝赞》，祈祷基督的神助。据说他每天还在西敏宫供养超过500名乞丐。此外，他尤其崇拜被誉为"忏悔者"的圣王爱德华，并希望借此明确表达自己的统治观。1239年，他甚至为自己刚出生的长子取名爱德华。然而，由于他的王权被大宪章重新定义，并且被大宪章的编写人纳入法律框架内，亨利三世的统治似乎只能依靠侯爵们的怜悯。如何巩固自己的王位？他力所能及的，大概也只有从神的层面给自己树立一个神圣的形象。

1245年，他终于强力出击。是的，从提升西敏寺的神圣地位着手。于是他发誓，要复兴这座圣爱德华的祠墓，要让这座修道院成为一处神圣的场所，要在此间举办所有的皇家典仪，包括洗礼、加冕、安放圣物等。西敏寺的石头将证明王权、王朝和神威，并由此让他摆脱律师们的诡辩和贵族们的威胁。不过，马修·帕里斯（Matthew Paris）在《西敏寺纪事》（*Chronicle of Westminster*）一书中的记载，基本是平铺直叙："同年，国王因为自己对圣爱德华的崇拜，下旨扩建位于西敏城的圣彼得教堂。他让人推倒教堂东侧带有塔楼的旧墙，他自己出资，让聪明的建筑师设计建造美丽的新建筑。"[13]

通过一种新的建筑形式——哥特式（Gothic），亨利三世在向世人宣告自己的信念。有关哥特式建筑的故事，在建筑设计史上备受争议。对一些人来说，它是一个历史时期，代表了中世纪的高峰期和晚期，那是一个知识和政治变革的时代。对另一些人而言，最好只通过它的物理特征来阐释，仅仅讨论尖拱、肋拱和飞扶壁的发展，无须考察其所处的历史脉络。首先，也是最重要的，它是一项城市发明，最早兴起于法兰西的新兴城镇，而非由旧封建势力把持的位于偏僻地带的宗教寺院。从这个角度看，哥特式建筑反映了城市的兴起，城市超过乡村强权，成为国家新的经济中心。因此，作为一种新型的建筑形式，哥特式建筑最适合建于乡村与城市之间的十字路口。

这种新型建筑亦反映了学界的经院哲学革命，诸如人在上帝创世中的位置。哥特式大教堂旨在说服和启发人类心灵的投入，让人体验到物质上的变化。建筑的浑身解数，都在于创造一个恢弘的室内空间。在墙壁之内操纵空间，让室内的每一寸空间都拥有意义。进入修道院的行为，旨在将一个世界译介到另一个世界。巴黎圣丹尼修道院（Saint Denis）院长絮热长老（Abbe Suger）常常被认为是这种新风格的最早倡议者。他在阐述此类经验之时，将哥特式大教堂比喻为圣奥古斯丁的石质版《神的城市》：

> 各式各样斑斓可爱的彩色宝石，让我远离外部世界的俗世纷扰。高贵的冥想引我反思，将那些物质的东西升华到非物质的……然后，我仿佛看着自己栖息到宇宙中某个奇特的地方。那里既非完全浑浊的地界，亦不全是圣洁的天堂。[14]

在修道院的各个角落，雕像和符号传递着古老的奥秘。好奇和理性让信念得到更好的理解。于是，哥特式教堂不仅是一座即将进入的圣殿，它还是新思潮明晰的物理表达。那些涌动于巴黎新型大学的新思潮，早已被一批神学界的权威称为"滋养之母"（alma mater）。这些权威包括法兰西神学家彼得·亚伯拉德（Peter Abelard）、坎特伯雷的圣托马斯（St. Thomas of Canterbury）以及圣奥尔本斯修道院院长等。此外，当时的神学教授、大思想家阿尔伯特·马格努斯（Albertus Magnus），也正在将亚里士多德的理念引入基督教神学。这位神学教授后来被奉为经院哲学的先驱。而哥特式便是以石头书写的新理念。

第二章　西敏寺：亨利三世的人间天堂

哥特式建筑的标志性特征是亮度。柱子、拱顶乃至装饰，其目的全在于让石头融于光中。在新的经院哲学时代，正如罗伯特·格罗斯泰斯特所言，光是"无形与具形之间的中介，同时又是精神的载体，是精神的体现"[15]。在格罗斯泰斯特眼里，正如对光学的研究是理解自然世界的重要手段，理性是上帝赐予人类的精神之光，让人明白神之真理。

因此，哥特式建筑的室内，既是象征，亦是照明实地。建筑本身也是一个光源。蓝色的、透明的和红色的玻璃，都是为了获得一种宝石般的品质，"从内部发光"[16]。蜡烛则凸显出室内那些拥有重要意味的空间。如此一来，国王圣棺上的宝石闪闪发光。无怪乎亨利三世所建造的新修道院核心（即圣爱德华祠墓）常常被描述为"高高耸立，如同烛台上的蜡烛，让所有踏进主殿的凡夫俗子，都能够凝眸于神圣之光"[17]。

亨利三世着手在西敏寺营建自己的人间天堂之时，将大工匠雷恩斯的亨利（Henry of Reyns）派往法兰西，让其亲眼参观和学习哥特式建筑的伟大实例。12世纪30年代，德高望重的絮热长老已经在修复圣丹尼修道院。这是法兰西国王在巴黎北部的最神圣的寺院。根据其自身的特殊需要，除了沿用古罗马人传下来的技艺，圣丹尼修道院的修复吸取了各地的建造经验，诸如诺曼底的拱券、勃艮第的尖拱。但这项修复工作也有许多创新，还拓宽了巴西利卡教堂的窗户。此后，在法兰西所有卡佩王朝国王（Capetian kings）所统辖的地区，这种革新风格被广为采用。建于12世纪40年代的桑斯大教堂（Sens）、建于12世纪50年代的努瓦永大教堂（Noyon）、建于12世纪60年代的拉昂大教堂（Laon）和巴黎圣母院、建于12世纪70年代的苏瓦松大教堂（Soissons）、建于12世纪90年代的沙特尔大教堂（Chartres），无不带有类似特征。

其时，巴黎中心西岱岛（Ile de la Cite）上的巴黎圣母院尚在建造中。这项工程由主教茅里斯·德·苏利（Maurice de Sully）于80年前启动。到了13世纪40年代，其建筑已经拓展到教堂的耳堂以及教堂西边壮丽非凡的塔楼和玫瑰窗。过去的几十年里，哥特式建筑已经逐渐发展出自己的装饰语言，增强了教堂内部的光感。其中的花卉装饰、雕刻以及对空间的掌控，可谓哥特式建筑的巅峰之作。此等做法后来被称作辐射状哥特风格（Rayonnant style），并在巴黎圣母院不远处的巴黎圣礼拜堂（Saint Chapelle）发挥到极致。这座礼拜堂由亨利三世的对手和表弟路易九世推动建造。

巴黎圣礼拜堂可谓一座皇家宗祠，用来存放路易九世从各大圣地所收集的圣物，诸如花巨资从拜占庭皇帝那里买来的基督冠冕。从建筑学层面，这座圣礼拜堂让我们体会到如何让建筑发挥到极致。在此，石头融于空气。廊柱之间的尖拱以及窗户之上的圆顶，全都升华到一个点，仿佛不费吹灰之力就飞进了天堂。屋顶同样高耸入云。柱端上的拱肋宛若叶片，以一种"与体量持续争斗"[18]的方式，交叉翻卷成拱券。由石头建成的网格骨架，可谓对几何与比例、静力学及承载力等全新科学的大检视。室内的空间也就摆脱了繁重体量的束缚，从而给人一种轻巧感，一如瓦萨里①所言，"仿佛纸作"[19]。

此等效果只有通过新知识方能实现。当时的修道院是滋生新知识的最佳地点，可谓理性与建筑学之间的最佳结合处。12世纪60年代，絮热长老在圣丹尼修道院辛苦劳作之际，英格兰巴斯城的修士阿瑟拉德（Athelard of Bath）开始将欧几里得的《几何原本》（*Euclid's Elements*）第一次从阿拉伯语翻译成拉丁语。这套6卷本

---

① 瓦萨里（Giorgio Vasari，1511—1574）是意大利画家、建筑师、作家、艺术史学家，著有艺术史的开山之作《画家、雕塑家以及建筑师的生平》，深深影响了其后一代又一代的西方艺术史研究乃至有关艺术史的撰写方式。——译注

数学考证是之后 800 年所有几何学原理的基石。在对新近发现的古文本研究中，上帝被当作建筑师，有序的宇宙是上帝创造力的表达。而只有通过静力学和几何学法则方能领悟上述的一切。

宇宙也是和谐和均衡的，那些掌控着无限宇宙的规则，同样支配着人世间的实物。13 世纪 20 年代，维拉尔·德·弘纳科特（Villard de Honnecourt）通过其所绘制的图纸，对这一现象做出了阐释。维拉尔是一位活跃于法兰西皮卡迪地区（Picardy）的建筑师。他将诸多物体的切面分解成一些互为关联的图案和恒常统一的形状，并将这些图案和形状描绘于图纸之上。这些物体包括人的脸部、动物的躯体乃至建筑的结构。换句话说，宇宙中的每一件物体，都可以被缩减成一些几何体。如人的面部，可以被简化为一系列对称的三角形、正方形和矩形。由此，维拉尔也就将大工匠们的密码和知识展现于图纸之上。正是这些神秘的技能，创造了神奇的尖拱、跨河的桥梁和塔顶。泰晤士河边亨利三世的修道院，将同样是一个神圣宇宙的缩影。1245 年，当这位国王启动工程之时，对于这样的建筑梦想，想必是了然于胸。

西敏寺编年史学家马修·帕里斯的记载显示，工程始于 1245 年，最初的工作包括拆除老教堂东端的墙体和中央塔楼。此外，还在教堂的中殿（nave）[①] 搭建了一处为修士们所用的临时唱诗区，圣爱德华的遗体，也被迁到西敏寺其他的安全地带。第二年，铺设了地基，并启动了教堂东北角的建造。与此同时，开始筹备建造牧师会礼堂（Chapter House）和前庭。那年 4 月，肯特郡郡长收到通知，国王计划派出 200 艘船，将第一批从法兰西卡昂购置的石头运送到泰晤士河码头。建造所需的大理石，则从多塞特郡（Dorset）

[①] 中文又译作"本堂"或"中堂"或"中厅"。——译注

的珀贝克（Purbeck）采石场订购。整个建造期间，一批批运送大理石的船只甚至让泰晤士河的交通严重堵塞。至于施工所需的沙岩、石灰石、肯特碎尖石以及白垩，则通过陆运。为了提前安排搭建脚手架和屋顶的木材供应，大木匠亚历山大（Alexander）走访了位于威尔德（Weald）和埃塞克斯郡（Essex）的皇家林场。

整个工程由亨利三世独立出资维持，却恰逢皇家金库几近衰竭时。尽管如此，西敏寺的账目记录显示，从13世纪40年代到50年代，建造从未停止。1248年，工程花费为2063英镑，1249年为2600英镑，1250年为2415英镑。而当时王室所有的收入加起来，每年不到35000英镑。1253年的账目记录尤其完整，更显示了工程的力度：2月到4月之间，工地上所雇用的施工人员，包括74位石材切割匠、45位石匠、24位瓦匠、4位木匠、13位漆匠、20位铁匠、15位玻璃釉匠以及131位劳工。同一时期，向不同个体户工匠所支付的工钱则是203英镑12先令5.5便士，例如"向伯克斯理（Bexley）的玛蒂尔达支付了51打金子"，"向养猪户威廉支付了21先令，用于搬运1058车沙子"[20]。

为了与路易九世的巴黎圣礼拜堂相媲美，在购买新修道院备用石料的同时，亨利三世还花钱购置珍宝。所谓的珍宝包括：用于圣诞仪式的香油银器、悬挂于室内的横幅、用于神龛的烛台、一个可在其上放置蜡烛的银冠吊灯、12副用于教堂中殿的大十字架以及银箱和珠宝等。而这些仅仅是小玩意，用来装点新近所得的圣物。所谓的圣物包括：从耶路撒冷觅来的圣血、据说是基督升天时留下的脚印、被希律（Herod）所杀的无辜者的骨头、属于三博士中某位博士的一颗牙齿、圣母玛利亚的腰带等等。

1247年，当装有基督圣血的小瓶子被送到西敏寺时，还举办了相当庄严的仪式。此圣物由圣殿骑士团从耶路撒冷觅得。国王命

第二章　西敏寺：亨利三世的人间天堂　　57

令英格兰的贵族们于圣爱德华日在西敏寺集合。所有的牧师、高级教士、主教和修道院的长老同样得到圣旨,他们"头戴风帽,身着白色的法袍,在助理教士的协助下,高举着自己的象征——十字架和点亮的蜡烛"步入教堂。被精英和宝物所簇拥的亨利三世,却只穿了一件不带风帽的破斗篷,从杜伦主教(Bishop of Durham)的府邸步行来到西敏寺。他双手捧着装满主之圣血的小瓶子,手臂向上伸展。"为防止出现意外",两位侍臣一直跟在后面。当国王抵达西敏寺门口时,聚集在一旁的人群突然间放声高唱:"以泪狂欢,高唱圣灵。"神圣庄严的气氛中,亨利三世举着小瓶子,绕着西敏寺、王宫以及他自己的居室走了一圈,最后,他才将小瓶子安放到西敏寺正中央的祠墓之上。于是,此地升华为欧洲最神圣的场所。用马修·帕里斯的话说,这是"一件让英格兰无比荣耀的无价之宝,敬奉给上帝,敬奉给位于西敏城的圣彼得圣殿,敬奉给上帝所挚爱的爱德华及其圣洁的兄弟们。在此,让他们,让爱德华和他的教友们,臣服于上帝及其圣徒的脚下"[21]。

从此,圣爱德华日总是被当作一个特别神圣的节日来庆祝。那一天,人们聚集到西敏寺,赞美上帝。此刻,这座尚未完工的修道院是整个国家最富神威的朝圣中心,甚至超过了坎特伯雷修道院的地位。曾几何时,坎特伯雷修道院的大主教圣托马斯·艾·贝克特(St Thomas a Becket)被亨利三世的祖父所谋杀。至于前来朝拜的信众,这个节日是对他们一年苦修的额外奖赏。此外,自圣爱德华日开始,还有一场为期15天的庙会。庙会所得的收入正好装进国王的钱袋子,用以修建西敏寺。

到了1259年,西敏寺东端的建造已经完成,包括耳堂(transept)、十字交叉区(crossing)、带有长老会席位的唱诗区(choir)、祭坛、祠墓以及牧师会礼堂。毫无疑问,它比不列颠其他所有的建筑都更赏心悦目，却并非不自然的舶来品。应该说，哥特式建筑在英格兰得到了共鸣。而上述所有第一期重建工程核心，是圣爱德华祠墓。精美瑰丽的石头，以朝圣般的方式精心地砌筑。可以说，其建造过程本身就是一场祷告和精心细致的谢恩之举。

为了让会众领悟基督以自己在十字架上的牺牲救赎了世界，西敏寺的平面被设计为十字形。其主体由中心十字交叉处所引出的南北耳堂得以拓宽，东部包括位于中央的祭坛和圣爱德华祠墓，东端的半圆形后殿（apse）由回廊（ambulatory）环绕。回廊的东侧，又环绕着沿主体四周顺势凸出的半圆形后堂（chevet）。半圆形后堂通常被称作"床头"（chevet），从法语单词"头盔"（headpiece）演变而来。亨利三世认为，半圆形后堂是修道院最根本的特征。他不仅执意要复制这个最根本的特征，还要让它超过那些在法兰西教堂里的同类。这些法兰西教堂包括兰斯（Rheims）、亚眠（Amiens）和博韦（Beauvais）大教堂。

早期的建造不仅涉及西敏寺的主体建筑，还需要考量修道院园区内的其他建筑。到了1253年，园区西侧沿着大回廊建造的牧师会礼堂即将完工。牧师会礼堂里的八角形房间，可谓最早明晰地表达了亨利三世的宏大意图：房屋内八面高耸的边墙将彩色玻璃镶嵌于由石头和铸铁构成的薄薄窗格里，八个屋角仿佛一副骨架。当屋顶开始向房间的中心收拢时，辐射状彩色墙体在屋顶的最高处形成一个错综复杂的网状拱顶。房屋的中间，一根中心柱从地面延伸到拱顶。至于这根从地面竖起的石柱到底是为了支撑屋顶，还是悬浮于洞穴顶部的钟乳石，则令人浮想联翩。但不管如何，这里是西敏寺的行政核心。在此，修道院的领导人筹划如何管理院内的日常事务。也正是在这间屋子里，召开了国王的第一次议会会议。由此看来，不列颠未来政府的雏形，最早孕育于这几面墙壁所围合的空间。因此，这间房子堪称不列颠未来政府的模板。

随着东端的半圆形后殿日趋完工，十字交叉区的建造纳入计划中。这个区域是整个架构的中心，也是举行典礼的中心，南、北耳堂与教堂的东侧部分在此相会。如此宏伟的修道院建筑，是一套关于比例和工程的复杂系统。如果对西敏寺建筑的横截面加以切割，人们会发现，看似复杂的几何图形及其相互间的复杂关系，可以简化为方形（正方形）和三角形（等边三角形）。简言之，西敏寺内部空间与外部体量之间的关系，实质上不过是在一个三角形里放上一个正方形，以此方式带来高远的比例和对称性。细究起来，西敏寺比其许多法兰西的同类要低矮一些。这里的室内，从地面到拱顶，只有103英尺。而亚眠大教堂有140英尺，博韦大教堂有159英尺。纵然如此，西敏寺的高度与整座建筑其他部位之间的关系，依然令人敬畏。

与匀称的主体相呼应，教堂内部的纵向空间，也自成一个和谐而严密的体系，由四大部分组成：侧廊、三拱式拱廊、高侧窗以及飞升到教堂顶端的辐射拱。1254年，亨利三世带着妒意，拜访了路易九世的巴黎圣礼拜堂。圣礼拜堂室内的每一处表面，都点缀着五光十色的装饰，而且全都绵延到高高的顶端。那么让我们来看看西敏寺的室内。通过中殿的柱墩将教堂的主体①与侧廊分开，中殿柱墩的上方有一个重复的母题，就是一块块由玫瑰花组成的菱形图饰（diaper）。它代表着法兰西普罗因玫瑰（Rose of Provins），既象征基督之血，亦象征亨利三世强势的王后埃莉诺。这些图案在建造之时，全都施以重彩，让石头开花，绽放华丽。此外，亨利三世还委托设计了一系列的盾形纹章，沿着修道院的主体铺开。靠近教堂

---

① 即中殿或主堂。——译注

十字交叉区的纹章图案，主要象征着国家、王座、主权，分别代表着圣王爱德华、英格兰、帝国、法兰西、普罗旺斯、苏格兰等等。向西延伸的墙面上，则放置着亨利三世身边一些最重要的男爵的徽章。这些人可谓当时的国家支柱。然而其中的许多位却在几年之后挑战亨利三世的王权，乃至危及西敏寺的建造。

中殿与侧廊之间隔墙的石柱和拱肩之上，是三拱式拱廊。这其实是一段复层窗户。再往上便是高侧窗。高侧窗在室外的对应部位，由一系列飞扶壁包围。飞扶壁是哥特式建筑独有的特征。正是这个特征，让哥特式建筑升华为轻巧的艺术。而在追求轻巧的过程中，哥特式修道院变成了一张集压力、重力和张力的蛛网。这也就需要技术上的革命。说起来，西敏寺里的石头处于持续不断的抗争之中，它们需要时刻抵制向外和向下的压力。因此，尖拱就拥有一个特别的功能，平衡和控制重力或压力在建筑物各部件之间的传递路径。于是，飞扶壁让室内空间变得轻巧起来。用建筑师克里斯托弗·雷恩爵士的话说，仿佛一只昆虫的骨架被翻了个儿。对结构的强调以及由屋顶尖塔（pinnacle）所增强的室外垂直效果，让建筑的形态化腐朽为神奇。最终，石头在空中升腾为塔尖（spire）。塔尖顶端微微凸出的卷叶状雕饰（crocket）和尖顶雕饰（finial），则仿佛树叶和花朵般自然。而当建筑物拔地而起飞向天空之时，仿佛也将平凡的世界引向了超然。

至于这座哥特式教堂以何种顺序建造，从而让所有的部件在施工期间都能够铿锵而立，尚有争论。依工程历史学家约翰·费清（John Fitchen）的说法，第一阶段建造中殿的柱墩和侧廊的墙壁，接着，便是在侧廊之上建造拱顶，以连接中殿的柱墩与侧廊的墙壁。第二阶段，在侧廊的墙体之上，依次有规律地搭建升向室外屋顶的独立式屋顶尖塔。与此同时，开始建造三拱式拱廊和高侧窗。

接下来，便是建造飞扶壁。飞扶壁仿佛肋骨一般，将屋顶尖塔连接到高侧窗。只有到了这个阶段，才能安全地建造覆盖于教堂主体之上的拱顶。然后，建造衬有铅制材料的木框架屋顶。然后，在教堂十字交叉区中心的大柱墩之上，以尽可能轻的材料慢慢地搭建塔尖，以减轻整栋建筑所承受的压力，从而获得最佳平衡。整栋建筑向下的压力由柱墩承接，向外的推力通过外墙抵消。

最后建造的是主拱顶，也就是天花板上那些繁复的拱顶。与法兰西许多哥特式教堂的拱顶不同，西敏寺内的大多数拱顶都带有辐射状拱肋，它们从列柱顶部的拱底石（springing）开始蓬勃而起，或者沿着筒形拱顶以对角线方式交叉穿插，并在中央的雕花扭结处会合，或者将从不同方向发出的互为对应的拱肋，穿过拱顶的主体，创造出一个尖肋拱顶。因此，西敏寺开创了一种独特的英格兰式拱顶，给人一种拱肋框笼或者说葱形拱肋（ribcage）的印象。这应该来自实际需要，以至一位19世纪的法兰西工程师发表高论称："并非心血来潮的任意之作，也不在于品位，而是因为实际需要。这种实际运用基于严密的逻辑推理。"[22]这个评论同样适合于点评不列颠所有的建筑。

尽管骚乱不断，但西敏寺保持着自己在城市中心的祭拜功能。它既是修道院院长和修士们的家园，也是绝妙的研修场所。随着城市快速持续的增长，西敏寺变得更加富有和强大。随之，其院长成为英格兰位高权重的男爵之一。但这片特区依然是世外桃源，神的城市并没有被该隐的标记所玷污。纵然处于重建的动荡当中，修士们仍选举出自己的院长——理查德·德·威尔（Richard de Ware）。在威尔的领导下，修道院不仅继续举行相关的典仪，还恪守其作为一座修道院的日常守则。因为这一切，"无论对神圣的事务，还是修道院的多元习俗，都十分必要"[23]。其274页的教会训导中，既囊括了从修道院院长的特权到园丁的职责范畴，也界定了回廊之内宗教区域的生活日程。彼时的修道院大约有60位修士，其中大约35人被委任以官方职责，诸如照管食品储备的教堂看守人、保护圣器的教堂司事以及若干照顾病人和提供临终关怀的募缘修士。

因此，在整个重建的进程中，西敏寺既是一处朝圣之地，也是修道院修士们举行日常宗教仪式的殿堂。修士们标准的作息时间始于子夜晨祷。往下依次是：拂晓时分的赞美诗吟唱、早晨6点的初始时祷告、上午9点的白天第三时祷告、中午12点的第六时祷告。最后，结束于下午3点的第九时祷告[①]。而修士们一天当中的大部分时间，都是在教堂西侧的大回廊中度过的。早餐后，所有的修道院人员都集中在牧师会礼堂，聆听一段本笃会教义以及当天的事务安排。之后，修士们各就各位，认真履行自己被指派的事务，诸如修理照料药草园、给病人看病、给修道院年轻的初学者上课，或者钻进拥有圣书伟著的藏经室静修。

但即便是隐居，西敏寺依然处于政治大戏的中心。这一类戏剧，既错综复杂，又危险重重。1259年，亨利三世下旨继续修建西敏寺，并尽早展开下一阶段的工作，也就是拆除原有修道院的一些建筑结构。这些建筑结构"一直延伸到国王御座附近的祭衣神器储藏室"[24]。然而，照常施工的乐观背后，其实是悲观绝望的颓势。因为，不管是与身边的英格兰男爵斗智斗勇，还是与位于法兰西的对手路易九世短兵相接，英格兰国王早已是处于下风，更陷入了绝境。英格兰的王座再一次处于倾覆的边缘。亨利三世对金钱的持续需求，让其属下男爵们原来潜藏的不满浮出水面。

---

① 所谓的第三时即6+3=9点，第六时即6+6=12点，第九时即6+9=15点，即下午3点。对应的英文单词由拉丁文引申而来。——译注

亨利三世也终于承认，自己已成为法兰西人的手下败将，在其生命最后一年的部分时间里，亨利三世小住境外，与路易九世周旋谈判《巴黎条约》。此刻，尽管路易九世自身的权力也已经缩小，但亨利三世依然被迫同意，除了他在安茹所继承的土地，放弃其他所有在法兰西的土地权。

让国王最终承认自己不是国王，而仅仅是英格兰的领主，可谓奇耻大辱。提克斯伯里修道院（Tewkesbury）的编年史写道，那年4月，亨利三世被迫重温此辱："全副武装的伯爵、男爵和骑士们提着剑，来到了西敏宫。"这些人并没有动用武力，而是把所带的武器放在了西敏宫的入口，然后，他们"走到国王面前，以恰当而虔诚的方式向国王致敬，拥其为自己的领主"[25]。惊恐的亨利三世问这些人，自己是否被囚。诺福克伯爵罗杰·比戈特（Roger Bigot, Earl of Norfolk）回答说，他们的抗议并非针对亨利本人，而是亨利的顾问团。这个顾问团里，全是亨利三世妻子娘家的家族成员。现在，男爵们要求改变现状，由他们来掌控统治国家的话语权。经过几天的谈判，双方同意，设立一个由24人组成的新议会，协助国王管理国家事务。其中的12位人选由亨利三世决定，其余12位人选由男爵们决定。双方还进一步商定，应该在牛津再次会面，以作更多商谈。

牛津议会常常被称作"疯狂国会"，更加好战。亨利三世挑选的12个人当中，至少有3位来自他妻子娘家令人憎恶的卢西尼亚帮（Lusignan）。这几个人是受监控的罪人，在企图逃跑的途中被捕，之后被驱逐出境。于是亨利三世再次被孤立。由亨利三世的妹夫西蒙·德·蒙特福特（Simon de Montfort）牵头的男爵们，继续呼吁改革。牛津议会的规章通常被描述为英格兰的第一部书面宪法。一个由15名当选成员组成的委员会，有权过问所有跟王权相关的事宜。

此外，还有一个被称为"国会"的理事会，每年至少举行3次会议，进一步讨论有关的事宜。事实上，"国会"的说法并不新鲜。它源于法兰西，并且自1236年以来一直被官方正式使用，意指一种理事会，专门"审查国事并处理有关王国及国王的日常事务"[26]。

不用说，亨利三世先是与身边的贵族们求得和平共处，然后像他的父亲那样撕毁协议。对于一个不惜血本谋求王权神圣性的人来说，他显然受不了让法律来约束自己手中的王权。1259年，亨利三世收回承诺，并于1261年获得一份教皇训谕，废除牛津议会章程中对其王权的任何限制。至此，双方都意识到和解结束。两边都在集结军队，内战阴云密布。

战争的序曲于1261年奏响。改革派很快占据上风，但也没有赢得绝对优势。到了1262年初，竟然有许多贵族倒戈到亨利三世的一边。不过也不是全部，像蒙特福特就继续坚决反对国王，反对他背信弃义重新操纵权柄。贵族们发动的第二次战争，最终于1264年6月爆发。伦敦成为冲突的中心。掌权的伦敦贵族们选择与蒙特福特同一阵线，谴责国王的徇私行为和任性霸道的税务政策。他们还发现，在要求改革的浪潮中，可以拓展自己的权力。于是，爆发了城市巷战。亨利三世再次躲进伦敦塔避难，王后埃莉诺在逃跑途中受尽了折磨和袭击。

蒙特福特在牛津集结部队向南挺进，并沿着肯特海岸封锁了秦克港（Cinque Ports），以阻挡增援亨利三世的法兰西部队，让他们到不了伦敦。1263年12月，当蒙特福特的军队在南沃克被追击得狼狈不堪之际，伦敦市民打开了城门，让他们安全撤离。然而事情并非一帆风顺，蒙特福特被迫隐退，直到1264年5月14日的刘易斯（Lewis）战役中，才终于彻底击败国王的军队，逼迫亨利三世接受了一系列限制其王权的新规定，即《刘易斯条款》(*Mise of*

Lewis）。然而这只是蒙特福特的暂时胜利。1265年8月4日的伊夫舍姆（Evesham）战役中，两军再次对垒，蒙特福特寡不敌众，最终战死。其尸体在战场上被剁成碎块，之后部分尸骨甚至被送到领头倒戈亨利三世的男爵们手中，以示警告。其余的遗骸也不准举行宗教仪式的殡葬，而是被丢弃在伊夫舍姆修道院附近的一棵树下。

这个结局给伦敦城带来了恶果。亨利三世的势力迅速加强了对伦敦城的控制。因为没有忠于国王，伦敦城的公民遭受两万马克的罚款，此外还被剥夺了两年曾经得到特许的自由权。伦敦城只得等待，等待一位能够听取市民呼声的新国王。

在上述斗争的整个过程当中，西敏寺的建造居然没有中断。虽然战火纷飞，但亨利三世依然于1265年拨出2000英镑用于西敏寺的建造，拨出1096英镑用于翻新西敏宫。当然，他也被迫在某个时候靠典当西敏寺圣殿里的一些珍宝来维持上述开支。而且西敏寺的建造进展缓慢且曲折。由于中殿里向北的工程慢慢腾腾，让计划中本应该高耸于十字交叉区之上的高塔像一堆乱石滞留在工地。显然，整座西敏寺不可能在亨利三世统治期内完工。事实上，直到2009年，为纪念女王伊丽莎白二世加冕，才宣布加建修道院的日晷。这项工程拖到2013年方才完工。不过，总还是有一些釉工和画工在窗户和墙体上辛勤地劳作。东耳堂的墙面上，至今依然可辨当年所画的某些痕迹，例如圣托马斯抚摸基督伤口的场景。

意大利铺面工匠也开始在祭坛前方的地面垒砌繁复的石作。1260年，新近当选为西敏寺院长的理查德·德·威尔前往意大利，以求教皇对自己新职务的祝福。在罗马郊外的阿纳尼（Anagni）城堡，威尔见到了教皇。也是在这里，威尔见识了一种非凡的石作工艺。其制作人是科斯马斯（Cosmas）与他的两个儿子卢卡（Luca）和雅各布（Jacobo）。他们是罗马劳伦切斯家族（Laurentius）的后人。为表示对父亲的敬意，这种石作风格后来被称为科斯马提工艺（Cosmati work）。

南、北耳堂的两扇玫瑰窗上，也完成了一些工作。圆形窗户受益于其自身设计的错综复杂，其来源却归功于古典和罗曼风格。最先被用于圣丹尼修道院的玫瑰窗，早已成为哥特式建筑一个不可分割的组成部分。但英格兰人对哥特风格的创新，让窗户的设计和建造更加精巧。薄薄的金属窗饰，将窗户表面分为旋涡、圆圈和各种丰富的形状。

西敏寺的窗户一直开到与耳堂的高侧窗持平，高过那些布满雕饰的门廊和门面。遗憾的是，有关原始窗户的信息几乎都没有保存下来。早期图纸中，除了4个令人印象深刻的飞扶壁攀援在耳堂的一侧，没有发现其他引人注目的细节。1654年，画家温塞斯劳斯·霍拉（Wenceslaus Hollar）画了一幅速写图，凸显出西敏寺建筑的破旧。1683年，一位作家据此将西敏寺形容为"一具骷髅……在北风和海上飘来的雾霾中枯萎"[27]。好在破损的建筑终于在18世纪的最初10年里由建筑师克里斯托弗·雷恩爵士修复。19世纪70年代，又经过乔治·吉尔伯特·斯科特（George Gilbert Scott）①之手再次得到修复。

对亨利三世来说，余下的工程便是对圣爱德华祠墓的装潢。只待到全部收拾停当，便可以将圣爱德华的遗骨圣体移回原位了。为安全起见，这个圣骨盒于1245年被移至西敏寺的侧廊一角。至1259年，十字交叉区以西的修士区业已完工。除了一幅11英尺的面板，祠墓前方的祭坛亦接近完工。整座祭坛被装点得浓墨重彩，

---

① 斯科特是英国19世纪最著名的多产的修复建筑师，但他对西敏寺的修复遭到广泛批评，因为其风格主义修复手法拆除移走了很多的原有构件。——译注

满缀着珠宝、玻璃和珐琅。因此被勒·杜克（Viollet-le-Duc）① 称为"欧洲独一无二的……最古老最伟大的可移动式祭坛之一"[28]。祭坛的正面同样壮观，对它的装潢动用了4位女工，花了3年时间，磕磕绊绊支付了280英镑的工钱后，才最终完成。

祭坛前方地面上的科斯马提铺面，向人们传达了西敏寺重要的奥秘，所谓宇宙中的宇宙、地上的天堂愿景。从十字交叉区走向这块石作铺面的台阶也接近完工，铺面四周的边缘附加了铜雕题字。这些题字加强了铺面的神秘感。显然，亨利三世不仅用石头创造了神的城市，他还通过题字证明自己的神圣王权是有序宇宙的一部分。对其王权的任何挑战，便是对整个宇宙存在链的质疑。西敏寺位于人间尘世，却也是通向超然的中介渠道。就好比柏拉图的洞穴寓言，西敏寺的石头不仅闪烁着上帝创世的完美剪影，也蕴含着学者沉思冥想的睿智。

整个铺面为24英尺10英寸（约7.5米）见方，其上镶嵌着3万多块宝石和玻璃。根据约翰·弗莱特的报告，威尔从意大利带回了"商人和工匠"，也带回了"威尔自己出资购买的斑岩、碧玉和萨索斯雪花水晶大理石"[29]。石头的砌筑方式，更蕴含着古老的文明，满是奥秘。

紫色的斑岩来自古埃及法老时代遥远的沙漠，从前被用于古老的神庙。绿色宝石同样古老，本只能在久已湮没的斯巴达矿山才能找到，是那些泥瓦匠，为了实现自己错综复杂的设计，从一些古代的废墟中偷走了这些石头。此外，还有黄色的突尼斯大理石、粉红色的角砾岩、黑色的埃及辉长石、罕见的雪花石以及帕

---

① 勒·杜克是19世纪法国著名的修复建筑师，巴黎圣母院的修复，即出自他手。其风格主义修复手法深深影响了欧洲各国的建筑修复。斯科特便被时人称作英国的勒·杜克。——译注

博克原生石灰石。至于彩色玻璃，既有透明的也有不透明的。而不管是透明的还是不透明的，所有的玻璃都是五彩斑斓的，钴蓝色、红色、绿松石色、乳白色……可谓应有尽有。铺面的中心则是一块雪花石大圆盘，直径大约为2英尺3英寸（68.58厘米），纹理清晰可见。

所有的石头最终被铺设成一座集图案与寓意为一体的迷宫，让来自古罗马帝国废墟的石头走进伦敦皇家修道院的秩序之中。不同的图案糅合了基督教、拜占庭乃至伊斯兰教的设计理念和宗教元素，却又是绝对新颖。丰富多样的各类图案之间，还穿插镶嵌了60条凸起的环形装饰条带，其中有49条完全不一样。总之，整块铺面的外围是一圈由四个边框组成的正方形。这个正方形之内，含有一个错位45度的正方形。如此错位，让两个正方形之间形成一个十字交叉。错位45度的正方形之内，又填以由诸多圆圈所包围的五点梅花图案。中央梅花的圆圈正中，便是上述的雪花石大圆盘。再看4个边框，其内含有八块面板。位于四个角落的面板上，又布置了5个复杂的六边形[①]图案。

就图案本身而言，每一幅构图都是一座寓意迷宫。理性的几何图形合乎既定的自然法则。而为了凸显出一个关于神、人、时间和空间的新象征，所有的图案又与神学和异教哲学交织到一起。因此，每一幅图案的形状都有其寓意。中央雪花石完美的圆形意味着永恒和地球；正方形显示世间事物的四重对称性，诸如四季、指南针的四极点乃至人体的四肢；五点梅花在正方形之内形成一个十字，又以圆作为中心，仿佛模拟的宇宙。将三个醒目的图像并列布置的做法，则提醒观者三位一体的理念——开始、历程和结束，仿

---

① 也许更应该说圆形。——译注

佛一条穿越时间的灵魂通道。以三为根，三乘以三，九个球体以旋转的方式，合奏着天堂的仙乐。

所有的石头代表了对自然的重新排序。与上帝奇妙而完美的秩序相比，这一切还只是不太完美的模拟。但这种努力至少提供了让人类进入另一个世界的途径。让日常生活中的混乱，在上帝创世的理性和几何秩序中获得排解。

沿着铺面外围边界的献词如下：

> 在我们主公的 1272 年之前的 4 年，
> 亨利三世、罗马教廷、奥铎里卡斯和西敏寺主持
> 建造了这块斑岩石头铺面[①]。

近处的题词，更留下了谜团：

> 如果读者凝神深思此处垒砌的所有图案，
> 他会发现，这是对宇宙运行的度量：
> 边圈代表 3 年，
> 依次加入狗、马、人，
> 雄鹿、渡鸦、老鹰和巨大的海怪，世界的末日：
> 便逐项随着之前一年所代表年份的 3 倍计算。

难道说，这些匍匐于地的石头暗示了宇宙起源的本质以及世界末日的时间？

[①] 原文将 1268 年表述为"我们主公的 1272 年之前的 4 年"，颇为晦涩。亨利三世 1272 年去世，因此推测，这一段题字镌刻于 1272 年之后。奥铎里卡斯是制作铺面的意大利领班大工匠，当时的西敏寺住持即威尔。——译注

最终，整块铺面的中心是一块圆石，仿佛柏拉图洞穴寓言中含着太阳的大嘴。于是，上帝的愿景被解码为：

这个完美的圆球，

蕴含着宇宙永恒的模式。[30]

西敏寺终于被收拾妥当，可以将圣人的遗骨移回到圣爱德华祠墓当中了。亨利三世和王子们抬着圣人的遗骸，在教堂的周围绕行。祝圣期间，教皇对所有前往圣人新墓的朝圣者给予特别的豁免——可以放纵40天而免于下炼狱。此外，还为所有参加祝圣的政要、骑士和平民代表组织了一场宴会。为此，亨利三世提供了125只鹿的鹿肉。然而，即便是喜庆的宴请，也只是凸显了亨利三世政权的大分裂。13位主教拒绝在列队仪式中走在约克大主教的身后。因为这位大主教僭越了更为重要的坎特伯雷大主教的特权。温彻斯特与伦敦的代表互相看不起，都觉得自己更有权利侍奉国王。为避免对抗，亨利三世只好妥协，在参加典礼时不戴王冠。不过，在不列颠的其他地区，例如温彻斯特和爱尔兰，都有报道说，随着对圣爱德华的特别祈祷，当天就出现了神迹。

因此，通过这座修道院的特殊肌理，中世纪生活中上到造物主下到最谦卑的信众的错综复杂，全都凝固于石头。为了扭转自己在政治上的不利局面，亨利三世成功创造了一座"神的城市"，并借此对抗修道院围墙之外的该隐的"人的城市"。然而亨利三世没能看到自己心爱的建筑竣工。这座建筑之后的命运，则更加凸显了英格兰王权的变迁和伦敦的崛起。

亨利三世于1272年去世之后，被安葬于他所敬爱的圣爱德华的祠墓旁。彼时，教堂内部的建造刚进行到教堂中殿趋向西侧的一

第二章　西敏寺：亨利三世的人间天堂

半。虽然在他死后的几年也出现了对亨利三世的崇拜，但他的封圣之愿从未实现。相比之下，巴黎圣礼拜堂的主人路易九世在第二次十字军东征途中死于突尼斯之后，于1297年被封为圣路易。亨利三世被誉为英格兰历史上在位时间最长的国王，却也被认为是最缺乏治国才华的国王。其声望在维多利亚时代进一步受到贬损。因为维多利亚时代将挑战亨利三世的德·蒙特福特奉为英雄。后者为了维护牛津议会的章程，创立了英国最早的国会制度。

亨利三世的继任者、他的儿子爱德华一世（Edward Ⅰ）①，拥有许多其父完全没有的才华。当年，他带兵与德·蒙特福特对抗，并于改革派失败之际流亡国外参加十字军圣战。因此，父王去世之时，他人在国外。直到1274年8月19日，他才回到伦敦，在西敏寺加冕。在其统治的第一年里，爱德华一世致力于改革王室的复杂机制，保护贵族们的财产权，限制封建权力。余下的统治期间，他试图夺回他的父亲和祖父在法兰西失掉的土地。尤其值得一提的是：爱德华一世不仅继承了其父所开创的皇家典仪，而且他还是第一位正式确立了西敏寺作为皇家圣殿地位的英格兰国王。西敏寺成为一处皇家加冕和殡葬之地。

爱德华一世的做派，对英格兰王室与伦敦城之间的关系有着特别的影响。这位君主毫无其父的弱点，并将注意力从自己的宫殿西敏宫转向了伦敦城。如果说他继承了其父对建筑的热情，那就是对伦敦塔和伦敦防御城墙的建设。亨利三世用来显示神圣王权的纪念碑式的建筑西敏寺被弃置一旁，在亨利三世葬礼之后的几十年里鲜有建设。爱德华一世几乎没有亨利三世那种对圣王的虔诚，他的钱

---

① 尽管爱德华一世是英格兰第四位名叫爱德华的国王，但其君主称号的排序沿用诺曼人的习惯，而非盎格鲁-撒克逊人的传统。因此，他称为爱德华一世，之前的三位，分别是长者爱德华、殉教者爱德华和忏悔者爱德华。——译注

财只用于其他更重要的事务。西敏寺已然稳固且有修士们照管。

但不管怎样,爱德华一世也还是和他的父王一样,在死后被安葬于西敏寺内的祠墓里。此后的每一位英格兰君主都是如此。不同的是,爱德华一世建造了一把用于加冕的御椅。他还将一块从苏格兰斯科恩修道院(Scone)掠来的国运之石放在御椅之下[①]。后来的每一位不列颠君主都是在这把御椅上加冕的。显然,爱德华一世向世人证明,伟大的寓意不仅在于建筑的结构肌理,还在于建筑物内所举行的典礼和规范。

2010年,英国女王伊丽莎白二世亲临西敏寺,视察科斯马提铺面的修复工作。她自己1953年加冕之时,那些古老的石头被覆盖于地毯之下,几乎被遗忘。而今,在"英格兰遗产委员会"[②]的主导下,铺面上成千上万的马赛克全都得到精心的清洗和修复,让宝石再次闪亮。将来,还是在这里,有人会再次登基。

[①] 据说,这块国运之石原产于圣地,是《旧约》中雅各梦见天梯时的枕头。其上有神谕表明,这块石头放在哪里,哪里的人必将统治世界。于是各国的王者无不争夺之。它先后为埃及、西班牙和雅典人所有,后来由苏格兰人夺得,并象征着苏格兰国家的独立。自爱德华一世掠走此石之后,苏格兰人多次试图要回或盗回这块石头,均未果。1996年,英格兰终于同意将这块石头归还苏格兰。如今,它被放于爱丁堡的荷里路德宫(Holyrood Palace)。——译注
[②] "英格兰遗产委员会"是英国最重要的历史建筑保护机构之一。——译注

第三章

皇家交易所：托马斯·格雷欣爵士与大西洋世界的诞生

求你，让我们一饱眼福，
去瞧瞧那些古迹名胜，它们
让这座城市声名远扬。

——威廉·莎士比亚《第十二夜》

1598年，古物学家约翰·斯托（John Stow）出版了自己的名作《伦敦纵览》(Survey of London)。其内容博大精深，却也简明扼要，时而还略带痴迷，堪称作者对自己故乡的"深情赞美诗"[1]。斯托在后来被称作交易所的街区出生，并在那里居住了一辈子。他见证了这座城市如何从中世纪之都走向现代大都市。伦敦的沧桑巨变，尤其是那些逝去的过往，让他扼腕叹息。于是，他决心在昔日的荣光彻底消失之前，记下那日渐褪色的辉煌。

斯托在书中回忆了自己童年时期的伦敦。那是积德行善的时代，有许多宅心仁厚的教长和贵族。在圣保罗大教堂，他回忆道，大教长站在高高的祭坛之上，头顶玫瑰做成的花冠。与此同时，献祭给教堂神圣守护神的羚羊被牵着走过教堂的中殿。借着伦敦的市民之口，斯托还原了理查三世统治时期的生活点滴。他还告诉读者，自己孩提时代的荒野和旷地是怎样地变成了城市的街道。对那些永远消逝的事物和建筑，斯托的言辞里浸透着遗憾和感伤。然而他依然对伦敦城充满信心，在他看来，"城镇最利于传播宗教、执行良策、行善和卫国。如此的平民生活最接近以基督为首的神秘小宇宙"[2]。

纵观其一生，斯托见证了宗教改革，见证了对宗教建筑的大亵渎大破坏。这些建筑大多环绕着中世纪的伦敦城，例如黑修士（Blackfriars）修道院、布莱德威尔（Bridewell）收容所、克勒肯维尔（Clerkenwell）收容所、霍里维尔（Holywell）修道院、位于史密斯菲尔德（Smithfield）旷野的圣巴塞洛缪大教堂（St Bartholomew the Great）、莫尔门附近的圣玛利亚伯利恒（St Mary's Bethlehem）收容所、主教门外的圣玛利亚斯比托（St Mary Spital）修道院，以及十字修士（Crutched Friar）修道院，等等。因为宗教改革，这些古老的场所或者被改建成贵族府邸，或者沦落为"各色人等混杂租住的廉价公寓楼"（tenement）[3]。连敬奉给圣彼得的西敏寺都遭到征收，教士们被迫还俗，教堂里的圣物遭到捣毁，好在西敏寺的主体总算作为皇家的陵墓得以保存。然而斯托却眼看着附近的史密斯菲尔德教堂被当作异端而遭到焚毁。不管是天主教教徒还是新教教徒，都尝到了大火的恐怖滋味。此外，斯托还见证了战争、不稳的经济、糟糕的收成和飞涨的物价。所有这一切都在摧毁着城市，街道上挤满了穷困潦倒的流浪汉。传说中的新大陆却是财源滚滚，堆满了金银。

斯托叹息古老伦敦的没落，叹息新的大都市的贪婪。同样的伤感萦绕着他身后一个又一个世纪。一代又一代，人们痛惜老城的消失，哀叹新生活的无情。即便到了今天，当古老的建筑物被摩天大楼取代之际，那些久远的呐喊依然回荡。斯托出生于一座以大教堂为中心的城市。到他死时，这座城市已然围着皇家交易所的交易大厅运转。斯托更是一位敏锐的观察家，他看到了时人尚未留意之事，那便是伦敦作为世界级大都市的诞生。

尽管全球的银行业经历衰退的动荡，但今日伦敦依然被看作世界的金融之都。因其在美洲、亚洲和欧洲之间的桥梁作用，550家国际银行在伦敦设有办事处。这些业务掌控着全球的金融市场。2008年的数据显示，每天在伦敦运营的交易量达1.679万亿美元，占欧洲债券市场的70%。在保险业方面，周转金为2680亿美元，总资金流量达到每年4.1万亿美元。伦敦金融城的收入相当于丹麦和葡萄牙的经济总和。面对经济衰退的大潮，大伦敦市长鲍里斯·约翰逊（Boris Johnson）依然坚信伦敦的强势。2009年，伦敦依然位居全球金融中心排名的榜首。尽管总体上跌落了15个基点，但其实力依然与纽约相当。如此的优势地位必有其独特的源头。除了伦敦自16世纪发展起来的机制，还有伊丽莎白时代大商人托马斯·格雷欣（Thomas Gresham）爵士的梦想。这个梦想就是：为自己的故乡建造一座交易所。

如今，格雷欣所建的交易所的原址上，已经是第三座皇家交易所，由威廉·泰特（William Tite）爵士于1842年设计建造。站在这栋建筑的前方，看着六条主干道在此会合[①]，恍惚间，你会以为自己正处于地球中心的十字口。2000年之前，六条大道之一伦巴底街（Lombard Street）的街头，一直矗立着伦敦国际金融期货交易所（LIFFE, the London Internal Financial Futures and Options

---

① 作者原文的叙述较为模糊，不熟悉伦敦的读者，有如坠云雾之感。为此我们的译文稍作改写，这里亦补列出六大干道的街名。分别为：针线街、康希尔街、伦巴底街、市长官邸坊（Mansion House Place）、市长官邸街（Mansion House St.）以及王子街（Prince's St.）。此地也是伦敦金融城的主要交通路口，被誉为"银行交叉口"（Bank Junction）。自该交叉口处的市长官邸街，又引出另外三条著名的街道，分别是家禽街（Poultry St.）、维多利亚女王街（Queen Victoria St.）以及沃尔布鲁克街。——译注

Exchange）。如今，这座搬离他处的交易所每年所从事的交易合约超过 100 万个。从这里向东北方望去，你可以看到被深色玻璃幕墙所包裹的伦敦证券交易所[①]。跟证券交易所同一条街的 42 号大厦（Tower 42），曾经主宰着此地的天际线。这座国民西敏银行国际部大楼建于 1980 年，堪称当代献给大都市的最摩登设计。不远处，是两栋傲视群雄的后起之秀。一栋是劳埃德银行大厦（Lloyd's building），由建筑师理查德·罗杰斯（Richard Rogers）设计。这座大厦日夜俯视着著名的利德霍尔市场。一栋是圣玛利亚·埃克斯街（St. Mary Axe Street）30 号瑞士再保险公司塔楼，由建筑师诺曼·福斯特设计。这座保险界的标志性塔楼里所从事的业务，从前不过是伦巴底街一间小咖啡屋里的生意经。好了，让我们回到皇家交易所对面的针线街（Threadneedle Street）。在此，你终于可以看到尺度宜人的建筑，那就是英格兰银行（Bank of England）大厦。英格兰银行创立于 17 世纪 90 年代，目的是为了管理国家的财务。18 世纪 80 年代末到 19 世纪 20 年代末，大厦经过建筑师约翰·索恩（John Soane）爵士的改造和加建。接着，你可以顺着康希尔街（Cornhill Street）往前走，拐个弯，便来到交易巷（Exchange Alley）。这是伦敦第一座证券交易所的故址，也是各大证券公司最早的交易总部。那些自 17 世纪以来不断增生的证券公司可谓当时的集团公司。最后，再回到六条主干道的交叉口，你可以看到优雅的伦敦城市长官邸，堪称掌管伦敦法团的权力智库。

对首都而言，当代皇家交易所仿佛一座圣殿。1991 年关闭之后，它不再用于交易业务。随处可见的，是一些电子屏幕和大

[①] 从方位（东北方）看，此处所言的伦敦证券交易所，当是位于老宽街（Old Broad St.）125 号的交易所大楼。2004 年之后，这座交易所的业务搬迁至主祷文广场（Paternoster Square）。后者位于皇家交易所以西。——译注

型开放式办公空间，并被用作购物中心，销售一些高档奢侈品牌商品，诸如蒂芙尼和路易威登、香水和性感内衣等。顶棚覆盖下的庭院里，当初的土耳其鹅卵石地面依然如故。庭院的中心，是一些带有欧陆风格的咖啡屋和餐馆，挤满了从附近办公室蜂拥而来的世界级大师。纵然建筑已经被改造，但古老的石头依然蕴含着昔日的故事。在此，伦敦市法团的徽章以及麦塞布商同业公会（Mercers' Company）的少女之面徽章，早已被织入城市的肌理。环绕着交易所四周的回廊里，铺满了弗雷德里克·莱顿（Frederic Leighton）爵士所绘制的壁画，全都是关于伦敦的贸易历史。再往上看，格雷欣爵士的雕像及其家族徽记——黄金蚱蜢依然高耸。

1561年6月4日晚，一道闪电击中了圣保罗大教堂古老的尖塔，点燃了大教堂。火焰蔓过这座老城内最伟大的建筑物。曾经高耸于城市上空的十字架和老鹰雕像相继倒塌，并倒向教堂的南耳堂。不到一小时工夫，火焰吞噬了教堂的主体。塔楼里的大钟也开始熔化。士兵和民众带着梯子和工具，努力切断火焰的通道。黎明时分，教堂总算被救了下来，但代价却是巨大。

接下来的几天，伊丽莎白一世（Elizabeth Ⅰ）[①]命令一位意大

[①] 伊丽莎白一世是亨利八世与他第二任妻子安妮·博林（Anne Boleyn）的女儿。但在她2岁8个月时，其生母安妮被亨利八世处死。安妮与亨利八世的婚姻被宣布无效，小伊丽莎白被剥夺了王室的称号。亨利八世驾崩后，伊丽莎白同父异母的弟弟（亨利八世与其第三任妻子所生）继承了王位，史称爱德华六世。爱德华六世无视传位法规，在其1553年驾崩后，将王位传给了亨利八世妹妹的女儿简·格雷（Jane Grey）。但亨利八世与其第一任妻子所生的女儿玛丽，以闪电般的速度从简·格雷手里夺过王位，史称英格兰玛丽一世。玛丽一世随其母亲，是虔诚的天主教徒。在将其统治时期的新教恢复到天主教的过程中，她因下令烧死了许多的宗教人士而得名"血腥玛丽"。玛丽一世驾崩后，其同父异母的妹妹伊丽莎白继承王位。在国家治理层面，伊丽莎白一世比其父亲和姐姐都更加温和，在宗教方面也较为宽容。因其一生未婚，故常常被称为"童贞女王"（The Virgin Queen）。当今美国的弗吉尼亚州（当时的英格兰殖民地），即是以"童贞女王"来命名的。

利勘察员调查大教堂的损失。这位勘察员认为,若想修复大教堂,需要 10 万多金币。这笔费用远超出英格兰王室的预期。因为当时的王室府库空空,正痛恨一切不必要的开支。而修复之事也不可能指望城市的贵族参事们掏出自己的钱袋子。最后,这座伦敦最伟大的建筑仅仅被草草修缮,并日渐凋零。虽说塔楼还算安全,但重建一座能够俯视首都的塔尖却是杳无希望。

伊丽莎白时代,圣保罗大教堂再也不是位于首都中心的圣殿,而是沦落为一个购物中心,更名为"圣保罗走廊",被一位观察家形容为"一个缩影,大不列颠的小岛……流言蜚语之地"[4]。伦敦似乎已经皈依了一种新型宗教。这种皈依在圣保罗大教堂发生火灾后的第 6 年得到印证。因为此刻,体现伦敦荣耀的石块被垒到了古罗马时代市政广场附近的康希尔街。与圣保罗大教堂不同,这座新建筑并非是为了连接尘世与天国,而是作为人与人之间的交易场所,让俗人追求更多的物质财富。

交易所的诞生,是为了庆祝资本运作的艺术,是为了提高商人的地位。交易所建筑在社会转型的焦虑时刻,为城市提供了一个新的中心。交易所大楼以当时欧洲北部最完美的文艺复兴风格建造,在中世纪拥挤而杂乱的街区鹤立鸡群。至于它在当时那个年代的摩登效应,当代建筑师尽可以展开自己的想象。

伦敦成于贸易,建于黄金。在找到构筑首都之石的最早证据之前,考古学家已经挖掘出第一批罗马来客散落或故意放置的硬币。通过这些硬币的大致轨迹,考古学家已经绘制出最早定居点的发展概况,诸如街道平面以及最早的河流交汇处的大致情势。罗马人通常将硬币放在建筑物的地基附近,以求好运。因此,硬币常常被当代考古学家用于对城市早期发展史的断代。几乎可以肯定,在亨利三世之前的几个世纪,伦敦城就已经被确立为这个国家的主要市场。威廉·菲茨斯蒂芬（William Fitzstephen）的文字进一步表明，彼时的伦敦已经是一座大城市。这位于1190年去世的牧师对自己的观察总结道："其声名远扬；其货币和商品广为传播，优于他族。尤其是这座城市的港口，挤满了来自世界各地的船只。"里面装着：

来自阿拉伯半岛的金子；来自赛伯伊（Sabaea）①的香料和焚香；

来自斯基提亚（Scythians）②的钢材，淬火恰到好处；

来自富饶的棕榈之地巴比伦的香油；

来自尼罗河沿岸的精美宝石；来自中国的深红色丝绸；

来自法国的葡萄酒，还有紫貂和各种毛皮，

那是来自遥远的罗斯人（Russ）和诺斯人（Norseman）③的居地。[5]

然而，伦敦却于16世纪初沦落为欧洲的边缘城市。它不过是从属于欧洲大陆主要港口的卫星城。说来也早就有其缘由。13世纪末，亨利三世的儿子爱德华一世将犹太人驱逐出伦敦，于是意大利商人乘虚而入，希望自己能够替代犹太人，而成为伦敦的放债人。

---

① 赛伯伊属于《圣经》上所指的示巴王国，位于阿拉伯半岛南部，是一个兴盛了上千年的贸易城市，今属也门。——译注
② 斯基提亚包括东欧大草原、中亚以及东欧等地。——译注
③ 罗斯人是一个古老的民族。至于他们的出生地和身份，尚未有定论。一些人认为，罗斯人是一个南斯拉夫部落在俄罗斯基辅成立的部落联盟。一些人认为，罗斯人是诺曼人，来自北欧。还有人认为他们从海上来。本引语将其形容为"遥远的罗斯人"，大概是认定他们居住在俄罗斯基辅。诺斯人也译作北方人，指中部或南部的北欧人。他们主要居住在斯堪的纳维亚。——译注

最早从意大利来到伦敦的伦巴底人，本来只是代表教皇收税的，见钱眼开的英格兰国王很快授予这些外国人税务豁免权和居住权，甚至允许这些人建造自己的行宫。如派颇德宫（Piepowder Court）就得名于意大利文（pied-poudre），意指旅行推销员的尘土飞扬之足。随着时光的流逝，居住在伦敦的意大利人利用自己的特权将大部分利润丰厚的羊毛贸易从当地经销商处转移到欧洲其他地方。到了15世纪70年代，据说佛罗伦萨银行家美第奇（Medici）家族甚至在伦敦"统治着这一方地界，掌控着羊毛贸易和明矾等国家层面的贸易收入"[6]。

这个少数族群正是在伦巴底街经营贸易的，每天在那里举办两场集会。对此，格雷欣抱怨道：

> 商贾和贸易贩子，英格兰人和外国人，为了给自己的商品卖出个好价钱，通常每天分别于中午和晚上举办两场集会，讨论合同和商务。……这些集会很是让人不舒服，也非常麻烦。因为只能在露天而狭窄的街道上边走边聊……要么忍受极端糟糕的天气，要么就躲到街边的商铺里谈不成生意。[7]

到了1527年，这里变得十分嘈杂拥挤，以至于在集会的时间，不得不在街道的两端安上锁链来维持秩序。

另一处外商贸易集会位于伦敦桥以西、托马斯大街（Thomas Street）的斯提大院（Steelyard 或 Stillyard）。此地的主事人是汉萨同盟。汉萨同盟的成员主要是来自波罗的海日耳曼国家北部港口城市的商人。这些人所进行贸易的产品，包括波兰出产的粮食、木材、焦油、鲱鱼和蜂蜜等。当时的波罗的海港口城市，如吕贝克（Lubeck）、但泽、塔林（Tallinn）和里加（Riga），无不从汉萨同盟的强权中获益。14世纪，汉萨同盟尤其强盛，以至于为了保护自己的利益不惜与丹麦开战。

于是不列颠的商贸路线基本上围绕着斯提大院以及那些堆满羊毛的仓库。后者大多位于英格兰东海岸出产羊毛的重镇之间。斯提大院里主要有一座大粮仓和一座大厅。"大厅由石头建造，有三座拱门通向街道。"[8]由于斯提大院的主人许愿说，他们将修复和管理伦敦的城门——主教门，于是这座大院于1303年获得爱德华一世授予的特许状，授予日耳曼商人在这座大院进出口货物的税收特权。也就是说，所有的英格兰商人，必须在1英镑的贸易收入中上交5便士给王室，汉萨同盟的商人却只用上交3便士。

这就不难想象16世纪英格兰商人的艰难处境。他们在本土被外国竞争者抢占先机。此外，他们还受到自家公民行会的种种严格限制。于是人们发现，真正能挣钱的业务，是跑到欧洲大陆市场销售英格兰商品。但这样做需要大笔资金，并承担一定的风险。这便让那些有本钱在全球市场成功运作的商人变得极为富有，他们被称作商人冒险家。有意思的是，在起步阶段，这些商人的权力通道并不是沿着泰晤士河河岸的港口和码头，而是通向安特卫普佛莱芒港口的海峡。

然而没多久，一切将随着英格兰王室的政治野心而跌宕起伏。伊丽莎白一世在时局动荡之际登上王位，她决心让国家富强起来，从而免受欧洲大陆强权的威胁。英格兰再也不能继续依赖欧洲大陆市场，而应该进军富饶的新大陆，寻求自己的商贸路线！

女王的决心势必对伦敦商人在本土的经营方式产生深刻影响。伦敦需要拥抱现代经济。从前，在伦敦城任何角落里所进行的交易和协议，都是基于一套复杂的特权制度，诸如皇家特许状和公民规章。即将建造的交易所却预示着一场大变革。其目的是为了将首都打造成一个贸易中心，一个受现代资本规则管理的新型企业区。于是，曾经由中世纪行会所主宰的伦敦城，改由新型的贵族经营。这些新型贵族是贸易商、银行家和零售商，所谓的"无主之人"。他们既没有获得一些古老机构的特别授权，也没有血统上的继承。其权力来自财富、教育和公民的地位。这些人是商业界的王子，皇家交易所是他们的殿堂。

通过让全球的商人每天中午和傍晚在其中进行两次商贸活动，这座交易所将伦敦直通向全球的市场。交易所内的广场，也随着商人的集会生意经而变得繁荣热闹起来。商贾们可以在此寻求投资、谋划生意决策、发出可以驶往世界各地的商船，还可以在此支付汇票，便于国际货物的流通。如此一来，伦敦的商人可以将自己的货币或货物发送到欧洲大陆的任何一座港口。信用和雄厚的资金也让这些商人之间能够就堆积在码头或者存放在托马斯大街仓库里的商品而讨价还价。

1558年12月，托马斯·格雷欣上书刚登基的伊丽莎白一世。因为彼时的英格兰正处于崩溃的边缘，折子也就写得匆忙。然而，这份奏折里，格雷欣既没有针对血腥玛丽的宗教迫害提出良策，也没有为破解欧洲大陆天主教的威胁献出高招。而前者导致英格兰国家内部的信仰大分裂，后者让英格兰在外交上树敌很多。格雷欣全然不顾这些，他只专注于新王朝的经济基础：

> "交易"这件事撂倒了几乎所有的王子，乃至破坏了他们各自王国的政治实体。在所有重振您新王朝尊严和财富的事务中，如果不能说"交易"控制了全局，至少可以说它是重中之重的紧要之事。若想卖掉所有来自外国的以及本土的便宜商品，而将真金白银留在您的治下，"交易"便是最佳手段。[9]

第三章　皇家交易所：托马斯·格雷欣爵士与大西洋世界的诞生

托马斯·格雷欣是一个家族企业的继承人。该企业已经有两代人活跃于伦敦城的市场。彼时，将英国的羊毛运到法国的加莱是一桩利润丰厚的买卖。格雷欣的父亲理查德爵士正是通过这一类运输业赚得第一桶金。之后，他大胆购买了自己的船队，并将这些船租出去，让它们远行到普鲁士、波罗的海乃至"海峡之外的摩洛哥"。借着这些业务，理查德就势打通了自己在英格兰的政界人脉，与亨利八世及其宫中的朝臣拉上了关系。这些朝臣中的大多数很快就成为了他的债务人。他在伦敦城的政治地位也就当仁不让地获得提升。他先是成为伦敦城的郡长，然后于1537年担任伦敦城的市长。不久，他被国王指派为英格兰王室在安特卫普的代理人，负责洽谈外国的贷款，以支付国王的奢侈生活以及与法兰西作战的巨额开支。

有其父必有其子。托马斯生于伦敦城。在剑桥凯斯学院（Caius College）接受了良好的教育之后，他在叔叔的麦塞布商同业公会做了8年的学徒。对于一个大商人之子来说，没必要花费如此长的时间实习。但托马斯后来坦言，实习经历让他受益匪浅，因为他由此"掌握了各种各样的商务知识"[10]。实习结束后，他被安排到家族企业，并很快将注意力转向与安特卫普的羊毛贸易。

1544年，正当开始自己的职业生涯之际，托马斯·格雷欣请人为自己画了一幅站姿肖像画。这幅画被认为是英格兰历史上第一幅平民肖像画。与贵族肖像画不同，这幅画的背景里没有庄园或精美的房屋。格雷欣立于一片裸墙的前方，身着肃穆的黑色衣裳，弄富而不炫目，显见是一位严谨的年轻人。他右手拿着手套，小手指上戴着饰有家族标识的戒指。右脚旁边是一个人类的头骨，仿佛在提醒观者，所有人的人生终点都是死亡。如此姿态，格雷欣不仅展现了新兴的自我，还树立了一个理想化的商人形象。除了自己的姓名和良好的声誉，其他的什么也不需要。他很快就成为这一类型人物的典范。1551年，像他父亲那样，他成为英格兰国王在安特卫普的财务代理人。

号称全球资本摇篮的安特卫普坐落于施尔德（Scheldt）河边，当时属于由西班牙控制的布拉班特公国（Duchy of Brabant），是当时欧洲最重要的贸易城市。说来它兴起于全球化史诗的开篇。16世纪之前，威尼斯人主宰海洋，控制着从奥斯曼帝国的东部运送到西部的货物。然而世事多变。1453年，苏丹穆罕默德二世（Sultan Mehmed II）占领了君士坦丁堡，宣告了拜占庭帝国的结束，也切断了与东方的贸易路线。1492年，克里斯托弗·哥伦布西航，发现了新大陆。这块宝地很快就提供了超乎想象的财富。1497年，葡萄牙探险家瓦斯科·达·伽马在好望角附近发现了通往东方香料群岛的海上贸易航线。到16世纪初，在北部地区，汉萨同盟失去了对贸易的垄断地位。

于是，拥有优越地理条件的安特卫普适逢其时地走上了国际事务的舞台中心。这里的港口位于波罗的海与地中海之间，可以让荷兰商人大大节省航行时间。他们于春季向南航行，然后于汉萨同盟的港口解冻之前返回。此外，这里的港口还为来自东部的科隆、亚琛和莱茵地区的日耳曼商人所用。这些人主要从事金属如铜、金、铅的陆上运输。所有这些让葡萄牙国王格外重视此地，并于1499年将安特卫普作为他在北欧的代理商总部。随即，安特卫普迅速发展成为北方香料市场的中心。"这意味着吸引了所有的国家。"[11]除了这些，安特卫普还是通往罗马的最佳陆路商务处，由此垄断了与教皇的明矾贸易。明矾是染布业的必需物资。因此，除了商贸，安特卫普还迅速发展为布料加工业中心。

安特卫普的市政治理对提升港口的声誉有推波助澜之功。最早以其每年两次的贸易展览会而闻名。展览会上良好的商业运作和监管为该地赢得了声誉，并吸引了全球顶尖的银行家。这些人正跃跃欲试打进迅速扩张的市场。不久，安特卫普的繁华不仅仅因为停泊在其港口的船只数量，还在于畅行其贸易大厅的货币和汇票量。于是，一些经营外贸和银行业的豪富家族在此设立了办事处。其中有号称"日耳曼美第奇的福格尔家族（Fuggers）"[12]、韦尔瑟家族（Welsers）以及霍赫施泰特家族（Hochstetters）。而随着对犹太人提供的庇护，安特卫普还获得了宽容的好名声。那些在西班牙和葡萄牙受到迫害的犹太人，在得到庇护的同时为这座城市带来了技能和财富。

1567年，佛罗伦萨商人路德维科·谷齐亚迪尼（Ludovico Guicciardini）来到了安特卫普。面对眼前的繁华兴旺和活力四射，谷齐亚迪尼不由得惊叹："至于这座城市事实上有多少家商贸行业，可以用一个词形容——所有。"[13]据统计，一年内，有2500多艘货船进出港口，这些船所运输的货物超过25万吨。谷齐亚迪尼估计，类似的时间段里，大约有1200万金币易手，并且大多为国际银行业务。

不到70年的时间里，这座国际大都市的人口翻了一番，其中大多数新移民是外国商人。16世纪50年代的估计是，这里大约有300名西班牙人、150名葡萄牙人、200名意大利人、150名汉萨同盟人、150名日耳曼人和100名英格兰人。对此，谷齐亚迪尼感叹道：

> 看到来自不同国家的人士聚集到一起，真是奇妙。听到许多不同的语言，也非常有趣。其结果是，不用远行，只要顺从自然，人们就可以明白许多不同国家的风俗习惯，乃至鹦鹉学舌般

模仿学习。这些聚集到一起的异乡人,总是能够带来世界各地的新时尚。[14]

所有这一切让安特卫普处于欧洲大陆文化和思想交流的风口浪尖。自由的氛围推动了印刷业和出版业的发展。

商业自信体现于建造恢弘的建筑,从而反映并增强城市的新地位。这些建造包括城防工程、圣母大教堂以及市政厅等公民设施。其中最令人印象深刻的,莫过于1531年竣工的交易所。它将意大利文艺复兴时期的最新理念融进了本地的民间风格。

很多外国商人也在这里建起了自己的贸易行会。像英格兰贸易商行的会员们就在上述交易所附近的沃尔斯大街设立了自己的总部。1558年,这些人又将总部搬到理埃(Liere)大楼,并将之更名为英格兰府。德国艺术家杜哈(Durer)非常羡慕地说道:"总而言之,我在日耳曼从未见过如此美妙的建筑。"[15]英格兰府里有充裕的房间供总长及其副手所用,其中还包括各种类型的会议室。它们或用作贸易商行的助理法院,或用作大众法院。此外还有一座小教堂,有专职牧师根据公祷书举行弥撒。

英格兰府主要面向常驻安特卫普的英格兰居民以及来此地追逐财富的季节性交易商。英格兰出产的精美羊毛广为欧洲大陆所需。然而直到15世纪,这些羊毛大部分仅仅作为原材料出口,并且经由法国加莱的管理局(Staple in Calais),由外国商人控制。人们很快发现,如果把羊毛加工成布料,会赚到更多的利润。不久,英格兰贸易商行在安特卫普的港口发展起了由自己掌控的布料出口市场。从此,英格兰贸易商行将安特卫普作为自己的主要贸易票据清算所,再也不用通过法国加莱的管理局,也无须外国船队的运送。到了16世纪50年代,这种新兴的贸易途径彻底改变了英格兰整个国家的经济格局。彼时的羊毛产品占英格兰出口总额的80%，其中的70%由伦敦商人掌控。而伦敦商人的大部分商品，都出售到安特卫普的市场。

谷齐亚迪尼估计，英格兰布料的市价大约为525万金币。通过交换，英格兰商人给伦敦的富豪运回同等价值的外国奢侈品。诸如"黄金、珍珠、玉石、银锭、银件、金丝缕衣、丝绸、金银线、奶酪、土豆、土耳其工艺品、香料、药物、糖、棉花、高棉、亚麻布、挂毯、啤酒花、玻璃器皿、鱼粉"[16]。从中，这些商人赚足了前所未有的财富。于是他们开始有能力购买那些从前只能供给国王的物品。到了1559年，几乎所有的伦敦富人都与英格兰贸易商行拉上了关系。

英格兰贸易商行中的许多商人，也是麦塞布商同业公会以及食品杂货商同业公会（Grocers）的成员。但英格兰贸易商行与伦敦其他的贸易组织不同，它在伦敦城内没有自己的团契大楼，没有设立学徒制，也没有在管理层设置永久性固定职位。尽管如此，这个团体在国外所积累的财富，很快就让他们在伦敦远近闻名。随之而来的，是城市权力结构的变化。到了16世纪60年代，英格兰贸易商行的会员已经成为伦敦法团的中坚力量，乃至可以对英格兰王室施加影响。而这些人所关心的事情是：不设限制地自由贸易、取消外国商人的特权、将国际商务置于王室的外交政策核心。他们还认为，自己的这些关注体现了整座伦敦城的意愿。

1558年，刚刚登基的女王伊丽莎白一世发下御旨，任命托马斯·格雷欣为英格兰王室在安特卫普的代理人。如前文所说，早在爱德华六世和玛丽一世时期，托马斯·格雷欣就担任过此职，已经非常熟悉交易市场的操作方式。但后来，他有过短暂的停职期。当伊丽莎白一世再次物色人选时，自1551年起就担任过王室财务代理人的格雷欣，便是这项工作的最佳人选。代理人的主要任务是为王室筹集资金，同时管理不断增长的国家债务。这事绝对需要胆识和技艺。因为当时的都铎王朝早已经历几十年的市场融资，并且拥有军事野心。格雷欣每天的薪水只有 20 先令，他在担任公职的同时，继续经营自己的私人生意。他干得不错。16 世纪 50 年代，他在安特卫普出售的羊毛，每年可以赚得 15% 的净利润，让他的投资在 5 年间成功地赚了一倍。

这一切足以让他不停地忙碌奔波。一边是伦敦伦巴底街的办事处，一边是在安特卫普新城大街（Lange Nieuwstraat）租住的写字楼。与此同时，格雷欣还需要与自己遍布世界各地的代理人团队保持持续不断的沟通。这些人包括伦敦的约翰·艾略特（John Eliot）、安特卫普的理查德·科劳（Richard Clough）、塞维利亚的爱德华·霍根（Edward Hogan）、托莱多的约翰·吉尔布里奇（John Gerbridge）。再就是格雷欣的骑手信使——威廉·本登劳斯（William Bendelowes）和托马斯·铎文（Thomas Dowen）。这样的关系网证明，即便在 16 世纪，信息和速度也是国际商务得以成功的关键。

格雷欣早就对国家财政的混乱感到不满。为了筹集资金以应付对法失败的战争，亨利八世愚蠢地陷入了糊涂交易。更糟的是，国王为此而降低了英格兰货币的成色，导致英格兰货币在国际货币市场上贬值。现如今王室欠下的债务高达 26 万佛兰芒镑，为此每年需要支付的利息是 4 万镑。这笔交易还有一个附加条款，那就是如果不能及时支付到期的利息，不仅利率会升高，格雷欣还需要额外购买一些珠宝，以安抚贷款人的不快。此外，他还面临着一个棘手的两难困境：当时的汇率是 16 佛兰芒先令等于 1 英镑。如果一次性兑换巨额英镑，就会大大地折本。

格雷欣对错综复杂的金融系统有着敏锐的观察,并且对市场不断变化的优势和时机了如指掌。他在给新国王伊丽莎白一世的奏折中,便概述了货币市场的复杂性:"没有安德鲁十字架的西班牙双面金币……合这里的18先令……减色后的单面金币,合9先令3便士。单面匈牙利金币,合6先令10便士……带恺撒图像的优质金币,合11先令……带有长十字架的克鲁萨多金币,合6先令11便士……带有法兰西王冠的金币,合6先令8便士。"奏折的末尾提出警告:"货币兑换率每天都有升降,这是我们国家的政体最需要关注的事。"[17]为此,他在信中提出整顿财政的五大要点:1.减少借款,尤其不要从国际市场借款,而改为向本土新兴的伦敦商家借款;2.取消外国商人在伦敦的特权;3.发展伦敦的市场,使其能够与外国港口竞争;4.稳定英格兰货币,最近几十年来英格兰钱币因为成色不够而出现贬值,需要改变这个局面;5.不要发动战争。

遗憾的是,伊丽莎白一世没能够立即消化这位代理人的肺腑之言。格雷欣再次被派往安特卫普筹集资金。他还被任命为英格兰皇家在布鲁塞尔的大使。彼时的布鲁塞尔是西属尼德兰①的领地。其最高长官帕尔马女公爵(Duchess of Parma)是西班牙腓力二世(Philip Ⅱ of Spain)的代理人。到了这里,格雷欣因为两个原因如履薄冰。首先,伊丽莎白一世继承了王位之后,决心让英格兰重新皈依新教,这个政策激怒了玛丽一世的丈夫、信奉天主教的西班牙腓力二世。在他曾经贵为英格兰之王时,腓力二世对英格兰事务毫无兴趣。而此时,他坚决反对伊丽莎白一世的异端。其次,为了满

---

① 西属尼德兰,指的是低地国家(即欧洲西北沿海地区)中属于神圣罗马帝国(亦称为德意志第一帝国)的版图,包括今日比利时和卢森堡的全部,再加上法国和德国北部的部分地区。1581—1714年间,该地与西班牙为共主关系。在这个时期,其内政有较大的自由,外交则完全由西班牙国王掌管。——译注

足自己的支持者，腓力二世将注意力转向了"宽容"的安特卫普，开始收紧这座城市的贸易政策。因此，无论在外交层面还是在市场层面，格雷欣都不得不采用狡猾多诈的技巧。

格雷欣得到了奖励。托马斯·格雷欣跃升为托马斯爵士。为了跟上新贵族的身份，他将自己经商所得的财富换成了土地，在伦敦之外购置了两座庄园，一座是位于萨塞克斯郡（Sussex）的梅菲尔德庄园（Mayfield），一座是位于米德塞克斯郡（Middlesex）的奥斯特里庄园（Osterley）。托马斯爵士的休闲娱乐生活也变得奢华起来。作为一位尽职的朝臣，他因为供奉给王室的超级奢侈品而闻名，比如女王的第一双长筒丝袜就是他进贡的。这些丝织品深得女王之心，以至于女王"她再也不穿其他任何面料的衣裳"[18]，并禁止身边的侍女穿戴同样的丝质面料，以免侍女们的美丽把她给比下去。与此同时，格雷欣还把自己位于伦巴底街的房子，变成了一座交易控制中心。他还计划在主教门附近的东门建造自己的城市宫殿——格雷欣府（Gresham House）。

为了给自己的新贵族地位一锤定音，他委托荷兰画家安东尼·莫斯（Antonio Mors）又为自己画了一幅肖像。肖像中的托马斯爵士是一位训练有素的成功商人。跟其第一张肖像画一样，他依然谦逊地身着黑衣。除了衣领和袖口的白色褶皱滚边，浑身不带任何修饰。就这样，画面上呈现出一个白手起家的现代人形象。两只眼睛非常自信地直视着观者。但如果仔细斟酌，你可以发现其身份地位的变化，就是那把贵族之剑，看起来仿佛颇为随意地悬挂于腰际。

纵然融入了宫廷时尚，格雷欣依然以商务为主，持续在伦敦与安特卫普之间频繁奔波。虽说他在1560年因为骑马跌落而严重地摔断了腿，但在1560—1562年之间，他依然40多次穿过海峡。不幸的是，摔断的骨骼复位不好，再也没有恢复，让他的余生历经可怕的痛苦折磨。

作为王室在安特卫普的代理人，格雷欣的首要任务是减少王室的外债。当年玛丽一世与腓力二世结婚之时，格雷欣很容易在安特卫普找到借贷人，玛丽一世也不明智地借了太多。伊丽莎白一世初登王位之际，同样命令自己的代理人抓住一切能借到的现金。格雷欣做得非常成功，以至于他担心可能会引起其他商人的妒忌，而顾忌自己的安全。不久，人人都追着他讨债。好在他经营得还不错，尚且能够抵挡住市场的汹涌波动，并且按时支付了借贷的利息。光阴荏苒，英格兰王室的贷款利率也从14%降至12%，最终降至9%多一点。5年的时间里，格雷欣竟然将英格兰王室的债务从1560年的28万英镑减少到2万英镑。

问题是，缩小的债务能够将英格兰王室从外国银行家的手中解脱出来，却不能改善英格兰国内的经济。部分原因在于英格兰货币的成色不足而遭到贬值，也得不到国际市场的信任。因此，格雷欣联合一批人，极力说服伊丽莎白一世重新铸造英格兰货币。1560年9月27日，伊丽莎白一世终于宣布更换旧硬币。她还宣布，将降低老先令和银币的面值价额。为了加快回收进程，她对交回到铸造局的每1英镑奖励3便士。英格兰造币局聘请了日耳曼造币商沃依施塔特（Wohlstaht），让他们的工人在伦敦塔内的厂房里提纯和重新打模新货币。整个加工过程肮脏而危险，许多工人因为金属中毒而病倒。据说，唯一的治疗方法是喝人头骨里的鲜血。为此，伦敦城的牧师们捐赠出罪犯的头颅。而从前，被处决后的犯人头颅通常是悬挂在伦敦桥门楼上示众。

这些措施却挡不住女王对现金的更多需求。为此，格雷欣大胆呼吁，希望伊丽莎白一世为了英格兰的利益，不要再向外国人借贷,而转向当地的银行家和商人借贷。此时伦敦的商人新贵已经有能力向王室提供贷款。这些人也愿意信任女王的债券,因为对他们来说,借钱给王室是对新教大业的投资,是理性的商业行为,更伴随着爱国的自豪感。

与此同时,一众人等齐心协力。首先是清理并规范伦敦的港口,从而确保海关的税收能够稳定地流入皇家府库。这就需要公平的海关。为此格雷欣利用自己的职位向君主不断进言。诸如限制汉萨同盟商人,要让他们的商船跟其他的商船一样,停泊在关税码头,而不是斯提大院。此外,他还与其他大臣们一道呼吁,要废除汉萨商人的优惠税率,日耳曼商人应该与其他商人按同等的税率缴税。最终,伊丽莎白听取了大臣们的建议,于1598年彻底关闭了斯提大院。

第二件事便是建议伊丽莎白一世开发伦敦的执法码头,也就是在伦敦桥以东的地带,自伦敦塔与王后里坊之间,建造各大关税码头,以管理来自国内外的货物。整个开发计划由财政大臣威廉·鲍勒特(William Paulet)爵士主管,并与伦敦的头面人物诸如格雷欣等人协商。其"首要任务是,务必将女王陛下的债务转换成财宝"[19]。1558年,鲍勒特还修订了一部新税率守则,对所有流入伦敦的货物做出新的税收规定。新守则将需要征税的商品数量从700种增加到1000种以上。这个数字也反映了彼时伦敦所售商品的多样化。此外,鲍勒特将基础税率提高到5%,一下子就让王室每年的税收增加了8万英镑。

提高税率是一回事,执行却是另一回事。于是需要建立一个新型的官僚机构,以充当码头的执法警察,让运送到码头的每一件货物都经过一群检查员和重量检测员的盘查。泰晤士河的岸边很快就变得拥挤不堪,码头也需要根据不同的货物来归类。如海关码头检查一般的货物，贝尔（Bear）码头主要检查来自葡萄牙的商品，比林斯盖特（Billingsgate）码头检测鱼类产品和食品，文垂（Vintry）码头检测葡萄酒、壁纸和油等。但即使有这些新制度，依然存在大量走私和贿赂官员的行为。

与此同时，有人发出呼吁，要改善泰晤士河，以疏导其水上交通。事实上，这项事务早就引起了重视，为此亨利八世[①]于1514年批准成立了德特福德（Deptford）三一堂水手兄弟会[②]，让该兄弟会的水手们对进出港口的船只实行领航和管制。1565年，又专门通过了一项国会法案，将上述业务进一步扩大，允许三一堂兄弟会的水手监察进出港口的所有船只，并允许他们在海岸及沿岸高地或岬角地带设置标记（各色灯塔、航标及信标），为从海峡航行到泰晤士河的船舶导航。

显然，所有的努力，都是为了将伦敦打造成一座实用港口和交易中心，通过对国内市场的合理化管理，让伦敦发展成为一座交易大都市。这些做法，不仅仅是经济学家的意图，更是英格兰王室一系列非理性追求诸如宗教战争带来的重大影响。1599年，伊丽莎

---

① 亨利八世的父亲，是结束玫瑰战争、开创都铎王朝的亨利七世。作为次子，因其兄长亚瑟早逝，亨利八世成为王储，并于1509年在亨利七世驾崩后继位。其著名的事迹是，为了休妻另娶（另娶的即伊丽莎白的生母），不惜与当时的罗马教皇反目，从而大力推行英格兰的宗教改革，让英格兰脱离了罗马天主教教会，另立英格兰教会（又译英格兰圣公会）。——译注

② 德特福德是当时肯特郡的一个教区，现属伦敦东南的一个街区。这里还因为拥有德特福德造船厂而著名。三一堂兄弟会的正式名称是："肯特郡德特福德滩教区之无上荣耀及不可分割的圣三一及圣克莱门行会、互助会或兄弟会"（The Guild, Fraternity or Brotherhood of the Most Glorious and Undivided Trinity and of St Clement in the Parish of Deptford Strond in the County of Kent）。自爱德华六世时代起，这个冗长的名称不断得到简化，当今被称为"Corporation of Trinity House"，中文译作"引航公会"或"灯塔与引航公会英国海事局"。但即使在今天，英国的商船法等正式文件中，仍然沿用其当初的冗长名号。——译注

白一世颁布的《至尊法案》,将圣公会重新确立为英格兰国教。这种大胆的宣告,立即让英格兰处于纷至沓来的危险中,既有来自国内的暴动和叛乱,也有来自比邻国家的入侵。在其统治之初,伊丽莎白一世决心避免任何形式的冲突,因为王室尚不够强大,也不够富有,还不能树敌。

于是就需要从外交上采取策略,与女王的姐夫腓力二世和法国周旋。尽管法国受到宗教内战的重创,但这个天主教国家却对其邻国英格兰很是轻视。当格雷欣抵达布鲁塞尔时,他们就利用机会贬低英格兰外交官,并警告说:"我们有铁腕让英格兰变成另一个米兰,让英格兰王子俯首称臣。"[20]也就是说,让英格兰变成殖民地公国,而非王权独立的国家。

采取预防措施就十分必要了,格雷欣大使一面前往帕尔马女公爵的宫廷进行谈判,一面安排船只,将弹药从安特卫普运回英格兰。与此同时,格雷欣向女王的首席国务大臣威廉·塞西尔(William Cecil)发出密信,信中将装载弹药的船只以"天鹅绒"作为代号。当格雷欣与安特卫普几位海关官员之间的秘密关系险遭暴露时,这位商人大使几乎陷入水深火热的境地。1563年,冷战演变为一场危机。布鲁塞尔政府打着保护港口免遭瘟疫的幌子颁布禁令,切断了所有来自安特卫普的英格兰羊毛贸易。

禁令并没有持续太久,却是更严重乱局的前奏。对格雷欣来说,安特卫普的事态格外紧张。因为他代表英格兰王室借贷太多,让人觉得英格兰仿佛要抽干市场上所有的货币交易。某些时候,因为担心同行商家做手脚,他甚至不敢在经手交易的时刻,离开自己的府邸。然而,他继续疏通渠道,不仅为英格兰采购武器装备,还设法从欧洲大陆获得了一些极为重要的情报。1560年,法国入侵苏格兰,带来巨大的冲击。不列颠居民担心,西班牙可能会与其天主教同盟国法国串通，合伙入侵不列颠。格雷欣的情报却让人放下心来。尽管这两个国家拥有强权，但不管是法国还是西班牙，都不可能在安特卫普筹集到资金，因为"他们的经济信用不足"[21]。

1564年，所有的敌意化作一场混乱的贸易战。那年冬天，一群不列颠水手与一些法兰西商人在西班牙加的斯（Cadiz）群殴后被捕，由此引发外交上的纷争。腓力二世抱怨海盗，伊丽莎白指责西班牙人残暴。还有人说在英吉利海峡发现了海盗，并指控不列颠人，说他们扣押了30多艘荷兰船只，并以这些船携带了法国货物为借口对它们进行搜查。如此不稳的时局让伦敦商人更觉得有必要掌控自己的命运。

1560年5月3日，托马斯·格雷欣的独子理查德死于胸膜炎。托马斯陷入深深的悲痛的同时，开始换位思考。既然没有了继承人，那么，如何以一种别样的方式使自己的遗产得以继承？儿子去世后的9天里，他一直在思索格雷欣家族在未来伦敦的地位和纪念意义。正如一位当代传记作家所言："从那时开始，他似乎已经下定决心，要让自己从更广义的层面上做出奉献，要为自己的同胞服务。"[22]同年的5月11日，有关伦敦参事会议的纪要显示，莱昂内尔·铎克特（Lionel Duckett）爵士得到指令："现在，让我们听取托马斯·格雷欣爵士的提议，他决定出资建造一座交易所。让我们感谢他的乐善好施。"[23]

鉴于在安特卫普的经验，长期以来，格雷欣家族一直积极倡议在伦敦建立一座交易所。在他们看来，一座贸易城市需要有自己的地盘，以提高和实践自己独特的贸易艺术。这类建筑物应该能够与任何一座同业公会大楼或者大教堂相媲美。早在1521年，托马斯的父亲理查德·格雷欣就建议在伦敦城建造一座交易所。这也是伦敦城历史上有关交易所建造的最早倡议。但这个建议被伦敦庶民会议给否决了。1534年，格雷欣再次提出类似建议，却还是在投票中遭到否决。而今，英格兰贸易商行的寡头们垄断了伦敦法团的权力，再没人反对了。1561年，格雷欣在一封信中，与他在安特卫普的代理人理查德·科劳进一步讨论了这项计划："想想看，像伦敦这样的城市，这么多年来竟然没有人想法子建造一座交易所……我毫不怀疑自己有能力在伦敦盖一座交易所。它将与安特卫普大交易所一样壮观，而且不会扰乱任何人，只让他等着受益。"[24]

1565年1月4日，格雷欣履行了自己的诺言，正式同意为伦敦城"独资建造一座用于商业集会的交易所"[25]。伦敦法团立即接受了这一提案。然而，格雷欣仅仅是提供建造的费用。至于寻找地皮以及启动经费，则由伦敦法团和私人募捐来补缺。对已经十分密集拥挤的伦敦城来说，这不是一件易事。起初，伦敦法团所选的地块位于伦巴底街附近，其产权归属泰勒商行（Merchant Taylor's Company）。然而，这块地已经被捐赠给行业公会并受到有关的限制，伦敦法团不能合法购买。

5天后，终于在附近的康希尔街觅得"佳地"[26]。这块地属于坎特伯雷的大教长，它拥有13间房屋、1间仓库和1座花园。但伦敦法团还需要购买其周边的房屋，购地费用也就相应增加。大致开支是：2208英镑用于购置私有房产，1222英镑用于补偿，101英镑用于法律手续。然而私人募捐寥寥无几，没什么人愿意投资建造交易所，他们可不管日后会有多少好处。即便如此，到1566年5月，现场的原有房屋已经被拆除，可以让泥瓦匠开始施工了。同年6月7日，格雷欣和一群伦敦市的参事一起举行了开工典礼，并垒砌了第一块基石。为求得好运，每个人都很认真地将一枚金币投掷到地基上。

格雷欣关于建造交易所的意愿非常清晰，那是他赠送给伦敦城的一件大礼，既让自家声名荣耀，也让伦敦城与其竞争城市旗鼓相当，甚至超过对手。然而，这并不意味着他对交易所的建筑设计有独到的见解。格雷欣是一位贸易商人和欧洲大陆奢侈品进口商，而非建筑师。因此，当他设想着建造交易所之际，他不仅选中了安特卫普的泥瓦匠大师亨德里克·范·巴森（Hendrik van Paesschen），所采用的设计也几乎是自己所熟知的安特卫普大交易所的翻版。如同历史上常常发生的那样，伦敦采纳异国的理念、规划和设计，却也将这些理念转为己有，让舶来品本土化。因此，伦敦不仅仅是商品和材料的贸易地，也是兜售城市生活的贸易中心。

如果说很多人对交易所的异国特征及其外露的现代性仅是感到吃惊，那么这些人对引入外国劳工建造交易所的做法则是愤怒。伦敦的砖瓦匠愤愤不平，石匠们对那些从海峡另一端运过来的石头摇头不已。但不管怎样，到1566年秋，大楼的主体已经落成。其中所用的木材来自格雷欣的家族庄园荣府（Ronghalls），壁炉由格雷欣的代理人科劳购置于安特卫普，屋顶的板岩来自多塞特郡（Dorset）。不用说，这座建筑注定要脱颖而出。这是一座用于商业的新型宫殿，一座供奉给交易业务的圣殿。以前，这里只有圣保罗大教堂的塔楼高耸于城市喧嚣的日夜之上；如今，交易所主宰着伦敦城的天际线。

1568年年底，交易所竣工，随即开张营业。建筑的南侧和北侧各有一道供访客出入的大门。从外面看去，南侧最为宏伟独特。这是老城内的第一座文艺复兴式建筑，也是很多伦敦市民平生头一次见识的建筑风格。其主体共有四层，砖砌粉刷中镶嵌着雕刻精致的石头。底层用作即时营业的各种叫卖摊位。往上的立面由两大排窗户构成。再往上是带有屋顶窗的青灰色板岩屋顶，每个屋顶窗都带有烟囱。屋顶周边的四个角落各耸立着一只黄金做的蚱蜢，提醒访客谁是这座建筑的真正主人。

南大门位于一座壮观的钟楼之下。每天中午12点和晚上6点，楼上的大钟准点报时，标志着交易时段的开始和结束。塔的顶部，同样耸立着一只黄金的蚱蜢。从南大门步入建筑时，穿过带有皇家标志的长廊，便是一座露天庭院，长大约为80步，宽大约为60步。访客第一眼所看到的，是位于庭院北端的一根科林斯式立柱。立柱的顶端又是一只黄金的蚱蜢。四合院四周的墙面上，开有30个壁龛。格雷欣的计划是，除了北侧墙面上的一个壁龛，其他的壁龛里将一一摆上自征服者威廉以降所有英格兰国王和女王的铜像。至于北侧墙面上所预留的壁龛，则放置格雷欣的铜像。

四合院当中庭院的地面，用带有图案的土耳其石铺制。其规模足以容纳4000多名商人集会谈判。为应对恶劣天气，沿着庭院的四周还建造了一圈凉廊。凉廊廊道的宽度大约为6步，由黑白相间的石头铺面。廊道的一侧，整齐排列着36根12英尺高的石制多立克式圆柱，所有圆柱的顶部全都分散出弧形的拱券。这里也是叫卖摊位中的第一圈。

交易所不仅仅用于货币交易和货物买卖。外贸商来到这里，还可以收取邮件、小费，乃至道听途说八卦新闻，交易所庭院也就很快变成传播商贸信息的前哨，并且是伦敦城内最大的购物场所。起初，格雷欣很难将围绕四合院的三圈共150个摊位全都租赁出去。但到了16世纪70年代，他甚至可以将租金从每年的40先令涨到4英镑10便士了。此地的买卖无所不包。有从最遥远的海岸辗转运来的稀有物品，也有最普通的家用器皿："诸如捕鼠器、鸟笼、鞋垫、角莲、犹太人玩的纸牌，甚至还有军火商、药商、书商、金匠以及玻璃器皿商。"[27]一时间，这里也成为最时尚的购物场所。购物狂们只要"口袋里有钱，就如同蜜蜂从一朵朵花间采蜜那样，

第三章　皇家交易所：托马斯·格雷欣爵士与大西洋世界的诞生　　99

从一家商店逛到另一家商店"[28]。

格雷欣还决定，要对交易所内所有生意人的行为加以控制。比如只允许橙橘和柠檬供应商的手推车从南大门进入交易所。1590年，一些卖苹果的妇女遭到逮捕，因为她们"骂人、说脏话、谑笑，给交易所的居民、路人带来极大的骚扰和不快"[29]。交易所还引来了一些投机收藏家，他们试图向没什么经验的客户兜售自己的藏品。一些年轻的"小混混"也跑到此地拉帮结派。他们制造的恶作剧一样的争吵嬉闹声，竟然盖过了附近圣巴塞洛缪教堂里的布道。

毫无疑问，交易所改变了伦敦城的面貌。1570年1月23日，它被授予皇家称号。这一天，伊丽莎白一世来到伦敦城主教门附近的格雷欣府邸，与格雷欣共进午餐。这位商人早就布置周全，专等着女王到来。由华美锦缎做成的桌布和餐巾一直留存至今，也见证了当时的奢华。对此，约翰·斯托（John Stow）记录如下：

> 用餐完毕，女王陛下经过康希尔街，从交易所的南大门来到交易所庭院。接着她参观了交易所楼上的每一个角落，尤其是当铺室，里面配有各式各样堪称伦敦城最华美的家具摆设。随后，女王让传令官通过喇叭宣布，本交易所易名为皇家交易所。从此，这里就一直被叫作皇家交易所，再没有其他的名号。[30]

将伦敦城打造成贸易之都，是一场皇家行动，是伊丽莎白一世宏大外交政策的一部分。那就是，将英格兰打造成一个富有并拥有全球影响力的帝国，让英格兰主宰世界。格雷欣的交易所只是这个宏伟计划的一部分。然而现实中，伊丽莎白一世也在将自己置于一个失控的局面。因为如此一来，也就让伦敦城变成了一处公众的领地，远非伊丽莎白一世及其朝臣们所能操纵。但不管怎样，对格雷欣来说，获得皇家的特许是桩好买卖。用历史学家查尔斯·麦克法兰（Charles Macfarlane）的话来说，"交易所的建造，不是因为会给捐赠者带来荣耀，而在于投资商和资本家的算计"[31]。最终，这座建筑成为一项国家级大工程的必要基石，王室、私人企业乃至普通的民众全都身不由己卷入其中。

于是，伦敦皇家交易所仿佛磁铁一般，将这座商业城市中几乎所有的事务吸到一起，为各路人马提供了一个特区。这里将遵守新的规则。也是在这里，涌现出最早的资产阶级，所谓的"无主之人"。各色人等聚集于此，为了一个共同的目标，那就是追求利润。在这处公共空间里，来自世界各地的货物可以卖个好价钱，手里有货的商家可以找到客户。讨价还价的谈判，基于一个人的商务信誉和相互信任。商人也可以成为公众人物，其作为名人的声誉不是因为高贵的血统、与上层的联姻或者世袭称号，而在于作为一个拥有良好商业声誉的人。"这个人有着充实的大脑和丰厚的钱袋子。"[32]除了自己的商务合伙人，他无须对任何人忠诚。因此，可以说，现代的伦敦人诞生于格雷欣交易所的走廊。

只是，还需要再耐心地等待一个世纪，而且在历经了许许多多的事件之后，伦敦方能超越安特卫普，成为世界级转口港。好在格雷欣的交易所已经为美好的未来播下了第一粒种子。1566年，布拉班特公国的新教徒奋起反抗统治他们的天主教领主腓力二世，砸碎了天主教大教堂里的宗教圣物。身在安特卫普的格雷欣愿意为这些人提供援助，也得到伊丽莎白一世的谨慎批准。他回到伦敦，不断地进谏女王，因为外贸市场再也不可靠和安全，王室是时候从本地商人那里贷款了。"从女王自己的商人手里借贷她所需要的现金，既是女王的荣耀，也合乎本土商人们的利益，只要女王给予这些商人她以前给予外商的同等条件。"[33]

伊丽莎白一世也终于强力出手,反击腓力二世。她还让国家赞助的海盗船合法化。如此做法不久就让英格兰与安特卫普之间的贸易难以为继。在安特卫普成婚的英格兰贸易商行的成员,全都被召回英格兰本土。为了贸易的继续,英格兰人开始积极努力地寻找其他的替代港口。东弗里斯兰(Friesland)的爱姆敦(Emden)主动对英格兰贸易商行做出许诺,并预支了2万泰勒(thaler)。他们还计划,要确保当地的大街小巷能够应付商务所需的交通。另外,还要有足够的货车和手推车来运送货物。荷兰的阿姆斯特丹也毛遂自荐,它很快就成为欧洲大陆新的金融中心。

1576年,安特卫普最终遭到致命的打击。腓力二世的军队毫无怜悯地包围了这座城市。在那个后来被称为"西班牙暴怒"的夜晚,安特卫普的7000多名市民惨遭屠杀。英格兰商人乔治·卡斯科恩(George Gascoigne)于惊恐之中见证了这场大屠杀。他后来回忆说:"倒于血污之中的男人和马匹,大街小巷到处都是,我亲眼所见,必须说出来公之于众……对那些破坏建筑的野蛮行为,我也不能保持沉默,宏伟的殿堂以及几乎所有的古迹全都遭到蓄意的焚烧和摧毁。我还必须揭发他们对高贵善良的淑女们所施加的暴行。"[34]安特卫普的交易所被砸烂,市政厅被毁。安特卫普尽管在后来得以重建,但这座城市却再也没能获得其曾经在欧洲的地位。卡斯科恩对大屠杀的描述被改编成戏剧上演,让伦敦人深感恐惧,更于1588年让许多人再次揪心。这一年,西班牙军队集结在荷兰港口虎视眈眈,准备与西班牙无敌舰队一起进军英格兰。好在天气变幻无常,让伦敦最终躲过了西班牙人的进攻,毫发无损。

格雷欣于1579年11月去世。在繁复的遗嘱中,他将格雷欣府以及从皇家交易所所得的租金留给了妻子。他还决定,在妻子死后，这两样遗产都留给伦敦城。皇家交易所由麦塞布商同业公会和伦敦法团共有。格雷欣府则根据遗嘱里的条款，被改造为格雷欣学院，向这座城市的商人提供教育，让他们学习有关商业和自然哲学的最新技艺和创新。后来，该学院既因为机遇，也因为人为的引导，成为伦敦商业革命的焦点。

这是伦敦第一所为商人而设的学院。其重点不在学术，而是向交易所未来的主人们传授有关商业的实用法律、数学、天文学和导航学知识。经营学院的费用不是靠招收学生的学费或提供资格证书之类的收入，而是用格雷欣留下的遗产，聘请一批神学、音乐、物理、法律、修辞学、几何学和天文学方面的教授。这些教授每年向公众授课6次。初期授课用的是拉丁语，后改为英语。其办学宗旨是，让该学院成为文艺复兴世界的哈佛商学院，提供有关商业的最新技术和实务培训，赋予伦敦城主宰海洋的商业优势。

安特卫普的衰落给伦敦带来压力。必须让这里尽早成为能够掌握自己命运的交易中心。不错，英格兰需要寻找各大海上航线，诸如前往东印度群岛的香料岛、前往拥有珍贵黄金的西非海岸、前往金山银山的新殖民地。但这些举措与其依赖外国商家，不如让英格兰的本土冒险家直接航行到各大地区，建立自己的属地，创立自己的全球商贸路线。

显然，商贸需要与冒险相结合。从这个角度看，格雷欣创立交易所的梦想与新一代冒险家的行为不谋而合。这些冒险家大多深受新发现精神的鼓舞。有关他们的生平事迹，在一代又一代的学童中广为流传。其中的沃尔特·雷利（Walter Raleigh）爵士、弗朗西斯·德雷克（France Drake）爵士、约翰·霍金斯（John Hawkins）爵士等人，早已成为历代学童的偶像。然而，真相却并不怎么煽情。粗犷的个人主义形象背后，其实是由国家资助的谋财害民恶行，为的是将伦敦打造成引领欧洲的贸易之都。因为，伦敦城的茁壮成长不仅依赖与欧洲强国的进口和货物贸易，还需要通过扩张自己在未知世界的版图来扩大自己的帝国。

扩张主义在伊丽莎白一世雄心勃勃的王室蓬勃发展。那些白手起家之辈如格雷欣和鲍勒特，全都希望将经济置于王室政策的中心。当时，伦敦所得的税收占英格兰总税收的75%，伦敦的声音因此得到倾听。此外，其他一些人士也在呼吁冒险，尤其是那些虽然风光无限却因为是家族中次子而身无分文的贵族，在淘宝的浪潮中，这些人更愿意承担风险。

冒险是要耗费钱财的。恰好，有很多商人有钱，也愿意出钱。他们的盘算是，自己隐身于幕后，而让那些新近成立的股份公司出头冒险，去追求利润。也就是说，商人将自己的投资用于那些需要大量资金的远洋航行。最早的冒险公司，于伊丽莎白一世的弟弟爱德华六世（Edward Ⅵ）统治时期，就已经开始运作。那个时候，威尼斯冒险家约翰·卡伯特（John Cabot）的儿子塞巴斯蒂安·卡伯特（Sebastian Cabot）便由此成名。他被称作"神秘的头领、冒险贸易商行的长官，旨在发现新地区、新领地、新岛屿以及任何未知地"[35]。其中的一个目标便是，找到从北半球到印度的航线，从而绕过好望角附近繁忙的葡萄牙人航线。1553年，200位集资人或者说股东总共捐赠了大约6000英镑，以资助3艘探险船，它们从伦敦出发。

这次远航成为一场灾难。3艘船全被困在拉普兰德（Lapland）的冷水区。其中的一艘因为迷路，驶向了白海。船长钱瑟勒（Chancellor）上岸后，徒步走到莫斯科。他被押解到伊凡雷帝（Ivan the Terrible）的金宫。所幸，钱瑟勒与伊凡达成协议，建立了莫斯科公司（Moscovy Company）。该公司后来得到玛丽一世的许可,垄断了"地球的北部、西北以及东北所有地区的贸易控制权"。不久,商人们发现了一条从莫斯科通向波斯的陆路。有了这条陆路,他们再不需要途经非洲的航行,也可以在南半球做生意了。

这些私营企业大多获利不菲。但是,商业的欲望需要与国家安全并驾齐驱。伦敦的商人羡慕与大西洋世界的贸易,并希望主宰新市场。但英格兰寻找并建立新版图的大业却一直进展缓慢。伊丽莎白一世如果想要在海洋上取得成功,就需要展现出肌肉来支持自己的野心。1577年,交易所落成9年后,伊丽莎白一世宫廷中的杰出知识分子约翰·迪(John Dee)博士写了一本《皇家海军》(The Petty Naval Royal)。书中为国家所设立的目标是:要让英格兰成为全球贸易的核心。这本书可谓历史上对"大英帝国"雏形的第一次展望。

一个繁荣的王国需要繁荣的商务市场。但这个市场需要得到强大海军的保护。伊丽莎白一世手下的第一任海军上将约翰·霍金斯,可谓新生代探险家的典型代表。霍金斯出生于港口城普利茅斯(Plymouth),其贸易生涯始于故乡。到1559年,他已经在伦敦站稳脚跟。1562年,他率领一支船队向加那利群岛(Canary Islands)航进。途中他听说葡萄牙人在非洲买卖黑奴,于是他成立了一个集团,带着3艘船,航行到塞拉利昂(Sierra Leone)。在那里,霍金斯的人马抓捕了至少300名土著黑人。此后,一艘船前往加勒比海(Caribbean),被西班牙官员没收;一艘船停靠到里斯本,同样被扣留;只有第三艘船回到了伦敦。尽管霍金斯声称失踪的两艘船让他损失了两万英镑,但这一艘回来的船依然为他赚足了利润。

霍金斯后来又进行了两次远航,均招致西班牙驻伦敦大使的投诉。他们抱怨说,霍金斯纯粹就是一个海盗,破坏了约定俗成的贸易垄断行规。在1567年的一次航行中，这种指控倒也属实。那年的9月23日，霍金斯在墨西哥海岸与一支横跨大西洋的西班牙运货船队发生了激战。西班牙人的船上满载着积攒了一年的财宝。尽管霍金斯的船队遭到重创，但他硬是把两艘破船拖回到伦敦，在最后一分钟里获得了巨额财富。这是英格兰在那个世纪里的最后一次黑奴贸易航行。然而这场在圣胡安（San Juan d'Ulua）发生的事件，激励了英格兰的下一代航海探险家。这些人将做出更伟大的壮举。

一长串残酷无情的海盗名单中，最浪漫的大概要算弗朗西斯·德雷克。这是一位国家级海盗、奴隶贩子、英格兰第一位环球航行探险家。1577年，德雷克在女王的授权下，带着船队远航到美洲的太平洋海岸，迎战西班牙舰队。3年后回到英格兰时，战船上仅剩下59人活着。但他证明了英格兰人有能力征服海洋，可以在任何水域战胜敌人。1588年，正是这位德雷克，作为海军中将，参与指挥英格兰舰队迎战西班牙无敌舰队。他的成功意味着英格兰可以从强大而富足的海上对手中掠取财富，而无须建立殖民地。确立大英帝国的大业也因此往后推延了一代人。

有关伟大探险家的英雄事迹，在牧师理查德·哈克卢伊特（Richard Hakluyt）的著作中得到最好的体现。哈克卢伊特于16世纪50年代出生于伦敦。他在巴黎大使馆工作期间，成为当时最受欢迎的旅行作家之一。1589年，他出版了《英格兰导航、航行、交通和地理发现全书》（*The principal navigation, voiages, traffiques and discoveries of the English nation, made by sea or over-land, to the remote and farthest distant quarters of the earth*）的前两卷，第三卷于1598年出版。这些书为英格兰有权探索和建立新大陆殖民地提供了最强有力的论据。因此，从他人"海上财富中谋利"的欲望很快就转为扩张帝国领土的野心。

这种野心的萌芽表现为成立股份公司，从而建立永久性贸易路线。1579 年，东兰德斯公司（Eastlands Company）成立，旨在挑战汉萨同盟，挑战它在斯堪的纳维亚和波罗的海等国家地区的商贸垄断。第二年，黎凡特公司（Levant Company）得到伊丽莎白一世的特许状，寻找前往中东的新航线。成立这些公司的初衷并不是设立殖民地，而是在一些地区设工厂。这些地区包括阿勒颇、君士坦丁堡、士麦那（Smyrna）以及亚历山大城。17 世纪的最初十年里，这些股份公司胃口很大，获利多多。例如成立于 1608 的伦敦和布里斯托公司（the London and Bristol Company），甚至希望垄断纽芬兰（Newfoundland）的渔业。

所有的股份公司中，最著名的当推成立于 1600 年的东印度公司。早在 1588 年英格兰击败西班牙无敌舰队之际，就有一帮商人希望利用英格兰新近拓展的海上优势扩大商机。于是就有了成立东印度公司的构想。1591 年出海航行的三艘船中，虽说只有一艘返回，但 16 世纪 90 年代依然有人成立了一个新财团，专门从事有关远洋探险的运作，并为此募集资金。其目的是为了与称霸于印度洋的荷兰一争高下。第一次远航中，他们在万丹（Bantam）群岛建立了一座工厂，以此促进英格兰商人在爪哇群岛（Java）开展胡椒贸易。此外，他们还在孟加拉湾的苏拉特（Surat）建立了一座转口港。没有多久，东印度公司便主宰了英格兰与印度莫卧儿王朝的贸易。

随着股份公司为发展贸易不断寻找实用型港口城市的趋势，在未知世界建立殖民地的想法随之而来。同样，这一类探险也得到了皇家的授权和资助。然而在新大陆建立殖民地迥异于开拓贸易。细说起来，在美洲建立新英格兰殖民地的最初尝试，可谓一场灾难。1585年,沃尔特·雷利获得皇家许可状,远赴弗吉尼亚地区探险,从而建立殖民地,既为英格兰寻找宝藏,亦为私人海盗提供一座港口基地,以袭击向南半球运送货物的西班牙船队。而早在1584年,沃尔特·雷利就派出一支先遣探险队前往这个地区探路。第二年春天,第一艘载着定居者的船离开英格兰,在切萨皮克湾(Chesapeake)的罗阿诺克岛(Roanoke)登陆。隔年的6月,弗朗西斯·德雷克航行路过时,发现这些人处于水深火热之中,他只得把他们带回伦敦。

第二支探险队于1587年出发。这一次,117位定居者在罗阿诺克岛上建立了殖民地。然而当地的土著很快就对这些入侵者表现出厌恶。探索队员们只好让他们的领头人约翰·怀特(John White)回到伦敦搬兵增援。当怀特1590年8月再去时,英格兰人的定居点空无一人。究竟发生了什么,让90位殖民地开拓者全部失踪,至今依然是个谜。尽管如此,弗吉尼亚公司(Virginia Company)还是于1606年成立。第二年5月,在沿着詹姆斯河(James River)通往切萨皮克湾的路上,伦敦公司建立了詹姆斯镇(Jamestown)。尽管困难重重,但由此发展起的社会却鸿运高照,诞生了美国。

17世纪即将破晓之际,约翰·斯托发表了《伦敦纵览》(*Survey of London*),书中描绘了伦敦在短短一代人之间的转型。恰如哈克卢伊特对大英帝国早期历史的定位和展望,此时的伦敦正在向一座世界级大都市迈进。但是,还需要再经历一个世纪的发展,这一切方能根深蒂固。

1666年,格雷欣创建的皇家交易所被伦敦大火摧毁。据说"火焰沿着走廊东奔西窜,然后滚下楼梯……喷射的烈焰把庭院化作一片火海"[36]。大火熏过的香料煳味萦绕着碎裂和烧焦的石头,除了塔楼和黄金的蚱蜢,无一幸存。但到了1669年,交易所已经得到重建。而差不多等到 40 年之后，圣保罗大教堂才经雷恩之手终于竣工。前者的快速重建足以证明，交易所对首都的复兴有着举足轻重的作用。彼时的交易所也成为新帝国的核心。从东半球的苏门答腊到新近被占领的纽约，这是一个日新月异的新帝国。不久，它将超过西班牙和法国，使伦敦成为大西洋世界的首都。

第四章
格林尼治：剧场、权力与现代建筑的起源

> 建筑有其政治用途。公共建筑作为国家的门面，支撑起一个民族，吸引了民众和商业，让民众热爱自己的祖国。如此激情是英联邦所有作为的源头。
>
> ——克里斯托弗·雷恩《建筑文集》第一卷

丹麦的安妮是个饕餮之人，她甚至常常与自己的酒徒丈夫詹姆斯一世[①]一起豪饮。安妮喜欢宫廷生活，崇尚剧院。1603年一踏上伦敦的土地，她就成为风云人物，将仅供宫廷娱乐的"假面剧"（masque）推广到国际大舞台。最早的黑色假面剧上演于1605年

[①] 詹姆斯一世是苏格兰女王玛丽一世（Mary Stuart，玛丽·斯图亚特）的儿子。因为苏格兰贵族废黜了玛丽一世的王位，其年幼的儿子詹姆斯于1567年成为苏格兰詹姆斯六世。1603年，英格兰伊丽莎白一世因为没有子嗣，在其临死前暗示，愿意将英格兰王位传给接受基督教新教教育的表侄孙苏格兰詹姆斯六世。于是，苏格兰詹姆斯六世也成为英格兰詹姆斯一世。自此，英格兰与苏格兰组成了共主联盟。——译注

的主显节（Twelfth Night）[1]。其场景极尽繁复、奢华和铺张，并且将古典诗词与神灵和天使的故事巧妙地糅为一体。所带来的奇妙效果，部分在于戏剧性，部分在于舞台造型。扮演者有演员，有宫廷仆臣。甚至连有孕在身的安妮王后和她的侍女们，也都戴起了黑面具登上舞台。

这一类宫廷表演，与泰晤士河对岸威廉·莎士比亚环球剧场里的戏剧截然不同。虽说两者发端于同一年，但其间的差距却在接下来的百年里越拉越大。这边厢假面娱乐剧被仔细地加以核查校准，以提升王室的形象。那边厢莎士比亚开始创作自己的两大悲剧《麦克白》和《李尔王》。莎士比亚以一种人间戏剧的想象，表现出雄心勃勃的个体如何受虚荣心的驱使，谋杀或毁灭了伟大的人格。宫廷假面娱乐剧却是一种政治煽情，通过戏剧艺术的道具、精心编排的歌词以及野性的癫狂，展现出某种特权。所得出的结论只有一个：对君主的崇拜。譬如在西敏宫国宴厅里首场上演的假面剧《黄金时代的复兴》，其舞台设于国王御座的对面。舞台之上，加建了一圈巨大的王冠宝顶，舞台的两侧摆放着供外国使节坐的椅子。舞台的前方，管弦乐队各就各位。他们却只能等着，等着国王，等着国王在其所宠幸使节的前呼后拥之下慢悠悠地现身之后，戏剧方能开始。

---

[1] 主显节是基督教的重大节日，以纪念和庆祝耶稣基督在降生为人后首次显露给外邦人（即三博士）。主显节的具体时间为每年的1月6日，即基督教圣诞假期的最后一夜——第十二夜。这个节日因此也被称作"第十二夜"。莎士比亚的浪漫喜剧《第十二夜》即得名于此。然而整部莎士比亚戏剧中，没有任何与这个圣日有关的内容。自伊丽莎白一世时代开始，主显节在英格兰已经演变为一个狂欢作乐的日子。后人由此推测，莎翁为自己的剧本起名"第十二夜"，或许是为了暗示"一个虚幻的嘉年华世界"，任何离奇的事都可能发生。这部剧也是莎翁所有剧本中唯一标有副标题（随心所欲）的剧本。此外，这部剧的首演也确实在主显节，也就是"第十二夜"这一天。——译注

帷幕拉开，好一派田园风光！观众的眼睛越过舞台上极其迷人的景色，紧紧盯住一个悬在半空的人物——智慧女神雅典娜（Pallas）。这位立于战车上的女神，在一些巧妙装置的辅助下，从天而降。柔绵的轻音乐伴奏声中，雅典娜捎来了自己的父亲，也就是众神之父约维（Jove）①的口信："女神艾斯特莱雅（Astraea）②已经得到指令。她将重返人间，给英格兰带来更好的黄金时代③。"[1]说着雅典娜躲到一朵云彩的背后，俯视舞台上出现的黑铁时代。一些邪恶的团伙正在阴谋挑起战争，企图毁灭这个国家。恶人们狂奔乱舞，直到被雅典娜变成一座座僵化静止的雕像。女神随即预言艾斯特莱雅和黄金时代的回归。于是艾斯特莱雅带着一众人在舞台上现身。女神领唱了一曲重生之歌，众人喊着要建立朝廷。雅典娜则开始呼唤："乔叟、高尔、利德盖特、斯宾塞④……等待黄金时代的来临，到那时，你们的名望自会继续远扬。被压制的美德必将升起，被湮没的艺术必将蓬勃发展。"[2]

---

① 即罗马神话里的朱庇特，希腊神话里的宙斯。——译注
② 艾斯特莱雅是早期希腊神话中的正义女神。她在黄金时代被指派到人间，掌管并审判是非善恶。但因为后世人类的堕落，艾斯特莱雅返回天庭，化作室女星座。因此，艾斯特莱雅也是一位群星女神。再后来，这位女神又常常与其他女神，诸如另一位正义女神狄刻（Dike）乃至雅典娜相混。——译注
③ "黄金时代"一说源自希腊神话。古希腊诗人赫西俄德（Hesiod）在其大约书写于公元前7世纪的田园牧诗《工作与时日》中，将人类的世纪划分为五个时代。其中第一个时代便是黄金时代。之后逐渐堕落，依次为白银时代、青铜时代、英雄时代和黑铁时代。后来的古罗马诗人奥维德在其神话作品《变形记》中，也有类似划分，但去掉了英雄时代。——译注
④ 乔叟（Geoffrey Chaucer，1343—1400）被誉为英国中世纪最杰出的诗人，也是第一位葬于西敏寺诗人之角的诗人。诗人高尔（John Gower，1330—1408）是乔叟的好朋友。诗人利德盖特（John Lydgate of Bury，约1370—约1451）是乔叟的仰慕者以及乔叟儿子的好朋友。诗人斯宾塞（Edmund Spencer，1552—1599）可谓从乔叟到莎士比亚之间最杰出的诗人，被誉为"诗人中的诗人"，深深影响了其后的一大批英国诗人如弥尔顿、雪莱、济慈等。斯宾塞死后，亦被葬于西敏寺诗人之角，紧挨着乔叟。——译注

新的时代再次通过舞蹈庆祝，并很快从舞台波及大厅。起初，演员们与宫廷侍女们跳舞。随后，踏着"加亚尔德（Galliards）和库朗特舞曲（Corantos）"①的节拍，在场的所有人都加入狂欢。戏剧变成了真实的生活，黄金时代的复兴再也不是幻想。雅典娜女神离去之时，还不忘提醒肩负复兴黄金时代重任的观众：无须在你们之间推选出一位国王，而只要"向约维致敬，向约维致敬，感谢他所赐予的所有荣光，感恩之心便能从人间升到天堂"[3]。

随着这场假面剧的首演成功，英格兰的宫廷沉湎于奇妙的幻想世界。如此奇妙得益于优美的词句和梦幻般的造型。前者出自莎士比亚的晚辈及对手本·琼生（Ben Jonson）的笔下。后者由舞台装置设计师伊尼戈·琼斯（Inigo Jones）打造。通过用滑轮和帆布构筑一个仙境世界，伊尼戈·琼斯试图创造出一幕幕戏剧奇景。然而，尚且处于职业生涯起步期的琼斯，在其以后的人生中注定会获得英国第一位建筑师的美誉。作为织布工人的儿子，琼斯在伦敦城内的圣布尼特·保罗教区（St Benet Paul's）长大。与许多杰出人物一样，有关琼斯的早期生活也是一团迷雾。他还是一位早慧型自学成才者。正如他后来的文字所言："还在年轻的时候，我天生就爱好设计艺术。为此，我到国外游历，与意大利的大师们对话。"[4]

一份堪称关于琼斯生活的最早记载显示，他于1601年前往意大利。几乎可以肯定，他访问了威尼斯，并在那里买了一本帕拉第奥的《建筑四书》。这本书改变了他日后的人生。他也很可能拜

---

① 加亚尔德和库朗特舞曲均起源于16世纪，并于16—17世纪流行于欧洲宫廷。加亚尔德舞曲一般为3拍，其曲名意为"欢乐"，与萨尔塔雷洛舞曲（Saltarello）相似，但更为活泼、有力。常常接在慢速的帕凡（Pavane）舞曲或帕萨美佐（Passamezzo）舞曲之后，形成对比。库朗特舞曲之名，意为"跑步"。自17世纪开始，该舞曲常常被编入组曲的第二乐章，并分为法国式和意大利式。法国式为中速3/2拍或6/4拍，情调高雅；意大利式为快速3/4拍或3/8拍，谐趣流畅。——译注

见了帕拉第奥的学生,当时意大利杰出的建筑师文琴索·斯卡莫齐(Vincenzo Scamozzi)。也就是说,初次见识意大利文艺复兴的辉煌艺术之际,琼斯就得到过斯卡莫齐的指导。显然,古典和异国理念的洗礼,对这位年轻的伦敦人产生了深远的影响。约翰·萨莫森(John Summerson)爵士[1]对此总结道:"他可能比其同代所有的英格兰人更能领会意大利人的设计,他对整个事态的发展过程了如指掌。"[5]在一幅由画家安东尼·凡·戴克(Anthony Van Dyck)所绘制的琼斯肖像中,琼斯左手轻握一份自己新近创意设计的图纸,浑身散发着文艺复兴式的摩登气息。那时的他正处于人生的巅峰期。这是有关英格兰建筑师的第一幅画像。而琼斯从意大利归来之前,英格兰尚无"建筑师"这个行业。

回到故乡之后,琼斯仿佛完全变了个人,满脑子想的是如何改造英格兰。然而他不得不屈从于自己所处的时代,暂且只能做安妮王后的假面剧设计师。他一面继续摆弄着那些令人神往的设备,一面决心发展自己的新信念,让绘画世界与书写世界同样发力。意大利之行对他的启发是,建筑可以与诗人的诗句或者政治演讲家的演说词一样,强大而富有创造性,激励和重新安排世界。他深信,恰如意大利美第奇家族用佛罗伦萨的石头巩固自己的统治,建筑设计亦可以用来表达现代权力的各个方面。这一雄心不久就得到了呼应。诗人埃德蒙·博尔顿(Edmund Bolton)写于1606年12月的笔记,便借着琼斯之口提出了期望:"雕塑、制模、建筑、绘画、戏剧,以及所有值得倡导的古代优雅艺术,都会在将来的某一天,越过阿尔卑斯山,来到我们英格兰。"[6]

琼斯对视觉世界的迷恋,在其第二次旅居意大利时得到

---

[1] 约翰·萨莫森(1904—1992)是20世纪英国杰出的建筑理论家。——译注

增强。那是1613年，继公主伊丽莎白与选帝侯腓德烈五世（Frederick V, the Elector Palatine）的婚礼之后，琼斯陪同王室夫妇返回他们在海德堡的新居。接着，他与阿伦德尔伯爵托马斯·霍华德（Earl of Arundel, Thomas Howard）一起，翻过阿尔卑斯山，抵达意大利。托马斯·霍华德被公认为当时最有学问的贵族天主教徒。两人的这一行动后来被历史学家称为"大旅行"（Grand Tour）①，堪称有史以来最重要的游历。更奇妙的是，这一次，归国之后的琼斯迎来了人生中的第一个机遇，终于能够将他新发现的哲学付诸实践了。

同年7月，在赫特福德郡（Hertfordshire）西奥伯兹庄园（Theobalds House）的一场狩猎中，安妮王后误击詹姆斯一世最宠爱的宝贝猎犬约维尔（Jewel）。国王顿时大发雷霆，过分的怒火却让他被迫于几天后向妻子赔罪。赔罪品是：一颗价值2000英镑的钻石、一座都铎时期的王宫及其周边的园苑。王宫和园苑均位于伦敦南郊的格林尼治。这是具有历史意义的贵重礼物，从此谱写了格林尼治的新传奇，也道尽了千回百转的历史新进程，诸如皇家的权力与娱乐、海洋与空间、王权的特质与英格兰身份的变迁。此外还告诉我们，社会的变革如何促进了英国现代建筑学的诞生。这一片拥抱着泰晤士河南岸的热土，夹在城市与乡村之间，仿佛一张虚幻的羊皮纸，其上书写着17世纪英格兰的戏剧脚本。

自15世纪以来，格林尼治就建有一座宫殿。起初，它是格洛

---

① "大旅行"，指的是自文艺复兴后期开始，流行于欧洲尤其为英国的贵族子弟所青睐的一种游学方式。这些人前往欧洲大陆，感受异国情调，认知古典，以提升自己的文化修养和鉴赏力。这种旅行后来亦扩展到平民阶层，并流行至19世纪。因为有杜甫的《壮游》一诗，中文亦常将之译作"壮游"。——译注

斯特公爵汉弗莱（Humphrey, duke of Gloucester）的府邸。汉弗莱是亨利五世最小的弟弟。15世纪20年代，这位弟弟曾经试图篡夺王位。其府邸可谓骑士品位的缩影，并被冠名为普拉森舍宫（Pleasaunce Court）或贝拉宫（Bella Court）。里面所拥有的大型图书馆，后来成为牛津大学博德利安图书馆（Bodleian library）得以建立的老本。玫瑰战争之后，该府邸被改作新都铎王朝的皇家行宫，也成为亨利七世最喜爱的狩猎场。亨利七世拆掉了许多汉弗莱建造的设施，代之以一圈圈向外铺展的"胎盘"状（Placenta）砖砌房屋，并且还加建了围墙。亨利七世原本计划在此举办一些盛大的节日庆典，但随着心境的变化，这座宫殿被弃置不用。再后来，便传给了他性情狂暴的儿子亨利[①]。

正是在这里，年轻的亨利八世多次举办竞技比赛、宴会和狩猎。这里也非常适合表演宫廷恋爱游戏。比方说，1511年圣诞节，亨利联合一批贵族，在此地模拟建造了一座城堡。自负的亨利带着他的团队冲进城垛，赢得了藏在里面的6位女士的芳心[②]。然而，随着年龄的增长，亨利八世丢掉了青春年少时期的消遣爱好，包括对格林尼治的兴趣。此地也就传给了他的子女。一众子女当中，伊丽莎白越来越喜欢这座昔日的老宫殿。她也是从这里乘船，前往西敏寺接受加冕的。后来，"因为那里的环境令人愉悦"[7]，伊丽莎白一世在格林尼治度过了自己大部分的夏日时光。事实上，恰好也是在伊丽莎白一世统治时期，格林尼治与大西洋帝国的勃勃雄心紧密

[①] 此亨利就是后来的亨利八世。他生于普拉森舍宫。——译注
[②] 某种程度上说，红衣主教托马斯·沃尔西之所以最终被亨利八世革职，主要是因为他为了讨好亨利八世，在自己的府邸约克宫举办了一场类似的游戏。岂料约克宫的游戏中，藏在绿色城堡里的一位女士安妮·博林后来竟然让亨利八世不惜与教皇决裂。——译注

地连到了一起。这座宫殿与德特福德造船厂[①]近在咫尺,既方便伊丽莎白监督造船厂的船舰建造,也可以让她的那些航海大臣时不常来到宫里转悠转悠。很多人推测,很可能正是在这座宫殿,伊丽莎白女王第一次接见了沃尔特·雷利(Walter Raleigh)。后者以宁蹚浑水也要拯救王室著称。较为确定的是,1588年,伊丽莎白正是从格林尼治出发,前往蒂尔伯里(Tilbury),并在那里发表了著名的激情演讲,鼓舞英格兰海军迎战西班牙无敌舰队。

1617年,安妮王后初次咨询琼斯之时,老宫殿是又破又旧。为了让它能够焕发青春,安妮王后从兴建一座新花园着手。新花园按当时最时尚的欧洲风格设计,带有鸟舍、石窟、水园迷宫以及饰有雕像的喷泉。新的景观开辟了一派田园风光,与伦敦城形成强烈对比。好一幅伊甸园幻象!远离城市、远离政治和战争,人与自然和谐共处。安妮王后看中的,正是这美妙之境。是的,她要在这里建造自己的新宫殿。正如约翰·张伯伦(John Chamberlain)于1617年7月的一封信里所写的:"王后正在格林尼治大兴土木,而且必须要在今夏完工。据说那些神奇的装置出自琼斯之手。耗资在4000英镑以上。"[8]

安妮王后想要的,是一座私人亭榭,一个世外桃源,与附近的城市截然隔开,远离王室宫廷的喧嚣。至于琼斯,当他开始王后

[①] 该造船厂位于泰晤士河畔的德特福德,由亨利八世于1513年创建,是都铎王朝时期最重要的皇家造船厂。其建厂时间与前一章所提到的批准三一堂兄弟会护航的时间相近,可以看出两者之间的紧密关联。此后的300多年里,这里一直是英格兰最重要的海军基地和造船厂。英国的许多重要事件和舰艇,都与这座造船厂有关。但因其位于泰晤士河上游,不利于大型船舶航行而逐渐衰落,并于1869年关闭。其中于18世纪40年代兴建的供补给船停靠的后勤船坞,作为海军仓库,一直使用到20世纪60年代,其他的地块则被出售,并一度成为家畜买卖市场。2014年,香港商人李嘉诚的长江实业获得批准,在这片被称作康沃斯码头区(Convays Wharf)的地块投资开发。——译注

第四章　格林尼治:剧场、权力与现代建筑的起源

行宫的设计之时，其决心是要把自己在欧洲大陆学到的所有知识付诸实践，建造一栋英格兰史无前例的美妙新建筑。王后行宫也将是英吉利海峡以北的第一座现代建筑，一处人间天堂，一个超然新天地。为此，琼斯倾尽全力，将自己所学到的广博学识融入设计，以确保这个世外桃源能够完美地表达出秩序、比例以及和谐的哲学。为了重现文艺复兴时期的庄重均衡理念，追根溯源，琼斯的设计大致模仿了位于波焦阿卡伊阿诺（Poggio a Caiano）的美第奇家族别墅[①]。这栋建于1489年的家族别墅与佛罗伦萨近在咫尺。

与传统的英格兰建筑工匠不同，在考察建筑工地之前，琼斯就在图纸上草绘出自己的构想。在他的设计中，经常有一些以英尺和英寸为单位的参考数据，这些数据全都与实测尺寸一一对应。此外，琼斯所有的设计方案都是按比例绘制的，因此，所有的设计方案都可以被精确地复制建造。更为重要的是，他还建立起一套比例系统，以此作为衡量设计的基准，从而让建筑的各个部分之间互为关联、互为映照。最初的平面图中，总是用一对对分开的点线作为标注。在他看来，完美的图形是正方形和立方体，其比例分别为1∶1和1∶1∶1。完美的矩形则拥有一些不同的比例。诸如一个正方形加上三分之一的正方形，比例为3∶4。一个正方形加上半个正方形，比例为2∶3。一个正方形加上三分之二的正方形，比例为3∶5。再就是两个立方体，比例为1∶2。在琼斯眼里，建筑物的统一性以及建筑师的技能，体现于这位建筑师所设计的建筑的各

[①] 这幢别墅的设计者是洛伦佐·德·美第奇最信任的建筑师朱莉亚诺·达·圣加洛（Giuliano da Sangallo，约1445—1516）。其建筑形式被誉为佛罗伦萨城外文艺复兴风格建筑的典范，并成为未来几个世纪欧洲贵族别墅的模板。圣加洛是文艺复兴时期著名的雕塑家、建筑师和军事工程师。1984年，这栋别墅改为意大利国立博物馆。2013年，它与美第奇家族其他的别墅和花园一起，被列入世界文化遗产。

个部件之间的关系。

琼斯还在神圣的几何图形与古典建筑法则之间寻求平衡,以显示自己是英格兰最有学识的智者。此等做法也让他颇为得意。作为第一位参观过意大利废墟和遗址的英格兰人,他同时还积累了一座渊博的图书资料库。意大利文艺复兴再现了古罗马经典建筑的精华。对琼斯来说,他不仅要提取这些精华,还要将它们引入意大利以北的17世纪欧洲。从维特鲁威、阿尔伯蒂、帕拉第奥以及其他大师的身上,琼斯学到了五大柱式法则。这些法则可谓所有建筑的最基本原理。他还明白,所有比例中,最本质的测绘单位是模数,也就是柱子的直径。此外,他还掌握了一系列区分不同结构的微妙特征。每一类特征都展现了特定建筑类型各自的品质,例如行宫、神庙、浴室、剧院等。

工程的起步阶段,琼斯就做出了一些非同寻常的处理。比如,格林尼治王后行宫的布局横跨伦敦与多佛尔之间的公路。如此设计的原因颇有些含糊,因为那里此前就建有一座朝向公路的门楼,需要以新建的王后行宫取代之?也或者为了不至于破坏景观,琼斯觉得让房屋把公路遮掩起来更好?他设计了一座"H"形的建筑。两侧的翼楼分别沿着公路的北侧及南侧。两栋翼楼之间,以一座浮桥也就是廊屋相连。为了拥有某种乡土气息,每栋翼楼的第二层均采用粗糙的石头构筑。翼楼的室内有一些酒窖,可在此豪饮。整座行宫的主入口位于北侧,通过一段椭圆形台阶登上一个平台。在南侧,他设计了一段带有柱廊的阳台,如此长廊可供王后眺望远在御园的狩猎活动。

但那个时候(1617年),琼斯完全没有料到,自己所接手的工程将经历一个多世纪之久,并且成为斯图亚特王朝命运多舛和个性的风向标。事实上,事情从一开始就脱离了轨迹。1619年的整个冬季，安妮王后抱病在身。第二年3月2日，安妮王后去世，让格林尼治几乎立刻就停止了施工。工地上的南北两栋翼楼只砌到一层楼的高度，连接二者的廊屋连个影子都还没有。丧妻的詹姆斯一世郁郁寡欢，举办了最后一场假面剧《牧羊人的假期》(*The Shepherd's Holiday*)。此后，皇家田园剧就沦落为明日黄花。至于在格林尼治的工程，只是在两栋翼楼停工的地方草草铺盖了一片茅草屋顶，王室就匆匆搬回伦敦的怀特霍尔宫。格林尼治的行宫，甚至在茅草屋顶完工之前就不为所用。

琼斯所设计的行宫堪称英格兰第一座真正的现代建筑，如今却只能与其南端、从前的老普拉森舍宫空空相对，沿着河，仿佛破碎的都铎弃船。然而这一片热土终将重生并焕发出充沛的活力。而透过格林尼治的发展，我们可以看到17世纪的英格兰是怎样地跌宕起伏。更有意思的是，当我们试图讲述这一切之时，有关英格兰王室的历史竟然也是关于建筑的故事。古典建筑的模板是怎样被引进英格兰的？这其实是一种激进的现代性进程，起始于接下来的10年里对王后行宫的续建和完工。尔后，这里又进行了一系列更为宏伟的规划，将皇家老宫殿重新打造为一栋全新的巴洛克式宏伟建筑。围绕王后行宫的御园，也从当初粗糙的狩猎场升华为一座皇家园苑。里面甚至还建了一座天文观测台。这在当时可谓最先进的科技类建筑物。只是，宏伟的巴洛克式建筑从未彻底完工。再往后的建造改变了方针，转而建造了一座面向大众的宫殿，一座专用于看护老水手的皇家收容所。而最终建造的格林尼治荣军院，比其他任何皇家工程都更为恢宏。

那么，这一切是如何发生的？昔日的田园风光如何先是被打造为供皇家享乐的逍遥宫，最终却转型为由王室送给民众的厚礼——一座荣军院？说来与斯图亚特王朝繁复而险恶的朝代更迭密切相关，也与王权角色的变化密切相关。斯图亚特王朝的君主们认为，自己的王权犹如假面剧舞台上所表现的那样，得于神授。然而现实却更接近莎士比亚环球剧场里所发生的人间悲欢。对王权的质疑，导致了持续不断的动乱乃至内战，直到1688年的光荣革命，君主与臣民之间的协定，才正式付诸书面文字。这种凶险的进程中，国王从天神的大将军变为民众的君主。如此进程肯定也会对格林尼治的建设产生影响。

伦敦瞬息万变的形势亦深深地影响着格林尼治的动态。首都是所有骚乱的核心，是一座大熔炉，最能体会王室与国民之间的冲突。正如克拉仁顿伯爵（Earl of Clarendon）所言，伦敦是"眼前所有叛乱的温床"[9]。历经不断的内战和伦敦大火的恐怖之后，这里正重建成为英格兰的第一座现代大都市。而当时的知识革新肯定会融进伦敦的城市建筑，并不可避免地影响到格林尼治。格林尼治不可能无动于衷。尤其特别的是，那些让伦敦从1666年的灰烬中得以重生的显赫人物，例如克里斯托弗·雷恩（Christopher Wren）、尼古拉斯·霍克斯莫尔（Nicholas Hawksmoor）以及约翰·范布勒（John Vanbrugh），无不在格林尼治设计建造了经久不衰的建筑。

1625年，詹姆斯一世驾崩。他的二儿子查理继位，是为查理一世。查理一世与其父亲的秉性完全不同。如果说詹姆斯一世的王权来自继承，查理一世则认为这是神赋予自己的特权。父亲制定条约寻求谈判，明智地周旋于友好势力与敌对势力之间，并通过操纵教会，将王权与国家捆绑到一起。与之截然不同的是，他的儿子视谈判为软弱的妥协。因此，查理一世的统治，预示了斯图亚特王朝戏剧中的第二场。这个时期，田园风光的上空阴云密布。同样，格林尼治也跟着改变，变成了一座展示权力争斗剧的舞台。

根据清教徒女作家露西·哈钦森（Lucy Hutchinson）的说法，"从法兰西娶回的王后，从来就没有给英格兰带来过什么好事"[10]。然而1625年，查理依然与法兰西公主亨利埃塔·玛利亚（Henrietta Maria）①完婚。因为这位公主是法兰西国王亨利四世的女儿。这场政治联姻却未能消除不列颠内部日益凸显的裂痕。让事情变得更糟的是，纵然嫁给了天神在人间的新教大将，亨利埃塔·玛利亚仍坚持自己的天主教信仰。怀特霍尔宫里甚至加建了一座罗马式天主教礼拜堂。簇拥在王后位于河岸街寝宫里的，是大批的法兰西随从。显然，这桩婚姻的开局并不美妙。然而，正如莎士比亚《仲夏夜之梦》所表现的那样，仙王奥伯伦（Oberon）与仙后泰坦尼亚（Titania）的争吵以和解告终。英格兰国王与其王后最终也很恩爱。亦如卡莱尔伯爵（Earl of Carlisle）所言："带着和善，他再次把自己想象成求爱者，而她更乐于接受他的爱意。"[11]

体现皇家美满婚姻的标志，便是重新兴建格林尼治。这里远离伦敦的宫廷污染，一直被认为有利于健康。在此，查理一世与王后可以重新培育自己的婚姻，建一座充满爱意的圣殿。在此，将诞生一位新教王子，强化皇家的联盟，照亮整个国家，并成为不列颠政界未来幸福的焦点。1629年，亨利埃塔·玛利亚住进了格林尼治的都铎老王宫，并生下她的第一个孩子查理·詹姆斯（Charles James）。不幸的是，这个婴儿早产了10个星期，羸弱的发育导致其出生后只活了一天便夭折了。尽管悲伤，但王后行宫的工程照常动工。

绘制于1632年的画作《格林尼治宫苑的风景》（A View of Greenwich Park）表现的是，一群王室人员正在老宫殿后方的山坡

---

① 亨利埃塔·玛利亚的哥哥，即法兰西国王路易十三。亨利埃塔·玛利亚的侄子，即法兰西国王路易十四。——译注

上测绘场地。查理一世、亨利埃塔·玛利亚以及他们年幼的王子小查理，位于画面的中心。国王举着右臂，仿佛以此姿态显示他对整个场景的控制权。也就是说，主宰此地的不是自然，而是他这个国王。国王身后，其母后未能完工的王后行宫，依然覆盖着当年所加的临时茅草顶。此外，画面中还有琼斯。他站在一旁，身披一件灰蓝色斗篷，头戴一顶意大利式鸭舌帽，正在与宫廷中足智多谋的朝臣殷迪民·波特（Endymion Porter）交谈。这幅画由荷兰绘画大师阿德里安·范·施塔姆贝尔特（Adriaen van Stalbemt）和扬·范·贝尔坎普（Jan van Belcamp）绘制。它似乎在告诉我们，老宫殿正处于查理一世时代的革新之际。而查理一世的意图将由天才设计师琼斯来实现。

丹麦安妮的行宫被设计为一处远离尘世的修心养性之地。现在，需要将它变成保卫皇家爱情的庇护之地，一桩完美婚姻的象征，让国王与王后互惠互利。如果将亨利埃塔·玛利亚的行宫比喻成一场戏剧，那么这位王后的意图便是让新房子重述达芙妮（Daphne）与阿波罗（Apollo）之间的经典爱情故事。早在一年前，查理一世就出资委托荷兰画家赫里特·凡·洪索斯特（Gerrit van Honthorst）描绘了这个故事。画面上，古希腊音乐之神阿波罗被爱神厄洛斯[①]之剑射中后，爱上了月桂女神达芙妮的凡身。起初，达芙妮拒绝了求爱。待到追逐达至白热化之际，达芙妮变成了一棵月桂树，阿波罗则发誓将用余下的一生挚爱达芙妮。在奥维德的《变形记》（Metamorphose）里，这一类追求故事演变成关于永恒之爱的传说。于是琼斯再次接到御旨，在那个被茅草覆盖了十几年的旧址之上，用自己的新设计将有关阿波罗与达芙妮的画面通过石头表现出来。

[①] 希腊神话中的爱神厄洛斯，即罗马神话中的丘比特。——译注

自1619年以来，琼斯就一直致力于完善自己的建筑哲学。那一年，他开始设计怀特霍尔宫里的国宴厅。这是展示斯图亚特王权的最恢弘的剧场，也是琼斯迄今为止对有关古典建筑规则的最大胆的探索。从外表看去，这栋建筑立于一座富于乡土气息的石砌台基之上，建筑的主体带有两排窗户。下层采用了简朴的多利克柱式，一层窗户上方的装饰以弓形和三角楣的方式交替，上层的窗户两侧，矗立着一系列较为华丽的科林斯柱式。室内的主厅为一个复式立方体组合，长110英尺，宽55英尺，高55英尺。国宴厅于1621年4月23日圣乔治节投入使用。面对如此革命式的创新和异国式"新奇"，却很少有人明白其中的门道。对一些人来说，它"过于平直，与怀特霍尔宫的其余部分不协调"[12]。事实上，琼斯是为了向帕拉第奥致敬。于是他将一座古罗马式巴西利卡放到逼仄的中世纪老城中心。如今，面对新的御旨，琼斯暗下决心，要把自己在国宴厅的设计建造中所吸取的经验教训，运用到格林尼治王后行宫的新设计上。

揭掉茅草屋顶之后，要做的就是将之前的所有房屋加建到二层的高度。琼斯还在北侧的二楼设计了一段露台。一对弯曲的环形台阶，拾级而上，连向露台。如此设计立即增强了房屋的室内空间序列效果。一个人若是从河边来到行宫，可以通过这个入口台阶来到大殿。大殿体现了琼斯自1619年以来所积累的所有经验。其核心处的厅堂，是一个40英尺见方的立方体，堪称空间与光的完美统一。总之，这座行宫既是一处私人空间，也有着重大的公共目的。那就是，通过查理一世与其王后之间的恩爱，表现出国家与王权之间的融洽关系。

等到两侧的翼楼都建造到第三层时，琼斯建造了廊屋，将两侧的翼楼巧妙地连到一起。有了这个灵巧的帕拉第奥式廊屋，现在，人们可以从大殿来到开敞的凉廊。这是一个用列柱围合的阳台，向南俯视着格林尼治园苑。显然，琼斯在模仿意大利大师的同时，也在向世人宣告列柱阳台这一奇妙的装饰性元素同样适合于乡间行宫。此后，王后行宫被更名为逍遥宫（the House of Delights）。

其室内绝对是金碧辉煌。壁炉架全都是在法国设计和建造之后再用船运来。天花板的设计者是意大利托斯卡纳艺术家奥拉齐奥·香提尔斯基（Orazio Gentileschi）。其上布满了图画，显示了和睦王宫里的繁荣艺术。

他们还委托画家描绘了一幅国王夫妇的肖像，以此与宫中关于丘比特与赛姬（Psyche）的神话故事画相辉映。后者由荷兰画家雅各布·约丹斯（Jacob Jordaens）专门绘制。根据阿普列尤斯（Apuleius）[①]的说法，那些故事发生在"有着天堂之威的美丽家园"[13]。1635年上演的假面剧《爱的殿堂》（The Temple of Love），更是对关于永恒爱情的主题大加渲染。这出由威廉·达文南特（William Davenant）爵士撰写、由琼斯设计布景的戏剧，也是查理一世宫廷里所表演的最后一部假面剧。

国王还在其新建的房间里摆满了自己新近所收集的艺术藏品，让这个行宫成为文艺复兴名家作品的汇集地。查理一世自视为一个颇有品位的鉴赏家。凡是不列颠之外出产的艺术品，他都热爱。他

[①] 阿普列尤斯（约124—约189），是古罗马作家、哲学家，曾在雅典学习柏拉图主义哲学。关于丘比特与赛姬的故事，最早便是以离题的神话故事形态出自阿普列尤斯的拉丁文讽刺小说《金驴记》（Metamorphoses，又译作《变形记》）。但这部古罗马文学中最完整的小说（也是欧洲第一部长篇寓言小说）的主题，却是关于罗马帝国外省的现实生活。其有关"变形"的艺术形象，深深影响并催生了欧洲小说史上独特的"变形艺术画廊"，如文艺复兴时期的拉伯雷（Francois Rabelais，约1493—1553）、17—18世纪的斯威夫特（Jonathan Swift，1667—1748）、19—20世纪的卡夫卡（Franz Kafka，1883—1924）等，均是描绘"变形"的高手。——译注

还决心积攒出一座艺术品宝库，以证明自己是欧洲最现代派的王子。不得不佩服的是，他的收藏明智而广泛。当时的欧洲大陆正处于三十年战争的纷乱之中，许多小公国都在寻找资金充实军备。1627年，通过曼托瓦公爵（Duke of Mantua），查理一世购买了一批艺术品，其中有超过175件彼得·保罗·鲁本斯（Peter Paul Rubens）的作品。作为交易的中间人，曼托瓦公爵向卖家吹嘘查理一世的名声，所谓"世上所有王子中最伟大的业余绘画鉴赏家"[14]，为此曼托瓦公爵也是大赚了一笔。至于查理一世所有藏品的焦点，则是大厅里的一座壁龛。里面放置了查理一世的半身雕像，雕像的作者是罗马雕塑大师贝尼尼（Bernini）。

欧洲伟大的艺术最终落脚于英格兰王室，给后者带来声望。与此同时，琼斯逐步确立了不列颠的现代建筑该是个什么样。在国王的游戏规则中，琼斯发展出自己的装饰语法。正如一位观察家所言，他"所设计的家具陈设是如此完美，超过其英格兰同道"[15]。这是对一个建筑师技能的认可。然而此类赞美，对身处逆境的君主却不是好事。

到了17世纪30年代末期，查理一世的王室表演显出衰败而孤立的端倪。正如露西·哈钦森在观看皇家假面剧时的敏锐观察："站在国宴厅之外的角度望过去，我们所看到的假面剧表明，君主已经陷入了绝对的孤立，与被其所统治的臣民，截然对立。假面剧所表现的，也准确折射出查理一世对待自己领地的方式。"[16]事情已然接近极限，皇家戏剧已然失去了对国家的掌控。有关主权的表演，不过是一个虚幻。

1642年1月，查理一世和亨利埃塔·玛利亚带着他们的孩子，从怀特霍尔宫出逃。国王及其家人再也不能安全地待在伦敦。他们在王室的信差到位之前，就匆忙逃往汉普敦宫（Hampton Court），以至于抵达时，那里连床铺都还没有备齐。几个星期之后，他们在逃往多佛尔的途中小住格林尼治。随后，亨利埃塔·玛利亚带着王室珠宝，从多佛尔乘船前往法国。她计划在欧洲大陆卖掉珠宝，以筹集资金，准备战争。自那之后，这对夫妇，也就是国王与王后，再也未能在伦敦重逢。离开妻子之后，查理一世北上，并于7个月后集结了他的王室军队，向自己的臣民宣战。随着内战席卷全国，格林尼治的王宫遭到查封，再一次被废弃。1642年11月，国会下令，将宫殿里所有的器具和超过200英镑的武器装备转移到伦敦塔。这一处皇家地盘被孤立和遗忘。

琼斯同样卷入战争的旋涡。离开伦敦之前，他把自己的财宝埋到兰贝斯附近的泥地里。那年7月，国王向他借贷500英镑。琼斯于是让妻侄约翰·韦布（John Webb）把钱缝在夹克衫里，前去送货。这是一项危险的任务。一旦被抓，年轻的信使就会人头落地。国王还传旨，让琼斯前往作战基地，用他的建筑知识协助建造防御工事。1645年10月，琼斯在汉普郡（Hampshire）的贝辛府（Basing House）被国会的军队逮捕，并被迫与这个国家的新掌权人妥协。之后，他被允许隐退。而他的皇家主子国王，则继续着自己日益无望的战斗。

经过了六年的相对和平期，内战于1648年春天再次在格林尼治爆发。一年前的秋天，查理一世被俘之后又被释放。被释放后的国王不甘心失败，要作最后的挣扎，再次迎战奥利弗·克伦威尔（Oliver Cromwell）及其新模范军（New Model Army）。第二次内战很短，却很血腥。那年5月，一支有800来人的地方民兵部队前往格林尼治，驻扎于皇家园苑。这群王室抵抗分子发现附近的房屋里并没有什么武器装备，于是他们袭击了停靠在泰晤士河边的船只，也抢了一些"车、耙以及类似的工具"[17]，以迎战从伦敦方向来犯的敌人。28日黎明，泰晤士河升起迷雾，两支军队从西边出现。他们"像魔鬼"一般，击溃了松散的王室抵抗部队。查理一世及其保皇派大势已去，其最终的反击显得软弱无力。

内战于1649年1月30日结束。那一天，查理一世被带到怀特霍尔宫里的国宴厅。这座由琼斯设计于30年前的建筑，完美对称，象征着斯图亚特王朝的和谐。天花板上的图画将几何形房间映衬得格外匀称。这些图画正是查理一世委托彼得·保罗·鲁本斯所作。画面的中心，是站姿的天国之王詹姆斯一世。他浑身散发着国家的光辉和秩序。图画之下，却是围着查理一世的起义者。查理一世被推着走过大厅，再穿过一扇被拆开的窗户，最后被带到环绕在建筑物前方临时搭建的室外平台。做完祷告并宽恕了行刑人，查理一世对等候的人群说，来吧。于是，随着斧子的挥动，斯图亚特王朝的第二场戏剧宣告结束。对一些人来说，这是一种皇家的殉道。对新政府来说，这是为了惩罚背叛自己臣民的国王。

一座没有国王的宫殿会是个什么样子？从前的王权被英联邦取代。奥利弗·克伦威尔的军队与无望执行宪法的国会之间貌似平衡，背后却有令人不安的矛盾。这不是适合建造宏伟建筑的时代。清教徒之风很快就刮到格林尼治。格林尼治的王后行宫被遗忘，却也不是被彻底遗忘。随着克伦威尔取得胜利，王后行宫里的王室艺术收藏被无情地掠夺和破坏。恰如一位评论家所言，这是"最高贵的收藏，令意大利之外的任何一位王子都足以炫耀一番"，"但那些野蛮的叛乱者，他们对待自由艺术就像对待君主和教主一样无礼，他们挥霍并捣毁了其中最好的艺术品"[18]。王后行宫被匆匆移交给国会的律师巴尔斯托德·怀特洛克（Bulstrode Whitlock）。附近的老都铎王宫沦为马厩，之后又被改造为监狱，用于囚禁1652—1654年第一次英荷战争中所俘获的俘虏。

尽管被忽视多年，但格林尼治的"舞台道具"功能却没有被完全遗弃。对斯图亚特王朝的王室来说，园苑和宫殿永远是皇家的逍遥享乐之地。那么现在，也许可以将它转为新政府所用，并赋予其新的权威，以辅助新上任的护国公[①]，实现英格兰称霸海洋的野心。格林尼治曾经让伦敦与世界相通，外国政要通常都是经过此地前往大都会伦敦（"大都会"这个词最早出现于17世纪50年代）。他们先是在格林尼治的宫殿落脚，小憩之后，或通过陆地交通，或通过驳船，前往伦敦。也许，可以将昔日的宫殿从一处皇家的私人逍遥场转型为展现民族自豪感的大本营。

1650年，克伦威尔推出第一部标有大英帝国地标的航海法案（Navigation Act）[②]。由于某种特殊的先例，格林尼治早已是有关航海法案的中心。因为一些封建传统，所有位于新大陆的英格兰殖民地，都被称作"东格林尼治采邑/封地"（the manor of the East Greenwich）。[19]因此，无论是有关弗吉尼亚州的土地特许状（于1606年颁发），还是其他一些殖民地的土地联合使用条款中，都是将它们当作格林尼治御苑的封地。后者主要包括西北走廊（于1697年颁发）、纽芬兰（于1610年颁发）、圭亚那（于1613年颁发）、百慕大（于1615年颁发）、新英格兰（于1620年颁发）以及缅因（于1639年颁发）等。由此看来，大英帝国不过是格林尼治御苑土地的延伸。

克伦威尔亦开始系统地整顿海军，以保护不列颠的船只。此时的不列颠人也发现了一些海上新贸易路线和殖民地，更在德特福

---

① 护国公即克伦威尔。他在1649年斩杀了查理一世之后，废除了英格兰的君主制，并征服了苏格兰和爱尔兰，于1653—1658年，出任英格兰-苏格兰-爱尔兰之护国公。英国历史上，只有克伦威尔和他的儿子担任过此职务。——译者注

② 又译为航海条例。

德造船厂大力扩张庞大的造船计划。这一切迅速引发了英国与荷兰的战争，因为荷兰同样觊觎远方殖民地的宝藏。战争创造英雄。由于其同时与海事及英国社会关系密切，格林尼治的王后行宫很快就被当作一处祭拜之地，用于祭拜为英联邦作战时牺牲的将领。1653年，正是在此举办了海军名将理查德·迪恩（Richard Deane）的遗体瞻仰仪式。理查德·迪恩战死于加巴德（Gabbard）沙洲海战。正是这场海战结束了第一次英荷战争。遗体瞻仰之后，理查德·迪恩的棺椁在庄严的仪式中从格林尼治上船，最终被送到西敏寺，安葬于亨利七世礼拜堂[1]。

1657年，王后行宫再次被用于祭拜殉职的罗伯特·布莱克（Robert Blake）将军。罗伯特·布莱克是理查德·迪恩的同事，也是一位智勇双全的海军名将。他作为海军上将所取得的辉煌胜利，连纳尔逊将军都深感敬畏。布莱克在西班牙加的斯城外的战斗中受伤，带着缴获的价值超过20万英镑的美国金条，死在自己的战船上。当时他已经能够望见故乡普利茅斯。他得到了全套的国葬仪式。然而只是他的躯体在格林尼治举办了遗体瞻仰仪式，其所有的内脏器官都保留在故乡普利茅斯。

---

[1] 查理一世的儿子重登王位之后，在其父亲的12年忌日当天下令，挖出克伦威尔及其家人和支持者的遗体，重新处置。迪恩被视为克伦威尔的支持者，其遗体从西敏寺挖出之后，被掩埋于附近的西敏寺圣马格丽特教堂（St Margaret's）墓地。相比而言，克伦威尔的遗体受到戮尸之刑，其凄凉的下场不仅令人毛骨悚然，也匪夷所思。从西敏寺挖出后，先是被拖着穿过伦敦城，送到泰伯恩刑场，在那里被吊上绞刑架。其头颅被砍下游街示众，尸体被扔进土坑里草草掩埋。然后这颗头颅竟然被钉在一根旗杆上，旗杆被安置于西敏宫的屋顶长达20多年。再后来它流落民间，成为巡回展品。直到1960年，这颗头颅才终于由克伦威尔的母校剑桥大学悉尼·萨塞克斯学院收回，埋葬于附近的一座小教堂之旁。不过，也有人认为，遭受戮尸之刑的遗体并非克伦威尔的。因为此前为了防止遭受惩罚，克伦威尔的遗体已经从西敏寺挖出，并多次转移其掩埋之地。——译注

英联邦统治的那些年证明，建筑是流动的。曾经用于展示王权荣耀的皇家建筑，如今可以派作不同的用场。也就是说，曾经歌颂国王神权的石头，也可以用来赞美国家的威勇。问题是，克伦威尔于1658年病倒，让共和国的未来陷入茫然，没人知道此后的走向。克伦威尔指定自己的儿子理查德作为护国公继承人，但这个儿子不能按照克伦威尔的意愿，调和军队与国会之间的利益冲突。于是由蒙克（Monck）将军领导的军队从苏格兰开拔到伦敦，并煽动国会与之共谋，试图发动政变。但这些人找不出任何其他更佳的替代方案。最终他们只好派船到荷兰，迎接流亡在那里的查理王子①。于是查理回到伦敦，登基称王。但是，纵然他有心，其王权统治也必将与其父大不相同。这种不同，再一次决定了格林尼治宫殿建造的走向。

1660年5月29日上午，老都铎王宫依然是一片颓败。远处，可以看到山坡草地上的王后行宫以及更远的格林尼治御苑。这片曾经受到詹姆斯一世和查理一世宠爱的狩猎场，其地理位置如今戏剧般地升高，竟然与穿过小山岗的布莱克希斯公用地（Blackheath Common）齐平。在此，查理二世受到伦敦市长的欢迎。市长还为归来的国王举办了授剑仪式。身着蓝白服饰的姑娘们载歌载舞，将鲜花和芳草抛向国王坐骑的前方。随后，查理二世前往阔别18载的怀特霍尔宫。

归来的查理二世并非英雄征服者。当他穿过伦敦时，其内心摇摆于两极之间。是像自己的表弟路易十四那样实行绝对君主般强权的"朕即国家"（L'etat c'est moi），还是如同威尼斯总督一般软弱无能？有关允许其王政复辟的协议中，并未明确界定查理二世的角色。

---

① 此查理王子便是查理一世的儿子。登基称王之后，是为查理二世。——译注

但不管怎样,查理二世期望把自己塑造为辉煌的巴洛克式君主。如果不能通过法律或者战场上的速胜来实现此等意愿,便只能寄希望于建筑了。早在其流亡期间,查理就带着羡慕,眼瞧着巴黎变成一座现代都市。路易十四通过石头征服了国家。正如剧作家高乃依所言,"整座城市被建造得富丽堂皇,仿佛从一条破旧的阴沟奇迹般升起"[20]。查理二世何不对伦敦采取类似之举?

从理论上说,建筑可以用作展现无限的权威。现实中,将图纸变成石头需要花钱。查理二世很快就发现,自己能做的不过是在祖传房产颓败的裂缝上涂些粉泥。搬回怀特霍尔宫之后,面对惨遭护国公蹂躏的宫殿,他深感痛心,却只能做些简单的装潢和添补。这让来访的法国大臣塞缪尔·索毕尔(Samuel Sorbiere)感叹道,除了琼斯设计的国宴厅得以完好地保存,宫殿的其余部分不过"一堆建造于不同时期的老房子而已"[21]。

至于宫门之外的城市复兴,查理二世更是无法控制。他既没有资金用于建造宏伟的建筑,亦无权命令改变城市。曾经热切希望改善首都的他,如今只能通过一些激励的言辞,而不能提供任何实质性的赞助。所幸他从欧洲大陆带回了一批朝臣。这些朝臣比他富有,也买得起新房子。一旦他们把河岸街一带变成贵族街区,皮卡迪利的绿色草地之上迅速建起了法兰西和荷兰风格的豪华府邸,宏伟而摩登。在附近的圣詹姆斯街区,亨利·杰明(Henry Jermyn)伯爵① 模仿巴黎的孚日广场(Place des Vosges),建造了伦敦的第一座广场——圣詹姆斯广场。广场四周则开发成

---

① 亨利·杰明(1605—1684)伯爵很是个人物。他资助过很多艺术家、建筑师,并跟随查理一世的王后亨利埃塔·玛利亚多年,十分为王后所器重,乃至有民间传说,说他是王后的情夫,也是查理二世的实际父亲。因其在伦敦西区开发中的突出贡献,亨利·杰明被誉为伦敦西区的创始人。——译注

贵族花园大宅特区。与此同时，一些在英格兰内战期间游历过法国和意大利的人士，例如约翰·伊夫林（John Evelyn）等人，开始讨论起英格兰现代建筑的特性。琼斯被奉为英格兰第一位建筑大师。这些人还将琼斯的作品与他们在欧洲大陆所见到的最新式巴洛克建筑相提并论。

格林尼治的王后行宫却没有此等运气。随着王政复辟，行宫被归还给亨利埃塔·玛利亚，却并不是真的归还给光荣的王后，让她在此静养，而是让逍遥宫变成一位伯爵遗孀的小屋，一位老贵妇的旧家宅。建筑物的结构倒是得到了一些改进。琼斯的亲属同时也是其建筑事业的继承人约翰·韦布（John Webb）[①]，在廊屋的两侧设计了两个房间，扩大了居住空间。此外，各方面也在积极努力地回收那些在英联邦期间被盗的艺术品。但是，亨利埃塔·玛利亚王后于1662年返英之后，却只在格林尼治短暂小住。1665年6月，伦敦惨遭瘟疫肆虐之际，她带着对伦敦寒冷的抱怨返回巴黎，也从此永别了英格兰。在她返回巴黎的随员中，有一位年轻的科学家，这个人便是克里斯托弗·雷恩。

此后，查理二世将这座王后行宫，送给了自己的新妻、葡萄牙布拉干萨的凯瑟琳（Catherine of Braganza）。但除了招待来访的使节，这座行宫很少使用。1674年，一位到访的荷兰大臣写下了一段文字，其中提到这所房子让他联想到英格兰的近期历史："站在房屋的中间，可以看到有关艺术和科学的美丽图画，宽敞的房间带有大理石壁炉。然而，大理石上的雕刻遭到破坏。所有人像的鼻

[①] 即前文提到的给查理一世送钱之人。除了从事建筑师主业，他还是一位业余学者，不仅关注索尔兹伯里巨石阵，还对中国语言有所研究，发表了堪称欧洲第一篇关于中国语言的论文。但他从未到访过中国，也不会中文，其研究的主要依据是耶稣会教士的游记。

子,全都被克伦威尔时代那些恶作剧的家伙给割掉了。"[22]

那么,查理二世如何通过石头来巩固自己的新王权呢?答案在约翰·韦布手里。王政复辟后不久,约翰·韦布就向查理二世提交了一份怀特霍尔宫改建规划。改建后的新宫殿,将与腓力二世在马德里郊外的豪华寝宫相媲美。韦布没有获得设计委托权,因为他尚未得到新王室的青睐。尽管韦布在国外学习多年并掌握了最前卫的建筑设计理念,却在自己的故土英联邦显得落伍。不过,1663年,韦布得到一个远比改建怀特霍尔宫更好的机会。这就是在格林尼治为巴洛克王子建造一座王宫。

韦布接到任务时,老都铎宫殿的拆除工作已经开始。韦布因此有机会梦想着新建一座英格兰式凡尔赛宫。后者是路易十四在巴黎郊外所建的豪华狩猎行宫。最初的方案中,韦布设计了一组由3栋大楼围合、朝河一面露空的合院式建筑。连接两侧翼楼的中央大楼正中,以一个大穹顶封顶。约翰·伊夫林勘察了工地之后,担心如此设计离河沿太近。除此之外,这个方案没有受到其他非议。然而,韦布的设计基于巴洛克式豪华大楼的常规模式,也就没怎么对原有的建筑加以考量。更为不爽的是,其南侧的大楼①遮挡了从王后行宫观看泰晤士河景观的视线。因此,这个方案很快就遭到否决。最后的图纸上去掉了南侧的大楼,却也让这项设计的透视效果颇值得后人玩味。站在河岸望去,两栋巨大的翼楼向前方伸展,视线的焦点聚集于王后行宫。王后行宫背后的远方山顶上,韦布还设计了一座石窟。

如此一来,这座宫殿建筑群成为整座园苑的重心,也成为一座巨大的舞台,既展示皇家的权力,也表现了建筑与自然之间的相互

---

① 即连接两侧翼楼的中间部分。

作用，让那些从外国来访的政要深感震撼。坐着驳船抵达河边，这些人踏着宽阔的石头台阶登上河岸。他们立即就被华丽庄重的宫殿吸引了眼球。韦布的设计通过精确的数学计算，让空间与透视效果达到巧妙的平衡。两侧的翼楼稍隐于后，优雅而富于乡土气息的王后行宫聚焦于中景，从而迅速吸引观者的视线。远方的视平线上，皇家花园顺坡而上，最终与迷人的废墟融为一体。

受当时最前卫的自然哲学指引，巴洛克式宫殿专门用作展现宏伟的体量和权力，将壮观的石头谱写成凝固的音乐。因此，从前为琼斯所倡导的严格的结构符号和精确的经典元素，被强烈的表现欲所取代。如此野心给大型工程带来一个好处，那就是让花园规划与建筑同等重要。巴洛克式花园是一种从宏观的角度对形式和理性的探索。通常来说，这一类设计中，总是让一座房子处于自然的中心。从这个支点开始，先是一组繁复的花坛，显示业主在这块地盘上的统治地位。接着，由宽广的大道分划景观。其间点缀着雕像、溪流、喷泉和小屋。总体印象是力量和优雅。到了1662年，查理二世已经在原来的狩猎场上开掘出一层层巨大的台阶，顺坡而上。同时，还种植了成片的树木。第二年，他又聘请了著名的法国园林师安德烈·勒·诺特埃（Andre Le Notre）为格林尼治规划园林。不幸的是，这位设计过凡尔赛宫园林的大师，从未到格林尼治亲临勘察。因此，他制定规划时，明显忽视了此处南向山坡的起伏梯度。诺特埃的设计未能实施，而仅仅停于图纸上。

海军部首席秘书塞缪尔·佩皮斯（Samuel Pepys）[①] 在其1664年3月4日的日记中写道，我"看到垒砌的地基，用于为国王建造

[①] 塞缪尔·佩皮斯（1633—1702）与约翰·伊夫林（1620—1706）是当时英格兰杰出的两位日记作家。——译注

庞大的宫殿，这将花费巨额的资金"[23]。佩皮斯是著名的日记作家。因为工作关系，他经常前往格林尼治作商务旅行，故此有了这些观察。施工开始后，因为意识到建造如此大规模的建筑需要巨额的费用，韦布接到命令，在着手建造第二栋翼楼之前务必先完成第一栋。尽管如此，到了1665年，开支很快就攀升到7.5万英镑，而韦布尚且还在努力建造西侧的翼楼。这栋楼后来被称作查理二世翼楼。问题是，到了17世纪60年代末，查理二世不得不承认梦想破灭，自己已不可能成为不列颠的太阳王。附近的伦敦也陷入了一场永远改变其历史的巨大灾难。

1666年9月2日上午，伦敦桥大门之北布丁巷（Pudding Lane）、国王面包师托马斯·法林纳（Thomas Farriner）家的面包坊发生火灾。那个晚上，大火沿着街巷蔓延到周围的街区。3天里，大火烧毁了大部分城市，涵盖400多英亩的区域。超过13万伦敦人无家可归。许多重大机构的房屋，包括港口建筑，皇家交易所，市政厅，无数的教区教堂、礼拜堂以及圣保罗大教堂等，全都化为灰烬。正如约翰·伊夫林在日记中所写的："昔日的伦敦不再。"[24]

大火让查理二世终于认识到，自己不可能成为曾经所向往的巴洛克式君主。1672年，韦布在格林尼治的工程遗憾地中断。所有的规划中，只有西侧的翼楼得以完工。之后，韦布退隐到萨默塞特郡的乡间。他再也没有在伦敦从事过任何建筑业务。然而，宫殿建造的结束并不意味着查理二世彻底放弃了格林尼治。它将经过下一代规划师之手，以新的形式复兴。这些规划师还试图在建筑中寻找到现代语言。

伦敦大火之时，克里斯托弗·雷恩是牛津大学的萨维尔（Savilian）天文学教授，也是当时英国杰出的星象观察大师、欧洲最著名的科学家之一。自王政复辟以来，雷恩就是一位推崇新哲学的新哲人（New Philosopher），可谓经验科学方法的先驱。正是他说服了查理二世，在伦敦设立了一个会馆式机构，并将其作为永久性据点，每个星期举办一次有关的科学实验、演示和辩论。这个机构便是英格兰皇家学会（Royal Society）。

新哲学（New Philosophy）是当时有关建筑和城市设计讨论的核心议题。1666 年伦敦大火之后，雷恩制定了一套全新的城市规划，意欲从根本上改变伦敦的街道布局，让那些被大火毁坏的拥挤的中世纪房屋，从类型上规范化。雷恩认为，建筑学即有关房屋的科学，是新哲学在社会学层面上必不可少的表达。如果重建城市，就应该让其重生为一座现代而富于理性的都市。雷恩的规划未能付诸实践。所幸，1667 年，当罗伯特·胡克（Robert Hooke）开始考量首都的规划之时，将雷恩所倡导的理性精神纳入城市的重建中。

同年，路易十四出资在巴黎的郊外建造一座天文台，于 1671 年竣工。通过望远镜的观察准确描绘有关星象的图表，可谓当时的太空竞赛，也是早期现代军事工业的核心。查理二世也不甘落后。此外，对太空的探索，肯定会给皇家赞助人带来荣耀，也为市场提供有价值的知识，改善国家舰队的海上航行，确保舰队的船只超过对手，安全地驶入港口。路易斯十四的天文台由著名建筑师和数学家克洛德·佩罗（Claude Perrault）① 设计。佩罗是法国科学院首批成员之一。法国科学院于 1666 年成立，为的是应对英格兰皇家学会。查理二世于是要求自己的建筑师和几何大师雷恩为不列颠建造一座天文台，其宗旨是："准确测绘并描绘天体运行和星座的图表，

---

① 除了是建筑师和数学家，克洛德·佩罗（1613—1688）还是医生、解剖学家、物理学家、笛卡尔主义者。其另一著名的建筑作品是巴黎卢浮宫东立面的设计。

以找出海上航行的理想经度，完善航海艺术。"[25]

于是，在国王的御旨下，雷恩将自己对科学和建筑的热爱与观星的激情相结合，在格林尼治创建了一座不列颠皇家天文台。这也是查理二世为实现其帝国野心的最宏大的项目。同时，它还是不列颠第一个致力于科学研究的中心。然而，受制于当时的条件，用于建造的经费少而又少。又因为当时大多数天文观测都是露天操作，这座建筑也就只需要最基本的结构，并选址于王后行宫背后的山坡边缘，因为那里离伦敦雾足够远，有清澈的夜空便于观测。雷恩设计了一座露天庭院。其四周带有大量用于放置仪器的储藏间，以及一座供天文观察家观星的小屋。所有的储藏间均带有防水功能。此外，他还得到许可，添加了"一点壮观"[26]的元素。毕竟这是一栋皇家建筑，时不常会有一些对天文感兴趣的政要和朝臣来访。

雷恩尽最大可能控制建造成本。他利用原有老屋的地基，而不是构筑新地基。这就导致建筑物不是正北朝向。为此，每一次天文观察计算都要偏转13度。为了节省开支，雷恩还采取了回收老建筑材料等措施，例如回收"蒂尔伯里堡的砖块……一些从伦敦塔废弃的门房上拆下来的木头、铁和铅"[27]。谢天谢地，施工进展迅速。正如皇家首席天文学家约翰·弗兰斯特德（John Flamsteed）所记："工程进展良好，屋顶盖好之后，圣诞节时就投入了使用。"[28]

天文台的建造是皇家权力的展现，却也标志了一个微妙的偏转。也就是说，格林尼治作为皇家领地的角色已经在转换中。在此建造的建筑，不再把国王当作唯一的歌颂对象。这里也不再仅仅是王室的逍遥宫，而成为作为赞助人的皇家与国家利益之间的交汇点。国王利用自己的权威促进新哲学的创新，从而促进商业的发展，促进海军的发展。在当时来说，后者正是让不列颠成为海上超级大国的重要力量。因此,王权的威力不再仅仅是通过壮丽的石头或是对于建筑的敬畏展现,而在于国王与其臣民之间的新型关系。将国王作为赞助人而非绝对君主的理念成为英格兰王权的新秩序。

查理二世从未放弃给自己建造一座宫殿的希望,只是它不再位于伦敦。17世纪80年代,国会再次呼吁限制王权。由于越来越害怕遭到强势国会的政治操纵,查理二世决定在远离首都的温彻斯特建造一座皇家行宫。雷恩再次接到御旨,进行设计。工作很快展开,宫殿却从未完工。1685年,正当雷恩在温彻斯特与大都市之间来回奔波之际,国王中风了,四天后驾崩。

七年后,1692年5月21日凌晨,一位信使从朴茨茅斯兴冲冲赶到怀特霍尔宫,报告了伟大海军的胜利消息。法国舰队在拉和岬(La Hogue)海战中被击败,胜利的罗素上将(Admiral Russell)已经与受伤的海军士兵一起,返回英格兰港口。喜悦的玛丽女王(即威廉三世的妻子)立即从伦敦各家医院召集了50名外科医生,并将这些医生派往港口救助伤员。接下来的一个星期,玛丽女王下旨,在"格林尼治建造海员荣军院"[29]。这类建筑将是新王权时代恰如其分的象征,表达了王室的感激,感激那些为国家做出牺牲的战士。这里将是伤残士兵战后的休息之地,一座壮观的庇护所,也表明王室如何向最需要帮助的人施舍仁慈。格林尼治荣军院将在国王与他的臣民之间建立新的信任关系。但它不仅仅是一座普通的荣军院,正如西班牙旅行者伊斯皮拉(Don Manuel Alvarez Espriella)一个世纪之后所发的感慨:"英国人说他们的宫殿仿佛荣军院,而他们的荣军院仿佛宫殿。"[30]

四年之前的1688年11月5日,荷兰奥兰治的威廉(William of Orange, the Dutch stadholder)率领着一支大军在德文郡(Devonshire)的布里克瑟姆(Brixham)登陆后,有条不紊地向伦敦挺进。

这是不列颠历史上所遭受的最后一次入侵,并无血腥,却果断迅速。12月19日,威廉被一群人高呼着口号迎入伦敦:"欢迎,欢迎,上帝祝福您,您来到此地,拯救我们的宗教、法律、自由和生命,上帝嘉奖您。"[31]四天后,查理二世的弟弟、在王位上只坐了三年的詹姆斯二世逃往法国,永失王位。

这场光荣革命① 重新设计了英格兰的政治舞台。谁将成为下一位君主?新的王国将拥有什么样的特质?众口不一。但最终,大家一致同意,如今我们需要两尊王座,让威廉和他的妻子玛丽联合统治。再就是,在他俩加冕那天,在"双座"王位的面前摆上一份《权利法案》②。法案中概述了皇家的权利。如此,就从书面宪法上确定了主权。这部以法律条文写就的新合同,最终解答了有关王权的纷纭纠结,如此纠结始终困扰着英格兰斯图亚特王朝。诸如:君主拥有何种权利?王权有哪些限制?王权与国会之间有哪些关联?

然而,关于王权的政治申明需要一个符号。威廉三世和玛丽二世都不像他们的斯图亚特王朝祖先那样,青睐宏伟的巴洛克式建筑。又因为大都市的雾霾不利于国王的哮喘病,他们希望将王宫搬到伦敦之外,并决定在伦敦的西部重建汉普敦宫,将之前的肯辛顿宫改造为一处静修行宫。威廉三世几乎立刻就在欧洲的战场上找到了荣耀,也保证了不列颠在国际上的优势。那么,玛丽二世在格林尼治建造一座荣军院的计划,便为新的王权统治提供了一个看得见

---

① 这场革命的宗旨在于推翻信奉天主教的詹姆斯二世,防止天主教复辟。因为没有发生流血冲突,被史学家称为"光荣革命"。成功地废黜了詹姆斯二世之后,王位传给了詹姆斯二世的女儿玛丽和女婿威廉(即当时的荷兰奥兰治亲王),由这两人共同治理国家,史称英格兰玛丽二世和威廉三世。——译注
② 这部《权利法案》奠定了此后英国君主立宪制政体的理论和法律基础。——译注

的象征。1692年10月，财政部制订了新工程的资助计划，又在一年之内颁发了皇家许可状。此外，还成立了一个由200多名贵族和大员组成的委员会，以监督工程建造。雷恩再次被任命为建筑师，财务总管是雷恩的老朋友约翰·伊夫林。

1684年1月，雷恩带着几位工匠和自己的助手尼古拉斯·霍克斯莫尔来到现场勘察。雷恩发现，韦布于1672年留下的翼楼，如今被用作弹药储存室。他们得到500英镑的经费，清除垃圾并搬走那些军械。霍克斯莫尔还注意到工匠的说辞，查理二世翼楼"不过是一堆石头"[32]，只要付工钱，他们既可干建造的活，也可干拆除的活。然而，玛丽二世要求保留原有的建筑。此外，她还要求，任何新设计无论如何不能遮挡从王后行宫眺望泰晤士河的景色。这项严格的要求让雷恩颇为棘手，既考验他作为建筑师也考验他作为几何学大师的技能。

所有的提案全都在1694年12月化为泡影。玛丽二世死于天花，这很容易让有关荣军院的建造搁置。然而，最初担心造价高昂的威廉三世此刻却发誓说，一定要完成爱妻的工程，以此作为挚爱的象征。他承诺每年拨款2000英镑，确保纪念爱妻的项目得以完工。

当时雷恩已经60多岁了。这20年来，他一直忙于1666年大火之后的伦敦重建。他所负责的51座教区教堂建造工程大部分已经到位。此外他还设计建造了大火纪念碑、海关大楼以及许多位于伦敦老城墙内的王室机构。但他依然忙于圣保罗大教堂的建造，而这座大教堂直拖到十多年之后方才彻底完工。除了这些工作，为了威廉三世和玛丽二世，他还要复兴老都铎王宫汉普敦宫。当他着手有关格林尼治荣军院的初步设计时，雷恩可算是集合了自己所有的经验、学识和梦想，为君主创造出一个壮丽的新象征。

他几乎立刻就被迫打破设计规则。传统上说，如果围绕一座中央广场进行建造，为了获得非凡的效果，连接两侧翼楼的中央大楼的中心部位，通常需要建造一段门廊或一座穹顶。但因为玛丽二世曾经规定不能遮挡从王后行宫眺望泰晤士河的视线，也就绝对不可能建造中央大楼。这束缚了之前的韦布，如今也挑战着雷恩的创造力。因为雷恩原本也是希望建一栋带有中央穹顶的礼拜堂，并以此与路易十四所建的巴黎荣军院相媲美。而现在的情势是，不仅此举完全不可能，他还面临着一个从北到南的景观难题。摆在他面前的，是两栋互为平行的翼楼，它们自泰晤士河南岸开始向南延伸。如何让这两栋翼楼既能够保持均衡，又让人觉得它们是一个整体，同时还要与远处的王后行宫协调结合？尽管有这些限制，雷恩还是建造了也许是他职业生涯中最引人入胜的建筑。

他的解决方案是：放弃单体建筑的尝试，而设计一组复合式建筑，将不同布局和形状的建筑纳入统一的景观中。其中，上述自泰晤士河南岸开始向南延伸的两栋平行翼楼，被设计成两组各自独立的大型四合院。每一组合院在其朝向泰晤士河的方向，都建造了一段双层门廊。两栋合院翼楼的南端没有布置连接两者的中央大楼，而是接着往南另外又设计了两栋平行的翼楼。在这两栋翼楼的最南端，各设计了一座带有柱廊的亭子。在两座亭子的顶部，各建造了一个穹顶。而在翼楼靠向中央广场的一侧，则设计了一段长长的廊道，自泰晤士河边的位置开始，一直向南延伸。如此机智的安排，强化了建筑群中心部位的立面意味，同时又创造出一个视觉走廊，将观者的视线引向远方的王后行宫。效果是惊人的，既让远方的王后行宫与新建的建筑群发生关联，又将几栋独立的翼楼协调成一个整体。

跟斯图亚特王朝时代所有的建筑工程一样，资金是个问题。所幸，清廉正直的财务主管约翰·伊夫林从不领取薪水（雷恩也不拿薪水），也没有像很多建筑工程的经济主管那样从项目经费中为自己谋利。同样，跟所有宏大的工程一样，工程委员会的贵族委员们当初特别希望介入这个项目，后来则几乎从不开会。而一旦开会，便是巨大的开支。1697 年，项目结构委员会委员们的碰头会，便消耗了"四大肋牛排、一大肋羊肉、六只鸡、两打面包以及十打瓶装葡萄酒"[33]。结果，伊夫林被迫几乎独自出面集资，动作还得快。因为砌下第一块石头的一年后，伊夫林算了一下账，他所筹集到的资金是 800 英镑，却花掉了 5000 英镑。于是他绞尽脑汁，动用了各种可能的筹款方式，包括让水手们每人募捐六便士、举办六合彩、将所有海战中缴获的战利品全都折合成建造经费等。其中，最令人不可思议的捐赠来自臭名昭著的海盗威廉·基德（William Kidd）。基德的财产被没收后，折合成 6500 英镑，用于建造。即便如此，到了 1702 年，伊夫林的账簿上已经花掉 128384 英镑，还欠下 19000 英镑的债务。

　　建筑群各部位的施工从一开始就忙忙碌碌。他们还用木材建造了一个特殊的模型，以展示各个部位之间如何连到一起。这显然是有用的，而且被参考的次数非常之多，以至于据说到了 1707 年，该模型竟然需要修理，需要"把那些没能粘好的部位再粘好"[34]。如前所述，现存的查理二世翼楼由约翰·韦布于 17 世纪 60 年代设计，那么首要任务便是对这栋翼楼加以维修改造。与此同时，开始建造与其相对的安妮王后翼楼。在这两栋翼楼的南端，则开始挖掘东、西两侧翼楼的地基。其中靠西侧的是威廉三世翼楼，靠东侧的是玛丽二世翼楼。两侧翼楼之间的中央空间亦得到改造，从而让各栋翼楼之间得以协调统一。靠近泰晤士河河边的，是一座宽敞的广场。一条宽阔的南北向大道，将查理二世翼楼与安妮王后翼楼分开。大道的尽头，踏上一组宽阔的石阶，便是被抬高的庭院，其上由石头铺面。庭院的两侧，分别是威廉三世翼楼和玛丽二世翼楼。这个庭院，既让两侧的翼楼得以统一，又允许访客清楚地看到远处的王后行宫。为达成视觉的协调，雷恩还在王后行宫的两侧添加了柱廊。

雷恩是这项工程的总规划师，但每天在施工现场负责具体事务的，是雷恩的助手尼古拉斯·霍克斯莫尔。雷恩对这位助手的选择显然是睿智的。霍克斯莫尔最初是圣保罗大教堂建造部门的绘图员。他一直跟着雷恩，在许多重大工程中摸爬滚打。到1700年，霍克斯莫尔已在建筑行业声名鹊起。先是作为雷恩的助理，他在布拉得菲尔德霍尔（Broadfield Hall）庄园和伊斯顿纳斯顿（Easton Neston）庄园分别设计了一些房屋，并且娴熟地运用了英式巴洛克风格。1700年，他与新近转行到建筑业的剧作家约翰·范布勒（John Vanbrugh）合作，两人一起设计了两座英格兰最富有皇家气派的私家庄园。一座是乡村庄园霍华德堡（Castle Howard），一座是布伦海姆宫（Blenheim palace）①。跟雷恩一样，霍克斯莫尔坚信，好的建筑应该基于几何学和理性："有充分的理由和好的构思，再加上经验和各种尝试，才能保证好的效果。"[35]与之前的琼斯、韦布和雷恩一样，霍克斯莫尔广泛汲取古典建筑的精髓，并以不同的方式审视这些精髓。古典建筑说着类似的语言，但带有不同的口音。所有的这些不同，都能在格林尼治找到。

---

① 霍华德堡虽然是具有皇家气派的私家庄园，但名字叫作"城堡"而非"宫殿"。英国唯一拥有"宫殿"名号的私家庄园，是布伦海姆宫。这座庄园是安妮女王对第一代马尔伯勒公爵约翰·丘吉尔（John Churchill，1650—1722）的奖励，奖励他在布伦海姆战役中的卓越功勋。约翰·丘吉尔的后裔、英国首相温斯顿·丘吉尔在该宫殿出生，为此它常被称作"丘吉尔庄园"。——译注

1703年，范布勒被任命为格林尼治荣军院建造委员会委员。此后，霍克斯莫尔在格林尼治的工作得到这位新委员的帮助。范布勒于1664年出生于伦敦，在踏入建筑业之前尝试过多种职业。起先，他作为东印度公司的雇员，前往古贾拉特邦（Gujarat）的苏拉特，后来又加入陆军。再后来，他在巴黎以间谍嫌疑被拘捕，在巴士底狱关了四年。他还为伦敦的剧院写过很多演出成功的戏剧，并负责甘草市场剧院的运营，同时他还是一位灵巧的政治操纵者和热心的辉格党党员。作为建筑师，尽管他缺乏建筑学训练，却拥有良好的社会关系，让霍克斯莫尔有关建筑设计的深刻理念得到光彩夺目的呈现。

工程贯穿威廉三世的统治时期，直到1702年威廉三世因骑马时绊倒在山坡上而去世。詹姆斯二世的第二个女儿安妮继位。这位安妮女王也是斯图亚特王朝的最后一位君主。尽管换了新主，但王权的功能没有改变。威廉三世的光荣革命加上1689年制定的协议，确保了政治稳定。安妮女王支持她所继承的所有建筑工程。她也关心雷恩在圣保罗大教堂的建造工作，并参加了一些在大教堂举行的庆典活动，大多是庆祝英格兰在国外的军事胜利。格林尼治的建造更是安妮女王看重的工程。正是在她统治期间，一些老兵终于入住荣军院优雅的厅堂。

1705年，42名退休水手获得批准入住翻新后的查理二世翼楼。第二年，入住者增加到300人。到1738年，已经增加到1000人。新入住人员的生活也得到严格的监管。比如每个人都穿戴蓝色衬里的灰色制服。此外，还有日常的礼拜活动以及严格的规则，禁止喝酒和咒骂。如果醉酒，便罚禁食一天；如果撒谎，便在三餐期间打扫饭堂；如果嫖娼，便罚去一个星期的面包和茶水。尽管有种种限制，但这些退休人员的食宿得到了良好的保障。每个人每5天能吃到一磅羊肉，每个星期有两次奶酪供应。

最后，四栋翼楼全都被用作老水手宿舍。如一位参观者所言，每位水手都有自己的小隔间，"虽然只比教堂的墓地稍微大一些"[36]，总比流落在街头的贫困状况要好。而流落街头是从前许多退伍军人的普遍命运。1786年，德国旅游作家苏菲·冯·拉罗什（Sophie von La Roche）①更以赞赏的口吻说："这些宿舍令人感到愉悦。光线充足，空间通畅，每个小开间的一侧都安排了玻璃窗，除了床铺和小桌子，还安置了带锁的小家具，用于放置茶具和烟具。"[37]虽然直到19世纪20年代才设立一座图书馆，但1715年就已经聘请了一位教师，指导这些孤寡老人学文化。

整个建筑群的设计，在威廉三世翼楼的彩绘大厅达到高潮。从一开始，雷恩和霍克斯莫尔就想着如何装饰威廉三世翼楼。于是在这栋大楼的南端，他们设计了一个穹顶，从而增加整个建筑群的对称性和韵律感。既然不能建造连接两侧翼楼的中央大楼，那么就通过两侧翼楼中心部位的穹顶将它们协调为一体。通过霍克斯莫尔娴熟的技法，两位建筑师开始为格林尼治设计穹顶。与此同时，雷恩也在为圣保罗大教堂建造恢弘的大穹顶。荣军院的穹顶先完工，虽比圣保罗大教堂的穹顶小很多，却更为精巧。

穹顶之下，通过大厅内丰富的图画，华丽在延续。1707年7月17日的《施工纪要》显示："大厅里一搭好脚手架，詹姆斯·桑希尔（James Thornhill）先生就开始绘画……他常常修改自己的设计，比如插入更多与海事相关的题材。"[38]当时的桑希尔是一位专攻历史题材的年轻画家，其画风带有意大利巴洛克风格。他在格林

---

① 苏菲·冯·拉罗什（1730—1802）是德国小说家，创办了世界上第一本女性杂志。——译注

尼治的任务是，在彩绘大厅的天花板及四面墙壁上，画满有关不列颠的海事历史以及不列颠如何征服海洋的故事。为此他工作了17年，最终于1724年完成任务。他的账单收据是："大厅天花板上，有大约540码关于历史的人物图画，工钱是每码3英镑……大厅墙壁上，有1341码点缀着奖杯以及长笛等物品的图画，工钱是每码26先令。"总共应该支付给他的工钱是6600多英镑。

1726年，桑希尔还为参观者撰写了一本画作指南——《格林尼治皇家荣军院的绘画解答》（*An Explanation of the Painting in the Royal Hospital at Greenwich*）。这本书清楚地描述了他如何将幻想、历史、寓言和神话结合到自己的绘画艺术中。正如一个多世纪以前琼斯的宣言："图画是天堂的发明，最为古老，与自然最为至亲。"艺术家可以像演说家或诗人一样，用自己的工具把握世界。而今，桑希尔通过绘画，撰写有关自己祖国的新版故事。琼斯最早通过帆布和滑轮等舞台装置，设计了自己的皇家假面剧，桑希尔则为后世建立了一座权力剧场。彩绘下厅（the Lower Hall）天花板的中心，端坐着威廉三世和玛丽二世，他们"给欧洲带来和平和自由，赶走暴政和独断权力"[39]。下厅顶端的墙壁上，是有关不列颠战争的场面。到处都是从敌人那里缴获的战利品。一艘船正从泰晤士河向伦敦航行。此外，画面上还绘有英格兰其他重要的河流，如塞文河（Servern）、亨伯河（Humber）、伊西斯河（Isis）、泰恩河（Tyne）等。新哲学则通过伟大的天文学家得以展示，其中有皇家天文学家约翰·弗兰斯特德的肖像。彩绘上厅（the Upper Hall）里，继续着民族主义庆典。在此，整个世界都在对不列颠的王权致以敬意。

然而，就在桑希尔兢兢业业地描绘着自己的杰作之际，英格兰的王权再次遭到质疑。1713年，安妮女王驾崩，没有子嗣，带走了斯图亚特王朝的最后希望。根据《王位继承法》（*Act of Settlement*）

的规定，安妮女王同父异母的弟弟詹姆斯王子因信仰天主教而被剥夺了王位继承权。谱系学家们于是顺着斯图亚特的家谱，一路追溯到詹姆斯一世的女儿伊丽莎白公主。这位公主于1613年下嫁帕拉丁选帝侯腓特烈五世。正是这场婚礼之后，琼斯随着王室的人马第二次来到意大利。算起来，伊丽莎白的女儿、汉诺威的索菲亚公主，是王室新教徒亲戚中最接近王室血脉的。然而这位公主在安妮女王去世之前的几个月就已经过世。于是，英格兰的皇家宝座传给了索菲亚公主的儿子乔治，是为乔治一世（George Ⅰ）[①]。

新国王乔治一世于1744年9月17日第一次踏上英格兰的土地。他登基后的第一件事，便是给两个人授予骑士称号。一位是将他带往英格兰的船长，另一位是帮助他赢得王位的约翰·范布勒。不久，桑希尔就将乔治一世的肖像添加到自己正在创作的壁画上。他将乔治一世描绘为海洋之王，同时也是不列颠的伟大国王。

格林尼治的石头讲述了一个王朝以及其后新王朝第一年的故事。荣军院的建造又持续了几十年。到1713年，雷恩已很少在格林尼治露面。虽然已经八十好几，但他依然活跃。不过有关荣军院的设计已经定妥。1713年开始的二期建设，也就无须他这位总规划师指点了。1716年，雷恩正式退休。其职位由范布勒接任。人们通常认为，这种职位的交接，预示着此后对工程计划的改变。比方说，范布勒在雷恩的理性设计之上，迸发了几点巴洛克式火花。但事情并非如此。霍克斯莫尔后来抱怨道，范布勒的总规划师头衔实为虚设，因为他并没有为工程添加什么。新礼拜堂直到1742年

[①] 乔治一世是汉诺威王朝的第一位国王，也是第一位以德语为母语的英格兰君主。因为他无法流利地讲英语，于是敕令辉格党党魁罗伯特·沃波尔（Robert Walpole，1676—1745）为内阁首相，自己并不出席内阁会议。此举开创了先例。内阁会议由之前国王的"亲临"，改由一名君主的亲信大臣主持，从此开启了英国的首相制。——译注

148　　　　　　　　　　伦敦的石头：十二座建筑塑名城

才最终完工。18世纪80年代，建筑师"雅典人"斯图亚特·詹姆斯（James "Athenian" Stuart）对这座礼拜堂进行了重建。

格林尼治荣军院与西敏寺不同。后者的功能从头至尾保持不变，但设计建造的建筑师却有好几位。前者始终是建筑师雷恩的手笔，其功能却不断变化，也就让这个建筑群成为不同时代的表演舞台。其作为荣军院的功能持续到1869年，然后被改造为海军学校，用于青年军官教育。这一用途持续到1998年。此后，这里被划作格林尼治大学的主校区。自2001年起，它又被用作该大学三一音乐学院的校舍。因为它从前作为斯图亚特王朝门面舞台的名声，这里也成为许多电影的场面调度外景地。例如在电影《公爵夫人》（The Duchess）中，被用作18世纪伦敦的休闲场景；在《理智与情感》（Sense and Sensibility）中，被用作19世纪场景；在惊悚片《秘密特工》（The Secret Agent）中，被用作晚期维多利亚时代的场景；在《爱国者游戏》（Patriot Games）中，被用作白金汉宫场景；在《古墓丽影》（Lara Croft: Tomb Raider）中，被用作威尼斯人的宫殿场景。所有这一切证明，建筑拥有随时光而变的灵活性，却同时保持其不变的本质。

第五章

小王子街 19 号：斯比托菲尔茨与英国丝绸业的兴衰

我们都是亚当的孩子，丝绸却让我们各不相同。

——老谚语

有关斯比托菲尔茨（Spitalfields）的历史，是一段醒世警言。开篇是一片原野，结局是贫民窟。说的是移民和归化的漫漫长路上，一个街区如何得以创建，尔后又是怎样地衰落。这里位于伦敦老城墙之东，于 1666 年伦敦大火之后的短短几十年里，发展成著名的丝织业中心。同时，它还被誉为胡格诺（Huguenot）教徒在伦敦的文化中心。曾几何时，为了躲避故国的宗教迫害，法国信奉新教的胡格诺教徒来到不列颠避难。这些人带来了自己的习俗和技术，特别是高超的编织技艺。他们从崛起的大英帝国的各个角落进口原材料，将这些原材料编织成精美的织物。到了 18 世纪，奢侈品的生产，加上对从前只能为宫廷专用商品的趋之若鹜，催生了丝绸的消费市场。

然而，随着光阴的流逝，丝绸贸易的供求关系发生了变化。斯比托菲尔茨不得不随之转型。伦敦也变为一座流动的城市，为品位和金钱的大潮所席卷。这一切让胡格诺教徒从前的紧密社群分崩离析。一些人融入伦敦城主流。他们逐渐归化,给自己取了一个盎格鲁－撒克逊式新名字。最后,他们搬离斯比托菲尔茨,住到其他的街区。那些不太富裕的织造工却只能留在原地,苟延残喘。新型开放市场带来的竞争,威胁到这些工人的生计。廉价的外国货物以及机器和工厂的兴起,让传统工匠相形见绌。于是这些人走上街头,游行、抗议、呐喊。这么做却带不来什么好处,反而导致骚乱、谋杀乃至最后的酷刑。

斯比托菲尔茨兴于原野之上。建造者是房地产商。他们希望为新兴的资产阶级提供理想的住房。然而,一个世纪不到,这座乔治时代的繁荣街区和工业中心,可悲地沦落为维多利亚时代的贫民窟。有关的故事,可以通过一栋房子娓娓道来。例如小王子街19号当初是如何建造的?首批入住的是怎样的家庭?街区的沦落过程中,房屋也是受害者。也就是说,这栋房子折射着其所在街区的凋零全过程。通过它,我们可以看到斯比托菲尔茨从1717年初兴开始,辗转至今的不同面貌。至于这座房子本身,从前它分别被用作私人住宅、工厂、崇拜之地,如今它是一座博物馆。

1720年,神学历史学家约翰·斯泰普(John Strype)推出约翰·斯托发表于1598年的《伦敦纵览》更新版。斯泰普的目的不仅仅在于编辑纠正初版的错误,他还要做出新的阐释,好好记下"两座城市[①]的边界扩展、伦敦大火以及大火之后的新建筑和旧城改造,内容广涉街道、厅堂、纪念碑、教堂等"[1]。过去的122年来,伦敦所经历的沧桑巨变,对于久已过世的斯托来说,是无法想象的。斯泰普出生于斯比托菲尔茨。这是一片新兴的街

---

① 两座城市分别指伦敦城与西敏城。——译注

区。而从前，这块土地的拥有者是建于1197年的圣玛利亚斯比托修道院。斯泰普是一位荷兰难民的长子。其父在三十年战争（Thirty Year's War）[1]期间新教徒遭受迫害之际，被迫"逃往英格兰避难"[2]。

这位父亲是一位事业有成的拈丝工，在伦敦的生意兴隆，不仅开办了自己的作坊，还荣升为丝绸拈丝商行的大工匠。说来正是移民带动了伦敦的丝绸业，也让这家商行于1617年应运而生。斯泰普没有子承父业，而是像许许多多的移民子女那样，力争归化，并谋求最英式的职业。他后来成为位于埃塞克斯郡低莱顿（Low Leyton）乡村教区的英格兰圣公会牧师，并很快赢得优秀神学历史学家的声誉。然而，不管如何英化，斯泰普不可能忘掉自己的过去。他每个星期都会沿着主教门街回到伦敦，也就有机会观察自己童年时期所居住的街区是如何地转型。

自16世纪30年代的修道院解散法案通过以后，圣玛利亚斯比托修道院四周的土地就开始被分片出售。此地也就由原来的一家地产主变成了多家地产主。其中的一些地产掌控在私人个体户之手，一些地产则因为古代传承下来的房地产法，要么从属于某些贵族的封地和庄园（manors），要么从属于由当地地方机构管理的辖区（liberties）。许多空旷的田地被当作"印染和织布架空场"，任由丝织工和印染工将织物随地悬挂晾干。因为此地处于伦敦法团的管辖范围之外，这里还吸引了一大批不信奉英格兰国教的异教徒。

---

[1] 三十年战争指的是1618—1648年由神圣罗马帝国的内战扩散引发的一场大规模战争。以日耳曼诸邦国为主，欧洲大部分国家纷纷卷入。战争的一方是日耳曼新教徒侯加上丹麦、瑞典和法国，并得到荷兰、英国和俄国的支持；另一方是神圣罗马帝国的皇帝、日耳曼天主教诸侯和西班牙，并得到教皇和波兰的支持。这场战争可谓新教与天主教尖锐矛盾的大爆发，因此又常常被称作"宗教战争"。——译注

17世纪40年代英格兰内战初期,一些浸信会教徒(Baptist)和贵格会教徒(Quaker)也跑到此地避难。名著《草本全书》的作者、激进派人士尼古拉斯·科尔珀珀(Nicholas Culpeper)就是在这里的红狮角街(Red Lion Corner)长大的。红狮角街即今日的商业路(Commercial Road)。克伦威尔时期的占星家威廉·利利(William Lilly)也在这个街区住过。后来,利利因为预测了1666年大火被判入狱。但到了王政复辟时代,这里的地价飞涨,成为房地产开发商的热土。外来客和清教徒就再也分不到一杯羹了。

据1674—1675年的纳税申报表统计,当时的斯比托菲尔茨教区,已经拥有1336间房舍。其中的大多数可能是建造多年的老村舍。人们还注意到,尚有140间小村舍闲置,只等着首批租客。显然,人们只是因为某些特定的需要才流落此地建房立屋。但事情很快就发生了转变。伦敦大火之后,整个大都会掀起了建造大热潮。伦敦城外围的土地炙手可热,此地的商机更浓。追求利润的投资商明白,自己一旦把房子盖好,立刻就有热切的客户把它们抢走[1]。

1681年,有告示说,斯比托菲尔茨大有房地产开发之商机,可以在此打造一个全新的街区。招标面向伦敦所有的建筑商。标书同时还宣布,有关地产开发权的竞标报价,不得低于4000英镑,有关地产开发权外加市场运营权的报价,不低于5200英镑。最终,尼古拉斯·巴本(Nicholas Barbon)医生[2]拿到地产开发权,市场运

---

[1] 为便于中文读者理解事件的时间顺序,此处译文稍作调整。——译注

[2] 这位曾经短暂行医的巴本先生,在伦敦大火的第二年,独资设立营业处,专门承接火灾保险。良好的业绩促使他于1680年与其他三人合股集资,设立了火灾保险营业所,根据房屋租金和结构分类收取保险费。这种方法是现代火灾保险差别费率的起源,因此巴本被誉为"现代保险之父"。本书作者在其另一本书《伦敦的崛起》中,将巴本誉为伦敦大火之后重塑伦敦的五位要人之一。——译注

营权落入乔治·伯亨（George Bohun）之手。

其时的伦敦，正在以砖、石大兴土木，房地产便显得格外珍贵。斯比托菲尔茨往东的地段，已经启动了沿着砖头巷（Brick Lane）的地产开发。斯比托菲尔茨中心地带属于惠勒家族的地产正跃跃欲试。威廉·惠勒（William Wheler）爵士拥有非同寻常的殊荣。他曾经分别获得奥利弗·克伦威尔和查理二世所授予的骑士勋章。时人对他的描述是："一位老绅士，圆润丰满的面孔，红润开朗的脸色，卷曲的银发更添风采。"[3]他继承了曾经被称作"伦敦主教场"的八英亩地皮。据说，1666年他去世时，在斯比托大院留下的"大庄园，被分作了三份"[4]，其中的一份租给了一位拈丝工。

在惠勒爵士的遗嘱中，其留下的土地被分作三份。自己的遗孀和7个女儿合起来继承其中的一份，另外两份分别由至亲查尔斯·惠勒（Charles Wheler）和查尔斯的儿子乔治·惠勒（George Wheler）继承。乔治是一位"知名人士，博学多才，为人有些古板挑剔，但超级虔诚"[5]。然而直到1670年威廉·惠勒的遗孀去世后，继承人才获得土地的控制权。又等到1675年，才得到克里斯托弗·雷恩的许可，让这块地获得开发权。克里斯托弗·雷恩是伦敦大火之后伦敦重建的测绘总监。因为他一个人说了算的独裁做法，他常常被时人称作"建筑警察"。由威廉·惠勒的女儿们所继承的土地，被信托给伦敦中殿律师学院的两位律师，由这两位律师操办具体事务。但据说两位律师后来却试图剥夺继承人的权利，还唆使一位名叫托马斯·乔伊斯（Thomas Joyce）的商人在那里增建了几座房子。惠勒女儿们的上诉书中，对这些房产的编目包括"一座大宅院、花园、棚屋以及两间小房子（所有的这些占地3英亩）。此外，还有两套砖造的宅院和一座果园。果园的土地至少可以再建造 6 套宅院"[6]①。

等到 18 世纪初，威廉·惠勒的女儿们才最终夺回房产权。这一次，她们成立了一家监管土地的信托公司。她们还委派两位律师查尔斯·伍德（Charles Wood）和西蒙·迈克尔（Simon Michell）负责公司的具体运营，处理房地产开发过程中的法律和财务事务。从此，将从前属于惠勒家族地产的地皮化作利润，成为一项严肃而恒久的事业。产业主变成了地产商。正是如此的投机，诞生了一个全新的邻里。

伦敦是一座移民城市，吸引了五湖四海的远方来客、物品乃至金钱。作为回报，来到泰晤士河两岸的人和货，促进了城市的转型。贯穿伦敦历史的强劲之力，便是吸收外来的影响和理念，并将之化为己有。从这个角度看，伦敦可谓最早的现代化大熔炉。这个特征在 18 世纪初尤为明显。当时的统计数据表明：在伦敦去世的人当中，只有三分之一是在伦敦本地出生的。至于英格兰人的老祖宗到底是谁，常常为世人所忽略。倒是丹尼尔·笛福（Daniel Defoe）② 写于 1791 年的一首小诗，道出了真相：

纯正的英格兰人？

土生土长？

说说而已，不过自嘲。

论起实情，纯属捏造！[7]

---

① 此处的原文，没有交代威廉·惠勒的至亲查尔斯及其儿子乔治所继承的土地，令人疑惑。据查证，威廉·惠勒勋爵去世之前，与至亲查尔斯发生矛盾，取消了查尔斯及其儿子的地产继承权。由此推测，威廉·惠勒的女儿们应该继承了其父亲的所有土地。——译者

② 丹尼尔·笛福（1660—1731）是《鲁滨逊漂流记》的作者。因其在叙事手法上的特别贡献，被誉为"英国文学的开拓者"。——译者

这样的实情更是伦敦人的写照。到1700年，大都市伦敦既被当作这个国家青年劳动力的源泉，也被当作抽干青年劳动力的引流管。受伦敦的高薪吸引，年轻人涌向伦敦，到这里寻找工作。仅仅1700年这一年，伦敦各家作坊里学习经贸的学徒就高达27000—30000人。随着从欧洲大陆来到伦敦码头的移民潮到来，涌向伦敦的人群更为壮观。也因此，伦敦由异乡人建造。这些异乡人来到伦敦定居、归化，融入当地。如此更新的进程，让城市的街道特别拥挤，却也从域外带来了新鲜的理念、技巧和发明。

一些人从陆路来到伦敦。一些人通过水路，登上如今已成世界级转口港的繁忙码头。一些人带着商品，来此地出售。一些人两手空空，他们放弃自己的家园，仅仅是为了逃避迫害的恐怖。1572年，天主教公主玛格丽特（Marguerite）与纳瓦拉新教徒王子亨利（Henri of Navarre）举办了豪华的婚礼。但婚礼之后的第五天，巴黎爆发了可怕的骚乱。在这场后来被称作圣巴塞洛缪大屠杀（the St Bartholomew's Day Massacre）的可怕事件中，无数的新教徒惨遭杀害。而准确的死亡人数，却仅仅以被冲刷到塞纳河下游的尸体计算，最终被确定为1100人。好比地震之后的余震，宗教迫害的余波殃及法国的其他许多地区。一些主要的省会城市包括法国丝绸业重镇里昂（Lyon），亦惨遭破坏。

伊丽莎白一世明确表示，英格兰将为受迫害的新教徒提供庇护。因此，大批的胡格诺教徒越过英吉利海峡，来到英格兰。他们在一些大城市如坎特伯雷、伦敦、诺里奇（Norwich）的郊区寻找安全处所，开始新的生活。这些地方也已经拥有现成的市场，让他们能够施展技能。1585年西班牙人血洗安特卫普之后，荷兰的新教徒沿着胡格诺教徒的脚印，也逃到了英格兰。据说，逃离安特卫普的工匠中，三分之一来到了伦敦。不久，斯比托菲尔茨就成为难民的中心。

　　随之，斯比托菲尔茨的丝绸业成为新变革的核心。其业务范围包括缫丝和一些精美的织造。后者的产品包括绉绸、缎带、光亮绸、丝绒、锦缎、塔夫绸以及阿拉莫得平纹薄黑绸等。18世纪之前，英格兰的丝绸业差强人意。丝绸也被限定为宫廷的特供品（譬如格雷欣爵士将丝袜作为贡品，敬奉给伊丽莎白一世）。让丝绸处于垄断物品的原因有二。其一，本土的生产技术落后，大部分丝绸面料必须进口。其二，原材料稀缺，迄今为止，英格兰未能成功养蚕。詹姆斯一世曾经下决心要让英格兰发展丝绸业。他甚至在卡尔顿宫（Charlton House）开创了桑树园，并请来法国皮卡迪地区种植业大师M.维特龙（M. Vetron）监督业务，连圣詹姆斯宫的花园里也种植了桑树。但即便如此，英格兰依然需要依赖外国。先是从意大利，后来又从印度和中国，进口蚕丝原料。

　　随着法国胡格诺教徒以及荷兰难民的到来，形势发生了变化。皮埃尔·翁吉（Pierre Ogier）一家便是难民中的杰出代表。皮埃尔·翁吉夫妇领着他们的13个孩子，原本在故乡巴斯-普瓦图省（Bas-Poitou）查斯来恩斯（Chasis L'Eglise）经营有方，却不料皮埃尔于1698年莫名死去。巨大的打击和惊吓之下，皮埃尔的妻子珍妮（Jeanne）带着几个孩子，于1700年移民到了伦敦，定居于斯比托菲尔茨。最终落脚于这个街区，大概是因为珍妮的娘家巴纳丁族人（Bernardin）已经在附近定居。难民在逃亡途中，历经磨难和迫害。一位名叫M.科劳德（M. Claude）的人，于1865年成功逃脱之后，道出了自己的艰辛。他说："一个人准备逃难之时，先是遭到邻居的反对，接着便是提着刀剑的兵吏赶到你家。他们用刺刀逼着你向罗马天主教教皇祷告效忠。如果你拒绝他们的命令，你的家园就会遭到清洗，兵吏们会拿走任何能找到的东西，钱、戒指和珠宝，以及其他值钱的东西。然后，就是对你本人开刀，无恶不作，强迫你改变自己的宗教信仰。"[8]前往伦敦港口的途中，同样充满了危险。因为很多港湾都遭到严密的监视，搜寻拒绝信奉天主教的路人（这种人被称作refuge，也就是"难民"一词的来源）。因此，只有到了伦敦之后，才算是真正获得了自由。

翁吉一家很快就融入斯比托菲尔茨以及当地的行业。其中名叫让（Jean）的二儿子先是作为丝织工学徒，后来成为富有的煤炭商人。三儿子安德烈（Andree）跟着姐夫皮埃尔·罗芙内尔（Pierre Ravenel）学习经商，后来自己做老板，专事令人羡慕的混纺丝绸贸易。混纺丝绸通过将丝绸与亚麻布混合织造而来。两个女儿，路易莎（Louise）和伊丽莎白（Elizabeth）都嫁与织布工。四儿子皮埃尔·亚伯拉罕（Pierre Abraham）同样加入了丝绸行业，跟着一位业内的外帮大佬塞缪尔·布鲁尔（Samuel Brule）做学徒，于1716年出师。此前的1712年，皮埃尔·亚伯拉罕与埃斯特·杜波伊斯（Ester Dubois）结婚。婚后，小夫妇搬到胡格诺教徒街区的核心地带公主街19号（后更名为小王子街）。1741年，皮埃尔·亚伯拉罕成为丝绸业行会的会员。

皮埃尔·亚伯拉罕的大哥皮埃尔·翁吉（Pierre Ogier）[①]的故事更富有戏剧色彩。他原是留在老家巴斯－普瓦图。然而，到了18世纪20年代，生活变得艰难，他们家不断遭到间谍的监视。一份提交给修道院院长高伊德（Abbe Goued）的报告说："这里住着一

---

① 这位大儿子与其父亲的名字完全相同。跟欧洲很多家族一样，该家族的好几个成员从名到姓全一样。加上作者原文没有交代其间的详细关系，第一遍读来颇为令人迷惑。为此，译者以原文所提"皮埃尔·翁吉夫妇带着13个孩子"作为线索，在译文中对原文稍作改写，明确区分了四个儿子的长幼序列。13个孩子=4个儿子+2个女儿+大儿子的7个孩子，大儿子似乎丧妻。——译注

位非常富有的商人……他正图谋离开我们的国家。"[9]皮埃尔·翁吉先是把孩子们送走，然后自己于1730年来到伦敦，租住于斯比托广场。因为他的大部分家人已经在伦敦定居，皮埃尔·翁吉很快就利用关系外加相当一笔资金，打进了丝绸市场。他有七个孩子，其中的三个儿子皮特三世（Peter Ⅲ）、托马斯·亚伯拉罕（Thomas Abraham）和路易（Louis）全都跟着父亲进入丝绸业。经过两代人的奋斗，翁吉家族在伦敦安居乐业，他乡变故乡。明智的联姻、商业合作以及学徒关系，让这个家族处于新街区的中心。正如历史学家娜塔莉·罗斯坦（Natalie Rothstein）所言："仅是这一个家族，就足以书写一部丝绸业的历史。"[10]

伦敦人口的急剧变化，引起了原住民的焦虑。当初，移民们被当作难民接纳。他们给英格兰带来了本地人所急需的技能，诸如编织、钟表制造和金融。渐渐地，原住民开始担心起来。因为外国难民以廉价的劳工偷走了本地人的工作。正如一首写于1709的诗歌《金丝雀归化乌托邦》所调侃的：

> 来到此地，他们长胖又轻松，
> 再也不像个难民了……
> 都怪我们招待得太好，
> 结果他们不想回家了。[11]

时不时地，便爆发了暴力冲突。1683年，一些英格兰丝织工开始在斯比托菲尔茨的酒吧聚会，商讨反对新来的移民。查理二世听到这个消息后，命令卫兵驻扎到附近的德文郡广场（Devonshire Square）。最终，骚乱总算平息。然而一个星期之后，诺里奇发生了更大规模的骚乱。"大街上挤满了本地的织造工人，他们拖着法国人撕打，打砸移民的房屋，还杀死了一名妇女。"[12]

问题是，法国丝织工带来的一些手艺活，本地人干不了。1684年，伦敦织造行会向刚刚从法国尼慕斯（Nimes）逃难到伦敦的让·拉奎尔（Jean Larguier）发出邀请，请他讲解有关丝绸的熟织工艺。这种工艺将一种颜色的经丝与另一种颜色的纬丝混纺，英格兰人从未见识过，"在英格兰前所未有，将会对这个国家有极大的好处"[13]。为此，让·拉奎尔在演讲中还演示了这项工艺的具体操作。显然，一面是不断求新的诱惑，一面是外来者的威胁，伦敦不得不在这两者之间求得平衡。此前的一个世纪里，英格兰历经内战、瘟疫、火灾、异国的入侵，外加革命的动荡，以至于18世纪即将来临之际，伦敦依然在寻找自己身份的路上，徘徊复徘徊。当下的城市也正在经历着诞生现代性的阵痛。正是这个痛苦的历程，让中世纪的街区脱胎成繁华的世界之城。

伦敦大火之后的40多年里，城市的发展非常快，以至于有人担心它会发生裂变。正如托马斯·布朗（Thomas Brown）于1702年发出的感慨："伦敦自成一个世界。在此，我们每天都会发现许多其他的新国家。其中令人称奇的多样性，比世界上其他所有地区加起来的品性还要复杂。伦敦居民，遵行不同民族的礼仪、习俗和宗教。其结果是，伦敦人自己都弄不明白其街坊邻居是怎么回事。"[14]面对如此混乱的局面，伦敦如何能够通过不同族群和信仰的复音，发出自己作为一座城市的最强音？

新世纪在伦敦的开局，是一系列可怕的风暴。根据丹尼尔·笛福的记载，1703年9月20日星期三晌午时分，伦敦突起狂风。狂风一直刮到星期六，并演变为该市历史上最可怕的暴风雨。从一开始，狂风就卷走了西敏寺的铅制屋顶，就好比卷起了羊皮纸。一些房屋的烟囱被连根吹倒，造成20多人死亡。笛福本人以一步之差侥幸躲过。暴风雨造成泰晤士河水位上涨，淹没了西敏寺。停泊在杨树林（Poplar）码头上的500艘划艇、300艘轮船和120艘驳船，惨遭毁坏。据估计，风暴造成的损失超过100万英镑。4年后，蚤虫瘟疫降临伦敦，"街道上到处都是蚤虫，走着走着，就仿佛踏在厚厚的雪地上"[15]。

即便18世纪已经是理性抬头的时代，依然有许多人将这种天气的异象看作上帝的惩罚，惩罚这座城市对宗教过于宽容。然而伦敦继续坚持其宽容的立场。5年后，国会通过了《外国人和新教徒入籍法》。难民只要自愿信仰新教，而不必非得是圣公会教徒，就可以获得英格兰公民资格。1709年11月，当有人发出反对之声时，这项法案却反而得到了加强。当时，伦敦南沃克教区的牧师亨利·萨其维尔（Henry Sacheverell）在布道时，强烈谴责圣保罗大教堂布道坛上宣讲的宗教宽容。萨其维尔牧师由此遭到政府的审判。这场审判激起了对萨其维尔牧师更多的支持，乃至引发了骚乱。清教徒的议会室和长老会议室遭到强行闯入并被点火焚烧。归正教会的信众也开始分裂。如何让社会上如此之多的不同信仰保持团结一致？

1710年，伦敦再次遭到风暴的袭击。格林尼治皇家御园的边缘——圣阿尔费格教区教堂（St Alfege）的屋顶被掀翻。随后，该教区的居民向国会申请经费，修复损毁的教堂。这项申请却触及了超敏感神经。格林尼治已经有幸拥有一座教堂，而伦敦老城之外的很多新建街区迄今为止还没有教堂呢。1710年的一份国会报告估计，大约34.2万名信众，也就是超过城市总人口一半的人士，没有位于自己所在街区的礼拜场所。第二年，德特福德教区的牧师道出了自己的焦虑，如果再没有什么作为，自己教区里1.2万多名信众的灵魂，很快就会落入长老会教派和那些捣乱分子之手。

第五章　小王子街19号：斯比托菲尔茨与英国丝绸业的兴衰　　161

对精神迷失的担忧，让圣公会和国会的大佬们不仅出资修复了圣阿尔费格教区教堂的屋顶，还启动了一项更为庞大的工程。这便是在新兴资产阶级居住的郊区兴建51座教堂。圣公会的希望是，让这些教堂渗透并控制新建的街区。然而却面临两大问题：51座教堂具体建于何处？如何建造？与雷恩在伦敦大火后的51座教堂重建项目一样，这个跃跃欲试的大工程也是野心勃勃，立即就吸引了一大批新生代建筑师。诸如尼古拉斯·霍克斯莫尔、托马斯·阿切尔（Thomas Archer）、詹姆斯·吉布斯以及约翰·詹姆斯（John James）等人，无不希望在这项工程中挑大梁。除了对建筑风格的关注，无穷无尽的讨论还包括，教堂到底用来干什么；它如何表达圣公会的新理念；一座教堂的最佳容量是多少，也就是说，它能够一次接纳多少来此礼拜的信众。所有这一切中最关键的问题是：如何支付新教堂的建造费用。

起初，官员们觉得，教堂的外形应该有"一个为大众所接受的统一模式"，以此显示圣公会在伦敦的一统江山。按照约翰·范布勒的说法，拟建的教堂充当伦敦西区优雅的门廊，应当在街区中鹤立鸡群。此外，还要借机敲打敲打那些不信奉国教的旁门左道教派。理论上说，不难。问题是，实际建造时，应该采用何人的设计方案？科林·坎贝尔（Colin Campbell）赶在第一批提交了自己的设计方案；托马斯·阿切尔希望，城市教堂建造委员会能尽早对"自己的方案有所好评"。然而建筑师们却不希望自己的设计只遵循某种统一的模式。再说，单一模式也难以满足教堂的功用。因此，有关教堂建造的规划人员再凑到一起商讨时，便放弃了"统一模式"，转而随"具体的设计而定"[16]。最终，51座教堂的设计者分别是当时一些擅长巴洛克风格设计的建筑师，诸如霍克斯莫尔、吉布斯、阿切尔等，由这些建筑师为现代伦敦设计风格各异的伟大教堂。

不久，教堂建造委员会将斯比托菲尔茨的教区教堂纳入首批建造名单之中。委员们很快就选定了地址。这是一块宝地。它沿着惠勒地产蜿蜒，不仅囊括了整条"烟雾巷"，而且是一块尚未开垦的处女地。购买地皮的谈判时间比预期的要长。负责惠勒地产运营的两位律师伍德和迈克尔均不愿降价。这俩人心里明白，自己可以随时将这块地卖给一个更能带来利润的投机商。好在谈判最终成功。设计任务交给了建筑师尼古拉斯·霍克斯莫尔。要求是，新建的教堂既要符合时代的精神，又应该顺应周边的环境。1715年安置了奠基石。

1724年，这座被称为"基督教堂"的教区教堂终于竣工。它堪称霍克斯莫尔在伦敦的杰作，也可以说是他设计理念最明晰的表达。因为正是在这座教堂的设计中，霍克斯莫尔对有关英格兰建筑的历史和未来做出了自己的阐述。对一些批评家如约翰·萨莫森来说，霍克斯莫尔在这栋建筑中"对拉丁至上的迷恋颇有些孩子气"[17]。但这种超级迷恋并不有损这座建筑的优秀品质。至于这座教堂的外观，桂冠诗人约翰·贝杰曼（John Betjeman）认为它超乎寻常，是"用白色波特兰石制造的宏伟巨制"[18]。的确，即便在今天，当你第一次走近这座教堂，在斯比托菲尔茨新集市钢铁和玻璃幕墙的映衬下，你肯定会被它"极度的新奇"[19]所震撼。但这种新奇绝非肤浅幼稚。

在有关英格兰建筑的故事当中，霍克斯莫尔扮演着非同寻常的角色。他是一位骨子里的古典主义者，然而却从未实地探访过古罗马或古希腊遗址，而是完美地自学成才。霍克斯莫尔生于诺丁汉郡（Nottinghamshire），早年所展示的聪颖让他成为克里斯托弗·雷恩爵士办公室的绘图员。在学霸式导师的指导下，他花了很多年的努力，最终成为可以说是"雷恩学派"唯一的门生。经他之手，绽放出某种独特的英式巴洛克风格。这种风格骤现于一代人之际，却旋即于短时间内消失。霍克斯莫尔沉迷于对建筑规则的学习，但他反对所谓新帕拉第奥教派的正统浪潮。而当时，这一类思潮正泛滥于伦敦。像老师雷恩一样，霍克斯莫尔精通文艺复兴设计经典，却不仅仅局限于吸取意大利大师的智慧。在咖啡屋座谈和笔记本讨论中，霍克斯莫尔与雷恩不断地辩论，并试图描绘出一些古代纪念性建筑的原貌，诸如哈利卡纳苏斯（Halicarnassus）陵墓、拉尔斯·波塞纳（Lars Porsenna）陵墓以及位于巴尔贝克（Baalbek）的巴哈斯（Bacchus）神庙，它们当初拥有怎样的面目？两位建筑师还试图寻找出完美的古典建筑模式，例如毁于公元70年的耶路撒冷所罗门神庙（Solomon's Temple in Jerusalem），它拥有什么样的模式？此外，他们还着迷于旅行者的报道。从君士坦丁堡圣索菲亚（Hagia Sophia）大教堂，到拉文廷（Levantine）地区的珍宝，它们有着怎样的故事？霍克斯莫尔决心，一旦能够独自掌舵，就要在自己的设计中对上述的一切作进一步探索。

当构思设计斯比托菲尔茨基督教堂之时，霍克斯莫尔也在思考着新教堂的功能。自1688年光荣革命以来，英格兰兴起了理解和宽容的新精神。教会不再被当作施展权力和宗教迫害的场所，而是实行规劝和展示理性的殿堂。这种新精神也促使人们关注早期基督教的教会历史。那是沙漠之父的时代，只有信奉一神教的会众群。为此，霍克斯莫尔决心要找到一种设计手法，不仅表达基督教的一神教式起源，还要弥合当代的分裂，将和谐精神带回城市的大熔炉。

截至1715年，建设施工的进度平稳向前。这一年，白色波特兰石已经将教堂的墙壁砌筑到14英尺高。霍克斯莫尔的计划是，让工匠在第二年年末进入工程的最后阶段，完成屋顶建造。然而直拖到1719年还不见有结果。一些劣质的砖砌让建筑物的上部无法继续施工。迫于工程停滞，霍克斯莫尔在一份报告中表达了自己的焦虑。但问题却不在于糟糕的施工，而是经费的短缺。霍克斯莫尔预计的费用为9129英镑16便士，最终的花费表明，他低估了400%。1720年，仅有一名工匠在屋顶施工。"斯比托菲尔茨教会加上其他教区的教会"，却欠下这位工匠"巨额的债务，超过2000英镑"[20]。又过了3年多，斯比托菲尔茨的教区教堂才终于封顶。

教堂的主体是一座浑然一体的高大建筑。从西部到东端的祭坛，为一层通高的中殿。沿中殿两侧，是带有精美拱顶的侧廊。侧廊的各个开间里，都布置了如阳台一般的分层座位。教堂的平面遵循雷恩关于理想教堂形制的定义，并且与伦敦城其他一些教堂的平面大体相仿，包括位于弗利特街的圣布莱德教区（St Bride's）教堂、位于皮卡迪利街的圣詹姆斯教堂等。通过明晰的筒拱状玻璃窗——这项设计既强调了理性之光，亦注重音响效果——让牧师的布道声琅琅可听。于是，这座新教堂成为一处兼容并蓄的讲道场所，而非局限于教义和仪式。

霍克斯莫尔真正表达自己关于普世教会理念的部位，是教堂的西立面及其门廊。通过前方逐级上升的白色台阶，门廊在教堂主体的西端脱颖而出。目的是不仅让人们能够在附近喧闹的市场仰视教堂，还创造出一条远眺教堂的视觉走廊。从主教门起步，沿着诺顿·福尔盖特街（Norton Folgate，今布莱什菲尔德街［Brushfield Street］）一路走来，远方的教堂明晰闪烁。教会是街区工业的一部分，也是街区贸易的一部分，参与其中却又高高在上。

教堂的西立面被分为三个层次。门廊（1）支撑着塔楼（2），最终形成一个尖顶（3）。这是一组古怪的组合，以至于18世纪后期的一位评论家斗胆讽刺它为"欧洲最荒谬的建筑"[21]。然而这座建筑本身就是一部建筑史，是关于未来伦敦最有力的宣言。用四根立柱创造出一个四柱门廊的做法，与最早的神庙寓意相合，暗示了所有神圣之地的古典起源。也就是说，早期的教会是一处公共崇拜的场所，而非仅仅是一座孤立的幕棚或修道院。从门廊升起的塔楼，活像是罗曼式凯旋门。这座凯旋门之上，又自然生长出一座哥特式尖顶。在这个设计中，霍克斯莫尔似乎要向人们展示一部全新的宗教建筑史。与同代那些纠缠于品位和正确形式的建筑师不同，霍克斯莫尔设计的这座教堂融合了所有的风格——古典的、罗曼式的和哥特式的。不同的风格之间相辅相成，而非痛苦的裂变式演化。在此，建筑的不同声音并非嘈杂混乱，而是和谐合唱。它们都是致力于清晰表达普世真理的历史性尝试，以不断变化的方式表达出对永恒的共同追求。

这是一个动乱癫狂的时代，这是一个繁复多样的社区。也许，霍克斯莫尔的希望是，让建筑为社会带来和睦，让教会成为这座城市的坚定信仰。此外，穿着古装的现代性，具有历史的连续感，可以消弭"求新"所带来的威胁。

随着基督教堂的缓慢建造，教堂周边地段的建设开发逐渐跟上了节拍。教堂北边的土地权，属于威廉·惠勒还在世的6个女儿，由伍德和迈克尔管理，却一直得不到开发。虽然从出售给教区委员会的地块中获取了小额利润，却直到1718年两位律师才开始认真考虑周边土地的开发。也就是说，如何获得最高的回报。最初，开发权交给了两位本地人。一位是拥有共济会背景的木匠塞缪尔·沃拉（Samuel Worral），一位是既是木匠又是铁匠的马马杜克·史密斯（Marmaduke Smyth）。这两位开发商后来又拿到大部分惠勒地产的开发权，可谓这个街区开发的中坚力量。他们也是新型开发商的典型代表。正是这些开发商，让大火之后的伦敦改头换面。他们的所作所为不仅仅为了应对新兴人口的住房需求，还是对建造方式的大变革。这种新的建造方式，让开发商能够从不同的建造阶段榨取利润。

拿下了斯比托菲尔茨地产开发合同的尼古拉斯·巴本医生，堪称新型租赁式产权投机体系的代名词。巴本的父亲是一位浸信会传道人，被时人称作"赞美上帝的巴本"，至于巴本自己，他在"若不是耶稣为你而死，你早就下地狱了"的仪式中受洗。在王政复辟之后的几年里，他接受了内科医生的职业培训。伦敦大火之后，他却发现自己拥有从事其他职业的才华。接下来的几十年里，他所开发的地产遍及伦敦城内城外的各大街区。从西区的河岸街、圣詹姆斯、莱斯特菲尔茨（Leicester Fields）、布鲁姆斯伯里、霍尔本，到东区的德文郡广场和旧炮兵场等。在其开发业务的头20年里，他几乎在每一笔交易中都拔得头筹，展现出超常的天赋。

尼古拉斯·巴本的生活也向我们展示了早期投机开发商的经典形象。他经手的第一个项目，是伦敦城内靠近民辛巷（Mincing Lane）的一排房子。不出几年，这排房子就轰然倒塌。但巴本丝毫不受这个事件的影响，他那狭小的办公室里，依然挤满了"职员、委托人、文书和律师"[22]。这些人总是能够让巴本比当时所制定的法律规则先行一步，并且与法规唱对台戏。不管在开发过程中遇到怎样的障碍，他都是一位擅弄权术的大师。只要可能，他就将资本尽可能长时间地攥在手心。如果债权人到他家索要欠款，他就让这些人在他家的客厅里久等。这个客厅被装饰得富丽堂皇，让追债人有足够的时间注意到他的个人财富。然后，他身着华贵的礼服，悠然出面待客，试图通过施展自己的魅力拖延还债时间。

他还拥有强大的后台支持。那便是左右新帝国经济大潮的商人和银行家。追根究源，让他起家的是寥寥几块地皮。但他绝对是抓住了好时机，恰恰于伦敦大火之后，购置了这几块地皮。掘得第一桶金之后，巴本的魄力陡然增大。用他对律师罗杰·诺斯（Roger North）爵士说的话就是："小生意不值得我这样的人花工夫……那些事砖瓦工就可以搞定。"[23] 他的买卖都是大手笔，重建整个街区，而不单单是开发建造某个单栋房屋。他总是确保在预算之内按时完成工程。在自己的投资得到回报之前，他很少支付供应商。以此方式，他开发了一种独特的连排式住宅。这种类型的住宅也成为之后300年里英格兰连排屋的模板。

与巴本相比，沃拉和史密斯只能算生意起点较低的小房地产商了。但惠勒地产拥有的巨大潜力，足以改变这一切。因为此处的街区有着强烈的刚性住房需求。其周边几乎所有的地段都已经被塞得满满的。而附近斯比托广场的大商人府邸，也早已成为这个街区的豪宅特区。这一切很快就让房地产商的思路更为清晰。那就是，针对不同的职业人士，迅速在这个丝绸业街区开发出不同等级的住宅。比如在教堂街建造一些法式豪华府邸，为商界的巨子们提供家园。这条街即后来的福尼尔街（Fournier Street）。在其相邻的公主街、汉伯里街（Hanbury Street）、威尔克斯街（Wilkes Street）、蒲玛科坊（Puma Court），则建造一些中等层次的住宅，面向丝织工和自由职业者。在街区的外围，则建造一些小型的二层楼高住宅，只要能够住下一户工人家庭外加安置一台织布机即可。但即便是小型住宅，依然能够让开发商牟利。

多数情形下，伍德和迈克尔将拟定开发街区的地皮以60年或者61年、91年的租约方式转手倒给开发商，让这些开发商实施具体的开发建造。根据计算，沿街建造的单元越多，土地所有者也就是地主所获得的收益就越大。因此，每一房产单元沿街的开间较为狭窄。但每一栋房产都拥有两间房屋尺寸的进深，屋后还另带一个庭院。一旦签订了房地产开发合约，开发商就以尽可能低廉的造价尽快完成房屋建造，然后出售这些新建房产的居住权获利。从此，地主①们可以永久性赚取开发商所出售房产的土地租金了。有足够的证据显示，塞缪尔·沃拉曾经担任过惠勒地产的主管测绘师。因此他有权选择自己中意的地块先行开发。1718年夏，最早的开发始于公主街北侧的几套房产。同年秋天，沃拉负责完成了其中的17号和19号建造，并迅速出售。

19号是一对连体公寓楼中的一套，由普通的伦敦砖砌筑，单开间朝向街道，三层高，外带一间地下室，看上去与伦敦许许多多的沿街房屋一模一样，可谓典型的伦敦连排式住宅。雷同的式样源于诸多原因。伦敦大火之后，1667年的《重建法案》对伦敦新建房屋的形制做出限制规定。为了防火，必须以砖或石头砌筑，并且避免让棚屋或大型体块、凸出的构件、窗户、柱子和台座伸向街道。法案还规定了房屋建造的四大类型。任何一栋房屋，都必须符合四种类型之一的规范：

> ……第一类或级别最低的小型房屋，面向小巷；第二类面向普通的街道以及较为起眼的小巷；第三类面向主街；第四类也是等级最高的，属于贵族商贾的豪宅。这一类房屋并不面向任何街巷。各类房屋的屋顶，都必须符合各自的标准，同类建筑之间的形态则必须统一。[24]

---

① 地主就是诸如惠勒爵士的女儿们等人。从开发商手里购买了居住权的居民，拥有了一定期限的房产权（例如此处所言的60年、61年、91年）的同时，需要每年向地主交付一定数额的地产租金。等到居住权到期之后，又需要一次性支付地主一笔钱，重新购买居住权的租期。在新租期内继续每年支付地主的地产租金。如此循环，地主永远获利。——译注

公主街 19 号属于第二种类型。这一类的房屋为数众多，质量却不见得最好。

法案所规定的形制，加上以最窄开间沿街布局的商机，很快就带来新型房屋设计的统一模式。开发商也很快发现，如果将统一的设计模式标准化到最小的细节，可以更好地获利。在巴本的领头下，砖、石和木材都事先在建造大院里被加工成标准尺寸。这种标准化既有利于形制的统一，也降低了支付技术工人以工计酬的工资。再说，也没有必要让住房的坚固耐久性比房产产权租期更长。

1707 年和 1709 年的建造法案，又对开发商在伦敦的房屋建造附加了更多的限制。为了防止火灾，新法案对早先的连排房标准化设计做出了一些更改，还增加了一些看似不同的理念，例如禁止建造木制的檐口，增加房屋之间山墙的厚度，房屋之间的山墙还需要承担防火墙的功能，并高出屋顶。为此，烟囱也就常常建造于这些山墙的部位。窗户必须是嵌入式的，以免吸引火焰，由此也就鼓励开发商在建造时使用上下推拉窗。这一切使得乔治时期的标准化住宅逐步发展成一种独有的素面形式。除了偶尔添加的门廊，几乎就没有什么装饰了。添加门廊的原因，主要是为了让丝织工人在一天的劳作之余，能够不受干扰地吸上几口烟斗。

1689 年，为了庆贺自己的成功，巴本写了一篇文章，标题为"为建筑商辩护"。他在文章中明确指出，自己的目标并非追求建筑之美。"写文章讲述建筑及其构成诸如地势、建筑的形态、建材的质量，以及建筑的尺度和装饰……只不过是浪费读者和写作者的时间。"[25] 的确，像沃拉那样的开发商，不是建筑师，他们所做的不过是复制一些最时尚房屋的样式。这些房屋大多位于西敏城和霍尔本等精致街区。事实上，连精致街区里的房屋也大都抄自样本书上的设计。威廉姆（William）和约翰·哈弗彭尼（John Halfpenny）

170　　伦敦的石头：十二座建筑塑名城

就著有相关的样本书，例如《现代建筑工匠的助手》(The Modern Builder's Assistant)一书，便详细列举了住宅房屋的平面和外形，工匠们可以随时复制。此外，一些相关的图例书籍还向工匠们提供了一系列有关门廊和室内护墙的建造方法。

因此，从前只能为富豪阶层所享用的奢华房屋得以大批量建造，并出售给那些追求时尚的中产阶级。这些中产人士深深迷恋于现代化室内设计。苏豪（Soho）附近一处巴本地产项目的销售宣传册中，其宣传语便是吹嘘每一栋住宅都拥有最新式的设施："室内装有护墙板，经过粉刷……所有的壁炉都安有漂亮的壁炉架和壁炉石，并贴上了壁砖。壁炉前的地面以大理石铺制。正房的后面是厨房和'储藏间'，厨房里配有食品柜，并安装了抽水机，提供从新河（New River）里引来的自来水。"[26]

上述公主街北侧的连排屋竣工后不久，皮埃尔·亚伯拉罕·翁吉和妻子埃斯特便搬进其中的19号。不过，直到1743年，皮埃尔·亚伯拉罕的名字才出现于这一年的房产登记册中。那时他已经加入丝绸行会两年。与这条街上大多数住户不同，翁吉夫妇买下了这套房子的永久性产权。搬进这条街的，还有其他一些胡格诺教徒和丝绸商人。例如斯特普尼公司的织工丹尼尔·李（Daniel Lee）于1718年搬入17号。1722年，一位支架编织工租下6号后，还把这里用作仓库。住在16号的让·萨巴提尔（Jean Sabatier）给房间的地下室贴上了荷兰瓷砖。丹尼尔·戈比（Daniel Gobbee）住在21号。金银织锦和印花工约翰·贝克（John Baker）住在23号。

这里谈不上豪宅云集，却肯定是一个非常受人尊敬的街区。其中的教堂街南侧还预留了一些地块。这里恰好与即将完工的基督教堂遥遥相对，算是惠勒地产中最后开发的街道。同样，这些地产的开发权还是交给了沃拉和史密斯。其中的2号是教区长的府邸，由霍克斯莫尔设计，为整条大街的风格定下了基调。但总体说来，这条街上大多数房屋的外形，与伦敦其他街区的大型住宅并无二致，属于1677年《重建法案》中所规定的第三类，却也能够与西敏城那些精美的房屋相媲美。通过最早入住这条街的居民姓名，不难发现此地的魅力。比如史密斯搬到了4—6号。他还将自己姓名的缩写字母刻到铁牌上，挂到门口。后来，这处房产转让给了商人皮特·坎帕特（Peter Campart），后者专事"条纹平花光亮绸和塔夫绸"[27]买卖。12号先是由乔治·加勒特（George Garret）买下。加勒特后来又将其转卖给胡格诺牧师本杰明·杜·鲍勒（Benjamin du Boulay）。后来被称作荷华德之屋的14号，采用的是当时最豪华的式样，其朝街的前立面拥有双开间。这栋房产由石匠威廉·泰勒（William Taylor）建造，但威廉·泰勒很快就将它转手卖给朱迪斯·瑟昆特丝绸公司（Judith Sequeret and Co.）。再后来，这里又住过好几位丝绸行业的人士。1837年，维多利亚女王的婚纱礼服即编织于此间房子。

然而，在这个街区，即便最豪华的住宅也是工作场所。来到公主街19号，先是一段长长的镶板走廊，向左有一间房，向后也有一间房，楼梯沿着右手边的隔墙。整套房子的墙面都覆以装饰壁板。在其职业生涯初期，皮埃尔·亚伯拉罕·翁吉既要在织布机上进行自己的小业务，也要处理一些从承包商那里接手的大业务。承包商是住在不远处斯比托广场的大商人，也可能就是他的叔叔。熟练的织布工都是在织布机上，将盘曲的线条织成优雅的丝绸、锦缎、光亮绸以及丝绒等。皮埃尔·亚伯拉罕·翁吉后来成为印花工，专为奢侈品市场提供经过精心设计的丝织品。除了他家，整个街区多数房屋的前厅都安有一台织布机。这些织布机纺出的织品，有简单的手帕，也有镶着蕾丝边的精致丝织品，后者为伦敦最时髦的上流社会女士们所喜爱。

这座连排屋的前厅颇具特色，并深深影响了斯比托菲尔茨整个街区的连排屋外观。大概因为玻璃比较昂贵，玻璃窗户也就从某种程度上说明其业主拥有一定的财富。于是1696年，玻璃窗户的建造被课以附加税。然而即便不太富有的丝织工人，因为精细复杂的工作，其住房需要良好的自然光。公主街19号的一楼便安有两扇大百叶窗，大窗户几乎一直开到其楼层外墙的顶端。此外，为了能够摆下织布机，这间房子的开间尺寸大于其同类房屋的前厅。伦敦大多数连排式住宅的开间宽度都是在14—15英尺之间，因为那样可以让开发商沿着街道建造尽可能多的住房。而惠勒家族的伍德-迈克尔地产在斯比托菲尔茨所开发的住宅，其平均门面开间却达到17—18英尺宽。后来，织布机被移到屋顶的阁楼上，让阁楼变成了摆满机器的车间。这种变换随即也改变了建筑物的外观。那就是将屋顶的天窗换成一种为丝织业居民所专用的大窗户。这种大窗户常常被称作"长光窗"，可以让房屋全天充满阳光。

住宅背面的房间可用作厨房或储存间，用于储藏线圈、纺织面料以及积满灰尘的账本。再往后是一个小小的院落。翁吉家的孩子们大概没少在此玩耍。胡格诺教徒以热爱园艺，尤其"擅长嫁接种植花卉而闻名"[28]。这种狂热最能体现于各类花卉游会和比赛。附近的哥伦比亚路市场，至今依然于每个星期日开放花卉市场，据说就源于胡格诺教徒。到处都是鸟笼，金丝雀啁啾鸣叫。这些鸟全都是胡格诺丝织工自己喂养的。鸟笼被争先恐后地摆放在人多的地方或者小酒馆。直到最近，与砖头巷比邻的毕肯街（Becon Street）依然举办鸟市。在法裔移民离开很多年之后，这些习俗依然被伦敦的东区人所传承，可谓被遗忘的传统的现代回声。

这座街区很快就获得勤勉虔诚的名声，他们自给自足。威廉·贺加斯（William Hogarth）的娱乐画《正午》（*Noon*）里，描绘的就是一家衣着得体的法裔家族成员从教堂出来之时，与英格兰当地的脏乱之徒发生对峙。法裔移民斥责本地人懒惰。虔诚和勤勉也让胡格诺教徒迅速在自己的街区建起了 9 座教堂以及一些团契和慈善机构。成立于 17 世纪 90 年代的"La Soupe"，便是第一批慈善社团之一，由胡格诺教徒中的一些上层家族经营。其目的是为了帮助新难民。此外还有一些辩论社团和斯比托菲尔茨数学学会，后者于 1717 年由约瑟夫·米德尔顿（Joseph Middleton）开创。学会中一些著名的成员，有约翰·多伦德（John Dollond）和数学家托马斯·辛普森（Thomas Simpson）。多伦德后来开创了著名的多伦德与艾提森（Dollond & Aitchison）眼镜公司。辛普森是丝织工的儿子，出生于莱斯特郡（Leicestershire），后来到伦敦伍利奇（Woolwich）皇家军事学院担任教职。斯比托菲尔茨数学学会 1820 年归入皇家天文学会。

新来的难民们渴望融入伦敦的主流社会。然而，和大多数移民一样，他们落脚之时所面临的孤立，迫使他们不得不依赖自己的同胞。家庭与商业常常是两位一体，翁吉家族也不例外。几乎可以肯定地说，抵达伦敦之后的几年之内，这个家族与斯比托菲尔茨在丝绸行业有些名望的家族全都拉上了关系。皮埃尔·亚伯拉罕·翁吉的大哥，也就是住在斯比托广场的皮埃尔二世，其 3 个儿子当中，大儿子托马斯·亚伯拉罕（Thomas Abraham）制作一种用于正规场合的头饰，以及带有独特条纹和微光的水印塔夫绸。二儿子从事印花天鹅绒行当，他还将自己的名字从路易（Louis）英化为刘易斯（Lewis）。最小的儿子彼得三世，与两位合伙人万索马（Vansommer）和特奎特（Triquet）一起创立了公司，成为精美丝绸奢侈品市场的印花绸供应商。据说，他们生产的织品甚至用于装饰埃格雷蒙（Lord Egremont）勋爵在佩特沃斯（Petworth）的府邸①。

他们家那些没有进入丝绸行业的后代，也依然与社区保持着联系。皮埃尔·亚伯拉罕和埃斯特共有8个孩子。其中老大彼得（Peter）成为公证人。在一些丝织家族的法律文件和许多当地织工的遗嘱中，都可以看到这个名字。几个女儿则与丝绸行业的头面家族通婚，以巩固业务伙伴关系。因此，翁吉家族与毕戈特（Bigot）、拜阿斯（Byas）、戈丁（Godin）、科莱利尔（Crellier）、梅泽（Maze）以及梅则奥（Merzeau）等家族都扯上了关系。1749年，路易莎·佩里纳·翁吉（Louisa Perina Ogier）与金匠塞缪尔·库塔尔（Samuel Courtauld）结婚。库塔尔1765年去世后，路易莎接手了丈夫的生意，成就非凡，并得到金匠行会的认可，获准创立了自己的黄金商品品牌。但这个家族最终还是回归到丝绸贸易，并于之后一个世纪在埃塞克斯郡建立了库塔尔（Courtaulds）丝织厂，将那些从前在斯比托菲尔茨阁楼上的活计变成了大规模工业化生产。20世纪初期的化学时代，这个家族因为发明了人工合成的人造丝而再一次名声大振。

尽管从事不同的职业，尽管所持信仰以及融入街区的程度各有差异，但几乎所有的胡格诺教徒都渴望成为伦敦人。如果你看到丝绸行业一些大腕的名字英格兰化，那不是拼写错误。比如皮埃尔·翁吉后来变成了彼得。一些常用口语如"单身汉""十字架"等单词，也都从法语变成了英语。随着《1708年归化法》的颁布，任何一位外国新教徒，只要他发誓效忠政府，并在任何一家新教

---

① 埃格雷蒙勋爵是亨利八世第三位皇后的家族后人。佩特沃斯府邸以收藏著名的绘画和雕塑等艺术作品而闻名，其中包括19幅英国著名浪漫主义风景画家约瑟夫·特纳（Joseph M.W.Turner，1775—1851）的画作。府邸四周拥有700英亩的林园（鹿园），由英格兰著名造园大师万能的布朗（Capability Brown，1716—1783）设计。——译注

教堂领受过圣餐，都可以获得正式公民的身份。1745年，胡格诺教徒对归属感的渴望更加明显。那年，一些头面胡格诺商人派出自己的员工，让他们参加平息不列颠北部的雅各布叛乱（Jacobite Rebellion）。其中，6家翁吉家族所拥有的公司，从他们位于斯比托菲尔茨的丝织厂总共抽调出169名男工，派往库洛顿（Culloden）战场，与觊觎王位的英俊王子查理（Bennie Prince Charles）[1]作战。

然而随着时间的推移，到最后，成功和归属感的标志却是富起来的商人彻底搬离斯比托菲尔茨，永远告别了这个法裔街区。翁吉·万索马·特奎特公司在巴斯城开设了办事处，并计划在埃克塞特（Exeter）开设商铺。彼得·翁吉三世也有实力搬到伦敦南部的刘易斯海姆（Lewisham），那儿有他为自己建造的乡村别墅。1767年，可能正是这位彼得·翁吉（说来，彼时的斯比托广场，已经居住过4位同名的彼得·翁吉），让自己的儿子彼得带着5万美元远赴加拿大的魁北克，在那里开拓丝绸市场。然而，对于路易莎·佩里纳·库塔尔·尼·翁吉来说，即便已经迁居到哈克尼街区，据说她最终还是决定，在自己死后要埋到斯比托菲尔茨基督教堂的墓地。

后来，很多幸运的胡格诺教徒从精细织物的生产者变成了消费者，真是道不尽的移民故事。他们来到伦敦，先是定居在老城墙的东边。经过一代或两代人的奋斗之后，融入城市的主流，搬迁到他处。此后的3个多世纪里，不断有移民来到斯比托菲尔茨、怀特沙佩尔（Whitechapel）和斯特普尼（Stepney）街区。他们在这里打下根基，踏上让自己归化为英国人的征程。

---

[1] 这位英俊的查理王子是詹姆斯二世的孙子，也常常被称作小王位觊觎者，他的父亲同样觊觎王位，被称作老王位觊觎者。库洛顿战役发生于苏格兰印威内斯东部的库洛顿原野，最终英格兰政府军胜利。

所有这一切体现于1743年建造于福尼尔街的一栋建筑。那是胡格诺教徒的圣殿。其时，霍克斯莫尔设计的基督教堂刚刚砌完最后一批石头。起初，胡格诺教徒的圣殿被称作卫理公会礼拜堂（Wesleyan Chapel）。随着这里的街区逐渐演变为东欧犹太人的避难所，1809年之后，该礼拜堂被分别改作伦敦犹太人基督教信仰学会会堂、基督教卫理公会教堂以及斯比托菲尔茨犹太教大会堂（Machzike Adass）。到20世纪70年代，它最终被改造为一座清真寺（London Jamme Masjid），成为附近孟加拉人街区居民的圣所。建筑的南侧，原有的日晷连同其上的座右铭"我们是阴影"（Umbra Summus）得以保留至今。诚然，斯比托菲尔茨已经在城市的阴影里湮没了300多年。

18世纪兴起的城市消费文化，让人人在金钱面前平等。早在17世纪80年代，巴本就坚信，人们在渴望改善自我的竞争中推动了消费，由此带来对新产品的需求和供应。"所有那些投身于大规模工业化生产的人士，都在努力改善自己的处境。于是让人变得富有。这种富有会给国家带来巨大的优势。"[29]改善社会地位的最佳途径之一是教育，其次是购物。来自港口的新财富、城墙内的银行业、大批的廉价商品以及独家需求的高端产品一旦联手，堪称爆炸性组合。于是，18世纪初期，消费时代诞生。与这种新式贪婪如影随形的，是最善于察言观色的两姐妹——品位和时尚。

17世纪开始，皇家垄断逐渐减退，丝绸成为空前流行的大众时尚。凡·戴克或彼得·莱利（Peter Lely）笔下的宫廷肖像画中，人们所着的衣衫面料，无不闪着丝绸和塔夫绸的幽光。17世纪60年代，法式时尚已经遍及全英所有的社会阶层，以至于有人担忧："所有女仆的一半资薪，都用于向法兰西国王支付丝绸税。"[30]到1721年，英格兰的丝绸贸易总额大约为每年120万英镑。

从生产一块布匹的繁复过程，可以看出为什么丝绸是如此的奢华。随着大商家如翁吉家族对市场的主宰，丝绸的生产过程被分化成一系列不同的工艺步骤。将蚕丝从茧捻成一根根丝线的拈丝工，只是一个半熟练工匠。拈丝工的工序之后，丝线由丝绸商自己或染色工加以染色。他们在晾晒场上，将染色的丝线晾干，然后将彩色丝线批量出售给中间商或者丝织工，由丝织工完成最后一道工序。因此，丝织工的操作更为规范，这些人也能够得到织造行会的保护。条件是，需要经过7年制学徒生涯。其间必须遵守严格的法规制约。只有等到学徒期满，方能获得熟练工证书。到1733年，获得证书的成员已达6000人。

然而，居住在斯比托菲尔茨的很多丝织工却依然没有能力获得证书，而只能算半熟练的操作工人。这些丝织工只有靠廉价的工钱才能抢到工作。多数时候，他们受雇于一位大工匠，有时则通过一位工头式熟练丝织工拿到包工的活计，在自家阁楼的织布机上纺织。某些大工匠甚至同时雇用150名以上的丝织工。而所有的丝织工都没有固定的工资，他们仅仅按完成的织品数量获得报酬。活儿多的时候，整个街区就显得兴旺。一旦丝绸的需求减少，街道上立刻就挤满了唉声叹气的匠人、饥饿的孩子，也充满暴力的威胁。

根据技能和织物的类型，丝织工分成不同的等级。某些最高级别的丝织工被赋予该行业的艺术家地位，他们也得到适当的回报，并步入社会精英的大家族行列。其中，印花丝绸可谓该行业的顶峰。从前的丝织工一般都是自己设计印花图案，用自创的方法制作。而今的丝绸商多是聘请一位设计师预测并设计当下的时尚。一般来说，普通的设计面料论尺寸出售。但如果碰到高端客户或者某些特殊的场合，便可以让设计图纸一次性高价出售。然而，高端市场并不稳定。一整个销售季可能会毁于某位王室人士或名人的意外死亡。具有讽刺意味的是，这些死亡事件会导致黑色绉绸和塔夫绸的价格飙升。

丝绸技艺为法国人领先。同样，法式时尚主宰了伦敦的品位。尽管有光荣革命，1714年之后登上不列颠王位的也是一位汉诺威王子，但伦敦的时尚依然紧跟巴黎。如果地方上的工厂能够吸收糅合来自欧洲大陆的不同风格、理念和时尚，并将这些异国特征与自家的品位相结合，那么他们也能够很快赢得独特的优势。突出的实例便是安娜·玛利亚·加思韦特（Anna Maria Garthwaite）的精美设计。"凭着清纯自然的品位和独创性，加思韦特所设计的丝绸产品，以意大利风格绘制，经过英国织布机纺织，迥异于法国人的花哨样式。"[31]加思韦特是一位林肯郡牧师的女儿，可能受过良好教育，并继承了其父去世时留下的500英镑和一座图书馆。1726年，她来到伦敦，入住位于斯比托菲尔茨的教堂街。从此，她成为欧洲杰出的丝绸编织图案设计师。其独特的品质在于她尤其注重在丝织品上重现自然形态的植物图像，例如水果、花卉、丝带的碎花循环图案。在一幅设计于1742年的丝绸面料图案中，她将康乃馨、盛开的鲜花和玫瑰相结合。另一幅设计中，她将石榴与芦荟的尖叶相交。通过与园艺学家彼得·科里森（Peter Collison）的友谊，加思韦特得以了解从美洲进口的最新植物标本，并将这些标本花样作为新大陆的奇异图像，融入自己的图案设计中。

加思韦特的设计随着季节而变化。定居伦敦之后，她每年大约设计80种不同风格的图案。她从不休假，并在之后的20年里主宰了丝绸图案设计行业。她的设计与宫廷画师的画作一样，得到同等的赞赏。在很多人眼里，"她对光和阴影的理解，以及为织物着色的艺术追求，堪称神奇"[32]。加思韦特不仅为公主街19号的皮埃尔·亚伯拉罕·翁吉提供过图案设计，而且与翁吉·万索马·特奎特公司有过业务往来，后者的注册地是斯比托广场。

丝绸服饰和室内装潢与其他滚滚而来的时髦商品齐头并进。茶具是来自中国的优质瓷器，茶叶和咖啡由强大的东印度公司从大英帝国的东方殖民地进口而来。再加上奴隶们辛苦培育的牙买加蜜糖。培育蜜糖的奴隶身上，则循环交织着波及全球的三角贸易，从西非海岸线到美洲殖民地再到不列颠的各大港口。显然，对新货物的消费需求，将整个地球卷进伦敦，也让这座城市变成了一座新兴的市场。

然而安娜·玛利亚·加思韦特明白，眼前的时尚风潮和主宰本土设计的巴黎风格都是薄情寡义的，说变就变。她在一篇未署名的文章中写道："用于丝绸行业的花卉图案设计、刺绣和印花（包括各种花丝）图案，随时都会出现新的时尚模式，旧经验势必消亡。这些不同寻常的过程，我都亲身经历过。"[33] 后来，这些文字收入 G.E. 史密斯（G.E.Smith）主编的手册《艺术实验室或艺术学校》（*The Laboratory or School of Arts*），于 1759 年出版。果然，斯比托菲尔茨的丝绸行业没能逃脱上述的起伏跌宕，并同样为变幻莫测的品位和经济大潮所左右。奢侈品市场自有其暗淡颓废的一面。

1849 年，也就是翁吉家族在斯比托菲尔茨扎根之后的一个世纪，为了寻找故事，记者亨利·马修（Henry Mayhew）探访了此地。彼时的亨利·马修已经成名，主要业绩在于探索伦敦之影，或者说这座可敬的城市里被遗忘的种种。在斯比托菲尔茨，他嗅出了被盘剥、被蹂躏、被摧残的诡异气息，他还发现了有关这一切的许多原始材料。正如他在《走进丝绸的阁楼》（*And Ye Shall Walk in Silk Atlire*'）一文中所记："本世纪初的斯比托菲尔茨丝织工，拥有品位和追求，他们的精工和智慧，闪烁着那个时代的双重光泽，是当代艺人的荣耀和恩典。而今日社会的娱乐，则粗俗而野蛮。"[34]在马修看来，胡格诺教徒的街区，曾经是这座城市品位的灯塔，而今不再。

考察中，马修拜访了一位专为外衣领口提供衬料的丝绒织工。从前满是孩童嬉闹的街道，如今空荡荡的，显得清冷。所有的人手都投入到工作当中，再也没有时间玩耍或者接受教育了。马修被带进一座房子，攀登了若干级楼梯，推开一扇活板门，来到一间阁楼作坊。阁楼的正中是三台织机，整个阁楼空间被一扇"长光窗"通体照明。一大家子就在这里居住和工作。"有一些织机和转轮，一个转轮旁边坐着一个男孩，正在绕着绒毛。在织机上工作的是一个胖姑娘，她正忙活着编织平布。阁楼两侧沿着窗户摆满了一小钵一小钵的紫草科玻璃苣花。"[35]

接受马修采访的织工抱怨说，他们的工钱被压低，自1824年以来，他们纺织的产品价位，从1码面料6先令下降到3先令6便士。这样的工钱让他们的生活难以为继。他每天工作15个小时，却只能每个星期吃上一次肉。结果是，他的雇主离开此地，他手上的活计转由阴招频出的中介决定。这些中介进一步压低织品的价格，以剥夺织工的剩余劳动力。"织工们越来越穷，雇主们却有钱拥有乡村别墅。这位织工的雇主曾经是一个败家子，如今却刚刚在城外买下了一座豪宅。"[36]当初把荣耀和文化带到斯比托菲尔茨的商业巨子们，如今却遗弃了这个街区，剩下的人只能自谋生路。

斯比托菲尔茨的衰落缓慢而痛苦。然而这衰败的种子早在丝绸业发展之初就已经播下。其中所发生的故事告诉我们，一座小小的街区如何被卷进一张巨大的金融网络之中。这张巨网，从印度行政州到美洲殖民地，可谓是包罗万象。所以说，斯比托菲尔茨是第一波工业革命以及全球化分娩阵痛中的受害者。在丝绸业繁荣的最初几十年里创造了财富的翁吉家族，倒是有能力随着时代浪潮与时俱进。他们卖掉公主街19号，永远搬离了这个社区。可这栋房子被卖掉之后，被分隔、改造，用作一间作坊。那里再也不是一个家，里面只用安放一台家用织机，而是变成了好几家挤在一起的住宅和车间。据记载，某个时候，这栋房子一度由两家合住。一家的主人是玛丽·艾伦·霍金斯（Mary Ellen Hawkins）夫人，她经营一家工业学校。一家的主人是雕刻工赛亚·伍德科克（Isaiah Woodcock）。再后来，从前仅用作储藏间的阁楼，变成了记者马修所看到的作坊。

把老房子打通后加以分隔可以给房东迅速带来利润，因为他们可以根据每个单间收取租金。但这样做却降低了邻里街区的生活质量。越来越多的房屋出租给那些未经过背景询问和调查的流动工人，无疑让整个街区陷入荒凉。为了生活的需要，无力搬离这个街区的丝绸工人，只能进一步压低自己织品的价码。于是，这里逐渐变成了贫民窟。

具有讽刺意味的是，却正是这些贫民窟，让昔日丝织工的住宅留存至今。因为，无论它如何破烂，只要还能够赚取房租，房东们就不舍得把它拆掉重建。倒是在这些街区的边缘，也就是东部靠近贝思纳尔格林（Bethnal Green）以及南部靠近怀特沙佩尔的地段，建造了许多其他类型的住房。因为这些地段不再有人需要独门独户的住屋，投机商于是看到了商机，建造一种既是居室又是车间的房屋，面向那些拖家带口的短期而流动的熟练工人。于是，较小的两层或三层小屋，替代了从前优雅的连排式住宅。每一间房屋都建有宽阔的格子窗，将尽可能多的光线引入室内。在此，织机一天24小时连续作业，让住宅变成了工厂。这些房屋的面宽都只有一间房的尺寸。因为这样可以让光线直接通过房屋两侧的窗户，而不会受到墙壁的阻隔。房子的前立面都是光溜溜没有任何装饰的素面，甚至连窗框之上都未能安置一块精巧一点的楣板。

对这种新型住宅的开发，为的是应对织造工艺的工业化以及日益增长的国际竞争。随着需求的增加，丝绸业的地位得以提升，并且受到国会的保护，例如对所有进口的丝绸尤其是从法国进口的丝绸征收高关税。但这些优势未能持久。1697 年，政府官员在国会大厦的议政厅里投票，禁止东印度公司进口印度丝绸，让丝织工们在国会大厦外欢欣鼓舞。然而，东印度公司后来并没有接受限制令，反而让大批便宜的印度花布淹没了英格兰的市场。再后来，事情正好撞上 1713 年的《乌得勒支合约》(*Peace of Utrecht*)，英格兰结束了对法国的长期战争，重新开始与法国进行贸易。突然间，丝织工四面楚歌。

织工们尽一切可能发出自己的声音。要求禁止法国货物，要求对所有的进口商品征收关税。最后他们发现自己的呼声不为政府所重视，于是他们走上了街头。只要发现穿着印度花布的女性，他们就上前把这些人的裙子给撕得粉碎，"并喷上墨水、浓硝酸之类的液体"[37]。如果他们发现有人在织机上加工法国或意大利丝绸，就将那些织物从织布框上切下来，并羞辱织工。然而到了 1741 年，据估计，依然有价值近 50 万英镑的法国面料涌向英格兰市场。最后，国会终于听取了织工的意见，并尽力对外国进口实行限制。问题是，大势所趋，英格兰织工必须降低自己织品的售价才能保住其竞争地位。

织工们只得自保，组建工会，以便直接与雇主谈判。因为他们打砸织机以及撕扯那些黑心雇主所拥有的织物的做法，这些工人很快就得了"切割机"(Cutters)的绰号。他们自己则取了一些类似于海盗的名字，诸如"挑战舰队"(the Defiance sloop)。1749 年，国会将这些团体列为非法组织，却阻止不了他们秘密集会。集会地点一般都是在酒吧。为了不被人认出，集会一般都在摇曳暗淡的烛光中进行。

骚乱在持续。1765年，国王在国会大厦内遭到抗议者的袭击。这些人抗议国会允许以30%的关税进口法国丝绸。织工们组织了游行，高举着红旗和黑色横幅，在国会大厦外扎寨示威，一直闹到上议院被迫休会。然后，这些人袭击了贝德福德府（Bedford House）。因为在他们眼里，贝德福德公爵接受了法兰西国王的贿赂。第二年，政府出台了一项反对"切割机"的法律。但是，一些织工依然与外国织工以及本地的包工头作对。后者就包括苛刻的邵维特先生（Mr Chauvet）。这位邵维特拒绝按织工的织机数量支付工钱。1769年夏，持续的骚乱最终发展成街头暴乱。

那年春天，一些包工头试图再次压低织工的价钱。邵维特更不准他手下的工人与工会有任何接触。工会会员于是与邵维特手下的工人发生了混战。一些帮派聚集在酒吧外，更加剧了紧张气氛。8月17日，一名暴徒横冲直撞并打砸了邵维特手下织工的50架织机，从织布框上撕下织物。接下来的4个晚上，暴徒们更加嚣张，他们在街上巡逻，向空中放枪。为了对付这些反对者，邵维特发出500英镑的悬赏告示，以收买任何有关暴徒头目的信息。起初无人回应，但到了9月26日，一位名叫托马斯·波尔斯（Thomas Poors）的小织工前来领奖，将自己所知道的一切都报告给了治安法官。

9月30日，小说家亨利·菲尔丁（Henry Fielding）的盲人弟弟约翰·菲尔丁（John Fielding）率队突袭了海豚酒吧[①]。他得到情报，

[①] 亨利·菲尔丁（1707—1854）是英国第一位用完整的小说理论从事创作的作家，与笛福和理查逊（Simuel Richardson，1689—1761）并称为英国现代小说的三大奠基人。其代表作有《汤姆·琼斯》。这位小说家同时还担任治安法官。此外，他还与其同父异母的盲人弟弟约翰·菲尔丁（1721—1780）一起，创建了"弓街捕快"（Bow Street Runners）。这支队伍堪称伦敦乃至世界上第一支专业警察部队。约翰·菲尔丁当推世界上第一位盲人侦探，也是英国早期最伟大的侦探之一。——译注

由手帕织工组成的征服与反抗联盟（Conquering and Bold Defiance）正在那里开会。警员们拍打会议室大门之时，迎接他们的是一排子弹。警员亚当·麦科伊（Adam McCoy）还没来得及说话，就被当场打死。肇事者们继续施暴并将酒吧内的两名客人打死。这次突袭事件中的暴徒最终受到审判，其中的2名主谋约翰·多伊尔（John Doyle）和约翰·瓦琳（John Valline）被判处死刑。行刑地点就在萨尔蒙和波尔酒吧（Salmon and Ball pub）门外。这座位于贝思纳尔格林街区的酒吧至今仍在。

骚乱带来的最终结果是1773年的《斯比托菲尔茨法案》（*Spitalfields Act*）。该法案要求伦敦城的领事们对熟练织工的工资加以规范。1792年和1811年，政府又通过了自认为更加切实可行的法案，以保护英国的丝织业。然而事实上，这些法案反而加大了织工与包工头老板之间原本就难以调和的分歧，不仅没有稳定局势，反而让大多数困在斯比托菲尔茨的织工因为没有活计而更加贫穷。与此同时，像库塔尔这样的家族开始在伦敦之外的地区建立工厂。这些工厂以前所未有的速度和价格生产丝绸。斯比托菲尔茨只能走向衰落。

绝望之中的公主街19号，也就是皮埃尔·亚伯拉罕·翁吉从前的住宅，竟然得到了复兴。随着胡格诺大佬们的相继离开，斯比托菲尔茨沦落为伦敦城里的暗淡角落，却继续作为新移民的避难所。这些新移民为了躲避迫害或者寻求新生活，来到伦敦。1862年，一批来到斯比托菲尔茨的波兰移民成立了"诚挚友好协会"（Chevras Nidvath Chen），并以公主街19号作为其注册登记地址。这个慈善机构旨在为新兴的犹太街区提供一处宗教场所。起初他们在法兴街（Fashion Street）附近租了一处房产，将之作为礼拜场所。19世纪90年代，这处被当作犹太人圣殿的房产需要大修，圣殿只好搬迁。

1893年，新圣殿在公主街19号揭幕。4个月后，这条街改名为小王子街（Princelet Street）。

二层高的新圣殿坐落于翁吉一家当初房屋的后部，大约包括了原来的后花园部分。20世纪60年代，犹太人搬离伦敦东区之前，这里一直被用作礼拜场所。后来，该地迎来了又一拨移民潮。曾经让翁吉一家欢度时日的客厅，被改作摩西法典研究室。再后来，这里又被改作孟加拉移民妇女学英语的教室。住在小王子街19号的最后一位居民，是波兰隐士学者大卫·罗宾斯基（David Rodinsky）。1969年的某个晚上，这位隐士学者锁上身后的房门，便永远地消失了。如此的神秘失踪，被传为伦敦东区的神话。这大概也是伦敦犹太人东区消逝的象征。

此后，因为其惨败的颓势，拥有小王子街19号产权的地产公司多次计划把它给拆掉。然而建筑历史学家如丹·克鲁克肖克（Dan Cruikshank）所发起的保护运动，拯救了整个街区。因为靠近金融城，这里再次成为当代金融界富商大鳄们的理想飞地。许多房屋被精心修复成当初的状态，仿佛回到了18世纪40年代，也因此给这个地段带来了新财富。但是，这里却依然与贫穷的移民区尴尬为邻。

如今，小王子街19号已经被修整得精巧雅致。毗邻的圣殿倒还是保持原样，环状的建筑富于乡土气息，里面设有欧洲第一座关于移民及其文化多样性的博物馆。一些房间里正在举办题为"手提箱和圣所"（Suitcases and Sanctuary）的固定展览，展现自第一批移民来到斯比托菲尔茨之后绵延至今的一拨又一拨不同面目的外来人。他们落脚于此，在陌生的城市开始新生活的第一段旅程。看完展览，走出房屋，踏上街道，附近砖头巷咖喱屋闪烁的霓虹灯照亮了夜空，历史仿佛融进了当下，却也在证明这里的故事远未结束。

第六章
休姆府：冥府女王与礼仪的艺术

> 我沿着那条可爱的牛津街来回地走，把所有的房屋和琳琅满目的商铺好好看了个遍。
>
> 亲爱的孩子，我们的想象力有限，无法描绘出这花样百出的发明和改良。
>
> ——苏菲·冯·拉罗什，1786年。

休姆府（Home House）位于伦敦波特曼广场（Portman Square）西北角。其外观颇为巧妙地内敛，你完全看不出里面是个什么样子。与广场上其他的建筑相比，这座房子相当地不起眼。优雅低调的圆柱门廊将府邸连向街道，因其整体朴实无华，经过粉刷的门廊反倒脱颖而出。外墙立面上，在三楼的位置依序镶贴着四块装饰性石板，给府邸带来一股简洁的古典风范，让朴素的砖砌外表轻巧明亮起来。其他处则绝少装饰。各层的窗户均无装饰性壁柱或其他饰物。只是到后来，沿着外墙的二楼添加了一段带有黑铁栏杆的小阳台，沿着屋顶加建了一段结实的石栏杆。

然而，朴素的门面背后，有着伦敦最为精美的室内设计。一系列用上等材料装饰的房间色彩斑斓，每一处空间都可谓品位和装饰的典范。而有关这座府邸的故事，包括出资建造的女主人和建筑师的故事，自会生动有趣地揭开启蒙时代的伦敦一角。

建筑的历史和故事，常常可以通过其创作者的生活来述说。所谓的创作者，包括房主和设计房子的建筑师。也就是说，可以通过挖掘房主和建筑师传记中的某些细节，例如他们对有关建造的决策、各种尝试乃至奇思妙想，来探索让一栋建筑不同凡响的因由缘起。一个人有关建造的创意，通常体现于对基本结构、建筑惯例、特定的哲学以及奇思妙想的综合考量。但如果建造过程中的那个核心人物被遗忘，我们在历史记录中只能找到有关当事人的生命碎片，那么，建筑的历史又如何来揭示？可不可以换一种方式？与其通过创作者本人来探索一栋建筑的历史，不如通过揭开创作者所身处的环境或时代背景，补上萦绕人心的空缺。比方说，通过探索创作者所设计建造的房子和空间，复活那湮没于历史的生命，然后再回过头来探索房主的面容？

伊丽莎白·休姆伯爵夫人（Elizabeth, Countess of Home）卒于1784年。令人惊讶的是，尽管她留有详细的遗嘱，尽管她是上流社会一位令人尊敬的女主人和赞助人，但除了遗嘱，有关她的生活鲜有记载。没有关于她人生成长阶段中的标志性仪式记录，也没有包含她姓名的法案或合同。在今人看来，她几乎就是一个幽灵。仅仅是在当时的文学作品里，浮现过有关她的极为罕见的几笔。人们知道，在那部借莎翁之笔嘲讽乔治时代人物的闹剧《莎翁笔下的名流集锦》①里，

---

① 该剧原标题为《莎士比亚笔下1778年的角儿们》。编剧让每个角色借着说一段莎翁剧本里的台词，来形容自己的人格特征。每个角色的名号对应某位名流的姓名缩写。因此，各角色的人格特征也就暗讽或明嘲当时的某位名流。其中的H-E便是伊丽莎白·休姆的姓名缩写。剧本的原创作者自然是莎翁，至于编者是谁，说辞不一，尚无明确定论。——译者

有影射她的角色，那就是宣读《温莎的风流娘儿们》片段的伯爵夫人 H-E。其出场的台词是："她是一个女巫，一个浪荡女，老妖精！……来吧，你这个巫婆，你这个母夜叉，你，来吧，我说，毫无疑问，魔鬼很快就会抓住她！"[1]

此外，威廉·托马斯·贝克福德（William Thomas Beckford）对伯爵夫人也有过几句模糊不清的调侃。贝克福德堪称当时英格兰最富有的年轻人，他写过一本哥特惊悚小说《魔王瓦泰克》（*Vathek*），还是一位社会评论家。但他的作品大多靠流言蜚语，其论点也就不值得信赖。话说贝克福德刚刚入住他位于波特曼广场的新居，恰好靠近伯爵夫人的休姆府。于是他写道："昨天我收到一封邀请函，发函人是休姆伯爵夫人。从爱尔兰的头面人物到大都市的小混混，全都管她叫'冥府女王'。"这还没完，贝克福德继续对自己所度过的难熬之夜挖苦道："在得知我的音乐天赋之后，她坚持要举办一场铺张的晚宴和张扬的音乐会，以庆祝我乔迁到波特曼广场。这事就在昨晚。你大概从未见过如此奢华而怪诞的晚宴，也从未听过如此优劣相间、鱼龙混杂的音乐。"[2]

威廉·托马斯·贝克福德既不配充当评价别人人品的判官，也绝非能够记下某件事真相的权威。问题是，我们再也找不到更为切实的记载了。况且，他对伊丽莎白·休姆的素描，倒也为一个更为复杂的叙事提供了序曲。那就是，一个人如何从大英帝国的殖民地，辗转到伦敦最美丽的沙龙。其中的叙说，不仅告诉我们有关启蒙与变革、建筑与金钱的关系，还能够帮助我们破解新型城市生活艺术中繁复而精致的仪礼之谜。这便是礼貌或者说谈吐的艺术。谜团的中心是休姆府建筑。这座府邸为什么以及如何得以建造？它在城市中充当怎样的角色？那些精巧组合的房间和装饰，如何能揭开伦敦历史上一段诡异的时期？此外，对府邸建筑的探索，还有可能还原其房主的生活，揭开"冥府女王"的真实面容。

威廉·托马斯·贝克福德与伊丽莎白·休姆的交往，远不止于波特曼广场。1661年，塞缪尔·佩皮斯（Samuel Pepys）在日记中记录了贝克福德的曾祖父彼得的访问。这位彼得正计划在当年夏天远航牙买加。其时，彼得的叔叔理查德（Richard）已经在印度群岛把生意做得风生水起。彼得去的时候，带着一批奴隶，并且标榜自己是一位骑射好手。等到彼得1710年去世时，他已经是岛上最大的地主，也是岛上的总督，号称"欧洲最富有的大亨，拥有最多的不动产和个人财物"[3]。彼得的孙子威廉·贝克福德（William Beckford）在伦敦出生①。威廉10岁时，继承了其家族在牙买加价值超过100万英镑的家产。

伊丽莎白·吉本斯（Elizabeth Gibbons）于18世纪初出生于牙买加。她是威廉·吉本斯（William Gibbons）和妻子德博拉（Deborah）唯一的孩子。人们不清楚这个家族何时登上了牙买加岛。可以肯定的是：1655年，奥利弗·克伦威尔从西班牙人手里夺过牙买加。17世纪60年代初，一些英格兰投机分子来到岛上碰运气。吉本斯家族在威拉（Vere）教区拥有一座种植园。这里地处克拉仁顿（Clarendon）平原，其间的山谷开阔、灌溉良好，非常有益于农作物种植。吉本斯家族所拥有的土地绝对广阔，也绝对有利可图。为此，威廉·吉本斯在岛上获得了地位。这里的生活虽然艰难，却提供了一些在故土无法得到的东西。尤其像威廉·吉本斯那

---

① 作者原文将年轻作家威廉·托马斯·贝克福德（1760—1844）与其父亲的名字写混，译文已经更正。跟上一章翁吉家族出现很多同名一样，贝克福德家族亦喜欢给家里不同的成员取相同的小名。年轻作家的全名是威廉·托马斯·贝克福德。其父的全名是威廉·贝克福德（1709—1770）。这位父亲后来两次担任过伦敦城的市长。为了将父子区分开，英国人通常将担任市长的父亲称作老威廉·贝克福德，将写哥特小说的作家称作小威廉·贝克福德。

样的人,"生来就贫穷,除了大胆,什么也没有,没有学识,也没有任何其他的财富"[4]。但是在牙买加,他可以将自己的地位提高到社会的顶层,并获得伦敦人难以想象的财富。此外,这里还提供了宗教宽容和政治自由。而这些,在故国都被视作洪水猛兽。

作家查尔斯·莱斯利(Charles Leslie)在18世纪40年代来到岛上时,他所看到的是一个专注于贸易的街区:"只想着金钱和值钱的东西,不管用什么手段。"其中的几座主要城镇差不多都是贸易仓库。像皇家港口镇(Port Royal)的港湾,总是停靠着300艘以上的船只。这些船或者用来运送奴隶和货物,或者准备将朗姆酒、姜、糖和香料运回不列颠。此外,岛上不仅建有好几座教堂,供不同信仰的信众礼拜,还建有多家贩卖奴隶的集市。那些来自非洲的奴隶,在经过残酷的"饥饿、镣铐……种种海上暴虐之后,像九条命的猫"[5],登陆于此。

岛上的生存环境异常恶劣,大多数时候是高温酷暑。尽管海上贸易繁荣,但高烧、胃痛和瘟疫在这里是家常便饭。于是这座岛很快就得名"白人的坟墓"。在设置殖民地的头6年(1660—1666)里,岛上的人口由当初的1.2万人,到最后只剩下3470人。因为天气太热,甚至白天都无法衣着整齐。男人们一到星期日,便只戴假发。此外,大自然还通过其他的方式惩凶。1692年,一场地震摧毁了皇家港口镇,造成1500多人死亡。无数的房屋沉入"松软的热沙"之中,不复再现[6],接着1703年发生火灾,1722年又发生了毁灭性的飓风灾害。

除了恶劣的环境,还有来自岛上土著的威胁。17世纪50年代,西班牙人战败后撤离岛屿之前,释放了羁押的奴隶马鲁人(Maroons)。这些马鲁人躲到难以翻越的大山里,散落在当地的部落避难。到了17世纪90年代,避难的马鲁人走出大山,在克拉仁顿发动了奴隶起义，数以百计的起义者加入了解放联盟。针对此种形势，种植园主们不得不组建民兵队伍，同时向远方的祖国求援。再次被抓捕的奴隶，其所受到的惩罚难以用言语形容。这一切却不能阻止马鲁人的头领库德鸠（Cudjoe）发动起义。他们利用游击战术，突袭种植园和小村庄。直到1731年数百名马鲁士兵死于发烧和伏击战之后，双方才通过谈判达成不太稳定的和平。种植园主们始终心存忧虑。他们既担心马鲁人突袭，也担心自己种植园的奴隶起义（通常每一位欧洲种植园主拥有二十来个奴隶）。

至于岛外，更是暗流涌动着巨大的骚动。为了争夺全球贸易的霸主地位，欧洲的几个强权国家之间斗争正酣。这个贸易网络从哈德逊湾的冰封森林到西非的金矿，再到印度莫卧儿王朝的疆土，无所不包。牙买加自然也卷入其中。18世纪初期的西班牙王位继承战争中，在伊斯帕尼奥拉岛（Hispaniola）附近，法国舰队在其副海军上将本博（Benbow）的率领下，摆开阵势，英国司令官在战斗中丧命。为此，英属殖民地不得不抗击那些被敌对国所资助的海盗。1706年，皮埃尔·勒·莫伊（Pierre Le Moyne）又将一些废物投放到圣基茨（St Kitts）和尼维斯（Nevis）群岛，并受命骚扰牙买加。1717年，因为两个欧洲强权都想占有伯利兹（Belize），再次爆发了对抗西班牙的战争。

岛上的居民却全然不顾时局的动荡和危险，他们依然向往奢华的生活。前述的地震之后，没人有兴致建造昂贵的房屋，几乎没有两层以上的建筑。于是，富人们的品位和财富，全都集中到从英国和欧洲大陆进口的商品。"在种植园主的住所，装满盘子的华美餐具柜、各色各样的精选葡萄酒、锦缎覆盖的桌子、16乃至20道拼盘花样的晚餐，都是稀松平常的事。但所有这些都局促于小小的房间里。这些房间甚至都比不上英格兰的谷仓。"[7]是的,建造一栋房屋超出了绝大多数种植园主的思考范围。但这些蔗糖的主子却也明白消费的真谛。种植园的居住条件当然需要舒适宜人,但更为重要的是,必须做好储备,在回归故里之时拿出范儿来。

岛上没有学校,而且"他们也不怎么喜欢这种事"[8]。那些希望接受教育的人,可以把儿子送回故国。比如彼得的孙子威廉·贝克福德在孩童时期就被送到伦敦的西敏斯特公学,直到他成长为一个青年,才回到岛上。然而对伊丽莎白·吉本斯而言,与婚姻相比,教育绝非首选。16 岁时,她与 23 岁的詹姆斯·罗斯(James Lawes)结婚。詹姆斯是这座岛上的总督尼古拉斯·罗斯爵士(Sir Nicholas Lawes)的长子。1732 年,年轻的詹姆斯夫妇第一次踏上伦敦的工地。

詹姆斯一点也不像他的父亲。尼古拉斯爵士是个非凡人物,于 1663 年来到牙买加,一边积累着自己的财富,一边向街区引进咖啡种植业务,并建立了岛上第一个印刷厂,还结过五次婚。詹姆斯和另外一个兄弟来自爵士的第四次婚姻。女儿朱迪思·玛利亚(Judith Maria)是其第五次婚姻的结晶。尼古拉斯爵士还因为不懈地驱逐海盗而闻名。凡是有些名气的海盗,差不多都在他的法庭上受到过处罚,例如海盗船长杰克·瑞克姆(Jack Rackham)、安娜·波尼(Anne Bonny)、玛丽·李德(Mary Read)、罗伯特·迪尔(Robert Deal)、查尔斯·维恩(Charles Vane)等。这些海盗专门骚扰在牙买加水域与故国之间的海运船只。爵士驱逐海盗有方,在管教自己的孽子方面却非常地不成功。"除了制造麻烦,这个儿子什么事也不干。"[9]

到了伦敦之后,要么是詹姆斯改变了自己的行事方式,要么是利用了其父亲的职权关系,他竟然谋得了牙买加总督的职位。到了年底，这对年轻的夫妇开始张罗着返回牙买加。不料詹姆斯却于 1733 年 1 月 4 日命断伦敦，抛下年仅 18 岁的寡妇伊丽莎白。后来，伊丽莎白想法在伦敦留了下来，并在那里度过了自己的余生。作为一个富有的继承人，她拥有经济保障，但这个保障却不能保证她在陌生的城市里养尊处优。

等到她张罗着建造休姆府，已经是 40 年之后了。当时的伦敦正处于启蒙变革的大时代。那是一个充满悖论的时代。1726 年，法国哲学家伏尔泰（Voltaire）逃亡到英格兰，并在那里找到了自由和理性的源泉。他喜欢上乔纳森·斯威夫特的讽刺文字，结交了诗人亚历山大·波普（Alexander Pope）和剧作家约翰·盖伊（John Gay）。后者的《乞丐的歌剧》（*The Beggar's Opera*）正在多瑞巷（Drury Lane）剧院里上演。伏尔泰积极倡导天花接种，也惊叹于艾萨克·牛顿（Isaac newton）的最新理论。遍布全城的各种不同教派，更是让他着迷。他在系列著作《英格兰通信》（*Letters on England*）①里感叹道："如果英格兰只有一种宗教，就会有独裁的危险，如果只有两种，双方就会互掐对方的咽喉，但如果有 30 种，相互之间就会相安无事。"[10] 由此可见，宽容是英格兰自由的核心。

伦敦远非太平盛世。相反，这里始终处于动乱的恐惧之中。17 世纪 80 年代，第一次有人提出"流民"（Vulgaris Mobile）这个概念，指的是那些身份模糊的平民大众。这些人没有家庭关系，没有必尽的义务。于是伦敦再也不能按照街区、行业或者教区来归类，而变成了一个巨大模糊的混合体。其中有学徒、穷人、病人、老人等。这些人仿佛魔鬼附体般，沦为啤酒街（Beer Street）的醉鬼、

---

① 亦有中译文写作《哲学通信》。——译注

金酒巷（Gin Lane）里的疯子、大喊大叫的群氓。他们一触即燃，发起暴动，成为行凶的暴徒。随着城市规模超乎想象地膨胀，街道成为日常生活中的公共戏院。威廉·贺加斯（William Hogarth）[①]的作品便清晰描绘了这种社会特征。在这个惊人的舞台上，暴力政治以及一些极端的文化和社会行为，尽情而拙劣地表演着。言论自由、媒体自由，加上腐败的政治制度，不仅联合催生出某种家常便饭般的暴力，而且这类暴力还极富传染性。

所有这些，与我们新近读到的哲学文章和诗歌中有关启蒙和改良的描述，形成鲜明的对照。如历史学家马克·戈尔迪（Mark Goldie）认为，启蒙运动更多地表现为"一种声音，一种情感"[11]，甚于一场革命。它是一场梦想而非现实，需要去创立，而不是发现。为此，启蒙时代的大都会希望人类约束自我，从而表现并强化人类最好的一面或者说理性。相对应的是，自伦敦大火以来，人们一直试图让城市的景观变得更为理性。最佳的体现便是开发出众多的广场。后来，这些广场主宰了伦敦的城市空间。

1765年1月31日，《大众广告商》（The Public Advertiser）杂志发出告示："目前正在建造的波特曼广场，位于波特曼礼拜堂（Portman Chapel）与马里波恩（Marylebone）之间。它要比格罗斯文纳广场（Grosvenor Square）大得多，其上将建造一些华美的步行道，并在步行道的两侧栽种榆树。在广场的中心建造一个大水池。"[12]彼时，牛津街以北的地段还原封未动，基本上是一片农

[①] 威廉·贺加斯（1697—1764）是英国著名的画家、版画家、讽刺画家和欧洲连环画的先驱，其作品涉及的范围极广，并经常嘲讽当时社会的政治和风俗。此类画作亦被誉为"贺加斯风格"。其晚期著名的作品有《啤酒巷》和《金酒巷》。前者表现的是快乐城市饮用"好"的啤酒饮料，后者传达的是暴饮烈性酒金酒所带来的社会问题。贺加斯1751年绘制此画，是为了支持《金酒法案》。该法案提出，要限制对烈性金酒的销售。金酒起源于荷兰，盛产于英国，又名杜松子酒（Geneva），酒性浓烈。

场。农场的所有权属于萨默塞特郡（Somerset）波特曼果园村的亨利·威廉·波特曼（Henry William Portman）。牛津街东部属于哈利家族地产（Harley estate）的地段，正处于大开发的筹备当中。至于牛津街以西以及更往北的地带，除了牧场原野，没有任何屏障。开阔的景观一直蜿蜒到海盖特山（Highgate Hill）。波特曼广场位于这片即将开发的街区中心，势必要被打造成都市广场中最辉煌的样板。彼时伊丽莎白·休姆已经居住在波特曼广场的南端，那里也属于当时伦敦城的边缘地带。1772年6月24日，她买下这座广场西北角一块土地的90年产权，并计划在其上建造一栋砖砌的府邸。这块土地的面积是60英尺×184英尺。

伦敦许多精致的生活方式都源于他乡，所谓伦敦的经典式广场也是如此。17世纪30年代，当琼斯受贝德福德伯爵（Earl of Bedford）委托，设计规划考文特花园（Covent Garden）时，他的脑海里浮现的便是意大利的利沃诺（Livorno）广场。1614年那场激动人心的意大利之行，琼斯第一次见识利沃诺广场。但直到几十年之后，随着1660年的王政复辟，伦敦人才真切地喜欢上广场，由此改变了大都会的空间构成。那些流亡欧洲大陆的贵族，带着对巴黎的记忆回到了英格兰。让他们记忆犹新的，便是巴黎的孚日广场。这座当初由法王亨利四世出资建造的广场，旨在鼓励法兰西本土的丝绸贸易，却也倡导了一种新型的生活艺术，以城镇别墅替代旧式的高级住宅。也就是说，从前的贵族宫殿让位于一种独特的城市住宅群。这种住宅群大多围绕着一处人造的乡土空间。

圣奥尔本斯第一代伯爵（1st Earl of St Albans）亨利·杰明（Henry Jermyn）是在伦敦进行广场开发大业的第一人。1661年，在获赐圣詹姆斯宫北面的一片土地之后，亨利·杰明决心把这个皇家恩赐转化为利润。1662年，为了标榜自己所获得的新地位，他在此地建造了一栋供自己居住的法式豪华府邸。之后，他又计划出售周边土地的开发权，"让贵族和其他的上层人士来这里安家落户"[13]。再后来，杰明与一些投资商合作，开发专供富人居住的高档住房。其中买下圣詹姆斯广场4号地产开发权的投资商就是尼古拉斯·巴本。其他的大佬们也纷纷效仿。经过几十年的开发，伦敦城边缘如雨后春笋般涌现出一批又一批新型的富人区，例如圣詹姆斯、布鲁姆斯伯里、雷斯特菲尔茨（Leicester Fields）以及苏豪等。

这些高档住宅的设计不同于其欧洲大陆的原型。新设计既符合市场的投资规则，也满足了英格兰人的生活方式。大体说来，一个贵族之家自然要维持其在乡下老家的主屋老巢。同样至关重要的是，这家贵族也要在城里拥有一处作为门面的豪华产业。因此，很多贵族不惜一切代价捍卫其所在街区的地位和声誉。这些房子通常被设计为四层或五层楼以上，足够一大家子居住，外带可供仆人们居住的全套设施。

新时尚除了不断改变人们的生活方式，也改变了城市的规模，因为新开发的广场几乎全都拓展到了城市的边界。1713年，皮卡迪利街以北的汉诺威广场（Hanover Square）开始动工。4年后，皮卡迪利街以西的伯灵顿地产（Burlington estate）开发。主导伯灵顿地产开发的，是拥有高品位的伯灵顿勋爵。他聘请了那个时代几乎所有的优秀建筑师。1721年，格罗斯文纳家族将自家拥有的一块地产开发权出售给开发商，并专门指派建筑师詹姆斯·吉布斯进行独家设计，将这一处最高端地带打造成独特的统一模式。这便是日后的梅菲尔（Mayfair）广场。随后，其他的贵族住宅纷纷拔地而起。那些荒郊野外，那些从前的城市边缘地带，仿佛于一夜之间忽地全都化作了尘土飞扬的建筑工地。1725年，丹尼尔·笛福对梅菲尔广场一带的变化大发感慨："我走过一处令人震惊的工地。那可不光是房屋，而应该说是一座崭新的城市。新的城镇、新的广场和精美的房屋，无与伦比。"[14]

与此同时，泰伯恩路（Tyburn Road）[①]以北，那些从前属于马里波恩公园的牧场上也开始了开发。泰伯恩路更名为牛津街（Oxford Street）。1717年，卡文迪什·哈利（Cavendish Harley）家族主导规划开发了卡文迪什广场。但即便到了这个时候，向城市北端之外的开发，仍然被认为太远而不可思议。然而，求新的欲望撕扯着这一方热土。用笛福的话说，"建筑工只需要像个花匠那样，挖个洞，放几块砖，然后，就盖起了一座房子"[15]。最终，伦敦最有权势的钱多斯公爵（Duke of Chandos）拿到了卡文迪什广场以北整个地段的开发权。他开始在此建造大型高档城市住宅。

问题是，疯狂的炒作和投机注定带来盛极必衰的经济大萧条。到18世纪20年代，伦敦的开发已经饱和。投资商的账簿上充斥着卖不掉的房产。1720年的一场财政灾难让局面更加恶化。具有讽刺意味的是，导火索居然是牛津郡伯爵罗伯特·哈利（Robert Harley）。当时，他正一心想着从自家的地产中大赚一笔呢。罗伯特·哈利牵头创立南海公司（South Sea Company），原本是为了垄断南美洲的贸易。然而这家公司不久就认购了政府发行的债券。疯

[①] 泰伯恩路及其附近的泰伯恩村，均得名于西伯恩河（River Westbourne）的分支泰伯恩溪（Tyburn Brook）。长期以来，一提起泰伯恩，人们就想到死刑。因为泰伯恩路与埃奇维尔路（Edgware Road）、贝斯沃特路（Bayswater Road）的交会处（今海德公园西北角大理石拱门所在地），有一座绞刑架，用于处死罪犯。有意思的是，如今被誉为言论自由的场所、海德公园东北角的演讲者之角（Speakers Cornor），说起来是得自1872年国会法案的批准。但事实上，将此地作为公众演讲区的传统，却来自囚犯在泰伯恩绞刑架被处决之前被允许发表演说的习俗。——译注

狂的炒作，让其公司的股价于1720年8月高达1000英镑，也让伦敦陷入极端的疯狂。当艾萨克·牛顿被问及他对市场有何高见之时，他摇头叹息道："我能够算出行星的运动，却算不出人类的疯狂。"[16]后来，他果然有时间懊恼自己的智商。当泡沫经济不可避免地破裂时，牛顿损失了2万多英镑。①

到了18世纪60年代，当时局渐趋稳定，即便是短暂的平静，伦敦的房地产投资商立即就蠢蠢欲动。新一轮扩张始于上一轮繁荣期结束时的地段。开阔的田园牧场再次被开发成时尚的广场和城镇住宅区。工程从卡文迪什广场以及牛津街以北的腹地展开，并逐渐向西蔓延。1765年，建造的热潮涌到波特曼地产的边缘地带。新贵们再一次追求符合自己地位的新住宅。

如此开发却也并非人人认可。1772年，律师詹姆斯·博斯威尔（James Boswell）从外地回到伦敦，当他途经波特曼广场的建筑工地时抱怨道："伦敦的扩张令人震惊。伦敦真的变得过大了。"[17]4年后，建筑师约翰·吉恩（John Gwynn）发表了火药味十足的论著《伦敦城和西敏城改良》（London and Westminster Improved）。通过将当时的城市面貌与伦敦大火之后雷恩重建伦敦的规划进行对比和分析，吉恩指出，当前的城市没有任何规划，各大地产的拥有者各自为政，仅仅建造属于自家地产的道路、服务设施和市场，而没有将首都作为一个整体予以考量。于是他提出一个关于大都会的新规划。"一个从整体上加以规范和制约的规划，由专员负责实施。这些专员的任命，由那些拥有洞察力、品位和活动能力的人士决定。"[18]这个总体规划，将会限制城市边界的扩张。而这个边界，

---

① 这一脱离常规的投资热潮所引发的股价暴涨和暴跌，以及由此带来的大混乱，后来被称作"南海泡沫事件"。"经济泡沫"一词，即源于这个事件。画家贺加斯亦有绘画作品讽刺这个事件。

正面临着"建筑商兄弟会那帮人疯狂扩张的威胁。这种疯狂的行径早就该受到限制"[19]。

总之，伦敦再也不能由着建筑商胡来，而应该由新型的城市规划者理性管理。这是历史上第一次尝试着将伦敦视为一个整体。伦敦不是一个混合体，不能让各大教区和那些既得利益集团各自为政。这个理念在后来的一些世纪里得到回应。比如一个世纪之后，当伦敦面临霍乱肆虐的严重灾难之时，不仅有人提出同样的议题，而且迅速采取应对措施。这些措施在其后的几十年里不断地得到改进，有关的改良也一直持续至今。

吉恩的著作带来的直接成果，便是由他起草的《1774年建造法案》（1774 Building Act），这可谓当时最为完整的建筑法规。其中设立了建筑物建造过程中各个阶段的最低标准，例如将所有新建筑的建造分成4个等级，各个等级需要符合相应的建造法规。同样重要的是，吉恩将启蒙时代的伦敦视为一个不断变化而充满活力的场所。现代城市是一个巨大的通信网络。其中的人员、资金和货物的流通都应该畅通无阻。该理念也让伦敦城里许多古老的建筑逐渐走向没落。1733年，为了管理伦敦桥的交通，伦敦市长决定，让所有的交通路线都实行左侧行驶。这可谓英格兰现行道路法规的源头。为了改善通向城市西区的交通，1750年，又推出西敏桥（Westminster Bridge）建造提案。从此，伦敦桥彻底失去了其作为伦敦唯一过河通道的垄断地位。因为成效不大，1759年，又决定清除那些自1209年以来就矗立于伦敦桥两侧的建筑物。同年，还制定了黑修士桥（Blackfriars Bridge）的建造计划。

1760年，几座古罗马时代建立的老城门，如拉德门、新门、阿尔德门、莫尔门、主教门和参事门被拆除。这样做既是为了应对城市形态的变化，也是为了缓解城门口附近的交通堵塞。18世纪

30年代与60年代之间，还启动了沿伦敦城边缘的弗利特沟渠清理工程。弗利特沟渠的部分地段被填盖后，为城市提供了新的路面交通。例如从拉德门到黑修士桥，还有连接城市西区与黑修士桥之间的道路，均得益于此。最出人意料的新规定，大概要算移掉所有商铺的老式门面招牌。几个世纪以来，这些古老的招牌一直被用作房屋的标记和地址。门面招牌被拆除之后，引入了以门牌号作为标识的地址标记法。

住房和城市规划层面上的变革，反映了更为广泛的社会革命。詹姆斯·罗斯1733年去世之后，西印度群岛的富贵继承人，他年方十八的妻子伊丽莎白也从人们的视野中消失了。9年后，1742年的圣诞日，她的名字出现在一纸结婚证书上。那天，伊丽莎白嫁给了第八代休姆伯爵威廉（William, the 8th Earl of Home）。由此，她得到休姆伯爵夫人的贵族名号。这段婚姻没能维持多久。次年的2月24日，威廉伯爵便抛弃了自己28岁的新婚妻子，离家出走，再也没有回来。至少有一位历史学家提到伯爵夫人当时已怀有身孕，但孩子到底还是没了。此后，伊丽莎白再次从记录中消失，直到1772年她在波特曼广场建造新居。

在贵族们所拥有的土地上，城市得到大发展。从前的田园风光变成了广场、剧院、休闲花园、精美的住房和大型的公共建筑。而建造所有这些的费用，却来自大英帝国的殖民地。为此，贵族的地产与来自殖民地的经费互利互惠。休姆伯爵夫妇的婚姻也是建立在互惠互利之上，而非爱情。此类婚姻亦反映了伦敦正在变化中的新特征，这便是礼仪社会的兴起。礼仪社会对如何评判一个人给出了新的定义，譬如一个人怎样行事，说什么样的话，出入哪些场所，都有着与从前不一样的意义。礼仪创造了一套新的行为准则。一个人哪怕一个手势或者一次购买行为，都得到新的诠释。甚至连最细微的穿戴和外表，都带上了政治和道德意义。于是，伦敦的生活艺术，在于通过封面判断一本书的好坏。也就是说，试图从外表寻求感悟。比如通过一位女士的谈吐、她的餐桌是否精致、她的会客厅装潢是否优雅，来解读这个人的性格。最重要的是，礼仪反映了货币与权力之间正在变化的平衡关系。

长期以来，贵族们大权在握，并拥有不列颠的封地。现如今不同了，新型广场再也不是世袭贵族的特区。商贾们在新兴帝国辽阔的殖民地开创了自己的名号。东印度公司的富豪和西印度群岛的种植园主们，带着令人无法想象的财富荣归故里。正如剧作家理查德·坎博兰德（Richard Cumberland）在其轻喜剧《西印度群岛人》（*The West Indian*）中所描述的，一位年轻的继承人第一次归乡之后，其贪婪的老乡们试图窃取这位主人的财富，因为他实在是太富了，"他那些朗姆酒和蔗糖，多得让泰晤士河里的水都要冒泡了"[20]。

蔗糖种植对伦敦的生活产生了巨大的影响。1663年，1500万磅蔗糖抵达不列颠港口。到了1700年，这个数字已然增加到3700万磅，相当于每一位英格兰人消费4磅蔗糖。而到1800年，整个不列颠的年平均蔗糖消费量已经跃升到18磅/人。根据《导航法》规定，只有不列颠的商船方能得到许可运输这些货物，而且只能运送到不列颠的港口。其结果是，伦敦、利物浦和布里斯托等城市，因为大西洋繁忙的交通而变得非常富有。首都的商人们很快就发现，自己已经拥有足够的财富。这就让他们可以与拥有土地的精英贵族或宫廷人士自由交往。到了一定时候，金融投机者们也就与国会议员以及国王圈子里的贵族们平起平坐了。

各种不同阶层的人士在同一场所的交往和融合，不仅改变了城市，也改变了政治。牙买加人的巨大财富就是力量。不久，就涌现出各种各样的既得利益集团，乃至强大的政治游说团体。起初，牙买加的贸易商们只是在牙买加会馆里不定期会面。这个会馆位于伦敦城内的皇家交易所附近。后来，事情变得正规化，并成立了好多家组织机构，譬如18世纪40年代的"种植园园主俱乐部"、18世纪60年代的"西印度群岛商人协会"、18世纪80年代的"西印度群岛委员会"等。这些机构也变得非常强大，足以游说国会于1739年投票参战，乃至影响了1763年的和平协议。

新财富也改变了城市的社会格局，不同阶级的混合，需要新的礼仪来缓和其间的关系。蔗糖主巨大的财富打破了旧的权力框架，如今，新贵们所获取的利润远远超过老贵族的收入。因此他们可以用金钱购买到任何高端场所的入场券。纵然自己没文化，但可以让子女受到教育，像勋爵一般行事。他们还可以随意购置土地，对别人发号施令。伦敦的牛津街很快就发展成一个奢侈品市场，以能够销售任何配饰和新时尚来证明自己的品位。一切都明码标价。于是带来了新的社会政治格局。对一个人的判断，再也不必依据其出生地、其父亲是谁或者他正在销售什么。所有这一切同样体现于婚姻市场。

对伊丽莎白·罗斯来说，她1742年与休姆伯爵的婚姻尽管短暂，却让自己获得了等级社会里历史悠久的称号和社会地位。对伯爵来说，其家族的名号在经济上得到了保障，他可以自由地追求自己的兴趣了。同理，小贝克福德之父老贝克福德，希望将自己在西印度群岛的财富转换成在伦敦的权力。在西敏斯特公学接受教育之后，因为父亲去世，威廉·贝克福德于1735年返回牙买加。十年后，他回到伦敦，先是购买土地，也就是买下了位于威尔特郡（Wiltshire）的芳山庄园（Fonhill）[①]。以此为基地，他成为代表附近的沙夫茨伯里郡（Shaftesbury）在国会的议员。把这些都搞定之后，他投身于伦敦的政界，先是成为伦敦比林斯盖特区议员，随后被选为代表伦敦城的国会议员。最终，他两度当选为伦敦城的市长。

作为西印度群岛利益集团的领导人，贝克福德既在国会也在市政厅为自己的集团摇旗呐喊。但他的激情不局限于自己的门前雪。他还要谋求更为广泛的政治变革。其家族故事表明，权力不应该仅仅掌握在贵族和乡绅地主的手中，而需要让遍及城市和乡村的其他人分享。幸运的是，贝克福德与时任首相威廉·皮特（William Pitt）结成了亲密的盟友。两人一起宣扬改革理念，将政治改革的进程推广到所有地区的中产阶层。正如皮特1761年在下议院的演讲所称："制造商、自耕农、商人、乡绅都是……非常聪明的人，无论是否得到较好的管理，他们都比天底下其他任何人更有悟性。"[21] 两位改革家希望，在立法中认可那些已经在社会上发生的事情，要承认：掌权阶层已经不再是地主，而是商人、金融家和官僚。

新兴的资产阶级期望在政治体制中拥有话语权，并且不受压制。这种所谓的"以礼待人"，不仅是为了回应上层社会急速变化的钱权关系，也是为了保护现有的局势。当今的自由脱胎于前一个世纪恐怖的内战、革命和战争。即便已经建立了君主立宪制，也颁

[①] 芳山庄园初建于16世纪中期。老贝克福德购下后，在其东部建造了府邸（Fonhill Splendour）。若干年后，小贝克福德在其西部又建造了府邸（Fonhill Abbey）。19世纪30年代，这座庄园的东部被出售给纺织业大亨詹姆斯·莫里森（James Morrison）。19世纪40年代，其西部被出售给第二代西敏斯特男爵理查德·格罗斯文纳（Richard Grosvenor）。两个家族均重建了自己的府邸和庄园。因为莫里森家族在其府邸内收藏有大量珍贵的中国瓷器和艺术品，该府邸在中国艺术拍卖界较为著名，并被雅译为颇受中国文人所爱的"放山居"。——译注

布了《权利法案》，但乔治时代的热爱自由之士依然需要对从前时代的暴政保持警惕。这就意味着要爱护自己的同胞。从前的一系列内战证明，人类对自己的敌人极其残忍，即便那些敌人从前是自己的兄弟或邻居，一旦为敌，便凶残对待。为了解开这个结，哲学家约翰·洛克（John Locke）提出，要容忍异己。明智之士应该与敌人展开对话，找到合理的方式，避免冲突，而非针锋相对，剑拔弩张。每个人都应该努力管理好自己的情绪。礼貌便是一种必要的门面修饰。好比柴斯特菲尔德勋爵（Lord Chesterfield）于18世纪40年代对其儿子的忠告："首先，与他人交流时，切勿自我中心，切勿让自己的个人关注或私人事务成为别人的谈资……人是很容易一不小心就暴露自己的隐私的。"[22]

　　这类期望被提升到谈话的艺术。随之，带来了清新的论坛——沙龙。贝克福德市长之类的男人，在众目睽睽之下把玩着政治。相对应的是，伊丽莎白·休姆之类的女性，以一种精巧的方式施展自己的影响力。事实证明，后者毫不逊色。这种魅力还体现于另一位女性伊丽莎白·蒙塔古（Elizabeth Montagu）的身上。伊丽莎白·蒙塔古是休姆伯爵夫人在波特曼广场休姆府的邻居。如果小贝克福德所言属实，这位伦敦最著名的沙龙"蓝袜社"（Bluestockings）[①]的女主人，当是休姆伯爵夫人的竞争者。沙龙堪称女性历史与礼貌文

---

① 早在15世纪，威尼斯一个戏剧俱乐部的会员，不分男女，皆穿蓝袜。但"蓝袜社"沙龙之名，实源于参加其沙龙的园艺家、翻译家和作家本杰明·斯提林弗林特（Benjammin Stillingfleet）。当时的本杰明默默无闻而且很穷，买不起出席上流社会聚会必备的礼服和黑色长袜，便婉拒邀请。伊丽莎白·蒙塔古却告诉他可以穿日常衣服和普通的蓝色长袜出席。但这个行为惹恼了一些保守人士，于是他们给本杰明取了个绰号"蓝色长袜"。后来，"蓝袜社"成为该沙龙的名称。又因参加沙龙的大多是优雅的知识女性，"蓝袜"一词后来被引申为有学问的女学者、女才子，但多为贬义。英国浪漫主义诗人拜伦在其名著《唐璜》中，就将主人公唐璜的母亲塑造成一位"蓝袜"的典型，并对之大加调侃。——译注

化的结合点。按约翰逊博士的说法，18世纪的男人注定善于俱乐部式交际。然而在乔治时代，女性不会被邀请进入赌场或俱乐部餐会。于是，17世纪晚期发展起来的沙龙，便演变为一场智力的聚会。这种沙龙通常围绕着一位杰出的女性。因为团体聚会有着不同的目的，每一个沙龙也就拥有自己的独特格调。决定这一格调的是沙龙女主人的秉性以及她想要形成什么样的小圈子。沙龙小圈子堪称软实力的核心。其影响力和说服力流溢于优雅的谈笑风生间，与男性公众人物粗鄙的公共政治辩论截然不同。

于是，交谈决定了讨论的规则。这类18世纪独有的现象被约翰逊博士略带愠怒地总结道："不，先生，我们已经说得太多，但这不是交谈，我们尚未进入任何讨论。"[23]就是说，交谈既包括一个知识性话题，还涉及所讨论话题的精神层面。这是一场严肃的交流，说理却不沉闷。与此同时，不惜一切代价避免冲突。对约翰逊来说，用正确的方式谈话，可以调节激情、改善思想，培育人与人之间的关系。

伊丽莎白·蒙塔古出生于伦敦之外的约克。虽说不是来自牙买加，但与其对手休姆伯爵夫人一样，她也是一位富家女。她与自己的祖母非常亲密，经常住到祖母在剑桥的家中。这位祖母的第二任丈夫，是剑桥大学的古典文化研究学者康耶斯·米德尔顿（Conyers Middleton）。据说，伊丽莎白·蒙塔古后来所展露的才华，很是得益于继祖父米德尔顿当年对她的启蒙。在剑桥时，伊丽莎白·蒙塔古还结识了玛格丽特·哈利（Margaret Harley）女勋爵。正是通过哈利女勋爵，伊丽莎白·蒙塔古打入了伦敦的上流社会。

其时的伊丽莎白·蒙塔古对爱情尚无奢望，只想着打入伦敦的上流社会。不过在一封信中，她倒也列出了找丈夫的要求："机敏、帅气、幽默、多金，讨我开心。"[24]后来，在一位55岁的单身汉爱德华·蒙塔古（Edward Montagu）身上，她居然发现了这些品质。爱德华·蒙塔古是一位著名的数学家，在英格兰北部拥有煤矿。两人于1742年结婚。但在他们的第一个儿子惨死后，夫妻间的关系转淡。最终，两人几乎无法共处于同一屋檐下。但这些挫折并没有影响伊丽莎白·蒙塔古，她很快就获得"知识分子之母"的声誉。

她的朋友赫斯特·萨勒（Hester Thrale）对她的评价是："如钻石般闪光、坚定、善谈。"[25]伊丽莎白·蒙塔古对"蓝袜社"沙龙的定位是，致力于教育和启智。这是一个集作家、艺术家和思想家的优秀团体。蒙塔古自己是"蓝袜社"的女王。其写作所受到的赞扬，让她出版了专著《论莎士比亚的写作与才华》（*Essay on the Writing and Genius of Shakespeare*）。在书中，她回击了伏尔泰对游吟诗人莎翁的批评。参加沙龙的其他女性包括伊丽莎白·维斯莉（Elizabeth Wesley）、弗朗斯·博斯卡文（France Boscawen）、诗人汉娜·莫尔（Hannah More）等。男性客人中，有当时文化界的一些头面人物，例如贺拉斯·沃波尔（Horace Walpole）、约翰逊博士、演员大卫·加里克（David Garrick）。此外，还有一些有名望的贵族。

伊丽莎白·休姆与伊丽莎白·蒙塔古两人都在波特曼广场建造了房屋，并将之用作举办沙龙的场所。对蒙塔古来说，其沙龙致力于交谈的艺术。正如汉娜·莫尔在其诗篇《巴斯·布鲁或者交谈》（*Bas Bleu: or, Conversation*）中所写的：在我们的沙龙所进行的交易，是最有德行的商品。

但你的商务是，交谈，
　必须通过流通方能获得；

> 人类最高贵的商业，
>
> 最宝贵的商品是——大写的思想。[26]

对休姆伯爵夫人而言，正如小贝克福德那支挖苦之笔所刻画的[27]，其沙龙的中心是音乐。休姆府里的房间也就随着音乐的需求而设计。但即便有所不同，两个沙龙所进行的，绝对都是非常严肃的娱乐活动，两个女人都着自己的政治诉求。

休姆伯爵夫人于 1772 年 6 月签下土地产权的购买合约不久，就着手建造休姆府。为了实现自己有关最美住宅的蓝图，她聘请了 26 岁的建筑师詹姆斯·怀亚特（James Wyatt）。虽然詹姆斯·怀亚特尚处于职业生涯的初期，却已经是大名鼎鼎。之前的一年，整个伦敦都惊叹于他在牛津街设计的万神庙剧院。1772 年 1 月 27 日，星期一，万神庙剧院的开幕之夜绝对是无与伦比。来自"新王国"的 700 多人和外国政要参加了开幕式。其中的一位参加者评论道，对他来说，"这里就好比法国罗曼小说里所描述的迷人宫殿，是由一些仙女的强力魔杖挑起来的。而事实上，是因为他自己失去了理智，他实在不能说服自己，所以就想象着自己正匍匐于童话般的仙境"[28]。即便是鉴赏大家贺拉斯·沃波尔也承认，这是帝国最伟大的建筑。

怀亚特出身于斯塔福德郡（Staffordshire）一个建造商世家，他的一个哥哥塞缪尔接受过木工培训，另一个哥哥约瑟夫学习石匠业务。他自己则很早就显露出非凡的艺术才华，于是被送到意大利，在那里用了 6 年时间学习绘画，并研习古典世界的废墟。相较于给现代城市带来变革的文艺复兴式和巴洛克式辉煌，詹姆斯·怀亚特更着迷于古典废墟。万神庙剧院是他返回伦敦后所接手的第一项设计。因其在这项设计中所展现的非凡想象力，怀亚特得到伦敦人的超级崇拜。这座剧院堪称"拉内拉赫花园"（Ranleigh）[1]。也就是说，它是一座可以供游人全年享受的休闲式花园。在此，你可以娱乐，也可以观光或者仅仅是散散心。这种现代大众版宫廷花园尤其吸引了较为富有的中产阶级。对怀亚特来说，自己的这项设计再现了哈德良皇帝在罗马的万神庙。更有甚者，他把这座带有万神庙特征的建筑变成了一座剧院。苏菲·冯·拉罗什1783年参观后描述道：

> 大殿高得惊人，由列柱分层，四周围以廊道……非常适合化装舞会。在那些排列着神像的宽阔廊道里，我最想看的，就是一些英格兰精灵和西尔芙仙人，就仿佛一些人影进进出出。我听说，当数以万计的蜡烛点亮之时，这里的建筑会相当地迷人。[29]

万神庙剧院开业之后，怀亚特变得相当抢手。据说，当俄罗斯叶卡捷琳娜大帝（Catherine the Great Russia）到英国物色宫廷建筑师之时，英国的一些大佬居然成立了一个基金会，以确保把怀亚特留在国内。不用说，当时找怀亚特设计的委托人数不胜数。第一批委托人中，就有伊丽莎白·休姆及其邻居威廉·洛克（William Lock）。怀亚特很快就为这两位委托人设计了两栋建筑。他为休姆府设计的一些天花板图案保留至今。然而当时找怀亚特的人实在是太多了，以至于他无法全神贯注于波特曼广场的两栋建筑。因为他需要到全国各地巡查，查看那些需要他改良的乡村房屋，他甚至被迫将自己的马车车厢改装成一间移动的办公室，在里面安上绘图桌。据说，在其职业生涯的高峰期，怀亚特每年要坐马车行走4000英里。

---

[1] 即伦敦切尔西泰晤士河河畔的休闲花园。——译注

这些业绩却没有给伯爵夫人带来什么好印象。1775年1月，她甚至解雇了怀亚特。当时，应该说休姆府的建造进展良好。因为在1774年，这座房子已经得到归类评级，说明它已接近完工。1775年支付给泥瓦工约瑟夫·若斯（Joseph Rose）的付费发票表明，已经开始对某些天花板进行粉刷。解雇怀亚特之后，伯爵夫人找到怀亚特强劲的对手罗伯特·亚当（Robert Adam），让罗伯特·亚当继续完成她的梦想。因此，某种程度上说，罗伯特·亚当的工作是怀亚特设计的延伸。但罗伯特·亚当也是雄心勃勃。他要对这座房子做出全新的设计。休姆府也成为罗伯特·亚当在伦敦的所有作品中最为闪亮的表达。同时，这项设计也完美地诠释了伯爵夫人的意愿。

话说怀亚特的一夜成名，曾经让罗伯特·亚当在伦敦的地位受到削弱，但罗伯特·亚当绝非等闲之辈。1728年，他出生于科克卡尔迪（Kirkcaldy），可谓苏格兰启蒙运动的宁馨儿。他的父亲也是一位建筑师，活跃于当时杰出的知识分子小圈子。这个圈子包括大卫·休谟（David Hume）、威廉·罗伯逊（William Robertson）等人。罗伯特童年时期与亚当·斯密（Adam Smith）是同学。后者因为写出《国富论》而奠定了现代经济学基础。当时的一些思想家普遍认为，有关理性的新思想也体现于对古典建筑的复兴。而这种复兴只专注于考察从前最具学术性的理念，也就带来对古典建筑规则的严格审视，由此帮助人们发现并巩固有关常识、逻辑和秩序的坚定信念。可贵的是，罗伯特·亚当在对古典的研究中，发现了更加令人兴奋的东西。

罗伯特·亚当所受的教育始于他父亲的书房。那里藏有丰富的古代典籍，以及大量从法国和意大利淘来的建筑小品文及其英译本。此外，罗伯特·亚当还发现了一些绘制于荷兰的印刷品。为了锻炼自己的眼力，他狂热地临摹这些印刷品。与此同时，他努力学习有关风景的艺术和艺术家的技艺。大学毕业后，跟其同时代的许多人一样，罗伯特·亚当计划去法国和意大利完成自己的学业。鉴于他已经决定从事艺术，对古代遗址的学习和学术品位就显得至关重要。他于1754年启程，不久就抵达罗马，在那里，他与建筑师科勒里叟（Charles-Louis Clerisseau）及其周围的一群艺术家打得火热。当时的科勒里叟已经从罗马法兰西学院退休。此外，他还与建筑师乔万尼·巴蒂斯塔·皮拉内西（Giovanni Battista Piranesi）[①] 结交为友。科勒里叟和皮拉内西两位大师对罗伯特·亚当关于建筑的认知产生了意想不到的影响。

科勒里叟让罗伯特·亚当明白，学术上的精确性至关重要。为此他学会了如何观察和测绘，并保持足够的耐心。一个人应该"继承祖先的发明，直到自己积累了足够的学识之后，才开始平面和立面的设计"[30]。其结果是，罗伯特·亚当将大量的时间投入到观察、测绘和绘制中。其中的重要一环是，认真研究自己在欧洲大陆游学时所考察的古迹。同时，将其中的研究成果撰写成书出版。这样做既让自己在返英之后获得声誉，也让英国所有稍有些层次的家庭都能够拥有一套关于古典研究的书籍。其内容广涉希腊古典、巴米扬古迹和古典秩序等。为了描绘出罗马皇帝戴克利先的宫殿，罗伯特·亚当专门前往达尔马提亚海岸（Dalmatian）的斯普利特（Split）进行实地考察。正如他在给弟弟的一封信中所写的："在3个月内完成一部经得起评判的大作，从而比肩斯图亚特和列威特（Revett）（《雅典古迹》的作者），让自己头戴桂冠

[①] 皮拉内西是铜版画家、建筑师、历史学家和考古学家。他在罗马制作了14块版画，其中标题为"想象的监狱"（*Carceri d'Ivenzione*）的图画中，室内的场景瑰丽非凡，前卫而富于幻想。——译注

荣归故里。"[31]

与此同时，罗伯特·亚当亦着迷于皮拉内西有关古罗马的风景画。和许多建筑师一样，皮拉内西对罗马的遗址进行了精准的测绘。他在自己有关罗马古迹的风景画（Vedute）中，倾注了超凡的情感和想象力，可谓对罗马古典最大胆的诠释。这种对建筑规模的强化处理，让建筑物显得超级壮观。皮拉内西的经验是，对当初建筑师的意图作一番思考之后，添加自己的想象。用艺术评论家罗伯特·休斯（Robert Hughes）的话说，这是一种"英雄主义式颠覆"[32]。其结果是戏剧性的，可谓对建造永恒之石的某种本能回应，而不是仅仅关注比例和构图的学究式呆板复制。当罗伯特·亚当构筑自己的建筑词汇时，他面临的两难是，如何在学术研究与将建筑作为操纵情感的实际做法之间达到平衡。最终，他将这个困境转化为对"流动空间"的追求。

> 向上或向下，向前或向后，凹凸有致的各种形态，同样存在于建筑物的不同部位，就仿佛自然景观中的山峰和山谷，前景和距离，张开和下沉。所有这些最终形成统一却又多元化的轮廓，就仿佛图画里的排列组合。[33]

随着其有关斯帕拉特罗（Spalatro）皇宫著作的出版，罗伯特·亚当在伦敦的格罗斯文纳下街创立了自己的办公室。办公室里到处排列着浮雕、雕像和绘画，以便从视觉上抓住潜在的客户。慢慢地，有人开始委托他进行设计。起初都是些小业务，例如格顿府（Gordon House）的客厅和阳光房改建、哈其兰德府（Hatchlands House）的天花板和壁炉架设计等。然而渐渐地，他获得了声誉，开始接受一些知名客户的委托，承接大项目。1760年，他已经被委托为凯德尔斯顿（Kedleston）乡村庄园的首席建筑师，并着手锡永府（Syon House）的翻新工程。此外，他还接受了其苏格兰老乡、时任首相比特爵士（Earl of Bute）的几项委托。为比特爵士设计位于伦敦柏克利广场（Berkeley Square）的城市别墅，以及位于卢顿（Luton）的卢顿壶（Luton Hoo）乡村庄园。1761年，罗伯特·亚当被聘为国王工部局的官方建筑师。此后的30年，他大约拥有300多个不同的客户。

罗伯特·亚当迅速掌控了伦敦的建筑界。1764年，他接受第一代曼斯菲尔德（Mansfield）爵士的委托，改造爵士位于海盖特附近的肯伍德府（Kenwood House），将这座府邸打造为离城市一步之遥的国家级府邸。4年后，罗伯特·亚当盯上一项更大的工程——阿德尔菲（Adelphi）连排屋别墅。这组由24套别墅组成的排屋，位于河岸街与泰晤士河之间，堪称18世纪最为雄心勃勃的项目之一，却也几乎拖垮了罗伯特·亚当。在开始设计休姆府之前的一年，罗伯特·亚当受波特兰公爵的委托，在附近的波特兰坊（Portland Place）设计了一条大都会最高端奢华的街道①。

罗伯特·亚当于1774年接手休姆府工程。可以说，这项工程的设计是他有关"动态空间"哲学的最佳体现。在此，他"尝试并成功地捕捉到了古典神韵，却又以新颖的方式进行了再创造"[34]。面对前任建筑师怀亚特原有设计带来的一些限制，罗伯特·亚当努力排除干扰，从而创造出一个富于动感的房间序列、一个充满探险的室内空间。在他竭尽全力地克服前任留下的障碍之时，他进行了

---

① 英文里很多街道或路名的结尾并非常见的Street、Road或Avenue，而是Place、Grove、Close、Drive，很难找到准确的中译。这里将"Portland Place"勉强译作"波特兰坊"。如今的波特兰坊有很多国家的大使馆或领馆，其中由亚当兄弟所设计的波特兰坊49/51号，即为中国驻英国大使馆。——译注

创新。从府邸的前门开始，经过一楼和二楼的各个房间一路走来，对不同空间的组织、对有关装饰品的精心选择，乃至装饰品之间的组合，全都不是偶然。罗伯特·亚当全程精心设计了室内的一切，甚至包括图书室里的烛台。于是，访客在行进的途中，"逐渐心旷神怡……一直走向审美高峰"[35]。

进入府邸的前门之后，是一间方形廊道（hallway）。其设计超乎寻常地简洁，几乎不带任何装饰，而仅仅作为街道与房屋之间的一个过渡空间。即便如此，罗伯特·亚当依然巧妙地展现出自己对非直线的青睐。他在廊道的东侧划出一个壁龛。壁龛里摆放了一座12英尺高的方尖碑式青铜灯具。墙面以大理石贴面，光滑而不带任何起伏。沿墙有4扇门，其中3扇为墙式橱柜之门，第4扇门背后则是一条微暗的通道。

左转，走过一间小小的前厅（antechamber）之后，进入迎客室（parlour）。这间迎客室的开间与整栋房屋沿街的开间等长。然而，对一座沙龙来说，府邸里的重要场所是日间起居室（morning room）和客厅（withdrawing room）。在那里，伯爵夫人会见她的日间来客，同时那里也是女士们晚餐后的休息间。伊丽莎白·蒙塔古府邸里的日间起居室可谓精雕细琢："里面有北京风格的壁纸，还排列着精心挑选的瓷器。"[36] 伊丽莎白·蒙塔古坐在这间屋子的中心，客人的座位围着她呈半圆形铺开。"蓝袜社"另一位主持人维斯莉夫人的府邸里，则是将椅子分成小组，散布于房间。沙龙的女主人从一组走到另一组，通过助听器俯身听取各小组的讨论。

蒙塔古夫人位于海尔街（Hill Street）府邸的日间起居室，也是由罗伯特·亚当设计的。他将其设计为中式风格的客厅。但到了伯爵夫人休姆府的日间起居室，他的设计则完全不同，因为这里受到怀亚特留下的矩形空间的限制。罗伯特·亚当必须另辟蹊径，以打破之前矩形空间的单调。为此他在这个房间的四个角落，各布置了一根斑岩石柱。安放石柱没有任何功用目的。但如此一来，不仅增加了房间的深度，也模糊了房间的边角，让空间相融。墙壁和天花板均饰以粉刷，但在粉刷表面的某些区域贴上浅蓝色椭圆形面板。房间的中心布置着一系列狮身人面像浅浮雕。此外，他还在壁炉架的上方，附加了一些浅浮雕装饰，例如可爱的蜜饯、果壳和花瓶。之所以选择这一类装饰品，是为了对抗他同时代的同行们所滥用的刻板式古典规则。恰好在他设计休姆府之际，罗伯特·亚当出版了自己有关建筑的第一卷文集。在书中，罗伯特·亚当说：

> 我们采用了各种优雅的轻质造型，细腻巧妙地排列组合。我们引进了各种各样的天花板、檐壁饰带、装饰性壁柱。通过奇异的粉刷、彩绘装饰以及拥有奇特人物造型和蜿蜒树叶的卷草纹条饰等，给整座房屋带来优雅和华美。[37]

在注重多样性和流动性空间的同时，罗伯特·亚当非常注重对古典原理的精准把握。在他看来，古人所创造的装饰形式丰富多彩，给现代艺术家们提供了良好的创新条件。此外，让各个房间互不相同也至关重要。他的手法是，通过装潢，体现每一处空间的不同功能和个性。也就是说，通过不同的图形，展现"生活艺术"中的各种不同模式。经过迎客室里的一扇门，进入一座房子中最具有男性特征的房间——餐厅。在此，罗伯特·亚当面临着同样的问题。他必须找到某种方式，"打破"之前怀亚特所设计的静态矩形空间。这一次，他将餐厅尽头的墙壁加厚，并在这片厚墙的表面挖出两个壁龛，以此增加多样性和新颖性。"为了避免吸附食物的气味而给房间带来异味[38]，餐厅的墙面上没有布置任何装饰性挂毯或织物"。

第六章　休姆府：冥府女王与礼仪的艺术

在整座房子的建造过程当中，罗伯特·亚当统领全局，并雇用了他在其他项目中雇过的工匠。其中包括一些大师，例如家具设计和制作家托马斯·奇蓬戴尔（Thomas Chippendale）。1779年，为了波特曼广场上的府邸设计，伊丽莎白·蒙塔古与罗伯特·亚当有过一次讨论。让蒙塔古非常惊讶的是："他领了一队的技工……砖瓦匠聊了一小时……石匠侃侃而谈……木匠说室内装潢同样重要；然后，漆匠来了，按照时尚，把我的天花板给画了个五颜六色。"[39] 显然，罗伯特·亚当在休姆府的工作同样如此。

罗伯特·亚当还为室内所有的房间设计了一整套画作，并委托威尼斯画家安东尼奥·祖奇（Antonio Zucchi）绘制。祖奇是罗伯特·亚当的兄弟詹姆斯的朋友。两人结识于詹姆斯在意大利旅行期间，之后他们一起到了伦敦。再后来，祖奇接受亚当兄弟的委托，为兄弟俩在伦敦的一些建筑项目作画。在此期间，祖奇还与事业有成的肖像画家安捷利卡·考夫曼（Angelica Kauffman）结婚。而他为修姆府所绘制的画却并非仅仅供伯爵夫人私人独享。这一点可以从当时出版的一本小册子得到佐证。小册子的标题是《祖奇所绘制的伯爵夫人波特曼广场休姆府图画》（Subjects of the Pictures Painted by Antonio Zucchi for the Different Apartments at the Countess Dowager of Home's Home, In Portmon Square），其中清楚地描述了他们在休姆府所绘图画的特征和主题。荷马传奇、迦太基女王狄多与逃亡中的埃涅阿斯的故事，在整个府邸中占据着巨大篇幅，也许是想借着这些主题暗示伯爵夫人从牙买加辗转跋涉到伦敦的长途旅行，同时也为她后来所遭受的遗弃附以注脚。

餐厅过去便是图书室，或者说小庇护所。相对于其他房间而言，这里绝对是一处私密空间，同时还可以在此俯瞰室外的花园。其室内的装潢则更加引人注目。主题是歌颂智慧，智慧胜于青春。

具体手法是12块带有人物头像的小型纪念章图饰。这些人物包括英国的一些天才，例如艾萨克·牛顿、约翰·洛克、弗朗西斯·德雷克、约翰·米尔顿以及其他一些不亚于罗伯特·亚当本人的人物。不过，将德雷克选了进来，似乎有些奇怪。除了纪念章图饰，这间房子里还放了有关航海的装饰品。比如在壁炉顶部的横梁上，有一段檐壁饰带，穿插其间的图案是一些大不列颠海军仪器。可能是为了暗示不列颠海军在海上的神威，抑或是暗示休姆夫人的娘家漂洋过海而获得的财富。其家族座右铭"将真实进行到底"，不太服帖地刻录于壁炉架上方的一块石板上。

至于参加沙龙的访客，估计他们当中很少有人对这个府邸一楼的情况作一番考究。因为，沿着廊道进入府邸之后，时髦的访客们大多被领着穿过一段幽暗的走廊，来到光线充足的楼梯井，然后便直接上了二楼。罗伯特·亚当设计的这个楼梯井，被公认为他最伟大的杰作之一。之前，怀亚特在这里设计的是一处方形空间，让楼梯沿着墙面拾级而上。到了罗伯特·亚当手里，他提出，要把原有的建造全给拆掉，重新设计。对此，伯爵夫人充满信心，让他放手干。于是罗伯特·亚当创建了一间圆形的前庭和一段颇具皇家风范的楼梯。以单坡梯道上升到一定高度后，这座楼梯向两边分开，各自贴着墙面，以弧形的方式蜿蜒上升到二楼的楼面。楼梯井则一直通到建筑的第三层，然后在其顶端冠以一座穹顶。而在每一楼层朝向楼梯井的位置，罗伯特·亚当设计了一系列圆柱、壁龛和迷人的画作，以抓住登楼人的眼球。对细节的关注，让他甚至亲自设计了楼梯的栏杆扶手。其设计宗旨是，进一步加强楼梯踏步的弧度感。最重要的是，通过狭窄环形空间里的光线，给人一种持续的动感和上升感。从幽暗的走廊一路步行而来的访客，随着不断升起的光明，一步步登高上楼，最后抵达沙龙的主场。

然而在进入沙龙的主场之前，还需要经过一个前厅，以此推迟访客进入主场的时间，也借机酝酿并强化访客的情怀。此处的前厅可谓一楼廊道的精华版。然而此刻的过渡与一楼的全然不同。那个时候，访客懵懵懂懂从街道进入府邸。现在，他们的心里却有了一种期待。再往下走会发生什么？那便是"主厅"（sattin room）或者说音乐厅（music room）。这是整座府邸所有房间中最辉煌的空间。也是在此，罗伯特·亚当再一次将自己有关"动态空间"的哲学发挥到极致。他在天花板上设计了一些环状雕饰，以增加动感。窗户与窗户之间的墙面面板被设计成长方形镜面，以此映照出入主厅的动态。

事实上，罗伯特·亚当为休姆府所做的所有室内设计中，最早出方案的便是这间音乐厅的设计。显然，他与伯爵夫人一起花了很长的时间，讨论这座主厅的设计，以寻找出最完美的方案。与日间起居室一样，罗伯特·亚当再一次打破了其前任建筑师留下的呆板旋律，并时刻思考着伯爵夫人的要求。那就是，这间音乐厅里需要安放一架管风琴。在那些不乏炫耀的音乐会上，顺手就可以弹上一曲。罗伯特·亚当于是决定，让管风琴作为音乐厅空间的首要元素，将其放置到与这间主厅入口相对的西侧墙之前，让访客进门的第一眼就能看到管风琴。不妙的是，怀亚特早先已经在这个位置建了一座壁炉。于是罗伯特·亚当拆掉壁炉，将之重新布置到正对着窗户的北侧墙。这也是罗伯特·亚当处事的经典方式，绝不嫌麻烦并一心追求新颖。移动壁炉则意味着要移动烟囱。于是他顺势将北侧的墙壁向外加厚了三英尺。如此一来，反倒带来了良机，可以借此在北面的侧墙上建造三扇大拱门，与南侧三扇面向广场的大窗户遥相呼应，给府邸增添韵味。至于中间的拱门，他设计了格栅。两侧的拱门则将客人带入另一间客厅或舞厅

（ballroom）。总之，规则的房间被改造成一处激动人心的空间，富于动感。突然间，房间里所演奏的优雅音乐，就仿佛天花板上的环形图画，肉眼可见。

正是在这间音乐厅，伯爵夫人举办了欢迎小贝克福德的晚宴。不妙的是，事不如意。本来，伯爵夫人已经聘请了费利斯·贾尔第尼（Felice Giardini）为当晚演奏。贾尔第尼是一位颇有名望的意大利小提琴家，而且他很可能在休姆府里拥有永久性演奏职位。然而那天早晨，当贾尔第尼在为当天的晚宴表演忙着准备之时，伯爵夫人"碰巧遇到一群高大健硕的黑人，这些人穿着花哨的夹克服，在法式小号上尽情地大声吹奏"。伯爵夫人一冲动，立刻就雇了这批人，让他们当晚跟着小提琴大师一起演奏。这一举动令大师大为惊愕。当被问及对那些人的才华有何看法时，小贝克福德巧用了敷衍的礼貌："我恰好注意到伯爵夫人颇有教养的眼神，这让我赞美起那些人的才华，他们达到了雇主伯爵夫人的期望值。""嘿，"伯爵夫人转过头，对着一肚子苦水的小提琴大师得意地说，"我告诉过你吧，贝克福德先生可是位真正的音乐鉴赏家。"[40]

穿过音乐厅北墙上的一扇门，访客们最后来到舞厅。在此，伯爵夫人最为强烈地展现了自己的政治理念和野心。也正是在这一处设计上，罗伯特·亚当心想着，就此一举压过怀亚特的万神庙剧院设计。此时此刻，即便有小贝克福德的尖刻，来宾们也绝不怀疑伯爵夫人的地位和品位了。因为在这里，客人们最终在壁炉架的上方，也就是罗伯特·亚当所设计的两处空间里，分别看到两幅画像。两处空间里各自带有一个皇冠式宝顶，或者说饰以公爵冠冕和皇家徽章的窗帘盒。如此特别的设计，是为了悬挂坎伯兰（Cumberland）公爵和公爵夫人的肖像画。两幅肖像画均由托马斯·庚斯博罗（Thomas Gainsborough）绘制，于1777年在皇家艺术学院展览后，坎伯兰公爵夫妇将它们赠给了休姆伯爵夫人。两件赠品也成为休姆府里最珍贵的装饰品。

亨利·坎伯兰公爵是威尔士亲王腓特烈（Frederick）①的第六个孩子，也是乔治三世的弟弟。然而这两兄弟在孩童时代就毫无共同之处。成年后，两人的差别更为明显。年轻的乔治三世曾经迷恋里士满公爵的女儿萨拉·伦诺克斯（Sarah Lennox）女勋爵。经过规劝后，他及时放弃了，因为皇家血统不应该与外族结婚。对此，他以庄重之心写道，职责比激情更为重要。1760年，从祖父那里继承了王位之后，乔治三世的生活方式更加致力于不带瑕疵而富于道德。与乔治三世相反，亨利像历史上所有王室的次子那样骄纵。1767年，据说他与平民奥丽芙·威尔莫特（Olive Wilmot）结婚，可能还生了个女儿奥利维亚（Olivia）。还有人说，他还在一些俱乐部里向格罗斯文纳女勋爵大献殷勤。1771年，他再度结婚，新娘安·霍顿（Anne Horton）是卡顿庄园主克里斯托弗·霍顿（Christopher Horton）的遗孀。新娘的父亲名叫西蒙·洛特雷尔（Simon Luttrell），是第一代卡汉普敦（Carhampton）伯爵，也是一位花花公子式爱尔兰议员，常常被人称作"冥府国王"。新娘的母亲名叫朱迪思·玛利亚·罗斯。

这场婚姻掀起了轩然大波。两人秘密结婚后不几天，《大众广告商》杂志就散布起谣言："现在，有人很高兴，因为一位洛特雷尔家族的成员很可能会成为大英帝国的国王。"[41]乔治三世本人尤为关心的是，王室的血统受到威胁。于是他要求国会通过了一项法

---

① 这位威尔士亲王腓特烈，是不列颠国王乔治二世的长子（亦是乔治一世的长孙），本是王位的第一顺位继承人，但未及成为国王即早逝。因此乔治二世的王位传给了亲王腓特烈的长子（亦是乔治二世的长孙），是为乔治三世。——译注

令，也就是《王室婚姻法》。其中规定了王子只能与什么样的人成婚。然而正如许多人指出的，这类法案不过是鼓励王室成员拥有更多的情妇，却并不能保证王室血统的纯洁。

休姆伯爵夫人却是这对新婚夫妇的热心支持者。因为休姆伯爵夫人依然在意自己追溯到牙买加的家族关系。新娘的母亲朱迪思·罗斯正是休姆伯爵夫人第一任丈夫詹姆斯·罗斯同父异母的妹妹。但当她提出让罗伯特·亚当把两幅肖像画安放在自己府邸的中心时，伯爵夫人毫无疑问也带有超出家庭自豪感之外的政治抱负。甚至整座休姆府的建造，都可能是为了让洛特雷尔派系拥有一个辉煌的据点。然而，伯爵夫人把自己搅和到洛特雷尔派不是件好事。因为洛特雷尔家族在政界是出了名的麻烦制造者。说来西蒙·洛特雷尔出身于一个显赫的爱尔兰家族。到了英格兰之后，他与朱迪思·罗斯成婚，由此获得大笔财富。有了这笔钱，他不仅迅速买下位于沃里克郡（Warwickshire）的四棵橡树庄园，还获得了国会议员的席位。时人对他有一句挖苦话说，当魔鬼寻找一个继承人时，洛特雷尔高兴地毛遂自荐。其粗暴而无所畏惧的政治热情，全都遗传给了他的儿子们。1774 年，刚刚被封为艾恩海姆男爵（Baron Irnham）的洛特雷尔，带着 3 个儿子重返国会。其中最臭名昭著的，便是长子亨利·罗斯·洛特雷尔（Henry Lawes Luttrell）。

4 年前，亨利·罗斯在一场堪称当时最重要的论战中扬了恶名。那是 1769 年，激进派记者约翰·威尔克斯（John Wilkes）从法国流亡回到英格兰。借着国会改革的东风，他当选为代表米德塞克斯郡的国会议员。而此前，约翰·威尔克斯在竞争代表伦敦的议员席位时败北。之所以赢得代表米德塞克斯郡的议员席位，完全凭借着一场精心组织的运动而获得大众支持。但政府拒绝接受这一选举结果，他们把威尔克斯赶出了国会。

第二轮选举中，威尔克斯又赢了，却再次被国会拒之门外。1769年2月，他其实是唯一的候选人，却还是没能获得国会的认可。到了那年3月，政府推荐亨利·罗斯替代威尔克斯的议员席位，并表示他们所需要的议员，"要么是一个绝对道义之人，要么是一个大无畏的痞子"[42]。亨利·罗斯最初原本醉心于有关军事方面的事务，但有关他私生活的传闻表明，他更适合上述第二项描述。在其参加国会议政的首场发言中，他攻击了威尔克斯。因为先前得到许诺，无论如何都是他赢，他便同意作为议员竞选人。事实上，这是一着险棋。据说在选举之前，赌徒们对亨利·罗斯是否能够获得最后的胜利猛下赌注。亨利·罗斯在剧院里遭到蔑视的嘘声，以至于他后来甚至都"不敢上街或很少离开自己的住所"[43]。投票于4月13日举行，威尔克斯以1143：296的票数取得压倒性胜利。但是，下议院依然投票决定让亨利·罗斯当选为议员。这个插曲把伦敦分裂成两派：一些人希望维持现状，另一些人则力主改革国会。

其实，威尔克斯也不太可能胜任自由派领导人的角色。他是个差劲的演说家，只是笔头子尖刻，并常常因此让自己陷入困境。他还颇有些斜视毛病。据说在与其对话者的眼中，他这个毛病只有等交谈了20分钟后才能消失。他的斗争行为也常常是出于自保，为了摆脱那些自找的困境。但他拥有狡辩的本事，将自己的鸡零狗碎提高到大众自由的高度。当他的新闻稿被扣押时，他呼吁要为新闻自由而奋斗；当他面临牢狱之灾时，他又高呼反对任意逮捕，并支持隐私权。但无论如何，米德塞克斯郡的选举插曲，依然具有非凡的意义。因为这个事件很快就演变为一场反政府操纵选举的运动。

显然，国家政治没能跟上伦敦生活中的经济现实。事实是，城市资产阶级崛起，让地主的主导地位受到挑战。商人阶层的财富也迫使政府考量英国与世界其他地区之间的关系。米德塞克斯郡的议员选举，是乔治时期伦敦最具有决定意义的时刻之一，并提出了有关国会改革的议题。然而整座城市也被推到骚乱的边缘。这是一个多世纪以来罕见的事件。卷入其中的人士不需要提醒都明白，伦敦曾经是这个国家发生内战的温床。这个事件势必会造成整个国家的分裂。没人愿意回到从前黑暗的日子，却也没人愿意站出来阻挡自由。这一场变革如何继续？是一场暴力大跃进式癫狂，还是从一开始就加以管控？

透过这骚乱的背景，休姆伯爵夫人及其所建造的休姆府，便透露出比建筑习俗和装饰图案更多的内容。这不仅仅是一处住宅，更是一间政务议事厅、一个沙龙和一处展览的空间。伊丽莎白·休姆及其家族的利益和野心，在这一方空间里一展辉煌。毫无疑问的是，其中的设计也表现出女主人的品位，并提供了一个非常特别的叙述，将伊丽莎白·休姆一路带回到自己的出生地牙买加，以及她第一任丈夫同父异母的妹妹朱迪思。因为没有继承人，伊丽莎白将自身的利益与洛特雷尔家族紧密连在了一起。

小贝克福德在1782年的尖刻描绘，其实已经亮出了底牌。虽然表面上对伊丽莎白客客气气，但小贝克福德内心里属于威尔克斯派。18世纪70年代，当威尔克斯从监狱释放之时，小贝的父亲老贝立即就支持这位改革派对自由的追求。1774年，老贝克福德被任命为伦敦城的市长。于是，居住在同一广场上的两位邻居，在发现对方的同时，也发现了各自在当代关键议题上截然对立的政治立场。而这些关键议题早已在撕扯着城市。但因为受礼貌习俗的制约，在小贝克福德的记叙中，对立的派别尚且能够将仇恨搁置一边，控制住自己的情绪，彼此间和平共处。罗伯特·亚当所精心设计的房屋，恰好创造出这种类型的空间，也反映了18世纪伦敦的

第六章 休姆府：冥府女王与礼仪的艺术　　　　　　　　223

风云变幻。在此，启蒙的星星之火可以燎原。

休姆伯爵夫人卒于1784年。在她的遗嘱中，这座府邸由其亲属威廉·盖尔（William Gale）继承。威廉·盖尔的父亲是牙买加圣伊丽莎白的亨利·盖尔（Henry Gale of St Elizabeth's）。因为威廉还在上学，府邸于1788年，也就是攻占巴士底狱之前的一年，被出租给法国领馆。与此同时，坎伯兰公爵和公爵夫人的肖像被遗赠给了伦敦城。然而，还在世的坎伯兰公爵本人否决了这条遗嘱，将画像拿回到自己家。再后来，尽管这对公爵夫妇从未被王室完全接受，但他们的肖像画归皇家收藏至今。

一直到18世纪末，波特曼广场始终处于时尚潮流顶端。这里尤其与西印度群岛的财富挂钩。在简·奥斯汀的小说《曼斯菲尔德庄园》里，主要人物之一克劳福德（Crawfords）一家就住在文坡街（Wimpole）①的一栋房子里。那栋房子从前由牙买加蔗糖富商家族兰塞尔斯（Lascelles）女勋爵租住。至于曼斯菲尔德庄园的建造，也是依靠来自蔗糖贸易的财富。其庄园主托马斯·伯特拉姆（Thomas Bertram）爵士，有很多关于自己在安提瓜（Antigua）种植园的述说。这些述说告诉人们，18世纪的商人如何成为之后时代的土地主。不久前，针对一些奴隶主在1833年废除非洲奴隶交易之后的索赔诉求，历史学家尼克·德雷珀（Nick Draper）展开了

---

① 文坡街位于马里波恩，其建造和发展与殖民地财富紧密相连。简·奥斯汀将这条街作为自己小说的场景之一，当有其用意。此外，这条街住过很多名人，在与罗伯特·勃朗宁（Robert Browning）私奔之前，勃朗宁夫人（Elizabeth Barrett）及其家人就一直居住于此，根据他们的故事写成的戏剧《文坡街的巴雷特一家》更是让这条街闻名遐迩。而关于这条街的特质，弗吉尼亚·伍尔芙（Virinia Woolf）说："这是伦敦最庄严的街道，最不带个人的情感。事实上，当整个世界似乎正在崩溃，当文明的基石正在摇滚，人们只能来到文坡街。"然而，20世纪60年代，正是在这条不带个人情感的街道的一间地下室，英国披头士歌手约翰·列侬（John Lennon）和保罗·麦卡特尼（Paul McCartney）合作谱写了颇带个人情感标志的流行歌曲《我想握住你的手》。——译注

调查。他发现，一直以来，马里波恩是最能吸引西印度群岛种植园家族定居的街区之一。

如今，休姆府是一家私人俱乐部。其内有扎哈·哈迪德（Zaha Hadid）设计的酒吧、健身房、水疗中心，还有供会员专用的会议室和客房。私人俱乐部是摩登时代的沙龙。高规格的会员制对那些期望归属感的高端人士极具诱惑。府邸内的许多原初特征都得到精心修复，复活了罗伯特·亚当的天才般设计。

第七章
摄政大街：约翰·纳什打造世界之都

> 因为建筑名垂青史
> 那是罗马的奥古斯都，他找到了砖块
> 他将大理石留给了后代
> 我们的纳什可不也是位优秀大师
> 他找到了砖块，各式各样的砖块
> 他留下的却是粉刷灰泥
>
> ——《季刊评论》

1776 年，也就是休姆府开工的 4 年之后，未来的第一代诺斯威克领主、约翰·拉休特（John Rushout, 1st Baron Northwick）男爵买下了布鲁姆斯伯里广场（Bloomsbury Square）以北一块土地的开发权。这里也是最早构成大罗素街（Great Russell St.）通向罗素广场（Russell Square）的地段。布鲁姆斯伯里广场发端于 17 世纪 30 年代，位于当时伦敦城的最北沿。除了广场北边的几栋大宅子，再往北便没有什么房屋了。放眼望去，全都是幽静雅致的花园，连绵铺展到四里八乡，辽阔宽敞，让你一下子就能望到树荫浓密的海

从泰晤士河上凝望格林尼治荣军院
王后行宫成为全景的焦点

伊尼戈·琼斯肖像
画家：安东尼·凡·戴克（Antony Van Dyke, 1599-1641）

格林尼治荣军院彩绘大厅里的画作
由画家詹姆斯·桑希尔(James Thornhill)创作
表现了乔治一世仁慈的统治

今日伦敦斯比托菲尔茨基督教堂
建筑师：霍克斯莫尔

丝绸面料图案
由英格兰著名丝绸面料图案设计师安娜·玛利亚·加思韦特（Anna Maria Garthwaite）设计
当时加思韦特居住在伦敦斯比托菲尔茨街区

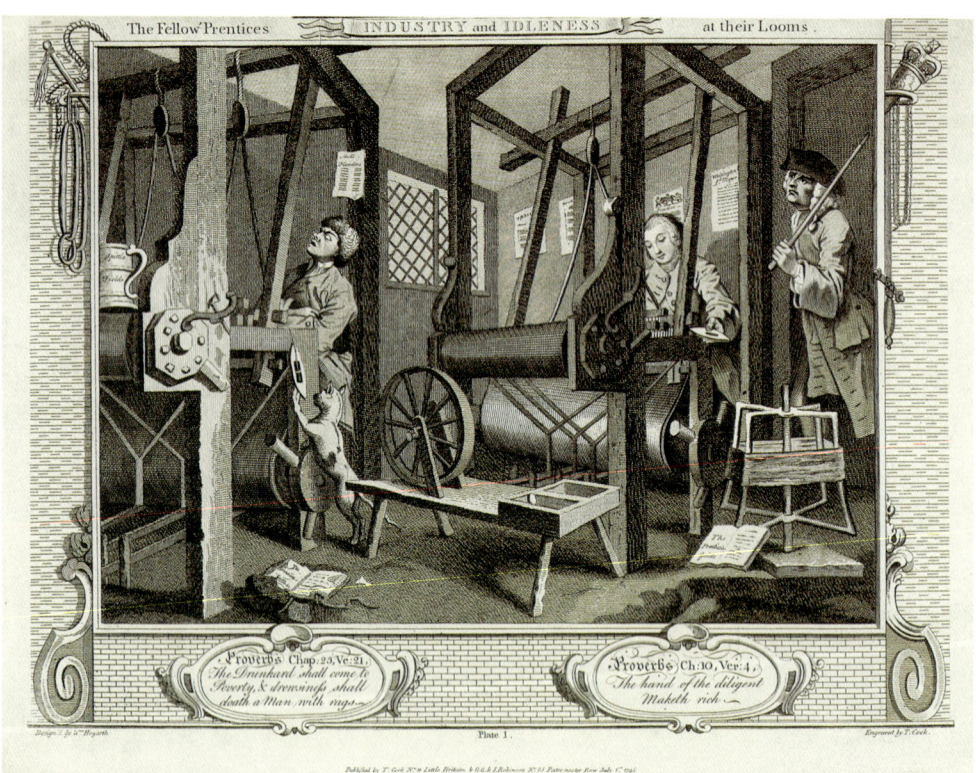

斯比托菲尔茨丝织工作坊
绘画：威廉·贺加斯（William Hogarth, 1697-1764）
镌刻：托马斯·库克（Thomas Cook, 1744-1818）

富商与织工之间贫富悬殊的生活
绘画：乔治·克鲁克香克（George Cruikshank, 1792–1878）

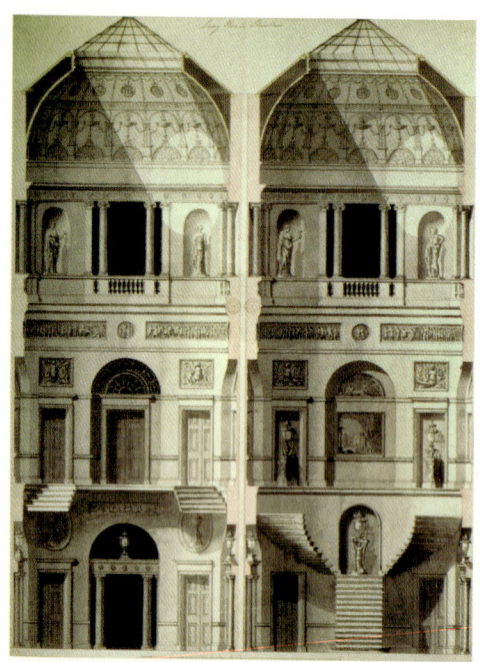

休姆府室内设计图
建筑师：罗伯特·亚当
(Robert Adam)

休姆府圆形前庭和楼梯
建筑师：罗伯特·亚当

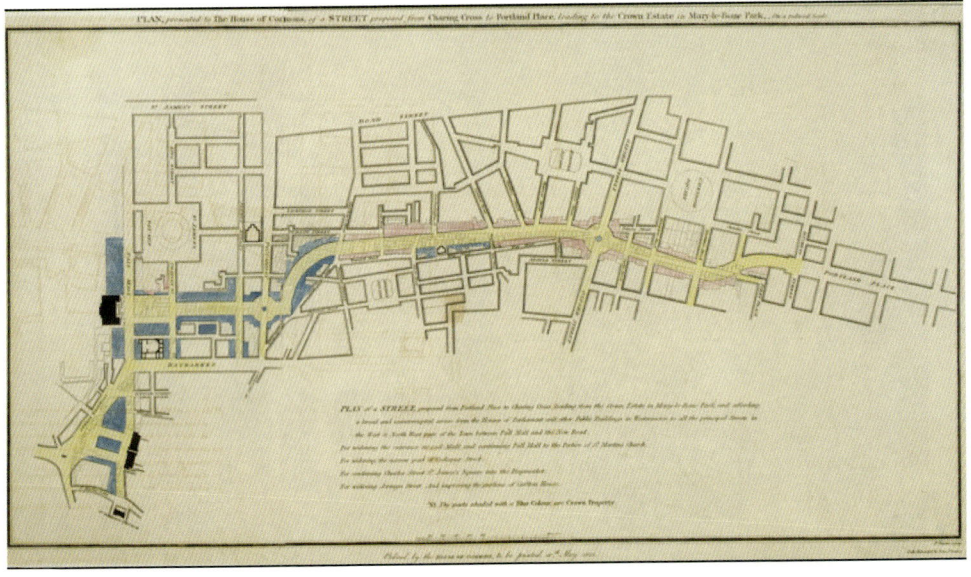

1813年伦敦摄政大街开发提案
建筑师：约翰·纳什

伦敦摄政大街象限大厦(Quadrant)设计图
建筑师：约翰·纳什

20世纪初期重建后的象限大厦

焚烧中的上议院和下议院
英国风景画大师特纳（J. M. W. Turner, 1775–1851）创作于 1834 年

今日国会大厦

国会大厦设计图细部。巴里与普金两人一起,绘制了上千份精美图纸,此图为其中之一

伦敦国会大厦中的瓷砖图案设计
设计师：A. W. N. 普金（Auguste Welby Northmore Pugin, 1812—1852）
洋溢着哥特式特征

约瑟夫·巴泽尔杰特肖像漫画

科学家迈克尔·法拉第在泰晤士河考察实验
证明了泰晤士河污染严重
19世纪中叶《笨拙》杂志插图

1865年正在建造中的维多利亚堤道

盖特山丘，还有汉普斯特德山丘上高高的风车。第二年春天，拉休特男爵与25岁的建筑商约翰·纳什签订了开发合同。纳什的任务是，在布鲁姆斯伯里广场东北角建造两座大型住宅，在广场西北沿着与广场比邻的大罗素街，建造6座小型住宅。接着，纳什还需要将建成的8栋住宅全给卖掉。纳什只拿到一年的低价佣金，但他在合同上承诺，在1778年9月之前完成这个项目。

纳什是建筑师，更是商人。他不仅继承了建筑师克里斯托弗·雷恩的衣钵，还得到大投机商尼古拉斯·巴本的真传。终其一生，他可谓是利欲熏心，却也在经意与不经意之间追求着品位。他曾经自我解嘲，说自己仿佛一只猴子。还有人说他就是死了也改不掉东伦敦考克尼口音（Cockney accent）[1]。向往奢华、看重金钱和好高骛远，都是他的弱点，但这些品质倒也让他在自己所处的时代风生水起。

纳什于1752年出生于泰晤士河南岸的兰贝斯。他祖籍威尔士的父亲是泰晤士河南岸一家磨坊厂事业有成的"工程师和技工"。当时的泰晤士河南岸，这一类工厂多如牛毛。通过他母亲的家族纽带，纳什与同样祖籍威尔士，后来在伦敦兰贝斯担任工程师的爱德华兹（Edwards）家族拉上了关系。据说爱德华兹家族颇负盛名，"好几代人都因为天才和知识渊博而出类拔萃"[1]。至于纳什一家，在当地南沃克纽因顿（Newington）教区也是广为人知的。因为该教区的圣玛利亚教堂曾经出现过差不多15位姓纳什的小朋友，约翰·纳什只是这个大家庭众多的兄弟姐妹之一。不幸的是，小约翰7岁时，父亲就去世了。但他们家"可能拥有一些私产"[2]，尚能维持生计。14岁时，约翰·纳什跟着雕塑家罗伯特·泰勒（Robert Taylor）做学徒。泰勒住在西敏城斯普林花园路（Spring Gardens）。后来他转行建筑

---

[1] 这是一种在伦敦工人阶级中常见的口音或方言。——译注

业，并成为名家。除了设计建造过一些位于伦敦城的时尚住宅，泰勒还参与过不少改造工程，例如英格兰银行大厦改造、林肯律师协会广场（lincoln's Inn Fields）石头大厦里的一些律师室改造等。

泰勒是一位敬业的大师。他每天清晨三四点钟醒来，开始工作，然后一直干到9点才上床睡觉。他希望学徒们跟自己一样，早上5点就趴到绘图桌上，就位受训。人们大概会以为，后来在伦敦历史上大名鼎鼎的建筑师纳什是在泰勒那里学到了大师级手艺。事实却恰恰相反，纳什是一个"野性十足、不守规矩的家伙"[3]。他的眼睛只盯着舒适的生活和时髦的浮华。

后来，纳什将自己的这种行为美其名曰桀骜不驯的青春。这是他自我美化的人生故事中的头一桩。如此一来，为他赢得了绅士名流而非职业建筑师的声誉。在造神的言辞里，纳什声称，离开泰勒之后，他获得了一笔不多的收入，定居到威尔士。在那里，他"以绅士名流的方式挥霍了十年的光阴。其间，他总是与有钱的大咖们混在一起……从不读书，除了享乐，无他"。直到有一天，其学徒时期的同学塞缪尔·科克瑞尔（Samuel Cockerell）来访。由于嫉妒，才重新点燃了他对建筑的热情。造神故事接着煽情，传奇发生于与沃汗先生（Mr Vaughan）的晚宴期间。沃汗与科克瑞尔讨论有关浴室的设计，坐在一旁的纳什在心里发誓，如果我抢不到这个项目，我就他妈的该死。于是他插话说可以免费完成这项设计。沃汗先生非常高兴，以至于纳什离座之时，沃汗在纳什的随身小箱子里偷偷塞了"一大包坚尼（Guinea）"作为答谢[4]①。

---

① 坚尼是英格兰以及后来的大英帝国及联合王国在1663—1813年发行的货币。也是英国首款以机器铸造的金币。——译注
1坚尼大约为四分之一盎司的黄金。起初，1坚尼等于20先令。随着金价上涨，坚尼的价值上升，在1717—1816年间，1坚尼等于21先令。——译注

这一类杜撰的回忆，提供了纳什如何成名的美化版，抹掉了其人生历程中不光彩的篇章。事实上，1776年学徒结业之后，他从未离开过伦敦，并且当年就结婚成了家。新娘简·伊丽莎白·克尔（Jane Elizabeth Kerr）是伦敦附近萨里郡（Surrey）一名外科医生的女儿。不幸的是，婚后不久，简·伊丽莎白就暴露了其挥霍无度的秉性。第二年，他们生了个儿子。这个孩子还接受了洗礼，但后来却再也没听说过这个孩子。就在那年春天，纳什签订了上述合同。可是没多久，婚姻和房屋建造都成了他急需摆脱的噩梦。

说来纳什也没有完全虚度他在泰勒手下的学徒光阴。8栋房子在一年之内全部顺利竣工。广场上的大宅子彰显了强烈的现代感。比如其中的17号楼（今为德国历史研究所），其底层立面矗立着一列富于乡土气息的曲拱。往上，8根扁平的科林斯式壁柱支撑着屋顶横檐。这就让建筑的立面看上去朴素淡雅又引人注目。至于建筑的外墙，全都以灰泥粉饰。也就是说，将一层灰泥涂抹到砖砌的外墙表面，但给人以石作的感官。廉价的灰泥，其价格是石料的四分之一，却能给建筑带来平整而富有光泽的外表，还可以遮盖其下粗糙的砖砌。

灰泥大概是从罗伯特·亚当的公司购得的。这家公司当时正在争取新水泥专利。在砖墙表面涂刷灰泥，也是伦敦最早的房屋装潢手法之一。如此手法所体现的张扬特征，在纳什后来所主导设计的很多项目中都能见到。然而，1778年时，这一类设计尚未成气候，纳什找不到买家。他只好自己搬进大罗素街6栋小宅中的一栋，其余的全部空置。尽管他维持着"光鲜的外表"[5]，但没撑多久就无力支付亏欠亚当兄弟的灰泥材料费，数额是688英镑。一直到1781年，6座小宅才得以出售，纳什好歹搬离了大罗素街。至于两栋大宅，其中的一栋拖到1783年才找到买家，另一栋则熬到下一个世纪才终于脱手。

好一场财务灾难！还有更闹心的事。简·伊丽莎白挥霍无度的生活方式又让纳什背上了300多英镑的债务。纳什被逼得几乎发疯，他把简·伊丽莎白送到乡下"接受劳动改造"[6]。不曾想这位简却很快勾搭上一位当地煤矿场的店员。结果是离婚，但离婚并未让纳什捞到什么经济上的好处。1783年9月，他宣布破产，离开伦敦去了卡马森（Carmarthen）①。估计就是在卡马森，他从约翰·沃汗那里承接了自己一生当中的第一个工程项目。随后，他加入塞缪尔·西蒙·撒克逊（Samuel Simon Saxon）商行，期望以此重新开始自己的生活和事业。此后的十多年里，他从未在伦敦接过任何工程项目。至于他在首都扬名，当是下一个世纪的事了。

1798年，纳什返回故里伦敦。此时他发现，这座城市已经扩张到无法想象的地步。为了疏导从海德公园到老城墙之间的交通，一条通往城市外围乡村的新街道正在开发。此前，运往大都会史密斯菲尔德和利德霍尔市场屠宰场的家禽牲畜，都是沿着皮卡迪利街或牛津街的时尚大道。繁忙的交通和噪声令人无法忍受。也是由于这些原因，新开发的道路被设在城市的边缘。但到了19世纪来临之际，这条位于城市边缘的新街道成了妨碍首都向外发展的限制。一些建筑商跃跃欲试，梦想着如何在新街以北的田园风光地带建房造屋，大赚一把。

尽管之前纳什在布鲁姆斯伯里广场以北的开发以失败告终，但新贝德福德地产依然在上述新街以南的地带大兴土木，开发了贵族特区罗素广场（Russell Square）和塔维斯托克广场

---

① 卡马森是威尔士卡马森郡的行政中心，濒临托威河（Towy），号称威尔士最古老的城镇。——译注

（Tavistock Square）。新街以西，亚当兄弟在波特兰坊成功开发了波特兰公爵的地产。其附近包括波特曼广场在内的哈利地产开发亦业已完工。哈利大街与卡文迪什广场比邻而建，并一直连到了新街。再往西的乡村地段，新特区泰伯恩尼亚（Tyburnia），也就是今天的帕丁顿（Paddington）街区和海德公园一带，亦启动了开发。此外，还有一些无甚名气的劣质开发，例如18世纪90年代由萨默斯勋爵（Lord Somers）开发的萨默斯小镇。但即便劣质的房产也成了抢手货。因为此时，一大批从大革命中逃难的法国人来到了伦敦，这些人急需住房。

在极端贪婪的扩张中，伦敦面临着新、旧的交接的尴尬。旧的生活方式正在渐渐退出，新的城市生活艺术即将来临。在世纪末城市定位摇摆不定的混乱时期，这种尴尬尤为突出。1807年，柏克利狩猎园（Berkeley Hounds）从当时的伦敦西区中心查令十字迁到城外的乡村。伦敦城内再也不准狩猎了。然而，乡村生活与城市文化之间的交界区继续经受着考验。举例来说，年轻的格兰特利·F. 柏克利（Grantley F. Berkeley）就多次模糊了城乡之间的界限。柏克利堪称他这一代最著名的猛将。从拜伦勋爵的拳师约翰·强生（John Johnson）那里，他学习了拳击，同时他还是一位永不言休的猎手。

话说一次狩猎途中，柏克利[①]追着一头雄鹿，向布伦特福德（Brentford）跑去。他不得不在半道上停下来，因为穿过原野时，这头野兽掉进了泰晤士河。还有一次，追着追着，动物跑进了胡西（Lady Mary Hussey）女勋爵在哈林顿（Hallingdon）的乡村客厅。还有一次，在哈罗（Harrow）小镇被追捕的雄鹿跑进了伦敦城。它

[①] 作者原文写作"Lord Alvanley"，但结合上下文，此处的主角应该是柏克利。而柏克利与"Lord Alvanley"并非同一人，疑为作者笔误。不过后者也是狩猎圈中人，尤其与本章所谈的另一位要人摄政王关系密切。——译注

"满身是血，其后紧跟着两对猎犬"。跑着跑着，慌不择路的动物一头扎进了马里波恩公园（Marylebone Park）。接着，它穿过新街，惊慌失措地跑向罗素广场。最后，它跑到蒙塔古街1号的门外。晕头转向的动物"不得不停下来转向1号门口，把屁股靠到1号的大门上，对着周围的街区东张西望，估计是在想着如何逃跑"[7]。

此刻，两位年轻的女孩从蒙塔古街1号楼上的餐厅窗户伸头张望下面的吵闹。柏克利于是要求两位女士开门，好让他捕获雄鹿。两位女孩还没来得及回答，窗边却现出另一张面孔。这个人把柏克利当作带着动物表演的街头艺人。他威胁说要叫巡捕。最终，好不容易，在几位屠夫的帮助下，还动用了一个金属托盘，柏克利才成功逮住了那只雄鹿。

如此混乱之际，摄政时期的伦敦常常被视为极端的悖论时代，所谓的最后一场恶作剧和狂欢。"好时光"不久就要遭到维多利亚时代正统礼仪的禁止。因此，这个时代沉湎于消费，追求富人和名人的生活方式，堪称文化名流的首场炫富秀。一切都可以出售，一切都明码标价。事情还不止于此，用一位社会历史学家的话说，"从根子上不可救药了"[8]，在其转型的过程中，没有抓住正道。激进的保守党人埃德蒙·伯克（Edmund Burke）悲伤地叹息："骑士时代一去不复返了，如今是诡辩家、经济学家和精于算计之人的天下。"[9]19世纪的头几十年，伦敦已经从简·奥斯汀笔下温文尔雅的大都会变成了狄更斯笔下残酷野蛮的大迷宫。不久，这座城市也就被简单地描述为世界的缩影。其拥有的财富无与伦比。在接下来的一个世纪里，这里不仅成为英国经济的支点，也是全球市场的中心。

之前的几十年里，早就有人呼吁变革。上流社会与绝望的底层穷人之间的鸿沟，注定了这是一个虚伪和不安的时代。威尔克斯发出的改革呼声，曾经让休姆伯爵夫人与小贝克福德在18世纪80年代争论不休。然而这一类呼声注定是越来越高。18世纪70年代，远方美国独立战争的炮声和近处巴黎协和广场断头台上的阴影，大大鼓舞了英格兰向往改革之士，同时也强化了保守分子的负隅顽抗。1797年，英国皇家海军军舰桑德维什号（*HMS Sandwish*）上的水兵在泰晤士河河口诺儿（Nore）发动了起义。为此，伦敦停止了所有的海上交易。整座城市满怀着担忧，担心法国式大革命会煽动英国海军叛乱。但后来，狂热的叛军领导人罗伯特·帕克（Robert Parker）做了件蠢事，使他在追随者眼里都显得太过分。因为他竟然命令将叛乱中抓捕到的船只拖到法国。帕克失去了支持，并很快被吊死在桑德维什号的桅杆上。同船的29名船员将桑德维什号转航驶向了澳大利亚。由此可见，仅仅是最后的毫厘之差，伦敦才避免了一场近在眼前的革命。

不稳定的局势却持续到接下来的19世纪。1800年，有人向多瑞巷剧院里的皇家包厢开炮。所幸，开炮的疯子哈特菲尔德（Hatfield）最后被按倒在地。1810年，暴民们再次涌上街头。于是，武装民兵们被集合到伦敦塔。他们还同时在圣詹姆斯公园和柏克利广场（Berkeley Square）架起了大炮。"以伦敦为圆心，半径在100英里之内的所有部队都接到命令，向大都会进发。"1812年，在下议院的前厅，斯宾塞·珀西瓦尔（Spencer Perceval）首相遭到暗杀。人们起初担心这场谋杀可能会标志着一场革命的开端。好在很快就发现，刺客约翰·贝林厄姆（John Bellingham）只不过是孤军奋战，以发泄对政府的私怨。然而，贝林厄姆拒绝承认自己的行为是因为精神错乱，之后他被处以绞刑。

除了政治和社会的动荡，这个时期的伦敦上空弥漫着战争的阴霾。自1789年法国大革命以来，英国人一直担心叛乱可能会越过海峡。1803年，英国与拿破仑之间的冲突最终引发了战争。这场战争一直持续到1815年。而早前的1800年，由于小麦价格翻了三倍，伦敦爆发了面包革命。城市的大街小巷都设立了公众厨房，每个星期限量为每户家庭配给一块面包。1804年，拿破仑的军队集结在法国海岸，准备随时入侵不列颠。英国只能奋起迎战。海军上将纳尔逊饱满旺盛的英雄主义精神，加上英勇的英国海军，才终于拯救了自己的国家。1805年的特拉法加战役中，纳尔逊海军上将成功切断了法国和西班牙舰队的后路，最终确保了英国的海上霸主地位。然而此后的战争依然长达十年。直到1812年，英国人依然看不到胜利的曙光。如此持续的动乱耗尽了伦敦的精气神。

因此可以说，是皇家的财政需求，对摄政时代的伦敦发展产生了最大的影响。而这一切又源自一系列的巧合。1811年，因为乔治三世糟糕的精神错乱（后来被诊断为卟啉病），其长子威尔士亲王乔治被任命为摄政王，成为乔治三世的代理人。这位摄政王是一个贪婪之人，并没有什么品位。上位之前，他很少将自己的才智用于政治，而只想着寻欢作乐以及对石榴裙的追逐，花钱如流水。这样一个需要不断消费刺激的花花公子，对金钱的随意也就可想而知。据说在他死后，人们发现了500本日记簿，"其中不同日期的记载都与钱有关"，并且每一笔数额都超过了1000英镑[10]。而当时的劳工平均每人每年只能赚到20英镑。摄政王死后，债务高达55万英镑。

乔治三世在世之时，曾经与国会达成一项协议。正是这项协议改变了王室的财务来源。历史上说，从王室地产、海关以及货物税收等所得到的收入，足以支付王室所有的开支。然而，自光荣革命以来，王室的开销越来越依赖于国会所赐。为了自己的利益，国会一方面保证王室有足够的财富，另一方面又设置种种限制，不准王室拥有足够的财富。1760年，乔治三世提出将所有王室地产的收入上交政府，以换取国会保证所有的王室开支。这便是所谓"王室年薪"的缘起。其结果是，突然之间，国家获利。首先，可以让有关人员查明王室到底有多少地产。其次，对这些地产采取有效的管理。1786年，国会成立了一个由皇家树木和森林部监管的监察委员会，以查明情况。

监察委员会最先进行调查的地产，是位于伦敦城最北端新街之外的马里波恩公园。伦敦的许多公园，例如海德公园、肯辛顿花园、圣詹姆斯花园等，最初都属于王室。同样，马里波恩公园从前也属于王室，并一度专用于狩猎。到了乔治王朝时代，这里变成了公共场所，堪称广受大众欢迎的娱乐场。此外，马里波恩公园也是最后一座拥有牧场耕地的园苑。这些牧场耕地受制于两份租约。一份租约于1803年到期，另一份要等到1811年才能到期，两处牧场的租赁权均归波特兰公爵所有。为了厘清这两块地到期后如何使用，监察委员会在18世纪90年代就开始讨论。委员会的领导人约翰·福蒂斯（John Fordyce）颇有远见。他坚信可以在此创建辉煌，改善伦敦。

在马里波恩公园以南一带的地产开发中，波特兰家族、格罗斯文纳家族和哈利家族都获得了暴利。这一切早就让约翰·福蒂斯眼热。因此他对马里波恩公园的地产开发踌躇满志。他修改了之前的一份缺乏远见的开发计划，并于1793年提出建议：首先，绘制出一份马里波恩公园的地图。然后，将这份地图发送给"伦敦所有的优秀建筑师，让这些人向国王陛下和国会提交有关开发的设计方案。他还许诺，对采纳的设计奖励1000英镑"[11]。1000英镑对当时的人来说，可谓一笔相当丰厚的奖励。结果却只收到3份设计提案，而且出自同一人。这个人便是波特兰公爵的测绘师约翰·怀特

（John White）。怀特的提案是：建造一栋优雅的新月形宅邸，将波特兰公爵地产开发区的北端与马里波恩公园相连。这栋新月形住宅将环绕着一座宏伟的大教堂。从波特兰坊的北端望去，优雅华丽。这个设计提案可谓时尚十足的尝试，也维持了波特兰公爵在马里波恩公园的利益，却不足以赢得福蒂斯的悬赏。

1809年，福蒂斯再次向监察委员会提交了一份报告，再一次明确了开发马里波恩公园的大好商机，并强调说，开发务必在两年内启动。此外，报告还重申了房地产投资的黄金法则："体现距离远近的最佳指标是时间，如果能找到一种方法，压缩马里波恩公园与国会大厦之间的交通时间，那么马里波恩公园的地价肯定会得到相应的增值。"[12] 换言之，地段、地段、地段。从这个角度看，福蒂斯不仅仅是想着如何开发伦敦郊区的土地，他还考虑到城市的整体形态。也就是说，要开发一条道路，将马里波恩公园连向首都的心脏。自伦敦大火之后雷恩爵士所倡导的大都会重建以来，从未有人能有如此魄力，对伦敦的改造做出如此宏大的构想。不幸的是，福蒂斯在其报告提交的两个月后去世。

在离开伦敦的日子里，约翰·纳什也接受了一些教训。1798年回归时，他已经今非昔比，再不是栽在布鲁姆斯伯里广场的那个心浮气躁的投机商了。在卡马森，他从零开始，专门从事建筑材料的承包和供应。直到约翰·沃汗委托他设计了冷水浴室，才在当地的乡绅圈确立起建筑师的名声。幸运的是，由此他很快拿到各类不同的工程。他还有幸得到两位绘图员的协助。一位是法国移民A. C. 普金（Augusta Charles Pugin），后来以描绘哥特式建筑插图而闻名。另一位名叫J. A. 雷普顿（John Adey Repton），是著名景观园林大师汉弗莱·雷普顿（Humphrey Repton）的长子。这两个人都颇有才华。在纳什的带领下，三个人一起合作了很多项目，包括卡马森监狱、卡马森镇上的一些住宅、彭布鲁克郡（Pembrokeshire）圣大卫大教堂新立面等。在这些设计中，纳什学会了灵活娴熟地运用哥特式和古典式。尽管如此，他身上多少还是残留了一些天生的投机商特性。至少有一位客户抱怨对纳什的报价不能信任，如果可能，"应该找别人来做设计"[13]。

但不管怎样，纳什在当地艺术鉴赏家的小圈子里积累下了名声，并且被誉为才华横溢的高手。最重要的是，1794年，尤维达尔·普莱斯爵士（Sir Uvedale Price）聘用了纳什让他设计位于福柯斯利（Foxley）的庄园。这座庄园坐落于威尔士阿伯里斯特威斯（Aberystwyth）附近的海洋与群山之间。普莱斯在一封信中列出了设计要求："我告诉他，我不仅要让一些窗户，还要让一些房间朝向特定的景点。因此，他必须以最佳方式安排各个房间。我向他解释了我为什么要让房屋临石而建，还向他展示了打破前景的效果，以及由此带来的各种各样的景观走廊。"纳什后来坦承，自己"以前从未想过以这样的方式设计"[14]。因此可以说，是普莱斯给我们的建筑师上了一堂强化课，让他见识到景观设计中的风景如画理念。

风景如画理念，可谓英国人对法国人卢梭（Jean-Jacques Rousseau）自然主义哲学的独特回应。以卢梭为代表的18世纪启蒙思想家痴迷于品位的修养，或者说一种关于美及其接受力的普遍规则。而由此激发的英国感性哲学，则鼓励人们探索个体的激情和想象力。其中的普莱斯爵士更是对风景如画理念深有领悟。1794年，他专门出版了一本小书——《风景如画随笔——论崇高与美》（*Essay on the Picturesque: As Compared with the Sublime and the Beautiful*）。书中，他将风景如画提高到新的美学层面。这种美处于不加约束的自然崇高美与经过调理的人为美之间，所谓舞台化的野性自然。该理念在福柯斯利庄园的建筑与景观设计中得到了最佳表现。在普莱斯看来，建筑师"应该根据所在地的景观来设计建筑，而不能让景观屈从于建筑"[15]。

继福柯斯利庄园之后，纳什又与景观大师汉弗莱·雷普顿建立了合作关系。两人一起创作了在当时来说最具象征意义的乡村庄园景观，例如威尔特郡（Wiltshire）的科尔山姆庄园（Corsham Court）、德文郡（Devon）的卢斯卡博（Luscombe）城堡。此外，他们还在伦敦郊区的一些别墅项目中赢得了声誉。这些别墅大多属于新兴富贵阶层的小型庄园。19世纪初，正是这些为城市新贵们所拥有的、建于乡村与城市之间的民用建筑，折射了首都的远大抱负。相对而言，这些人造的自然空间也较为质朴低调。

纳什终于回到了伦敦。他在皮卡迪利街以北的多佛尔街设立了自己的商行，并再次摆出一副大师的架势。这栋华丽的宅邸看起来更适合花花公子，而非工薪阶层建筑师办公室。然而正是从这里起步，纳什重新开拓了自己在首都的职业生涯。他在伦敦遇到的另一件更幸运的事是，与摄政王拉上了关系。只不过，这段友谊来得有点儿不同寻常。至少有谣传说，纳什的第二任妻子以前是王子的情妇。至于纳什与摄政王何时第一次见面，我们不太清楚。很可能是1798年，当时的纳什为摄政王在布莱顿（Brighton）设计了一座暖房。尽管这个设计最终没有实施，但纳什很快就成为在卡尔顿宫设计中最受摄政王青睐的建筑师。卡尔顿宫是摄政王的寝宫，位于皮卡迪利街南面，其附近的帕尔摩（Pall Mall）①街上，有五花八门的会馆和购物长廊。纳什也"十分喜欢摄政王"[16]。他们共同的

---

① 帕尔摩街得名于这里曾经用于铁圈球（Pall Mall）赛场，堪称英国铁圈球运动的发祥地。铁圈球最初流行于法国。——译注

爱好之一便是建筑。据说当纳什试探着问摄政王，自己可否参政之时，摄政王明确表示："你不能……离开建筑业。"[17]

1806年，纳什获得皇家树木和森林部的建筑师职位。当时的皇家树木和森林部仅有两名建筑师的职位，这两个职位"合起来的年薪，高达200英镑"[18]。3年后，纳什被委以重任，负责马里波恩公园的开发。一个曾经在30年前失算的投机商，竟然被委以如此重任，主导伦敦历史上最宏伟的城市规划项目，大概这就是撞了大运吧。实情也许是当时没有别的能人。正如后来一些评论家所言，纳什在摄政公园①和摄政大街所做的事情，并非一个建筑师单纯地从事设计，而是一个机会主义者天才般的算计。

1811年7月，纳什向皇家树木和森林部提交了关于马里波恩公园的开发报告。报告中以令人难以置信的预算承诺所有的建造。细究起来，也只有一个对数字完全不在乎的人，才能报出如此的估价。他竟然声称，自己的规划可以让12115英镑的投资带来59429英镑的年收入，外加高达187724英镑的固定资产。问题是，他对马里波恩公园大开发的相关描述还颇为令人信服：

> 马里波恩公园应该为大都会创造一个健康、美丽和前卫的街区：那里的住宅和其他大型建筑应该是实用的、坚固的，拥有当地的优秀品质，并且能够给王室带来高度增长的收入……那里有引人入胜的开阔空间，有新鲜的空气和自然风光。此外，还拥有体育设施。人们在公园里可以步行，可以骑马，也可以坐马车。所有的这些，将会吸引伦敦城里的富人们来此地安家立业。[19]

---

① 纳什所主持开发的马里波恩公园就是摄政公园前身。——译注

听起来相当地诱人，实际情况却远非报告中所描述的那样，在拥挤不堪的首都郊外创造一幅风景如画的景观。纳什的规划图纸显示，他其实是让城市蚕食公园。除了在公园原有的牧场中心建造一大圈住宅，他还要在公园的北部建造两大片新月形住宅区。围绕公园边缘的，同样是大片的联排式住宅。此外他还计划建造一条从北端流入马里波恩公园的运河。通过这条名为"摄政运河"的河流，向马里波恩公园住宅区输送一些必要设施，以满足其内居民的日常所需。在摄政运河流入公园北段的地带，他设计了一座军营和火炮库。不过纳什即便说服了监察委员会，却没有获得政府的认可。首相珀西瓦尔将他召到唐宁街，命令他重新设计。新方案"应该减少建筑物，增加开阔的露天空间"。因为有人担心纳什所倡导的大开发，很可能让已经被多数人视为公共空间的马里波恩公园与城市的其他街区脱节。也就是说，如此开发是"牺牲穷人的舒适，换来富人的安居"[20]。

纳什只好回到自己的制图室修改设计。修改后的新方案于1812年夏发布。原有设计中的军营被取消，摄政运河被改为环绕着马里波恩公园的边界，联排式和新月形住宅的体量都被削减，并且被安排到马里波恩公园的边缘。中心地带的两大圈住宅，变成了一些散置的别墅，掩映于周边的树木当中。穿过马里波恩公园的中央大道也被改成环形道，沿着园苑的周边。显然，纳什使出了浑身解数，将自己所学到的风景如画理念运用到城市环境的设计之中。正如他在为自己激进的手法进行辩护的一封信中所写的："在别墅附近种植树木，完全是为了园苑的景观，让这些树木遮挡各别墅之间的视线。在伦敦，没有任何一座公园拥有如此的和谐品质。汉普斯特德、海盖特、克拉普汉姆公用地（Clapham Common）以及伦敦郊区其他地段的住宅区，都比不上此地的优美景观。"同时他还

240　　　　　　　　　伦敦的石头：十二座建筑塑名城

强调：此地的别墅虽地处园苑，"却应该被视作城镇住宅，而非乡间别墅群"[21]。

图纸已然就绪，但过了4年也不见动静。好在到了1816年，路面、围栏以及建造房屋的地块总算到位，观赏湖的挖掘工作也已经开始。此外，还在相关的地带种植了14500棵树木，在那些被确定为建造联排住宅的地方铺设了规则的花坛。问题是，纳什已经花掉了53000英镑，却尚未垒砌一块石头。马里波恩公园之外，伦敦依然为亟待收拾欧洲战争残局的焦虑所笼罩。直到1815年6月的滑铁卢战役，人们才松了口气。因为这些焦虑，财政大臣极力将投资引向政府的债券，而很少有资源能够用于建设项目。

听上去唯一有所进展的地段，是波特兰坊与马里波恩公园的交接处，也就是皇家圆环广场一带。查尔斯·麦耶（Charles Mayor）痛快地拿出两万英镑保证金，迅速拿下了在此地建造房屋的开发权。此举着实为纳什的开发大业打了最好的广告。然而号称在布鲁姆斯伯里有过建造经验的麦耶先生，实际上是从"建材交易"[22]中掘得第一桶金。拿下开发权后不到一年，麦耶就血本无归。1814年，他要求纳什找政府贷款。接下来的一年，麦耶宣布破产。此后的4年里，皇家圆环广场糟糕的开局成了一个超级笑点。

对麦耶越来越多的批评和指责，使纳什不少的美妙构想流产了，譬如在这个圆环广场的正中建造一座优雅的教堂。纳什原本希望将这座教堂打造成一个令人兴奋的视觉焦点，以此作为进入马里波恩公园田园风光的前奏。结果是，不仅没有教堂，圆环广场附近所有的建造全部大打折扣，最终得以完工的不过是一栋新月形房屋、一个位于圆环广场中央地带的装饰性花园，以及一座摄政王胖弟爱德华王子伦特公爵（Prince Edward, Duke of Lent）的雕像。这座雕像不仅没有带来视觉焦点的兴奋感，反而相当地令人沮丧。至于新月形房屋的建造，直拖到1818年才开工。而这一切全靠慈善家约翰·法夸尔（John Farquhar）所承诺的建造资金。至此，纳什总算松了口气。他将此地的房产开发权分别转包给3位建造商。一位是理查德森（Richardson），一位是巴克斯特（Baxter），一位是佩托（Peto）。根据纳什的设计，这三个人最终完成了压缩后的工程。

摄政运河项目的推进也是糟糕透顶。挖掘施工始于1812年。原本计划在大章克申运河（Grand Junction Canal）位于帕丁顿的位置开挖一条分支运河，将其连接到位于伦敦东区莱姆豪斯（Limehouse）①的码头区。但由于规划不力、野心过大，加上经验欠缺，挖掘工程很快就变为一场灾难。财务方面也是不可避免地连连触礁。1816年，纳什希望当初的赞助人增倍投资，却没有实现。他试图向一些银行贷款。各家银行提出的条件却使其望而却步。最终，纳什只好发行彩票筹集资金。情急之下，他甚至自己垫资，以确保不至于丢了码头的开发权。好在最终运河工程总算于1820年完成。为此举办了一场盛大的开幕典礼。好几条驳船沿着新建的运河开到了伦敦桥。伦敦桥附近的城市酒馆里还举行了一场庆功晚宴。晚宴餐桌上，纳什作为建筑师和首席股东，坐到了首席。如此盛况实属罕见，也越来越少。

纳什的马里波恩公园开发，旨在为富人提供一个乡村田园诗

---

① 莱姆豪斯于19世纪成为伦敦最重要的中国移民区。当时居住在莱姆豪斯的中国移民除了做航运业的船员，多以开设洗衣店为生。19世纪80年代，这里开始以"中国城"之名为伦敦人所知。但彼时的中国城与伦敦东区的其他街区一样，肮脏、拥挤、贫穷，犯罪率高。二战期间，此地遭受德军空袭，受损严重，加上战后经济萧条等不利因素，多数华人选择离开，转向伦敦西区，并在那里逐渐发展起新的中国城。莱姆豪斯的老中国城逐渐消失。但这一带某些街巷的名称，依然保持着浓厚的中国气息，例如采用韦氏拼音的明街（Ming St.）、南京街（Nankin St.）、北京街（Peking St.）、广东街（Canton St.）。——译注

般的环境，在伦敦城边缘绘制一幅人造的自然景观。在他最初的规划中，围绕着新月形双环别墅和马里波恩公园的，全是些高密度住宅。此外他还计划建造一座献给摄政王的欢乐宫（guinguette）。在他看来，强调马里波恩公园与王室之间的关系，可以提升此处地皮和住宅的欢迎度，从而保证销售。然而，在一份1819年的工作进度报告中，纳什不仅向委员会解释了为什么工程进展是如此地缓慢，他还坦承：当初的规划大都没有下文。因为查尔斯·麦耶在皇家圆环广场的失败吓跑了开发商。截至1819年，只有两栋独立式别墅完工。规划中的联排别墅建造尚且遥遥无期。为此，纳什不得不自己承担起开发商的角色。

所幸，新月形联排别墅内环第一栋别墅霍尔姆（Holme）府的开发权，由詹姆斯·伯顿（James Burton）买下。詹姆斯·伯顿是一位承包商。此前，他在布鲁姆斯伯里区布伦斯瑞克广场（Brunswick Square）开发中大赚了一笔。而那还只是伯顿投资生意的冰山一角。1785—1823年，他建造了1500多栋房屋。这些房屋建成后的大致估价是1848900英镑。由此可见那个时期的伦敦是如何地疯狂扩张。伯顿很快与纳什走到一起。且不谈两人是否相处得顺畅，但他们肯定是关系最近的合伙人。伯顿聘请了自己的小儿子迪西莫斯（Decimus）设计霍尔姆府。说来迪西莫斯从他父亲的崛起中受益匪浅，并接受了高等教育。他参加过皇家学院的讲座，参加过约翰·索恩主讲的建筑学高级班课程，却写不出能让自己获得资质的作业和文章。在那个日益讲求专业水准的时代，只有获得资质的人才能接到业务。于是，霍尔姆府成了伯顿为儿子在伦敦打开职业道路的敲门砖。即便说这座别墅毫无特色，但从学术角度看，堪称对希腊复兴风格的大研习。此等风格正在伦敦风靡一时。

附近的圣约翰府（St John's Lodge）亦在建造中。这座别墅已经被国会议员查尔斯·奥古斯都·图尔克（Charles Augustus Tulk）买下。这位议员追求神秘主义，为人乖张跋扈，不是一般地难打交道。由此可见，只要价格合适，纳什愿意也能够与任何人做生意。设计这座别墅的建筑师，是当时并无名气的约翰·拉菲尔德（John Raffield）。不过拉菲尔德曾经可能与大名鼎鼎的罗伯特·亚当有过合作。

其他的建造诸如新月形住宅外环的联排别墅，却一直到19世纪20年代才得以动工，恰逢滑铁卢战役胜利5年后席卷伦敦的第一波建筑热潮。如今人们有钱投资了，也就重新启动了马里波恩公园大开发。其中的主要投资商自然非伯顿父子莫属。此外，还有几位来头较小一些的投资商，例如威廉·芒特福德·诺斯（William Mountford Nurse）、理查德·莫特（Richard Mott）、威廉·史密斯（William Smith）、约翰·麦克雷尔·艾特肯斯（John Mackrell Aitkens）等。说起来整个开发计划由皇家地产管理局①统筹掌控，实际上，每一组联排别墅的设计和建造都是独立的投资行为，需要大笔到位的资金。这些资金也都是以较低的利率从银行借款而来。基于从麦耶那里得到的教训，此时纳什要求每一位承包商必须预先支付巨额本金。譬如艾特肯斯在得到建造许可权之前，就被迫先缴纳1万英镑。

为了获得视觉上的魅力，纳什指挥着手下的建筑师团队设计

---

① 今日皇家地产管理局是依据英国1961年皇家地产法运作的公共部门，是一家法定的有限公司，专门负责管理英国王室（即女王伊丽莎白二世）的地产。中译文在"皇家地产"后面附带上"管理局"字样，可让人较容易理解。其自我定义却是：土地的拥有者，而非行业管理者，与政府部门密切合作，但不属于政府，其年盈余则转交给英国政府。听起来颇为绕口。——译注

出各种各样的方案。然而纳什仅仅掌控建筑物的外观设计，房屋的室内设计任由建筑商自行处理。这样做的好处是，可以让不同住宅的室内多样化。坏处是，往往导致室内外不对称。室内不够宽敞，而外观过于奢华。与纳什所经手的其他许多建筑项目类似，这些联排别墅给人的外观印象总是好于内部情况。康沃尔联排别墅（Cornwall Terrace）于1820年最先建成。接下来的3年里，其他几座联排别墅相继完工。其中靠马里波恩公园的南侧，有约克联排别墅（York Terrace）。靠公园的西侧，有萨塞克斯联排别墅（Sussex Terrace）、克拉伦斯联排别墅（Clarence Terrace）、公园广场以及汉诺威联排别墅（Hanover Terrace）。最后，终于在19世纪20年代末，完成了公园东侧最为壮观的工程。这便是坎伯兰联排别墅（Cumberland Terraces）和切斯特联排别墅（Chester Terraces）。总之，这是一项大工程。共计1233个建筑工地，其中的大部分构筑由11位股东承包。

坎伯兰联排别墅是一组风格各异的建筑综合体。其主要构成是一座凯旋门和共计32套独家住宅。威廉·芒特福德·诺斯买下了这栋建筑的开发权。最初的计划是，将这栋别墅设在摄政王欢乐宫[①]的对面。然而到了1821年，摄政王已经成为国王乔治四世。乔治四世对如何以及在何处通过建筑展现荣耀等想法，已经不同于其担任摄政王时期的思路了。但不管怎样，这座联排别墅既风格独特，却又是各种设计常规与新理念的大杂烩。其立面由纳什亲自设计。这是一个从来就不追求精致和纯粹的建筑师。他将萨默塞特府的立面与路易十四凡尔赛宫的某些局部特征加以混搭。此外，他还附带设计了一座门廊，美其名曰向雅典卫城致敬。但约翰·萨莫森一语

---

① 这座其实由摄政王提议的欢乐宫从未能够建造。——译注

中的:"这是一栋希腊式建筑,不管是从品位还是从学术规则角度,都需要在门廊的两侧建造长方体壁角柱(Antae)作为注脚。因此,让人怀疑,纳什到底是否真正搞懂了什么是壁角柱。"[23]和纳什惯用的手法一致的是,整栋建筑同样覆以乳白色灰泥粉刷,在郊区的阳光下熠熠生辉,让人们看不出这栋极其辉煌的建筑其实不过由劣等的砖块砌筑。

正如詹姆斯·埃尔默(James Elmer)在《大都会更新》(Metropolitan Improvements)一书中指出,这里的别墅既不是皇宫,也不是贵族庄园,而是一处供富人居住的乐土,是资产阶级的宫殿,为的是证明谁是新兴城市的实权人物。然而,尽管已经完成了第二组联排别墅的建造,但建成后的房子很难出售。1828年的房屋销售价目表上,只有一个人的姓名,而这个人还是开发商芒特福德·诺斯自己。又过了8年,才终于将所有的房屋出手。

到了1826年,纳什决定,再也不在马里波恩公园内建造任何联排别墅或独栋别墅了,因为他已经面临得不偿失的险境。为了保持已建房屋的高价位,他甚至被迫自己买下所有空置的物业。此外,纳什所经手的新街道建设已进入重要阶段,再也不能分心。这条新街道从马里波恩公园的南侧一直通向城市的中心。正是这条新街即摄政大街,最终改变了大都市的整体形态,将马里波恩公园的风景如画带进伦敦城的心脏。

坎伯兰联排别墅施工之际,迪西莫斯·伯顿在附近设计建造了一座希腊神庙风格的圆形大剧场,旨在向从闹市来到马里波恩公园的游客提供一处休闲娱乐场所。穿过大剧场的门廊,观者发现自己置身于一片辽阔的穹顶之下。然后他们乘上采用当时最新蒸汽技术的液压电梯,来到位于大剧场中心的观景台。在此,观者的视线从风景如画的马里波恩公园,切换到远在伦敦城中心的圣保罗大教堂穹顶。这是一幅由 E.T. 帕里斯（E. T. Parris）绘制的全景视图，可谓一个奇迹。据《机械学杂志》（*Mechanic's Magazine*）1829 年的报道，这幅画"绘制得非常精细……整个画面所达到的精致和准确，甚至让最细微的物体也可以为肉眼所见……让观者难以置信的是，自己所见到的连绵起伏的景观竟然是画在一个平面上"[24]。

随着伦敦的不断扩张，很难再将这座城市看作单一的整体了。1800 年，这里的人口已经接近 100 万。在大诗人威廉·华兹华斯的耳朵里，如此的骚动，一个人几乎不可能听到自己的声音：

> 人和物不停地移动啊！
> 日日如此，让陌生人，让所有的时代
> 惊奇、敬畏崇高！
> 飞舞啊
> 色、光、形，震耳欲聋的喧嚣
> 来来往往，面对面
> 背靠背，商品眼花缭乱
> 店铺连着店铺……①[25]

逃避喧嚣的唯一办法，大概是攀登到城市的上空，俯视脚下无法想象的喧嚣。此外，通过大剧场高高的观景台，还可以鸟瞰这座城市的别样风貌。因此，到这里来观光，常常被称为中产阶级的"大旅行"，却又迥异于旅居欧洲大陆的贵族。那些人徜徉于异国的寺庙和遗址，新兴的英国中产阶级却无须走出国门，而是让世界来到自己身边。今日伦敦代表了文明的全部和巅峰。

---

① 这几行诗选自华兹华斯的自传体长诗《序曲》第 7 卷"客居伦敦"。——译注

然而迄今为止，伦敦没有建造任何新型的宏伟建筑，不能与拿破仑辉煌的巴黎重建一较高下。法国皇帝拿破仑横扫欧洲宝库，不仅把战利品带回巴黎，还建造了新型的圣殿以庆祝自己的胜利。此外，其帝国强权的展现并非局限于优雅的拱门，更体现于对整座城市的大拓展。比如，以波拿巴第一次胜利命名的里沃利大道（Rue de Rivoli），便开通了一条从巴黎市政厅（Hotel de Ville）到协和广场（Place de la Concorde）的仪典大道。尽管许多人觉得"巴黎是国王之城，伦敦是人民之城"，但摄政王依然铁了心要以自己的名义建造一些"能够超过拿破仑"[26]的东西。正如詹姆斯·埃尔默所言：

> 让奥古斯都最自豪的一件事是，他在罗马发现的是砖，但留下了大理石。摄政王乔治四世对大英帝国的大都会所做的一点也不少。他让大都会更加壮丽和舒适，他将那些带来瘟疫的街巷和肮脏的小村舍，改建成整洁的街道和优雅的房屋，他将那些不伦不类的小房子和单调的田畴，改造成丰富多样的建筑和公园景观。这一切装点了伦敦，让它成为现代的罗马。[27]

与马里波恩公园的宽敞不同，当纳什设计摄政大街之时，他眼前的地图上挤满了各式各样的房屋、街道和广场。这里是伦敦最昂贵的房地产所在地。1813年的《新街道法案》中，纳什也确实尝试着找出一条合理的路线，将马里波恩公园连到圣詹姆斯宫乃至更远的国会大厦。然而1813年的《新街道法案》是一份令人困惑的文件，其中所含的87条条款，没有一条对新建街道的线路做出明确界定。对国会议员们来说，研判一下收支平衡表，比指责实实在在的建筑设计和规划要少些麻烦。于是开发商纳什故技重演，他再一次通过数字,例如盈利预测、补偿估算、下水道成本等,让议员们眼花缭乱。但这一切很快就显露出其荒诞之处。

譬如首批规划的3段街道中,纳什的估测是,需要征地总共为1700码,其中的1280码属于皇家地产,余下的都是些"不起眼的"小区段。如此估测却远非事实。从马里波恩公园向南,拟建道路需要经过的波特兰坊,可谓波特兰公爵地产皇冠上的珍珠。穿过牛津街之后,这条规划中的新街还需要穿过属于斯卡堡勋爵(Lord Scarborough)的汉诺威广场。然后,它需要经过皮卡迪利街,再向南穿过帕尔摩街和圣詹姆斯地产开发区。最终才通向摄政王的卡尔顿宫。纳什需要打交道的,全是些英格兰大地主。

此外,这条街不仅被规划为城市的林荫大道,还被当作东部贫民区与西部富人区之间的栅栏,就仿佛在苏豪与伦敦西区之间划了一道鸿沟。开发于17世纪的苏豪如今正面临着衰落,其中到处都是拥挤的小街和破烂的房屋。住在里面的是工匠、小商贩和法国移民。伦敦西区则是老贵族和新贵的乐园。因此,1812年的街道规划还涉及社会政策层面的考量。也就是说,通过道路设计控制底层人口的东区与贵族的西区之间的交接。譬如,皮卡迪利街与牛津街之间,有汉诺威街、管道街、伯灵顿街等主要街道。通过这些主街,可以让摄政大街与西区的一些大型地产开发区相连。但摄政大街几乎不可能与伦敦的东区相通。纳什只是附加设计了一些与摄政大街平行的小巷。通过这些小巷或所谓的后街与东区相连,美其名曰"让马车和板车可以从后街绕行,从而不对主要街道产生干扰"[28]。

纳什最初的设想是在马里波恩公园与卡尔顿宫之间建造一条笔直的大道,一条摄政王所期望的巴黎里沃利式大道。但他很快就发现,这不可能。最终落成的摄政大街,必须风景如画,必须曲里拐弯，从而创造出一些远景和光影的惊喜。正如在伦敦屡屡发生过的事件，大手笔最终总是要折中为一些更容易实现的东西。因为，除了需要在大庄园与较为便宜的可征收场地之间求得折中，还必须找到可以让设计图纸得以实现的财务手段。结果是：纳什只能妥协着设计建造一条穿过不同街巷的蜿蜒大道。

1813年，国会终于通过了修路法案，然而纳什却不得不寻找建造资金。最后他被迫成立了一家保险公司，以支撑修路项目。好在梅特卡夫爵士（Sir Theophilus Metcalfe）代表环球公司注资30万英镑，让修路工程得以启动。前提是，要保证梅特卡夫的公司能够从新建大街的每一块地皮上获益。纳什接下来的首要工作是，购买修路所必需的土地，以及对基础设施包括排水渠和下水道做出规划。他显然希望尽快也尽可能多地将规划中的修路地段承包到开发商手中。如此急于开工和显而易见的经费短缺，可想而知摄政大街的修建并不是中规中矩按部就班的预设项目，而是如萨莫森所说的"机会主义、即兴快餐"[29]。

新大街的设计宗旨原本是为了打造一条景观走廊，连接摄政王的寝宫与他在马里波恩公园里的欢乐宫。从南往北的路线被分成了好几段，其间点缀着不同街道的交接、圆环广场、半月形别墅和广场。大街的最南端，施工始于卡尔顿宫前方的小街。为了纪念1815年的对法胜利之战，这条小街被更名为滑铁卢坊（Waterloo Place）。在此，纳什计划在卡尔顿宫的两侧建造最为壮丽的房屋，将圣詹姆斯市场附近昔日的繁荣街区打造成英国版的旺多姆（Vendome）广场，一个对称而宽敞的空间，同时却又带有门控，以此与闹市隔开。但工程一经展开，纳什就发现自己的经济预算是相当糟糕。因为他最终对居住此地的商人和居民的补偿方案，令人尴尬地偏离了原定计划。比方说，对某位商人的补偿额度最初确定为600英镑，但这个人通过法庭，最终所获得的补偿高达2400英镑。为了拆迁斯坦利上校所拥有的位于帕尔摩街上的房屋，付出的代价是补偿上校一栋位于费利花园街（Foley Gardens）的新住宅。高乐维勋爵（Lord Galloway）则提出，对逾期支付的赔偿费追加利息。

但即便如此，滑铁卢坊依然被打造成伦敦西区的皇家特区，专供上流社会的高端人士所独享。比邻的帕尔摩街和圣詹姆斯街上的会馆可谓休闲的天堂。近在咫尺的，还有裁缝云集的杰明街（Jermyn Street）①，以及奢侈华丽的伯灵顿拱廊街。后者是伦敦第一座非露天式奢侈品零售商场，最终于1819年完工。善于把握时机的詹姆斯·伯顿，于1815年迅速打进市场。他在滑铁卢坊西侧购买了一块土地，建起了雅典娜会馆。雅典娜会馆的对面是纳什的联合服务会馆。走不了几步便是欢乐剧院。这座沿着帕尔摩街的意大利歌剧院，同样正对着联合服务会馆。其优雅的柱廊与卡尔顿宫遥相呼应。此外，干草市场剧院也在附近拔地而起，给整片地段蒙上了一幅经典面纱。

滑铁卢坊往北，便是摄政大街的下街。这里属于富豪们的生活区。查尔斯·图夫顿·布利克（Charles Tufton Blicke）在这条下街的15号给自己建造了一栋豪宅。此外，这条街上还建有酒店和

---

① 这条街由亨利·杰明修建，并以其姓氏作为街名，是17世纪60年代杰明在伦敦圣詹姆斯区所开发的一部分。其长不足300米，宽不过5米左右。起初只是一条普通的裁缝街，在摄政王时期得到大发展。被今人称作花花公子鼻祖的布鲁梅尔（Beau Brummell）对这条街的品位走向颇有影响。这里也一直是绅士用品的聚集地，包括衬衫、皮鞋、修容用具、领带、帽子等，为此被人戏称为"男人街"。曾经居住在这条街的名人也有很多，其中有大科学家牛顿。而大概为了纪念布鲁梅尔对这条街的贡献，在这条街与皮卡迪利拱廊街的交界处，立有他的雕像。布鲁梅尔一度与摄政王打得火热，但后来因为某种原因，两人断交了。——译注

第七章　摄政大街：约翰·纳什打造世界之都

一系列面向单身贵族的高级公寓。纳什则于这条街的东侧建造了自家的住宅和商行，由他亲自设计，体量非凡。说起来，这栋建筑是伦敦的联排别墅，其实它更像一座佛罗伦萨式宫殿。其底层是一排商铺。让人意外的是，纳什将自家的豪宅和商行与其表弟约翰·爱德华兹（John Edwards）的住宅连到一起。两栋豪宅之间由一个长廊连接。长廊里摆满了纳什从意大利淘来的复制艺术品，其价值大约在3000英镑之上。长廊内的装饰是时髦的法式风格，同样引人注目。

正是在这座商行，纳什主导了摄政大街的开发。1815—1817年，他几乎每天都与项目委员会的委员们在此碰头，处理没完没了的债务纠纷和投诉。下水道工程遭到审查，纳什被迫为自己辩护。卡文迪什广场的富豪住户们抱怨说，他们豪宅的后面被新辟的大街切断。项目委员会首席执行官格伦伯维（Lord Glenbervie）勋爵大惊小怪地嚷嚷道："新大街开发的做派很是糟糕……除了其王室主子和笨蛋，人人都恨。"[30]格伦伯维因此被炒了鱿鱼。到了1816年，开发项目被迫请求国会再追加60万英镑的经费，并毕恭毕敬地求着尚且陷于战争创伤的英格兰银行，希望能直接拿到钱。

从摄政大街的下街往北，便是与皮卡迪利街相交的路口。在此，这条皇家大道融入繁华的伦敦城。为此纳什设计了一座圆环广场，以应对从4个方向涌向十字路口的巨大交通流量。皮卡迪利街是伦敦城的交通要道之一，始建于17世纪60年代。一些于英格兰内战期间逃亡法国的贵族返回伦敦之后，在这个昔日的原野上建造起了法式华美风格的豪宅。与此同时，附近的圣詹姆斯广场被打造为展现伦敦现代气场的模板。随着贵族们追逐利润的欲望膨胀，17世纪60年代所建的豪华宫殿式住宅很快被联排式别墅和广场所取代。从此，伦敦西区发展出一个个优雅的别墅群。

1819年，为了建造皮卡迪利圆环广场，需要在这里拆掉250多处房产。每一处房产的赔偿都需要谈判。圆环广场的南侧，有一些酒馆客栈和长途汽车站，从汽车站可以乘坐长途汽车抵达英国几乎所有的地区。诸如白熊客栈和干草市场拐角的柠檬树客栈，都让人记住皮卡迪利街作为西出伦敦的重要交通地位。此外，还有许许多多的小型商铺和作坊。至于每一处房产的赔偿，提供给原业主的首选是，以一块位于其他地段的地皮作为交换。而在达成谈判交易之后的6个月内，原业主可以继续居住在自己的老物业里。很多原业主选择卖掉房产走人，但也有一些人盯住此地价格上涨的优势，选择留下。燕子街的一位马房业主纽曼先生转手在摄政大街121号建了一家邮局，从中很是赚了一笔。然而不用说，施工开始不久，附近的街区便到处都是泥泞的街巷、脚手架和建筑工人。为此，那些原本就对这项开发持异议的人士大发牢骚。

　　建造皮卡迪利圆环广场，意在让行人在新大街的旅途中享受到一个戏剧性的转折。纳什原本希望将这座圆环广场打造为新大街上最为宏伟的景观之一。从卡尔顿宫一路看来，"其尽头是一座纪念性建筑……每隔一小段，大街上就出现一片美丽的建筑立面"[31]。纳什起初的计划是在皮卡迪利圆环广场的中心建造一尊威廉·莎士比亚雕像。从这里向北的景观视线则一直延伸到黄金广场。纳什还计划在黄金广场上同样建造一座宏伟的公共建筑，例如一座戏院，与卡尔顿宫遥遥相望。然而，直到19世纪80年代，才在皮卡迪利圆环广场上竖起一座爱神雕像，并且这座雕像是为了纪念慈善家沙夫茨伯里伯爵，而非纪念摄政王。为了尽可能避免支付豪宅的补偿费，摄政大街从未能够延伸拓展到黄金广场。建于圆环广场附近的房屋也不是公共纪念性建筑，而是一座乡村住宅防火保险公司，其设计人是画家 J. T. 巴巴·柏蒙特（J. T. Barber Beaumont）。这位画家更热衷于保险业而非建筑。这一切带来的结果是，皮卡迪利圆环广场总是带着一股庸俗炫耀式的恢弘，仿佛寻欢作乐的夜店。各路人马诸如享乐王子、伦敦西区的纨绔子弟、花花公子乃至城市本身，在这里逢场作戏、讨价还价。

大街北端的建设亦非易事。因为这一段摄政大街的走向取决于穿过波特兰坊的地段。由于嫉妒，波特兰坊的主人波特兰公爵死守自己的地盘。他可不甘心不经过一番争斗，就让新大街的开发轻易地毁了自己的金蛋。自打一开始，这位公爵就热切地期望揽下马里波恩公园的开发合同。他对纳什拿下项目十分愤怒，更让他闹心的是，后来流产的位于马里波恩公园内的新月形联排别墅，竟然规划到了他的家门口。现在，纳什又要他交出这条最优雅的街道，让波特兰坊与摄政大街连到一块，你说他生气不生气。

在纳什看来，波特兰坊是"伦敦最精美的街道"[32]。这里还拥有易于操作的优势。然而附近的其他业主都是非常显赫的人物，例如曼斯菲尔德伯爵、谢菲尔德伯爵、斯特林伯爵、伯恩子爵（Viscount Boyne）、沃尔辛汉姆勋爵（Lord Walsingham）以及里士满老公爵夫人等。也是由于这个原因，波特兰公爵下定决心，要确保自己地盘上的房价不受到坏影响。在当初的开发规划中，波特兰公爵就明确要求在南端将自己所拥有的地皮与城市的其他街区隔开。因此，波特兰坊与牛津街之间没有直通的街道。当地居民如果想要到伦敦西区去，就不得不从卡文迪什广场绕行。现在的问题是，波特兰坊的尽头横着一栋房产。多年前，波特兰公爵将这栋房子的居住权卖给了费里勋爵。这栋如今被称作费里府（Foley House）的房产被一片大花园环绕。因此费里勋爵提出，只有在自己府邸朝向北边的景观得以永远保护的前提下，才愿意让波特兰公爵在此处随心所欲。当然，如果波特兰公爵能够买回费里府的居住权，也就另当别论了。换句话说，只要波特兰公爵能够收回费里府，那么摄政大街的走向永远都不可能按照纳什所规划的那样，经过波特兰坊通向马里波恩公园。

波特兰公爵给出 4.2 万英镑的报价，希望从费里勋爵手里买回费里府的居住权。就在买卖即将成交的最后一刻，纳什给出 7 万英镑的报价。此外，建筑师纳什还有一个对付费里勋爵的撒手锏。这位勋爵当年聘请纳什设计自家的乡村庄园时，因为遇到麻烦，不仅从建筑师纳什手里借贷了 2.1 万英镑，还把自己位于伦敦的这栋费里府作为抵押。因此，纳什能够很快搞定这笔交易。买下费里府的居住权之后，纳什迅速把这栋房子给拆掉，并将其中的一些必要区段以 1 万多英镑的价格卖给了王室，用于开发新大街。这笔买卖看起来似乎是伦敦历史上最没有赚头的地产交易之一。但是后来，纳什将余下的一块黄金地皮，卖给了北汉普顿郡（Northamptonshire）商人詹姆斯·兰格姆爵士（Sir James Langham）。其中还附加了一项条款：新业主必须聘请纳什作为开发建筑师。于是纳什不仅赚回自己的大部分投资，更彻底敲定了自己所规划的新大街路线。

然而南端的皮卡迪利圆环广场和北端波特兰坊的地势，均限制了新建大街的走向。它绝对不可能像巴黎里沃利大道那样，以直线连接伦敦的诸多街区。南端的皮卡迪利圆环广场太偏向东侧，不可能直达马里波恩公园，而波特兰坊周边全是伦敦西区的豪华住宅区，太难征收这些人的土地了。于是纳什不得不在新大街的两端之间，建造一座又一座恢弘的建筑和弯弯曲曲的风景如画般的景观。

波特兰坊与摄政大街上街的交会地段，摄政大街的路线被迫向东弯曲，以便与曾经被称作燕子街的直线街道和谐相连，并沿着苏豪与西区之间的边界延伸。用詹姆斯·埃尔默的话来说，这里是"财富与商务的地峡"[33]。由于某种原因，该地很适合设置一座教堂，纳什也就亲自设计了郎豪坊诸圣堂（All Souls，Langham Place）。尽管遭到很多同行的批评和嘲笑，但这座始建于1822年的教堂可谓对不尽如人意的场地最完美的回应。从牛津街向北望去，这座教堂刚好出现在摄政大街的路中央。宽广的环形台阶以奶油色巴斯石建造，并由此将行人引向一座圆形柱廊和造型简洁的入口。接着，这一"枢轴般前庭"将你带进退向东侧的教堂主体。教堂的上方，一座意想不到的石头尖塔耸立。就单体而言，诸圣堂似乎乏善可陈，但作为摄政大街通往马里波恩公园路线上的一个精彩片段，这也许是纳什所有作品中最完美的建筑。

在皮卡迪利圆环广场以南，拟建的新大街同样需要拐个弯。这一段道路的修建也遇到类似的问题，纳什的解决方式却完全不同。因为此时他已经明白，这条新街不可能开发到黄金广场，也就没必要在黄金广场营造宏伟的公共空间。于是他将这条街的线路在黄金广场的外侧绕了个弯，再与拟建的摄政大街相连。但他同样营造出一种恢弘的气势，那就是沿着皮卡迪利圆环广场建造一栋1/4圆形体量的象限大厦（Quadrant）。这种带连续柱廊的蜿蜒建筑涉及众多的议题。纳什不敢冒险将如此复杂的建造委托给不同的开发商。象限大厦的建造必须统一实施，从而确保整座建筑协调统一。然而除了纳什本人，没有开发商愿意一次性投资整个项目。于是纳什又一次不得不动用自己的资金，以确保其设计方案顺畅完工。他拿出6万英镑的资金，又以能从新建象限建筑中获利并外加5%佣金的条件，获得其他建筑商的资助经费。整栋建筑最终的造价是12.8万英镑。施工从1819年拖到1820年，前后折腾了两年方才完工。纳什没能从这笔投资中获利。

象限大厦很快就被誉为伦敦的奇观之一。沿着象限大厦的两端，总共145根柱子组成的连续而高耸的柱廊一气呵成，让新橱窗览购一族免受雨水和大街上喧哗的侵扰。象限柱廊之上，是总共3层的别墅和公寓。埃尔默认为，这个设计堪与"罗马圆形剧场相媲美"[34]。和谐的天际线中央升起一个圆顶。弯曲的立面给那些从皮卡迪利圆环广场走向摄政大街的旅行者带来丰富而惊喜的观感。

象限柱廊的尽头与朗豪坊诸圣堂之间的摄政大街为一段直线。此处的建筑代表了伦敦走向19世纪之际新型的城市中心，堪称一个为大众消费剧搭建的舞台。和所有的布景一样，其本身并没有外表所表现的那般出彩。那里的建筑是灰泥而非石头，为保持鲜亮的外观，每4年就得粉刷一次。此外，对于刹那间放眼四顾的人来说，这里也缺少设计者所期望的惊鸿一瞥式壮观。纳什一直致力于让这一段摄政大街遍布"品位优雅和时尚的商店"[35]，却忽略了对建筑自身品质的考量。他一味追求将项目尽快承包出去，于是任何承包商只要有开发意愿，都能从他手里拿到工程。纳什后来坦承，他常常忽视了设计和施工质量。"对于提交上来的建筑设计提案，只要没发现重大缺陷，我挑他的错就很讨人嫌了。"[36]其后果是，整条街道的立面缺少统一协调的气息，从风格到建筑材料再到外观都有些杂乱无章。

然而纳什是幸运的。他将新大街开发中的一些地产开发权卖给了詹姆斯·伯顿。伯顿也由此成为整个开发项目中的第二大投资商。皇家新月别墅的建筑承包商之一塞缪尔·巴克斯特也参与了开发，并负责了牛津街圆环广场的建造。在此，新开发的摄政大街与牛津街交会。后者早就以繁华购物街而闻名遐迩。除了建筑开发商，还有好几位建筑师也在新大街建造中大显身手，如汉诺威街的汉诺威教堂由1770年与纳什一起做学徒的C. R.科科尔（C.R. Cockerell）设计。在比克街（Beak Street）以北，约翰·索恩为地产商 J. 罗宾斯（J. Robins）设计了一组住房。与纳什的实用主义相反，才华横溢的约翰·索恩是一位颇有远见的建筑师。纳什的助理 G. S. 雷普顿（G. S. Repton）也负责了一些规划，这位助理是纳什的合作伙伴汉弗莱·雷普顿的儿子。此外，甚至连葡萄酒商 J. 卡博内尔（J. Carbonell）也插上了一脚。

我们说格林尼治是演出皇家权力剧的大剧场，摄政大街的皇家地产则交给了这座城市的新权威——零售业。到 19 世纪初，伦敦已经将自己打造成世界的商场。尽管与拿破仑的战争带来粮食短缺和金融危机，但新建的摄政大街依然展示了伦敦的消费能量，让城市在消费中摆脱了困境。之前的整整一个世纪里，固定商铺取代了传统的市场和作坊。但不久人们就发现，最根本的问题是，商铺不仅需要提供必要的商品，还要以其前立面玻璃橱窗里丰富而吸引人的陈列招揽顾客。1786 年，苏菲·冯·拉罗什对自己沉迷于牛津街的场景描述道："在大玻璃橱窗里，你能看到任何你想要的东西，整齐而引人入胜。如此丰富的选择却也让人变得贪婪起来。"[37]

纳什不仅希望摄政大街聚集最时尚和最理想的商铺，他还希望创造一处将购物升华为艺术的场所。按照乔治·奥古斯都·萨拉（George Augustus Sala）的描述，在此，"每天下午 3 点到 6 点之间，几乎每走一步，就能碰到一位社会名流……那些大富大贵和满身端着范儿的名流们从马车上走下来，大摇大摆。仔细看看，与普通人也没什么两样"[38]。纳什几乎立即就获得了成功，1823 年的账簿显示了可观的收入——3.9 万英镑。

1838 年，印刷商约翰·塔利斯（John Tallis）瞅准商机，通过滑铁卢坊与朗豪坊诸圣堂之间的摄政街景点图，大赚了一笔。他后来吹嘘道，这是一条"高贵的街道……聚集了宫殿般的商铺，其高大俏丽的橱窗,摆满了琳琅满目的商品,如此的富足和时尚,近在眼前,而且天天如此……你应该在夏日的午后来到此地,华美的马车、着装优雅的行人,彰显了我们宏伟大都市的多彩和品位"[39]。在景点图上,塔利斯非常认真地标出了一些重要零售商的名号。而在皮卡迪利圆环广场,一些商人还为自己的皇家赞助人打出了广告,如旁松柏和森斯(Ponsonby and Sons)公司便塑造了一个女王的雕像。被拆的老驿站原址上,则建起了一些旅行机构如巴尔毛斯(Bull and Mouth)长途汽车局。至于摄政大街所出售的物品,真是无所不包,葡萄酒、长毛绒动物玩具、意大利卡拉拉大理石、车辆维修构件、枪支、帽子、乐谱、古董花边和金子等。一些知名商家纷纷在此开辟业务。其中的摄政街232号便成为狄更斯·史密斯和斯蒂芬(Dickins, Smith and Stevens)商场。这座商场后来更名为狄更斯和琼斯(Dickins & Jones)连锁店。附近的大楼里,威廉·德本汉姆(William Debenham)连锁公司开设了其旗下第一座面向贵妇的专卖店。徜徉其间,可以俯瞰不远处的卡文迪什广场。

如今的摄政大街和伦敦西区号称欧洲最大的零售街区,其中有600多家商铺。根据伦敦零售业协会的统计,每年有5000万游客在此消费45亿英镑。从建筑层面看,纳什之后的这条街继续繁荣,继续发展。维多利亚和爱德华时代的一些杰出建筑师,如理查德·诺曼·肖(Richard Norman Shaw)和理金内德·布洛姆菲尔德爵士(Sir Reginald Blomfield),均在此大展拳脚。纳什亲历亲为的象限大厦于19世纪40年代拆除,因为它被讽刺为"恶行和不道德之地"① 并造成交通不畅[40]。如今,虽说每一座店铺的沿街立面都

---

① 指的是一些妓女在象限柱廊里招揽生意。——译注

已被列入保护建筑，但这条街道上的房屋依然处于不断的改造翻新中。其中的235号摄政府（Regent House）经过一番翻新之后，其业主皇家地产将大楼内的两大层楼出租给苹果电脑公司，用作苹果电脑公司的零售店①。这栋威尼斯宫殿风格的建筑初建于19世纪90年代，建于汉诺威礼拜堂的旧址之上。其内豪华的马赛克广告，向人们报告着巴黎、纽约、柏林和圣彼得堡的时尚荣耀。

马里波恩公园和摄政大街历经8年开发之后，纳什的宏伟大业因为摄政王的任性而再次落入险境。1820年，王子终于登基称王，卡尔顿宫再也不能满足其胃口了。作为乔治四世，他需要一座新皇宫，以施展所谓的荣耀统治。于是纳什被迫重新思考伦敦西区的整体规划，以满足其皇家主子的任性。但此时的建筑师和国王都已经步入暮年。纳什年近七十，乔治四世五十有八。他们再也担不起伦敦的华丽季，而只能咀嚼着昔日的残渣和从前的炫耀浮华。国王再也受不了滑铁卢坊的喧嚣，也就寻思着退居到圣詹姆斯公园附近他母亲的老寝宫白金汉府。纳什的新任务便是将这昔日的皇宫旧府打造成一座新宫殿。同时他还需要思考，如何将新宫殿融入他有关整个伦敦西区的规划。

白金汉府初建于1703年，原属于白金汉公爵。1763年，乔治三世买下这栋旧府，送给自己的妻子夏洛特王后（Queen Charlotte），以此作为王后的行宫。这里离乔治三世的寝宫圣詹姆斯宫仅数百码之遥。在此，夏洛特王后生下了其15个孩子中的14个。然而四周被园苑环绕的府邸其实不甚理想，因为其附近就是皮姆里克（Pimlico）沼泽地。整栋建筑处于低洼地带，时时受到潮

---

① 这里也是苹果电脑公司在欧洲开设的第一家零售店，于2004年开业。2015年闭店改造之后，于2016年重新开业。其店面及室内改造设计均由诺曼·福斯特建筑事务所承担。——译注

260　　　　　　　　　　伦敦的石头：十二座建筑塑名城

湿的侵扰。虽说皮姆里克沼泽地不久就被排干并建设成一片高端小区,但随着城市不断地向西扩张,白金汉府周围的土地不断地得到开发,不仅扩张到白金汉府的园苑地带,还遮挡了一些景点。对此,国王和建筑师也无能为力。而且他们很快发现,自己手上的钱连修缮府邸都不够。

然而乔治四世急需一栋新房子,以存放他在担任摄政王时期所收集的大量藏品。这些藏品无所不包,全堆在卡尔顿宫的阁楼上,除了250多幅画作,还有从法国大革命中抢救出来的大批法国家具,以及枝形吊灯、烛台、瓷器和钟表等。不过,尽管他自认为是一个具有精致品位的人,却被批评为贪婪之徒。

1819年,纳什对白金汉府翻新的预算是45万英镑,国会却只同意支付15万英镑。到1825年6月,国会也只是将这个数目增加到20万英镑。然而施工已经开始。《泰晤士报》对此报道说:"中央大楼的外表得以保留,内部则需要全面翻新,陛下本人还设计了两栋宏伟而有品位的翼楼,从而增加中央大楼的恢弘气势……工人们已经开工,整个工程将于18个月内完成。"[41]与伦敦所有的工程项目一样,此说过于乐观,更脱离实际。事实上,将老白金汉府翻新成白金汉宫成了约翰·纳什人生的下坡路。

纳什没有向国会汇报自己有关宫殿扩建的完整规划。人们很快发现,他也没有向国王如实汇报。因为在工程的初始阶段,纳什以为不过是建造一座小型皇家寝宫。问题是,乔治四世对改建工程非常执迷。他开始梦想着将这里作为自己的行政中心,将从前的国家厅堂改造成了豪华的宫殿。此外,乔治四世开始把这个新家当作一座纪念碑,以庆祝不久前的滑铁卢大捷。于是他命令御用建筑师在宫殿的前方设计一座凯旋门,与巴黎一争高下。渐渐地,从前的田园牧歌也就变成了老摄政王的富丽堂皇。

与此同时，纳什还需要将宫殿扩建工程纳入摄政大街的开发计划中。卡尔顿宫拆掉之后，让滑铁卢坊一直延伸到了圣詹姆斯公园的边缘。于是，在王子旧寝宫的原址上，纳什沿着圣詹姆斯公园的边缘设计了一组联排别墅，并希望通过这些别墅所得的租金，补贴白金汉宫扩建不断增加的费用。与之前纳什为马里波恩公园开发所设计的环形别墅类似，新设计的卡尔顿联排别墅群总共有三栋长条形联排屋。联排屋朝南的方向，面对着圣詹姆斯公园。每栋联排屋拥有31个开间，其中的列柱模仿罗马万神庙的柱式。在与滑铁卢坊相交的两栋主要联排别墅之间，纳什设置了一组宽广的石头台阶。台阶的顶端是一根立柱，以特洛伊的凯旋柱为模型，柱顶矗立着国王的兄弟约克公爵的青铜雕像。这一组联排别墅立即就成为伦敦首屈一指的显赫房产，当推纳什最能赚钱的投资。

气派的老公爵雕像俯视着跃跃欲试的大工程。这项工程也将让圣詹姆斯公园再一次转型。此地的景观开发最初得益于詹姆斯一世。他将这里作为自己的狩猎场和桑树园。后者正是为了提升英格兰的丝织业。查理二世在王政复辟时期又将这里改造得更为规范，还加建了观赏性的湖泊和花坛。18世纪60年代，乔治三世颁布御旨，由万能的布朗增建了一些景点。然而直到19世纪20年代，在纳什的邀请下，造园大师雷普顿才将它打造得更加风景如画："从一片带规则运河的草地……升华为一个愉悦的游乐场。"[42]

卡尔顿联排别墅群为摄政街的拓展带来良好影响。它们与拓宽后的帕尔摩街平行，从西边的白金汉宫开始，紧紧环绕着圣詹姆斯公园的北端，并一直蜿蜒到东边的怀特霍尔宫。由此，让新开发不仅渗透到伦敦西区的中心地带，同时还延伸到伦敦城的外围。然而就在纳什觉得工程即将彻底结束之际，他却被迫陷进一项新工程。那便是查令十字区的拆迁改造。从前的查令十字区只有几栋皇家堂榭、马厩和若干附属建筑。1820年,新国王决定,要把这里的皇家堂榭全都搬迁到白金汉宫。为了给新项目让路,从前被称作"粥岛"的破旧偏僻之地被大肆拆毁。1826年,纳什制定了一个在此地扩建广场的规划①,然而等到30年之后,这个规划才终于实现。那个时候,国王和其御用建筑师都已经去世多年。1835年,纳什死后,这里终于被用来祭奠纳尔逊将军。但直到1843年,纳尔逊将军的纪功柱才竣工。

再回到纳什的最后时日。1829年,有人在国会对查令十字工程提出批评。纳什对预算的松懈再次被提上议程。话说1826年的《查令十字法案》拨给该工程的经费是40万英镑,3年后的账单却是851 213英镑外加10便士。对这笔超高费用的愤怒,引爆了白金汉宫扩建过程中积累下的旧怨。之前的一年,纳什拜访首相惠灵顿公爵（Duke of Wellington）时报告说,国王正计划拆除白金汉宫刚刚竣工的两座翼楼,首相立即愤怒地咆哮道:"别指望我再增加任何额外的经费。如果我那么做,我他妈就不是人。"[43]

宫殿的室内装潢更是令人震惊。纳什从来就不是一个室内装潢师,如今却被委以重任,让他展开自己的想象力,对宫殿内无数间国家厅堂的装潢进行设计。他聘请了最精良的工匠,协助他设计能够让国王满意的起居空间。大多数时候,施工现场都有120多名工匠在干活。每一间房都拥有各自的装饰主题,全都是精雕细琢。国家厅堂里,连每一根立柱的描绘都各不相同,仿佛彩色的大理石。仅仅是为了体现多姿多彩,音乐厅内还特地建造了一个大穹顶。最终,即便纳什能够反驳评论家们对其设计品位的批评,却赖不掉有关项目中奢华而靡费的投诉。

---

① 此即特拉法加广场。——译注

第七章 摄政大街:约翰·纳什打造世界之都　　263

1829年5月，事情到了尽头。为了借机让自己扬名，一位来自伍斯特（Worcester）的议员戴维斯上校（Colonel Davies），对扩建白金汉宫的高额费用提出控诉，他还指责了纳什的欺诈行为。这类指控需要国会介入调查，为此国会成立了专门委员会。听证会持续了10天，传唤了25名重要证人。纳什本人没有被传唤，而是被迫跟读《泰晤士报》上所刊登的诉讼记录。诉讼的内容包括：纳什从摄政运河开发项目中非法牟利、他在摄政大街附近的土地收购价远低于市场公开价。再就是，他公然受贿。不过最终纳什被判无罪，免于指控。然而建筑师却气不过地非要自我辩护。在一行行反驳戴维斯指控的文字里，纳什重述了自己打造非凡伦敦的故事。很多时候，为了实现这些梦想，他是如何如何地搭进了自己的财富来冒险的。

　　在纳什看来，那些指责太过分了，因为自己原本是打造摄政王精美形象的有功之臣。然而至今，白金汉宫依然是横在圣詹姆斯公园的乱糟糟的工地。毫无疑问，随着国王1830年的驾崩，纳什的好时光也不多了。打造伦敦西区的工程耗尽了这位老人的精力，扩建白金汉宫失败，让他无法辩解。他的追凶也苦等了相当长的时间。而到1830年，伦敦也变得较为清醒和理智。纳什代表了老派的行事方式，那是一个不可思议的疯狂时代，那是一个没有制约的投机模式。

　　因此，纳什名义上被还以清白，却失掉了公信力。那年的6月，即将去世的国王写信给惠灵顿首相，要求首相封赏纳什为男爵，以表彰其对伦敦的贡献。惠灵顿拒绝了，理由是只有在白金汉宫完工之后，纳什才有资格获此殊荣。后来国王去世，其御用建筑师的世界跟着崩塌。78岁时，纳什中风，但他还是纠结着奋力抗击，抗击对他在白金汉宫扩建工程中铺张浪费的指责。然而这一次，财政部不再买账，于当年 9 月 15 日做出决定，停止纳什作为白金汉宫扩建工程董事的职务，终止他在白金汉宫的工作，并要求他付清手下工人的工资。接下来的一年里，新成立的委员会对纳什的指责更加严厉，说他"不可原谅的无规操作，在工作上存在巨大的疏忽"[44]。纳什的建筑作品同样遭到批评，一位访客声称："白金汉宫应该被叫作布伦斯瑞克酒店。"[45]

急速的谴责风暴中，对这位重塑伦敦西区人物的评价不是基于其一生的成就，而仅仅针对他最后一次的失败。纳什同时受到公众和国会专门委员会的谴责。对此，他无能为力，只能退居到自己位于怀特岛（Isle of Wright）的住宅。最后他在一身债务中去世。1835 年的年度报告杂志，在其讣告栏里总结道："作为一名建筑商，这位绅士捞取了一大笔财富，但作为一名建筑师，他没有取得让自己名留青史的成就。"[46]然而，很少有建筑师像纳什那样，对伦敦施加了如此深远的影响。他不仅塑造了伦敦的空间环境，还以其设计影响了伦敦人的日常生活。他对风景如画深刻而本能的理解，他将内城开发成一处充满视觉惊艳和魅力的场所，可谓从乔治时代向维多利亚时代复杂过渡的绝佳代表。

在纳什眼里，伦敦是一处公共空间，也是一片社会剧院的大布景，华丽而又肤浅。应该是灰泥粉刷而非大理石，其外表华美，其内部功能丰富。他对摄政大街的开发以及为特拉法加广场所做的奠基工作，让伦敦两处最受欢迎的公共聚会场所得以成形。而通过对新型城市中心的建造，纳什不仅塑造了现代城市的公共场所，也让伦敦的西区获得了其保持至今的特质。

第八章

国会大厦：查尔斯·巴里和A．W．N．普金一起重写历史

> 拱顶的回音绕梁，石头有声，墙壁鲜活，这是记忆之屋。
>
> ——C.R. 马特林（C. R. Maturin）

大厦空空荡荡，虽说有很多事要做，但上、下议院的议员们已有 3 个多星期没有坐到议政厅里议政了。1834 年 10 月 16 日上午，两个工人受命来到这里。他们当中的一位后来被指控为曾经长期坐牢的囚犯，一位是爱尔兰天主教徒。他们当时的任务是清理用作账目记录的办公室，从而给新近成立的破产法庭腾出地方。这间办公室隶属财政部一个业已停办的部门。工部局秘书理查德·惠特利（Richard Whitley）原本寻思着，把会计系统中专用于销毁账目的旧棍杖集中到财政部大院里给烧掉，但是后来他又觉得火焰可能会引起混乱，于是改了主意。他告诉两名工人，把所有东西都扔进上议院议政厅的壁炉里。清理工作从上午 7 点开始，一直忙活到下午，可把这两个家伙给累坏了，之后他们便溜到酒馆里歇息放松。

上议院的看守那天不在场，由看守的婆婆怀特太太（Mrs Wright）代班。跟平常一样，为了赚点外快，怀特太太领着两位游

客斯内尔先生和舒特先生在大厦内一些无人的厅堂里游览。斯内尔和舒特两位先生都曾提到主厅里很热。怀特太太后来说，她好像也闻到过煳味。但同时她又否认室内闷热，认为一切正常。傍晚6点，大厦门房的妻子穆伦坎普太太（Mrs Mullencamp）急匆匆地跑来敲门，怀特太太方才感到大事不妙。她连"帽子和披肩都没来得及穿戴上"[1]，就惊慌失措地跑出去寻找惠特利。此时，已经能够看到从上议院议政厅背后蹿出的烟雾和火焰。到了晚上7点半，在西南风的吹拂下，火焰向着下议院及其相邻的拥挤不堪的老房子和廊道蔓延，一下子就遍及整个建筑群。消防队赶到时已经太晚，无力回天了。

　　大厦的前面很快就挤满了人。这些人呆呆地看着大火，惊恐无语。随着人越聚越多，其中一些人开始壮着胆子呼喊。一个老人高声问，有没有可能让最近正在讨论的贫穷法案跟着一起烧掉？接着他又诅咒道："让抢救这座大厦的人碰上厄运。让建造这座大厦的和救火的人都给烧死算啦。"[2]一个衣着破烂的运煤工试图挤到人群的最前面观看火势。当他被士兵们喝止时，竟嚷嚷起来："哎呀呀，俺的大龙虾，你真个无礼，咋就不让俺去看看，看看俺自家的房子，正在着火的房子？"[3]

　　是纵火吗？此般地狱景象，难道是某些当代盖伊·福克斯（Guy Fawkes）①式人物所为？他们是想永远废除国会吗？还是抗议新近的《改革法案》未能真正扩大选举权？或者是另一拨人，担心

---

① 盖伊·福克斯（1570—1606）是1605年11月5日的火药阴谋策划人。在这场阴谋中，一群英格兰天主教极端分子试图炸毁英格兰上议院，并杀死正在主持国会开幕典礼的英格兰国王詹姆斯一世及其家人和大部分新教贵族，但行动失败。此后，不列颠将每年的11月5日定为"篝火节"（Bonfire Night），以纪念政府成功挫败了这场纵火杀人阴谋。——译注

失去统治特权？这肯定不是意外事故。即便大厦还正在大火中，但这场火已经被认为反映了这个国家显而易见却又潜伏到最深层的分裂。被大火搅动的人群兴奋不已，一些人则尽可能地从大火中抢救财物。

时任首相墨尔本勋爵（Lord Melbourne）率领一组出租车队，将那些从下议院图书室窗户抛出的书籍和文件运走。院子里其他一些宝物在被运走之前，用篷布和地毯遮盖了起来。大厦之内也在上演着诸多英雄行为。图书室里，芒斯特伯爵（Earl of Munster）侥幸躲过劫难。当一根坠落的椽子快要砸到他头顶时，一位名叫麦克卡伦的工人把他拉到安全地带。一群被迫爬上西部塔楼躲避大火的人，在消防员的帮助下安然脱险。邓肯农勋爵（Lord Duncannon）在逃命时也被迫爬上屋顶，却表示要等到其所有的下属都被安全救出后，他再下来。然后，"就在他从救火梯子下来后，不到两分钟的工夫，屋顶就倒塌了"[4]。

围观大火的人群里有两位画家——约翰·康斯坦博（John Constable）和 J. M. W. 特纳（J. M. W. Turner）。大火之后的那个清晨，特纳急匆匆跑回家，试图通过创作一幅水彩画留住记忆。"火"也成为他后来绘画中常见的主题，仿佛它从视觉艺术上表现了自然与城市的暴力。围观大火的人群中还有记者兼作家查尔斯·狄更斯。他注意到围观人群的混乱、嬉闹，消防人员的猎犬对着人群吠叫。建筑师查尔斯·巴里（Charles Barry）当时正在急着从布莱顿赶回伦敦的路上。他看到"伦敦方向的地平线上，泛着红色的光"，于是匆匆赶到现场，与乱哄哄的人群一起，"被眼前壮观而恐怖的大火所震慑"[5]。查尔斯·巴里的儿子后来说："跟许多围观者一样，巴里当时就在想，这将是一个绝佳的机遇。同时他还在脑海里构思着如何设计未来的新大厦。"[6]

围观大火的人群里，还有设计师 A. W. N. 普金（A. W. N. Pugin）。那天晚上，普金原本计划待在位于布鲁姆斯伯里的家里，却也跑到火灾现场围观。即便他后来的评论可能有些尖刻，但当时他也是在梦想着灰烬中重生的新大厦应该如何如何。"我几乎从头至尾见证了这场大火，一直到看着主厅被救了下来。我觉得这几乎是一个奇迹，因为它都已经被大火给围住了。"普金不太喜欢大厦中那些后来加建的所谓现代化构件，于是又说道："也没有什么太后悔的……塔楼像很多制造业的烟囱一样冒着烟，高温将它们抖落成万千碎片。"[7]想归想，巴里和普金都没有料到，这座大厦的未来很快就由他们来做主。而且，有关的事务全都融进其余生的方方面面。好也罢，歹也罢，他们将承担声誉和心智的风险。

第二天上午，英国皇家艺术学院图书馆的门房向一屋子的学生宣布："先生们，年轻的建筑师们，现在有一个好机会摆在你们的面前。"[8]事实上，从大火扑灭的那一刻起，就开始了激烈的争论，下一步该怎么办。同一天的《泰晤士报》给出了建议："我们应该各抒己见，比方说，以与原有建筑保持协调的风格，将烧毁的部分复原，而不是建造一栋不合乎年代历史、没有品位也不实用的另类新建筑。"[9]不久，整个国家都卷进了一场大论战。对于新大厦应该如何如何，似乎每个人都有自己的主见。

与此同时，需要对火灾现场进行调查，以了解有哪些幸存。10月22日，下议院第二执行秘书约翰·里克曼（John Rickman）提交了他的初步调查结果。在一份含有原大厦所在位置的地图上，他画出了被大火吞噬的范围。显然，大火几乎烧毁了所有东西。如今，大厦的原址上堆积着碎片和灰烬。这些饱受破坏的中世纪结构，从前是英格兰的皇家宫殿——西敏宫。其中有威廉二世所建的西敏厅，有其后的君主们所建的其他皇家建筑，例如圣斯蒂芬礼拜堂、怀特霍尔厅。此外，还有亨利三世建造的优雅彩绘厅，里面布满了忏悔王爱德华事迹的壁画。

自13世纪以来，西敏宫的彩绘厅一直是皇家理事会和国会的据点。直到16世纪30年代，亨利八世将寝宫搬迁到附近的约克宫，并将约克宫更名为怀特霍尔宫，西敏宫才改变功能，专为国会两院及其法庭所用。但是，此后的3个世纪里，这里并没有专为上、下议院扩展建造新的厅堂，而是以一种能修则修、得过且过的态度，任其随意扩建。从前的圣斯蒂芬礼拜堂被改用作下议院的议政厅，彩绘厅成了上议院的议政厅，怀特霍尔厅则被用作上访法庭。

但不管怎样，从前的英格兰皇宫已然演变为英国的参议院。新兴的建筑群也跟着获得了某种复杂的意义。从前的皇家国宴厅西敏厅变成了法庭。正是在这里，查理一世于1649年受到对手国会派的审判①。不过即便到了1834年，由于不同的原因，保守派和激进分子们都继续沿用这座大厅的老名号"西敏厅"。10月16日，当大火吞噬下议院之时，国会上议院中的贵族改革派首领阿尔索普勋爵（Lord Althorp）喊道："见鬼的下议院，让它烧个精光。但是，要救下，哦！救救西敏厅。"[10]1688年光荣革命之后经过讨价还价建立了君主立宪制，也确保了国会的运作。随之，大厦里的各类厅堂也跟着获得了某种历史性共鸣。观念与石头之间发生了关系。尽管让某些人不舒服，但宫殿内的每一块砖石都体现着民主的演变，并且被编织进国家体制的各种不同空间之中。

然而到了18世纪，大厦已经老化，难以维修。为了满足政府

---

① 如本书第四章所述，查理一世接受审判的地点应该在怀特霍尔宫里的国宴厅，而非此处所言西敏宫里的国宴厅。疑为作者笔误。——译注

对更多办公空间的需要，沿着老宫殿的边缘迅速加建了一圈木制房屋。18世纪50年代，兴建于大厦附近的西敏桥竟然蚕食到老西敏宫的地盘，让围绕在这座宫殿附近的贫民窟更为显眼。这就让局面变得糟糕且不可容忍。英国是世界上最伟大的国家，其政府的运作地竟然仿佛一处危险的猪圈！英国人需要一座新的国会大厦，一座新古典主义风格的参议院建筑，唯此方能确保伦敦拥有当代罗马的地位。当时的许多优秀设计师，例如威廉·肯特、约翰·瓦尔迪（John Vardy）、詹姆斯·怀亚特、罗伯特·亚当兄弟等，都试图插手，将这座混乱不堪的中世纪建筑改造成一座古典整体，以重塑这个国家的地标性建筑。

事实上却少有作为，因为这事由国会做主。就像我们通常所见的，政客们很少有什么关于建筑的高见。所以一直拖到18世纪80年代，才重新点燃了改造大厦的希望。第一拨改造提案，由当时的首相威廉·皮特发起。皮特的希望是，在美国独立战争之后，打造一个合乎新时代的国会。于是建筑师约翰·索恩提出了改造大厦的构想：将各色不同的古老建筑物协调到同一屋檐下，以此打造出一座新古典主义建筑，其中带有科林斯柱式、穹顶和基座。索恩提案的核心，是一组类似于梵蒂冈大台阶的皇家台阶，专为王室所用。索恩大概是希望通过这个台阶提醒民众，纵然民主式国会的理性秩序强大而有力，君主依然是政府的核心。

当时的索恩是英国皇家艺术学院的建筑学教授。在走向现代世界的迷茫之际，正是他发出了保留古典设计语言的最强音。索恩是理丁市（Reading）附近一个砖瓦匠的第七个儿子，在大旅行的浪潮中前往欧洲。然而，如他后来所坦承的，他相信"建筑述说着自己的语言……最重要的是，一座建筑如同一幅历史的图片，必须诉说自己的故事"[11]。索恩正在构思皇家交易所对面的英格兰银行大厦的设计。这项设计也成为他纯粹主义建筑理念最有力的实例。如果说建筑师纳什是一位充满活力的机会主义者,那么索恩则致力于寻求正确的形式。这让他的建筑带有某种忧郁的气质。

最能说明问题的,莫过于他在伦敦林肯律师协会广场为自己设计的住宅①,可谓居室与大量奇特收藏室的奇妙组合。如此独特的视野,正如后世一位评论家所言:"只有一个人,也就是已故的约翰·索恩爵士,才有胆识积极地追求原创。其他所有人都在狂热追逐着某种奇特的外国时尚,只有索恩爵士执着于自己的方式……然而这位老骑士尽管狂热,却也是有章有法,合情合理。"[12]索恩希望以自己渊博的学识,将西敏宫从混乱中形成一个理性秩序。然而,事情终归成空。

显然,18世纪90年代的索恩不可能指望远在法国发生的事能够支持自己的理念。1789年法国大革命之后,古典建筑被当作法兰西新共和国的建筑风格而大加推广。然而在英格兰,对古罗马理念的运用,却与被谋杀的国王以及令人痛恨的拿破仑脱不了干系。因此,英格兰的设计师远离古典迷思,转而拥抱风景如画的理念。他们尤其青睐被忽视了几十年的哥特式风格。比如在西敏宫的改造构想中,建筑师詹姆斯·怀亚特于1799年宣布,自己设计的是"一座伟大的哥特式建筑"[13]。怀亚特正是当年休姆伯爵夫人聘请的第一位建筑师,设计伯爵夫人位于波特曼广场的休姆府。然而此刻,怀亚特的激情却并未对国会大厦的结构肌理带来什么影响。1799—1815年,尽管英国正处于战争之中,西敏宫改造委员会仍花掉了25万英镑。然而钱不是用于装饰建筑,而是用作清除西敏宫周围的贫民窟,以防不可控制的暴民。怀亚特所得到的许可,仅

---

① 此地如今为索恩博物馆。——译注

仅是对议长厅做稍许调整，对旧宫大院做些轻度改造。这座大院后来被比作男厕所。

与拿破仑对抗的对法战争，也让英国政府不可能再有钱大兴土木。直到19世纪20年代，改造大厦的尝试才逐步得以落实。约翰·索恩再次接到命令，要求他通过对西敏宫建筑的改造，反映最新的政治版图。此刻，在时任首相的利物浦勋爵（Lord Liverpool）的带领下，托利党中的自由派正在将乔治·坎宁（George Canning）和罗伯特·皮尔（Robert Peel）爵士等人的政见推广运用到实践中。这些自由派领导人希望通过在金融、法律和刑法等层面的改革，促进经济稳定，从而赢得新兴中产阶级的支持。索恩从老宫殿的中心部位西敏厅开始着手。他将用于处理法律事务的法庭从古老的宫殿中搬走，将其安排到沿着宫殿外墙专门建造的房子里。这么做，一方面是认识到昔日哥特式大厅的辉煌壮丽不能随便乱用，另一方面则是因为如今的立法业务需要更多的空间，也需要更加专业化。

有关法律的事务很快演变为一道难题。事实上，早在老西敏宫发生火灾之前的几年里，有关的讨论就已经是令人头疼不已。国会内部巨大分歧的原因复杂多样，主要纠结于经济的功能、法律的改革、自由贸易的对错、国王在宪法中的地位、外交上孰亲孰疏、贵族继承权等层面。但是，任何一个层面的分歧，都比不上1832年的改革法案更为突出。这项法案旨在承认英国国内权力的转移，要认识到城市及其工业中心正在兴起，而乡村正在不可避免地衰落。这其实也是对整个社会形态变化的承认，特别是对城市中产阶级崛起的认知，这一切正如我们在关于休姆府和摄政大街的故事中所见。从前，一个人必须要拥有土地的所有权，才能够有资格成为选民。而今，政府需要操心的是广大城市中那些职业人士的政治意愿。这些职业人士受过教育，富有，又热衷于参政。他们虽然没有永久性的产权，但大多已买下了城市里大型联排别墅的居住权。简言之，需要意识到，英格兰已经成为以都市为主的社会。

改革的动机，主要是为了应对选举体制的腐败。几十年来，下议院的许多席位为当地的乡绅们所操纵，而非通过自由选举。这些乡绅利用空心化自治市镇，为自己带来席位。所谓空心化自治市镇，指的是那些位于乡村的乡郡，地广人稀。比如，在1832年改革法案推出之前，位于威尔特郡的老萨鲁姆（Old Sarum）小镇上，每年都有人获得议员的席位。而事实上这座所谓的小镇，只有三栋大宅子，可以想象其人口的稀少。与此同时，拥有众多人口的棉纺织业首府曼彻斯特，却没有一个人能够当选为议员。连首都伦敦也只能选出4位议员。

因此，1832年的改革法案提出，废除早前选举图册上53座"空心化自治市镇"的选举名额。但改革的权力最终掌握在国会议员的手中。这是一个从来就不愿自医其疾的团体。要想让他们通过这个法案，注定艰难而令人痛苦，并且将政体撕扯得四分五裂。至于法案本身，即便通过，也无人会满意。后来的历史学家常常将1832年看作英国国事转变的关键时刻：结束旧世界的黑暗，迎来新时代的曙光。而在当时，可什么都不是。

辩论蔓延到伦敦街头，几乎就要爆发革命了。1830年夏天，法国国王查理十世被迫逃离巴黎，逃到伦敦。这件事提醒英国人，如果再不采取行动，就会发生危险。在乡村，为了抗议低工资和工业化，穷苦的劳工发动了暴乱，更增添了阶级斗争的魅惑。同年9月，历史学家托马斯·巴宾顿·麦考利（Thomas Babington Macaulay）向国会介绍了初版改革草案，并敦促上议院放弃"违背时代精神的无谓争斗"[14]。否则，等待他们的将是比法国更糟糕的命运。然而，上议院的贵族议员们担心，对选举政策的放松会削弱自己生来就拥有的统治特权。他们无心变革，也极力阻止有关改革草案通过。于是，伦敦头号大宅邸阿普斯利庄园（Apsley House）遭到石块攻击。庄园府邸所有的窗户玻璃都被砸个粉碎。之所以如此，是因为这座庄园的主人、昔日战场上的英雄惠灵顿公爵，如今是托利党内超级保守主义阵营的领袖。

其实，改革草案在提交到上议院之前，已经被折腾过两次。如此挫折却反而让其支持者更加坚定激进。不久便有人呼吁废除上议院。因为担心国民经济可能在动荡中崩溃，加上太多的抗议者拒绝缴纳税款，英格兰银行甚至做好了破产的准备，同时也暗示，在得到政府默许改革之前，将暂停给政府的经费。显然，国会里贵族议员们的顽固保守反而让他们所害怕的激进主义更加激进。后来，站在改革派阵营的国王威廉四世①威胁说，要另立一个由大批新自由派辉格党贵族组成的团体，让改革草案得以通过。保守派托利党最终以弃权的方式被击溃。改革法案于1834年6月7日获得王室批准。

改革法案通过之后，辉格党表示满意。在他们看来，该法案向政治自由迈出了可喜的第一步。托利党也比较高兴，因为混乱的局面终于结束了。让他们遗憾的是，自己竟然做出了让步，于是决定下面再不能有半步的退让。激进分子们则懊恼错过了一个机会，并渴望能有新的机会推波助澜，让国家最终走向光荣共和。而事实上，该法案并没有给西敏宫之外的乡间带来什么变化。普选权仅仅扩大了1.5%，从所占人口的3.2%增加到4.7%。其结果

---

① 威廉四世是乔治三世的第三个儿子，也是乔治四世的弟弟，在其兄长去世后继承王位。——译注

是，一些人担心法案在执行中失败，"因情绪不安而带来手颤或肠胃不适"[15]，另一些人则声称成功的法案已把上议院打趴下。

因此，那些于1834年10月16日晚间聚到一起的围观大火的人，望着老西敏宫被大火吞没之时，各自的内心也都经历了一场情感风暴。难道说这座象征着特权的古老纪念碑再也不合乎其当初的目的？或者，这是一场哀悼，哀悼被遗忘的传统和历史？火灾是否意味着与过去决裂，让重建带来新的机遇？一座新建筑是否可以弥合当前四分五裂的国家？正如哲学家约翰·斯图亚特·米尔（John Stuart Mill）所言："旧的方针已经过时，新方针却尚未问世。"[16] 火灾之后，凤凰涅槃的大厦能够通过新的石头确立新的宪法吗？

几天后，人们发现，皇家特许测绘官罗伯特·斯墨科爵士已经得到墨尔本首相的委托，负责设计新大厦。斯墨科还得到指令，对大火后的废墟进行评估，看看有什么剩下的，并尽快为上、下议院找到新办公地。斯墨科曾经是纳什和索恩在工部局的同事。然而到了1834年，因为白金汉宫扩建工程不力，纳什声誉尽毁，让整个工部局都遭到质疑。因此，当斯墨科因为特权而获得这项设计任务时，立即就出现了不赞成的嘲讽声音。

当然，这不是国会发出嘘声的唯一原因。因为这座大厦的设计不仅仅是建筑设计，更是汹涌于废墟之间的暗潮黑浪，推波助澜的背后是各种相互冲突的利益集团和不同的派系。1834年12月，辉格党党魁墨尔本勋爵被迫解散国会，举行新一届选举。此后，墨尔本的对手罗伯特·皮尔爵士成为下议院的领导人。这个局面对斯墨科未尝不是好事。因为新首相皮尔是斯墨科的老朋友和赞助人，斯墨科也就保住了自己的建筑师饭碗。问题是，皮尔很快卷入争议中。1835年1月，整个国家又举行了一次选举。选举投票的结果却是组成了一个摇摆的国会。反对派没有足够的席位让皮尔下台，皮尔也没有得到足够的支持来组阁。僵持之下，各项政策难以推进。最终，当新闻界借着批评斯墨科的国会大厦设计来攻击政府之时，皮尔再也无力保护自己的老友了。

1835年1月31日，英国陆军上尉爱德华·卡斯特爵士（Sir Edward Cust）出版了一本小册子。卡斯特以前是比利时国王利奥波德（Leopold）的侍卫官，也是一位托利党国会议员。但他在1832年改革法案推出后的重新选举中丢了席位。此外，他还是一位"热衷于建筑的业余爱好者"[17]。在小册子中，卡斯特将大多数人有关大厦设计的焦虑做了总结，并呼吁要对国会大厦的设计举行公开竞赛。这个呼吁很快得到大多数新闻机构的支持。但后来有些人认为，卡斯特此举别有用心，他是在暗中帮助自己的老朋友查尔斯·巴里。二人相识于1829年，当时建筑师巴里正在设计位于伦敦帕尔摩街的旅行者俱乐部。还有人说，卡斯特的呼吁是为了抗议让新古典主义者操纵新大厦的设计。因此，对设计风格的选择成为论战的焦点。

1835年2月，国会终于能够再次召开议政会了。议员们却发现，自己坐在斯墨科设计改造的临时房间里。上议院的议员们挤进了匆忙修缮的彩绘厅，下议院的议员们则在上访法院里凑合着。这绝不是让人舒适的议政期。只获得少数议员支持的皮尔首相，在所有人面前唯唯诺诺，并于3月2日成立了一个专家委员会，审议新大厦的设计建造事宜。该委员会囊括了下议院几乎所有的派系，有托利党、托利党内的极端保守派、托利党内提倡天主教解放和自由贸易的坎宁派（Canningites），有辉格党、激进派，有爱尔兰的自由党派（Repealers）、德比派（Debyites），还有只代表自己的独立派。这些代表不同派别的委员，在讨论如何运作国会等自己的专业议题上都很少统一，如何能在国会新大厦

第八章　国会大厦：查尔斯·巴里和A.W.N.普金一起重写历史　277

的设计议题上达成一致呢？

委员会讨论的第一项议题是，新建大厦要不要搬离原址？这栋古老的建筑成于偶然，其前身是昔日的皇家宫殿，建在索内岛低洼的沼泽地上。而今，从前索内岛上的西敏城已经发展成大都市边缘一个狭窄而拥挤的街区。那么，何不趁着建造新大厦的机会，改善这糟糕的拥挤局面。委员会成员之一，激进的约瑟夫·休谟（Joseph Hume）早于火灾之前的1833年就提出了搬迁事宜。现在他建议，将上、下议院要么都移到圣詹姆斯广场，要么移到经纳什改造过的特拉法加广场。威廉四世也提出了自己的设想，建议将国会搬到经纳什扩建，同时也让纳什大触霉头的白金汉宫。还有人建议，翻新考文特花园或者莱斯特广场。好在最终所有的辩论竟然达成了一致，那就是肯定了老西敏宫作为集体记忆之地的历史重要性。其"场所守护神"的地位不应该遭到破坏。因此，新大厦应该建在从前的废墟之上。换句话说，新起草的宪法不应该书写于白板之上。

委员会接下来的任务是，审核斯墨科的意大利风格的设计。投票的结果是14∶2通过。看起来对斯墨科颇为有利，然而，政治层面的大背景又一次决定了建筑的命运。4月8日，皮尔辞职，墨尔本再次成为首相。但墨尔本面临同样的弱势局面，还是一个摇摆的国会，也就少有作为。墨尔本手下的微弱多数，基于辉格党与激进派之间的联盟。有关新大厦的设计等议题便成为联盟里两个派系之间妥协的筹码。随着媒体挑起的论战，举行一场公开竞赛自然是最佳选择。于是，政府于6月3日宣布成立竞赛评审团，所有的参赛者必须在12月1日之前提交方案。设计要求是："或者哥特风格，或者伊丽莎白风格。"[18]

将风格作为竞赛的要求并非偶然。首先，可以借此否定斯墨科的意大利风格的设计。再就是，调和委员会内从来就互不买账的各方人士。正如历史学家 W. J. 罗拉鲍（W. J. Rorabaugh）所言，"这是辉格党的一着妙棋，通过撕裂托利党与激进派，维持墨尔本政府。因为，哥特式风格让保守派高兴，却让激进派不高兴。推翻斯墨科的意大利风格的方案，让激进派高兴，却让托利党不高兴"[19]。根据规则，竞赛中最好的两个设计方案将获得 500 英镑的奖励，但只有一个方案能够最终得以实施。说来当时的竞赛只是短期行为，然而哪件作品能够入选却具有相当持久的效应。

查尔斯·巴里并不赞成竞赛评审团对风格的限制。他更希望能够按照自己的意愿构思一个意大利风格的设计。但他是一位多才多艺的思想家，有能力设计出各种不同风格的建筑。正如他的儿子后来所言，"他最初的设计理念勾勒于一张信纸的背面……从那张草图可以发展出任何风格"[20]。

巴里出生于西敏城。他的父亲是一位文具商。至于他自己，自 15 岁开始，他就在设计行业里摸爬滚打。结束学徒期之后，他得到一笔遗产，去了欧洲。兴趣将他吸引到意大利的古典奇观，乃至更远的雅典、埃及和叙利亚。19 世纪 20 年代回到伦敦后，面对首都的建设热潮，巴里立即投身其中，通过两种方式拓展自己的业务。其一是争取获得一些富豪如荷兰府屋主的委托；其二是参加各类建筑招标竞赛。当时他还迷上了风景如画理念。在他看来，这种折中主义风格反映了当时社会的诸多不同面貌。同时他也承接各种不同类型的建筑设计业务，例如位于曼彻斯特附近的一座当代哥特式风格教堂、位于布莱顿的一座早期英格兰式风格教堂、位于英格兰南岸的一位律师的意大利式别墅。再就是对索斯兰德公爵夫妇（Duke and Duchess of Sutherland）位于特恩汉姆（Trentham）的府邸的改造。慢慢地，他的业务逐渐扩大。1824 年，他为曼彻斯特学会（今为曼彻斯特城市画廊）做了一个大胆的希腊风格平面设计。他在伦敦也声名鹊起，因为他在那里设计了一座佛罗伦萨式的宫殿，即伦敦旅行者俱乐部。旅行者俱乐部的设计，奠定了巴里作为新文艺复兴风格的领头人地位。

1833年，巴里又接了一项大业务——设计伯明翰爱德华国王文法学校。正是这个项目激发了他对垂直哥特式建筑的热情。文法学校的竞赛规则中，其实并没有对风格做出规定，但巴里觉得，既然这所学校拥有都铎王朝的背景，也就需要对风靡于都铎王朝时代的建筑风格有所考量。为此他对哥特式建筑做了考察和探索，并试图在自己的设计中，通过哥特风格，以一种全新的方式协调空间与功能。1835年夏，巴里对文法学校的设计进行最后的润色。与此同时，他着手绘制国会大厦设计竞赛的第一幅图纸。大概就是这个时候，卡斯特介绍他认识了A. W. N. 普金。

A. W. N. 普金的父亲是名著《哥特式建筑实例》（*Examples of Gothic Architecture*）的插图作者，早已是一位大名鼎鼎的人物。巴里对这位插图大师早有耳闻。这位插图大师曾经在威尔士和伦敦做过约翰·纳什的副手。普金几乎完全受教于父亲的绘画学校教程。这所学校就开设于他们在布鲁姆斯伯里的家里。虽说普金很快就痴迷于古典建筑，但他职业生涯的起点却是家具设计师和装潢师，而非专注于石作的建筑师。其最早的名声，来自他在大英博物馆阅览室里对丢勒（Durer）画作的临摹。少年时代，普金就对温莎堡的改造提出过建议。再后来，和伊尼戈·琼斯一样，他在考文特花园剧院从事布景设计，从中学到了不少的手工艺技巧。

尽管对古代书籍有精深的研究，并在其父亲的指导下熟知了哥特世界的辉煌，但直到1883—1884年，当他开始为一些舞台剧的布景绘制一系列有关中世纪的奇妙图画时，才开始涉足建筑业。

这些舞台剧包括《圣约翰医院》(*St John*)、《大教长》(Deanery)、《圣玛利亚学院》(St Marie's College)等。1835年认识巴里时，普金正在为家人进行自己的第一项建筑设计——"圣玛利亚的格兰奇"。巴里在伯明翰文法学校的设计中，大量借鉴了老普金的画册《哥特式建筑实例》。当他结识老普金的儿子小普金时，便立即在心里盘算着，小普金可以为自己的项目的家具设计和室内装潢带来某种特别的气息。对小普金而言，事实上他在国会大厦的作为，也是第一次能够公开地展现自己，"实现他多年来的梦想"[21]。

因此，那年夏天，当巴里开始集中精神设计国会大厦的竞赛方案时，他期待普金为自己的最终方案添加一些哥特式的细节。从巴里绘于一张信纸背面的草图推断，他很快就构思出新大厦的设计方案。这个构思基于大火中得以幸存的遗留、西敏宫的历史以及附近亨利三世建造的西敏寺。他还研习了西敏寺内的亨利七世礼拜堂。这座礼拜堂以其内部非凡的扇形拱顶、玻璃与石头融为一体的优雅外观而蜚声世界。此外，西敏厅在大火中得以幸存的现实，也决定了复兴哥特式风格的必要性，并促使巴里考虑如何让这座古老的大厅与新建大厦的主体和谐相融。

起初，巴里也想过将大厦扩展到邻近的街道。但购买土地的成本太高，只得放弃。最终，新大厦只能放在已经沦为废墟的狭窄地段。也就是说，他只有8英亩的地块可供施展。要在这8英亩里安排大厦的所有房间，还要做到光线充足、空气新鲜，在各种不同功能的房间之间，通过有序的庭院让整座建筑易于流通。让英国宪法的奥秘蕴含于石头之中，让纸上的虚无成真！任务是惊人的复杂：

14间大堂、旁听席、前厅以及若干套宽敞高贵的华丽套间……总之，大厦包括8座一流的官邸、将各类房间连成一体的

20条廊道和大厅、32个临河而建的华丽套间。每个套间之内，需要布置会议室、图书室、接待室、餐厅以及文员办公室。[22]

老皇宫从前的入口面朝泰晤士河，因此，必须要对河边的立面进行更多的考量。来到总入口大院之后，又需要设置不同的入口，有供大众出入的大厅入口，有分别为上、下议院的议员们专用的特别入口。说起来，巴里需要迎合墨尔本领导的以辉格党改革派为主的国会，以体现改革。然而他的设计方案却相当地保守，几乎完全忽略了当前的政治改革现实。其主旨是为了回归王室的古代宪政，注重上议院与下议院之间的等级关系。其中的特别之处在于，以皇家台阶为新大厦的核心。也就是说，整个国家的真正权力依然掌握在王室手里。这个权力在一年中的两天彰显放大，那便是君主进入大厦，为新一届国会主持开幕式。因此，大厦西北角的国王塔将是最为壮观的建筑。从这座150英尺见方的国王塔通向大厦的王室通道，便成为巴里设计的重心。具体来说，这条通道的起点是国王塔里的皇家更衣室（Robing Room），终点是上议院。来到上议院的议政厅之后，君主于庄重的典仪中落座。至此，整座建筑升华为理想政体微缩版的奇妙一统。

除了这些，巴里还必须考虑国会大厦的现代功能需要：为上、下议院设置图书室，为议员们提供一系列会议厅。因为日益增长的业务需要，如今的议员们有太多的闭门会议。此外，还需要设置茶点间，从而让议员们找不到借口躲到自己的俱乐部消遣。最后，他还必须考虑政府与公众之间的关系。例如公众旁听席的大小、中央大厅的优雅与否，都体现了权力行使过程中的公正和透明。

为了让设计能够体现大不列颠各种不同的特色，巴里试图挖掘民族中已有的先例，却几乎一无所获。以前，不列颠没有哥特式宫殿。垂直哥特式风格主要用于宗教建筑。显然，巴里无法让自己的设计模仿一座大教堂或修道院。于是他考察了一些低地国家的市政厅，以这些市政厅作为潜在的模板。比如他在布鲁塞尔和卢万（Louvain）发现的一些实例，启发他在大厦的主体添加一座塔楼，供议员们会客和接见自己选区的选民。但是，巴里想要的是一座豪华的宫殿，而非资质平常的市政厅。

既然历史没能给出好的样板，当下的想象力也许会更有成效。说起来并不是先知先觉，但巴里此前在伯明翰文法学校和伦敦绅士俱乐部的设计经验，恰恰为新大厦的设计提供了最好的铺垫。但苦于没有本土的样板作为参照，巴里觉得还是设计一个自己拿手的古典式建筑来得保险。于是他让大厦的平面更接近古典而非哥特式。然后再赋予该平面一个哥特式外观。面对如此巨大的工程，他深知自己需要行家指导。为此他邀请普金为这一意大利式创作进行装潢。当时普金正在进行一项宫殿设计。雇主是苏格兰建筑师詹姆斯·吉列斯皮·格雷厄姆（James Gillespie Graham）。但他很高兴地接受了巴里的邀请。因为巴里将支付他400个坚尼，格雷厄姆却只付300个坚尼。普金在竞赛的最后期限，也就是1835年12月1日之前，将巴里的设计彻底翻新。

竞赛评审团一共收到97份参赛方案，全部以匿名方式提交，每份方案都标了号码，让竞赛看起来公平。但很多推崇新古典主义的有名望的建筑师懒得提交方案。直到次年3月，评审团才宣布他们的决定。共有4份设计方案获得特别奖，其中的64号方案获得最高奖。然而评审团向国王介绍方案时却表示："难以考查该设计图纸的细节，对于设计者的哥特式建筑技巧也没什么信心。"[23] 国会大厦建造委员会更加谨慎，虽然认可了大体方案，却列举了很多详细的问题，要求对原方案加以修改。从此，开启了从图纸检测到工地考察的漫漫长路，历时3年，其间还经过了一场关于英格兰建筑特质的大辩论。

巴里的设计方案被放到新近落成的国家美术馆展览，让人们都能看到。然而这并不是一个庆祝活动，而是允许各色人等各抒己见，有巴里在建筑界的对手，有古物学家和有品位之人，还有持不同政见者，等等。除了巴里的方案，大辩论还包括是否应该将哥特式建筑作为民族风格，以及大厦的建造费用等议题。巴里被折腾得筋疲力尽。普金倒是非常乐意能有一场深度的大辩论。当时的英国正处于追求民主的政治浪潮中，社会上对于如何描绘自我发生了翻天覆地的变化。面对如此混乱的现实，许多人认为，英国正处于分裂的边缘。托马斯·莫兹利（Thomas Mozley）牧师写道："英国社会的整座大厦，正在向地表坍塌。"[24]他后来又补充道："我们历史上所经历的变化，从来没有比教堂建筑从希腊和罗马风转型到……中世纪风格那样来得突然、迅速、彻底。"[25]将社会大崩溃与哥特式复兴连到一起，这种观点并非偶然。

作为对混乱的回应，一些思想家开始寻求理想的社会模式。他们希望从前英格兰田园诗般的宁静，能够中和工业化对整个民族精神造成的伤害。被誉为切尔西（Chelsea）圣人的哲学家托马斯·卡莱尔（Thomas Carlyle）认为，崛起的中产阶级正在破坏古代的秩序。让卡莱尔备感失望的是，民族精神在机器时代丧失了。由此他得出结论：社会已经被降低到只是注重交易和所谓的理性。他更进一步忧心忡忡地说："我们已经完全忘记了从前的伦理。然而，金钱并不是人与人之间唯一的关系。"[26]

对教会的复兴是重建和谐社会的一种方式。可复兴的教堂应该拥有怎样的外观？19世纪30年代，面对雄伟的索尔兹伯里大教堂，威廉·科贝特（William Corbett）悲观地叹息道："如今再也没有如此壮观的建筑了。"[27]这声叹息激发了对民族昔日珍宝的新兴趣。沃尔特·斯科特爵士风靡全英的小说，便生动再现了中世纪制度、骑士风范以及中世纪的故事。在城市郊区的体现便是，由纳什及其同时代的建筑师们所设计建造的哥特式别墅，以风景如画之美对抗城市里的重商主义现实。其中最著名的例子，当推贺拉斯·沃波尔的草莓山庄①。这座位于伦敦西郊 10 英里之外的建筑，是一个有精致品位之人为自己建造的田园牧歌式别墅城堡，其目的便是反对所谓的古典主义府邸的故作姿态。

对哥特式建筑的激情很快就四处传播开来。然而在传播的过程中，却缺乏一种将哥特式普及为本土风格的哲学指导。为此，当普金着手为巴里的国会大厦方案添加装潢设计时，他开始撰写专著《对比》(Contrasts)。这本专著于 1836 年发表。在书中，普金对英国的年轻人高声疾呼："如果将本世纪的建筑作品与中世纪的建筑作品进行比较，后者奇妙的优良品质将震撼每一位细心的观察者。"[28]接着，他通过自己的一系列手绘图，对比参照现代社会的腐败本质，以及这些腐败如何反映到当代建筑中。在他看来，建筑应该拥有功能，其含义通过装饰表达，不在于丰富的风格，而应该有一个关于审美的标准。对工艺的复兴将带来社会秩序的变革。最后，他总结道，哥特式建筑可以重整现代社会，并赋予社会以神圣性。总之，这本雄辩的著作充满了激情，将哥特式复兴推向民族宗教的层面。

当然，这种新风格也免不了招致批评。对某些人来说，这是野蛮的风格。在一封致埃尔金伯爵（Earl of Elgin）的公开信中，W. R. 汉

---

① 我们在拙著《时光之魅——欧洲四国的建筑与城镇保护》一书中，对该山庄的兴衰及其当代保护有详细介绍。——译注

密尔顿（W. R. Hamilton）表达了他的愤慨："如今，野蛮的哥特式再次凌驾于意大利和希腊古典之上，英国人为此还说什么要寻找崇高和美丽的艺术模式。其结果必将导致一代人的无知和迷信。"[29]

当巴里的设计方案放在国家美术馆展出之时，其设计理念也就成为这场激辩中的替罪羊，被大加挞伐。激进的议员约瑟夫·休谟提出，要重新招标，唯此才能让新建的西敏宫更为理性。他进而主张要有一个效用主义哲学的视野①。这个呼吁在《西敏斯特评论》（*Westminster Review*）周刊中得到热烈回应。作为哲学家杰里米·边沁（Jeremy Bentham）②的喉舌，这份周刊指出，哥特式是法国风格，而我们现在所需要的是一个基于功能的设计，而非怀旧。在西敏宫附近，米尔班克（Millbank）圆形监狱就是根据边沁的理念建造的，可谓效用主义建筑的精华。那么，宫殿建造是不是也可以采用类似的效用主义理念呢？

1837年1月，为了回应某些议员的批评，巴里和普金提交了一份修订方案。与此同时，官方测绘师们估算出86.5万英镑的造价，以及总共6年的工期表。修订方案中，增加了一道堤防以强化大厦的临河立面，扩大了经由西敏厅的公众入口，缩小了王室入口。上议院的建筑面积也有所增加。基于下议院议员们对音响的考虑，对下议院的设计也有很多改变。虽说需要一间能够坐上600多人的议政厅，但平均计算，这间议政厅平常的与会人数并不多。显然，不管是从巴里内心追求完美的角度，还是基于外界的压力，设计方案都处于不断的改进中。如此一来，建筑师很快就陷入了困

---

① 很多中译文，将"Utilitarian philosophy"翻译为"功用主义"或"实用主义"，但我们认为，"效用主义"更为贴切。"功用主义"的说法容易让人误解。——译注
② 杰里米·边沁（1748—1832），是英国哲学家、法学家和社会改革家，被誉为现代效用主义哲学的创始人。至于他对英国社会的影响，本书第九章有所描述。——译注

境。接下来的7年里，普金未能再到工地上，巴里则独自开始了这项纠缠他余生的大工程。

1838年，施工开始，第一步是建造堤道。就是说，将一些大型沉箱钻入泰晤士河的河床，再在这些沉箱里浇灌混凝土。巴里计划将大厦的某些部分建于泰晤士河之上，施工便显得复杂。因为施工中发现，河床"像流沙般"不稳，便需要建造一个坚实的核心作为地基。巴里让工人浇制了很多长度在5—15英尺的混凝土板块。这些板块加起来的总长度高达1200英尺。在这个地基之上，又砌筑了很多层砖块。最后才开始用石头砌筑墙面。

直到1840年4月27日，才终于由巴里夫人安放下大厦的奠基石。显然，工期已经拖得太久。在这段备受干扰的日子里，政府成立了一个专门委员会，负责选择建造所用的石材。预设的前提是，新建的大厦应该采用最好的石材。于是他们对多家采石场不厌其烦地进行了实地考察，以测试比较不同石材的耐久性和适用性。委员会最初选择的是博索沃荒原（Bolsove Moor）上的镁石灰石，却发现这些石材只能一小块一小块地开采。于是不得不改用利兹公爵（Duke of Leeds）采石场里的安斯顿（Anston）石。至于室内装潢，委员会选用了来自佩斯维其（Painswich）和法国卡恩（Caen）的石料。此时，巴里最大的希望是，议员们能够在大厦竣工前保持耐心，不要再有什么节外生枝的事件干扰工程。

工程开始启动的两个月后，威廉四世的侄女、18岁的维多利亚在西敏寺加冕登基[1]，宣告了一个新时代的来临。19世纪40年代

---

[1] 1837年6月，维多利亚女王继位为"大不列颠及爱尔兰联合王国女王"；1838年6月，举行加冕仪式。1876年5月开始，维多利亚女王亦成为"印度女皇"，是第一位兼任印度皇帝的英国君主。她在位的63年间（1837年6月—1901年1月）被称为维多利亚时代，是英国最强盛的所谓"日不落帝国"时期。尤其是维多利亚时代后期，可谓英国工业革命和大英帝国的巅峰。——译注

是危险的10年，政局不稳，饥疫流行。对英国人来说，这是一个爆发宪章运动和实施谷物法的年代。街头充斥着绝望的情绪和示威游行队伍，同时又面临着域外近邻的暴力威胁。1848年，意大利、德国和法国相继爆发了革命。英国人再次担心这些暴力事件可能会越过海峡蔓延到自己的国土。

尽管如此，大厦的施工仍继续进行。国会议员和文员们的临时办公室都位于施工地段，而巴里则须接受这样的施工条件。怀着让建筑引导整个国家的美好期望，巴里徘徊于理想与现实之间。理想是哥特式宫殿意象，现实是新建大厦内的政府运作。如前所述，巴里当初的设计方案相当地保守。其总体构想基于老西敏宫的历史和古老的等级秩序——王室、上议院、下议院。这是一个从来都不曾存在过的骑士般的幻想，可谓亨利三世与其身边的贵族们斗智斗勇，并最终诞生了国会的翻版。与此同时，上、下议院的议员们依然挤在狭窄的临时办公室。这些人对于持续延误的工期越来越不耐烦。

从设计层面看，巴里面临的最大挑战是沿河立面。随着建筑主体的总长度增加到940英尺，巴里不得不重新思考，如何让这个立面丰富多样且富于动感。品位的考量，让他不可能将建筑设计成一副枯燥单调的面目。此外，他还需要对自己拿手的意大利风格平面加以改造。于是他将立面设计为三大部分，当中以两座塔楼隔开。中间部分共有三层，仿佛一座古典门廊。受附近亨利七世礼拜堂外观的启发，他在塔楼上设计了一些塔垛。为了拥有雉堞般的屋顶轮廓，他又修改了当初的设计，一反扁平的风格，而将一些尖顶凸起于陡峭的铅屋顶之上，从而给人崇高的垂直感，以掩饰过宽的立面。

立面设计则基于严格的等级考量。为了营造出轻盈感，他对每一层楼的窗户都做了不同的设计。一楼的窗户坚实而朴素，暗示其内的房间是密室，用于存放公共记录的档案和文件。二楼和三楼则安排着用来处理政务的会议室、接待室和图书室。巴里在1835年得到的指令是，设计32间会议室、图书室、接待室、餐厅和文员办公室。到了19世纪40年代中期，新的法案和议案，尤其是数不胜数的铁路法案，在提交到议院正式投票前，都需要在会议室里进行讨论。这也就让这些会议室逐步获得了更多的权力寓意。如此新增加的重要意义，也需要通过这些房间的窗户设计传达出某种隐喻。

沿河立面还被设计为展示英国历史的窗口。1843年，巴里专门聘请了石雕师约翰·托马斯（John Thomas）。他们曾经在伯明翰工程中有过合作。现在，两人一起对国会大厦沿河立面上的繁复石雕做出完整的规划。巴里的立意是，在大厦立面一楼的窗台上，放置一组自征服者威廉以降的每一位英国君主的徽章。对于查理二世之前那些没有给自己设立徽章的君主，巴里则另外做了些简单的设计。比如他将威廉二世的徽章设计为在其盾牌之上附加西敏厅的图案，将爱德华二世的徽章设计为乔治和龙的图案。各个君主的徽章之间的墙面上，则刻上带着盾牌的天使。此外，还有其他一些图案和雕饰，例如维多利亚女王名字的缩写 V. R.，它们以都铎时期字母的样式镌刻；符合此情此景的座右铭如天授我权（Dieu et Mon Droit）、维多利亚君主神明（Victoria Regina feliciter regnant）；象征三个民族联盟的桂冠、树叶和花瓣，等等。所有这些让立面的墙壁无处不彰显着国家的恩典和恢宏。

从室内到室外的装潢可谓新大厦建设的核心。单就装潢而言，其主要涉及的施工是石作表面，而非整体结构，不至于有什么风险。然而，正如墨尔本首相指出的，政治与美术的结合注定是一场疾风骤雨："让上帝救救那位涉足艺术的大臣吧。"[30] 1841年，建筑师巴里着手装潢之时，国会成立了一个专门的美术委员会，以决定有关画作和雕塑的取舍。美术委员会的主席是刚刚从德国来到英国的阿尔伯特亲王（Prince Albert），也就是维多利亚女王的夫婿。时人认为，跟建筑一样，美术特别是其中的巅峰之作，如展示史上英雄的画面，对观者有道德上的教化作用。但跟建房造屋一样，美术创作亦需要经历一番磨难。作为国会大厦，这栋宫殿式建筑拥有国家级尊严。可是，从哪里可以找到英国版的雅克-路易·大卫（Jacques-Louis David）或者欧仁·德拉克洛瓦（Eugene Delacroix）①，让他们来描绘英国的荣光呢？美术委员会里20位尊贵的大人与阿尔伯特亲王，对新宫殿的壁画主题争论不休。

到了1844年，美术委员会的工作倒也是有条不紊。巴里在大厦外立面上所做的装潢，主要是雕刻一些与英王朝有关的图案。美术委员会由此受到启发，开始努力寻找那些能够彰显英国昔日辉煌的图像和装饰。令人奇怪的是，巴里却不是这个美术委员会的成员。但他指出，对绘画和雕塑的选择应该与他所设计的空间寓意相合。至于其他事务，当征求巴里的意见时，他表示，所选的画作应该以壁画的形式展现。因为这样做既隐喻画作本身是伟大的文艺复兴式艺术，亦暗示这座当代大厦与都铎王朝的紧密关联。都铎王朝正是老西敏宫传说中的发源时代。此外，他还善意地提示："不要让画作的表面过于明亮，以使其能够从不同的视角被全部看到，而

---

① 雅克-路易·大卫（1748—1825）是法国画家，堪称新古典主义画派的奠基人和杰出代表。其早期作品多以英雄人物为题材，如《贺拉斯兄弟之誓》《处决自己的儿子布鲁图斯》等。欧仁·德拉克洛瓦（1798—1863）也是法国画家，可谓浪漫主义画派的领军者，亦擅长绘制历史题材的画作。其中的代表作有《十字军进入君士坦丁堡》《自由引导人民》等。《自由引导人民》还对浪漫主义作家雨果产生深刻影响，激发雨果30年后写出《悲惨世界》。——译注

得到充分的理解。"[31]

很快就有传言，阿尔伯特亲王计划聘请德国画家。德国慕尼黑画派拿撒勒人（the Nazarenes）的技能，也的确令人钦佩。毫无疑问，亲王向该画派领袖人物彼得·科尼利厄斯（Peter Cornelius）传达了国会大厦的装潢计划。于是英国人迅速采取行动，禁止外国人对该项目的申请。同时，英国艺术家也强烈意识到要向德国同行学习，一些人甚至前往慕尼黑。亲王则希望引入新技术。他还推动有关人员翻译了一本关于水玻璃绘画（water-glass painting）① 新方法的小册子，并将翻译后的英文版赠送给英国当时所有杰出的年轻艺术家。一场即将举办的粉笔和木炭漫画竞赛则要求："画作的尺寸不大于 15 英尺，不小于 10 英尺。画面中的人物不小于实际生活中的尺度，画面的主题取自英国的历史或者斯宾塞、莎士比亚和米尔顿等人的作品。"[32]

维多利亚女王亲临观看了悬挂在西敏厅里的 140 件展品。不用说，这场让公众评判结果的展览引起了轰动。其中的一幅画作尤其惹眼，标题是《龙死之后的圣乔治》（*St. George after the Death of the Dragon*）。其作者理查德·达德（Richard Dadd）② 不久前从埃及带着中暑的症状返回故乡，却在科布汉姆公园（Cobham Park）杀死了自己的父亲。达德不久就成为博德蓝姆精神病院（Bedlam

---

① 即采用一种天然矿物涂料作画的绘画方法。这种涂料由德国工匠和科学家凯恩（Adolf Wilhelm Keim，1851—1913）发明，并获得专利。因其主要成分硅酸钾溶液俗称"水玻璃"，而常被称作水玻璃涂料。其特点是能够很好地渗入建筑物表面，与基材融为一体，不易剥落，不易褪色，经久耐用，寿命可达百年以上。因此被广泛用于建筑粉刷、建筑绘画（尤其是壁画）等。

② 这位起初被误作中暑的画家，实则患有精神病。可贵的是，入住精神病院之后，他依然创作出很多名作，大多以超自然神秘梦幻为主题，例如《精灵费勒的绝活》（*Fairy Feller's Master Stroke*）、《奥伯伦和泰坦尼亚》（*Oberon and Titania*）等。

Hospital）最著名的病号。展览的最终奖赏颁发给了以前并不怎么知名的艺术家，因而被对手讽刺为"全景绘画的助理画工……外科大夫如今成了艺术家"[33]。

1844年9月，泰晤士报向读者报道了大厦的施工进展：沿河立面即将完工，其外观"非常丰富……观者对其精湛的技艺深感赞赏的同时，肯定会迸发出对民族的天才发自内心的仰慕"[34]。虽然国王塔（今易名为维多利亚塔）和钟楼的建造还不到35英尺高，北立面尚且在地基阶段，但建筑群中心部位的上议院建造已接近屋顶。

然而，上议院里的世袭贵族议员们已经等不及了。10年了，他们依然挤在差劲的彩绘厅里办公。巴里承诺，所有的施工都将在接下来的一年内完成。如今看来，一切都仿佛一场噩梦。而有关建筑安全性的考量又让事情变得异常复杂。巴里一面试图加快施工进度，一面继续调整自己的设计，以适应不断变化的现实需要和自己理想中的完美。此刻，他的重点又回到建筑物外表的装潢。于是他再次求助于普金，请普金给这座大厦添加哥特式的意象。

七年来，普金已经被誉为哥特式复兴运动的"教皇"[35]。其撰写的著作如《尖券或基督教建筑的真实性原则》(*The True Principles of Pointed or Christian Architecture*)、《英国教会建筑的现状》(*On the Present State of Ecclesiastical Architecture in England*)以及《为英国基督教建筑复兴的辩护》(*An Apology for the Revival of Christian Architecture in England*)，让他成为哥特式建筑理论的航标和公认的专家。现在，巴里请他将这个国家最重要的公共建筑的表面装饰成哥特风格。

普金的设计对大厦的影响很大，以至于让很多后人质疑到底该将国会大厦的天才般创意归功于建筑师还是装潢师。那年12

月，巴里终于让普金获得了正式的工作职称——大厦建造木雕总监，还争取到了200英镑的年薪外加差旅补助。普金立即开始工作，为窗框设计新方案，将原先的拱形窗改造成带着闪光玻璃的长条形尖顶窗。

接下来的几年里，普金直接影响了大厦的方方面面。他对细节的关注到了令人称奇的地步。尤其在具体工艺的操作上，他始终保持与国内外制造商和工匠的密切合作。此外，他还收集了大量的艺术品、模型、中世纪遗物和稀有的珍宝，以此指导自己的设计，并确保设计的原真性。我们可以通过国会大厦最细微的细节，找到普金的设计意向，从室内的壁纸和地毯，到室外的雕刻，再到钟楼的设计（不多久便以其内的大座钟而得名大本钟），从金属制品和题字，到家具、窗帘和闪光的灯具，从洗手间的小门，到上议院君主御座后华盖宝顶上的镀金和雕刻。可以说，没有什么能逃得过普金的法眼。

普金与巴里的密切合作也偶有风波，因为他们互相之间过于直白。例如，巴里对某扇门的设计批评道："它看起来太大，我希望你在设计中将其缩小并加以修改……我寄给你的一些螺丝是我在镇上找到的，我觉得比你设计的要好。因为它上面有一些规则的孔眼，不像你设计的那样容易让推门人的指关节受伤。"[36]

与设计师对细节的关注形成鲜明对比的，是越来越多的投诉，抱怨项目进展缓慢。1844年，上议院的议员们对上议院议政厅的缓慢进展越来越焦躁，为此还成立了一个调查委员会对施工进行监察。调查委员会很快就发现，巴里在好些个地方没有遵从当初的设计协议。许多议员由此认为，这是一个问责建筑师延误工期的好机会。但巴里也有后台，那就是伦敦的新闻界和专业杂志。他们很快就表示对巴里的支持，并且一如既往地喜欢跟议员们对着干。事实证明，巴里对设计所做的修改并没有怎么增加额外的费用。那些改动都是为了应对现实中随时出现的变化。至此，巴里大概以为自己摆脱了干系，于是没有过多地还击，仅表示将"以最快的速度"[37]完成上议院的建造。他哪里知道，对他的责难只是个开始。

自1835年首次发出设计竞争通知以来，一直就有人讨论有关新建大厦的采暖和通风问题。1839年，随着施工的展开，巴里要求大厦建造委员会聘请一名工程师，以监督工程的实际操作。委员会派来一位曾经在爱丁堡工作过的化学教师戴维·里德（David Reid）博士。虽说里德博士并没有什么关于房屋的建造经验，却很快实权在握。就是说，只要他的设想不至于损害"建筑的坚固性和建筑的外表特征"[38]，施工就必须听他的。1842年，他要求建造一座中央塔楼，将其作为整座大厦的烟囱。为此，巴里开始进行一些新的设计。

带着迷茫，建筑师四处寻求解决方案。一些证据表明，巴里很可能考察过小贝克福德的家族庄园——芳山庄园。在出席休姆伯爵夫人的晚间音乐会之前，小贝克福德曾经因为同性恋丑闻而逃离英国，在欧洲旅居多年。其间他迷恋并收集了大批艺术品和书籍。回到英国之后，他开始着手重建位于威尔特郡的家族庄园，梦想着将这座古典庄园改造成一个令人称奇的哥特式奇境。这座由詹姆斯·怀亚特设计的奢华浪漫的建筑，围绕着一个中央庭院，高高在上的是一座90英尺高的哥特式塔楼。但这座塔楼采用廉价的"复合水泥"（即以水泥粉刷的木材）建造。不久就在一场暴风雨中坍塌。此后，芳山庄园成为风景如画的废墟，恰好也象征着率性张扬的房主。对巴里的启示是，在国会大厦的中央大厅之上也建造一座塔楼，以此遮掩和装饰戴维·里德所要求的烟囱。

但到了1845年初，由于巴里和普金对有关上议院的建筑布局另有考虑,并且已经敲定了方案,里德的要求便越来越难以实施。最后,建筑师与工程师闹到互不说话的地步。巴里说,里德被建筑工人称作"盖伊·福克斯天线"[39],他对烟囱和管道的设计占据了整座建筑总面积的三分之一,给整座大厦的安全带来隐患。里德则反驳说,因为巴里没有向自己提供准确的设计布局,他只能靠猜测干活。

为调解两人之间的矛盾,大厦建造委员会指派了一位仲裁人约瑟夫·格韦尔特(Joseph Gwilt)。仲裁人的结论是,这两位主管不可能合作,必须让巴里一个人说了算。因此,当国会为是否废除谷物法而吵得焦头烂额之际,他们最终裁定,巴里对上议院建筑的设计有绝对的控制权。作为答谢,巴里承诺,他将于次年夏天完成大厦沿河一带所有房间的室内施工,包括图书室、茶点室、会议室等。遭到质疑后而获得权力的建筑师,如今承受着履行承诺的压力。

两年后,1847年4月14日,维多利亚女王在日记中写道:"又是一个寒冷的日子,孩子们的咳嗽和感冒好多了,还去了骑术学校。12点时分,我们去了新建的上议院。因为上议院的议员们是如此地没有耐心,他们不等下议院完工就让上议院率先揭幕。"[40] 1833年以来,维多利亚女王从还是公主时起,就一直出席国会的开幕大典。但这次是个特别的日子。上议院的议政厅尚未彻底完工,墙上只有一幅壁画,彩色玻璃窗也只装好一扇,不过其余部分还算基本到位。

这个场合的流程是:皇家马车离开圣詹姆斯宫来到维多利亚塔下。在那里,王室成员——包括维多利亚女王、阿尔伯特亲王、金杖礼仪官、王室掌礼大臣、王室侍卫官、王室掌马官、宫廷侍从官等——在盛大的仪仗下,从马车上一一下来。其间,"苏格兰燧发枪卫队乐队，持续高奏着英国的军乐《鹰中队进行曲》(Garb of Gaul)"[41]。一行人受到首相、黑杖礼仪官和嘉德纹章官的迎接，之后，他们通过维多利亚塔楼底层的皇家入口进入皇家更衣室。在此，王室成员穿上礼袍。除了礼袍，维多利亚女王还要戴上帝国皇冠。一切就绪之后，维多利亚女王打头的一众人，跟着纹章官、传令官以及分别扛着国家宝剑、坚忍之冕和皇冠的警卫官们，在领路人、王室官员、贵族和国会仪礼官等人的带领下，通过皇家阶梯、皇家走廊，有条不紊地向上议院列队行进。整个过程繁复而优雅，仿佛在提醒民众传统社会自上而下的等级秩序。最后，一众人来到巴里所设计的上议院议政厅。里面到处都是经过普金装潢的精致细节，生动再现了中世纪宫廷的优雅。显然，这座大厅提供了一个理想的模式，一个完美的英国之梦。

维多利亚女王在面向整座议政厅的御座上落座。议政厅由两个 90 英尺见方的立方体组成，议政厅两侧各有 6 扇高耸的尖顶窗。在这个完全敞开的舞台上，两位建筑师谱写了一场宏伟的政治戏剧。女王的御座位于主席台之上。主席台周围簇拥着雕刻精美的华盖、徽章以及国家联盟的标志。所有的细节全都由普金亲自设计。华盖是皇家权力神话中的一个标志。向上看，大厅的天花板由 18 块面板组成。每一块面板上都装饰着绘画和雕塑。面板的中心雕刻着维多利亚女王名字的缩写 V.R.。同样，每一面墙上也都布满了雕刻整齐的镶板和列柱。柱端是雕刻精美的英国国王半身像。各雕像之间全都雕刻着字母"天佑女王"。显然，这座大厅里的每一寸空间都充满着权力的象征。

御座的上方有三个凹槽，里面悬挂着描绘英国早期历史的宏伟壁画。一幅是《圣王艾塞伯特受洗》(The Baptism of St Ethelbert)，由威廉·戴斯（William Dyce）绘制。另外两幅是《爱德华三世赋予黑王子嘉德勋章》(*Edword Ⅲ Conferring the Order of the Garter on the Black Prince*)和《大法官卡斯科恩将亨利王子收监审判》(*Commitlal of Prince Henry by Judge Gascoign*),均由C. W. 科普(C. W. Cope)绘制。与这三幅画相对应的南端,也就是公众旁听席的上方,也有三幅壁画,内容是为了强调这座贵族院的三大组成部分。其中表现"骑士"的画作,代表上议院的俗职议员①;表现"宗教"的画作,代表灵职议员②;表现"正义"的画作,代表司法议员③。

开幕大典那天,整个议政厅都坐满了。维多利亚女王登上御座,阿尔伯特亲王坐在御座右边。圣阿萨夫主教(St Asaph)开始祷告。之后,上议院的领导人大法官被宣召,登上位于议政厅正中央的红色羊毛议长席④。大法官落座后,正要起身致辞之际,黑杖礼仪官却闯了进来。他宣布了一条下议院的通告。随行的还有一众议员,这些人希望宣读一项议案。如此局面证明了两件事:第一,议政厅内的音响效果很糟糕。第二,尽管上议院的议政厅拥有象征权力的辉煌装潢,但如今主宰国会大厦的是下议院而非上议院的贵族们了。

但不管怎样,这间议政厅很快就被誉为哥特式复兴在英国最优秀的样板。算不上著名建筑评论家的维多利亚女王称赞道:"建筑绝对宏伟……非常精致华丽,也许在装潢上有点过于金碧辉煌,但整体效果隆重而精美。"[42]巴里本人对最终的建成效果并非完全满

---

① 这些人主要为贵族。——译注
② 这些人主要为大主教或主教。——译注
③ 这些人主要为高等法官。——译注
④ 2006年开始,主持大典的人改为上议院议长,故此翻译为议长席。而历史上,开幕大典一直由大法官或代理人主持。议长席外表面为红色,其内部由羊毛填充。——译注

意,但女王的称赞还是让他感到高兴。只是,好名声没能维持多久。1848年,建筑师面临了一场几乎灭顶的灾难。

上议院议政厅的开幕式终于满足了上议院,却让下议院的议员们越来越失望,因为到1848年,他们几乎还看不到下议院厅堂得以完工的迹象。施工经费更显不足,巴里所要求的预算,也从15万英镑给压缩到10万英镑。大厦建造委员会主席莫珀斯勋爵(Lord Morpeth)对建筑师的指责更像是侮辱,他说巴里应该在装潢上省着点。迄今为止所花掉的建造费用已经超过140万英镑,几乎是当初预算的两倍,而工期也已经延迟了两年。如同伦敦历史上几乎所有的公共工程所遭遇的,最终被问责的是建筑师而非会计师。巴里很快就受到责罚,他再也不能从这项设计工作中领取薪水了。另外,国会还成立了一个新的委员会,以监督他的每一步行动。

备受打击的巴里威胁说要辞职,但双方都不让步。正如一位委员德格雷勋爵(Lord de Grey)所言:"虽说没有一项施工彻底完成,但所有的施工都已经开始,也就是说,所有减少建造费用或者控制建筑师的企图,都是徒劳无益的。"[43]建筑师与客户只能被捆绑到一起,大家一起寻求最佳的合作方式。那是一个漫长而炎热的夏天,议员们没什么公务需要讨论,也就对自身的处境更加郁闷,但这种情绪于事无补。

巴里原本以为,随着1850年5月3日下议院议政厅的开幕,相关的指责能够最终平息。是的,15年后,能够回到专为自己设计的议政厅,下议院的议员们该感到高兴才是。然而,他们却以种种奇怪的方式表达各自的"赏识"。开幕式之后,立即就有人抱怨大厅的比例和音响效果。于是,成立了一个委员会来处理这些问责。委员会里的大多数委员都是长期以来一直想把巴里给开掉的人。那是一段公开谴责建筑师的日子。约瑟夫·休谟说,花了这么多钱，大厅里的座位得是黄金做的才对。上蹿下跳的本杰明·迪斯雷利（Benjamin Disraeli）竟然说，要查清楚有关的工作是否构成了重大的罪行，足以把建筑师送上绞刑架。对这些指责的回应经历了一个曲折的过程，例如给下议院的议政厅安装了一个新屋顶。此外，还对下议院其他一些厅堂做了些改进，但成效不大。据说，1851年下议院第二次开幕典礼之后，沮丧的巴里怄气地说，自己这辈子都不要再走进这间议政厅了。

与此同时，施工必须继续进行，得让工程彻底完成。尤其在大厦的肌理上重新讲述国家历史故事的艺术工作势在必行。最终的决定是，大厦的墙面应该重新讲述英国的历史事件，从撒克逊时代开始，一直延续到最近的辉煌，诸如滑铁卢战役、库克船长于1770年对大洋洲的发现。然而每一幅图的安放位置都需要经过美术委员会的同意。其宗旨是，要让画面具有道德意义上的教化作用。头一批获得通过的，是上议院议政厅里的6幅壁画，旨在展示骑士、宗教和正义以及从撒克逊人早期历史中所选取的三大史诗般场景。在皇家更衣室，威廉·戴斯还完成了7幅画，描绘了撒克逊君主亚瑟王的传奇故事，突出了宗教、礼仪、慈悲、慷慨和友善等美德。

有关英国辉煌胜利的故事更加直截了当。皇家更衣室与上议院议政厅之间的皇家走廊里，全都是关于"国家军事历史和荣耀的图画"[44]。最初计划的图画包括：女王布狄卡率军与罗马人作战；国王阿尔弗雷德在丹麦人的营地；伊迪丝女王在黑斯廷斯战役之后，寻找国王哈罗德的尸体；伊丽莎白一世在蒂尔伯里发表战前激情致辞。其他画作的主题，大多是表现为建立大英帝国立下功勋的几大战役，诸如罗伯特·布莱克在突尼斯、詹姆斯·沃尔夫在魁北克之死、康沃利斯勋爵接受苏丹·蒂博的儿子作为人质》等等。然而，最终只完成了两幅画。一幅是长卷《纳尔逊海军上将在特拉法加战役之死》。为创作这幅画，威廉·戴斯从1857年画到1865年，总共花了8年的时间。另一幅是《惠灵顿公爵与布莱彻在滑铁卢战役中会面》。

巴里意在打造一座皇家宫殿。与之不同的是，国会需要重新讲述自己的历史。比方说历史学家托马斯·巴宾顿·麦考利，他曾经于1830—1857年当选为议员，而早在其当选的前一年，他就提出改革，可谓主张改革的第一位议员。他也是前述成立于1841年的大厦美术委员会的委员。1848年，他出版了两卷本的杰作《詹姆斯二世以来的英格兰历史》(*The History of England from the Accession of James the Second*)。在书中，他提出了一个新理念：要站在特定的视角看待英国历史。那就是，通过国会的演变理解国家的完善进程。尤其特别的是，有关英国内战和光荣革命的故事，被重新解读为不是对皇权的破坏，而是新兴资产阶级的正当崛起，以及对宪法的合理校正。那些出现冲突的场景，例如1642年1月4日查理一世带着一群人闯入国会逮捕5名议员的画面，被处理得"不偏不倚，让事件中的双方都能够尽显英雄本色"[45]。查理一世后来被处决的场景则完全不予表现，代而示之的，是亲切感人的温莎堡皇家葬礼。

美术委员会的计划是，让大厦的每一寸墙面都饰以图画。接待室上厅被更名为诗人厅，其四面墙上的图画全都摘自莎士比亚、乔叟、斯宾塞和拜伦的作品。王子厅里是关于都铎王朝的绘画和浮雕。中央大厅里是展现四大民族和谐结盟的图像和雕塑。世袭贵族更衣室里的画面，旨在促进"地球上的正义及其在法律和审判上的发展历程，例如《摩西将法典送给以色列人》"[46]。然而，并非所有的绘画都获得了成功。人们很快就发现，在过于靠近泰晤士河边的潮湿环境下创作壁画是一件困难事。油漆很快就开始剥落。伦敦肮脏的环境又让情况变得更糟。一份官方报告指出，在一幅描绘李尔王与他三个女儿的图画中，都辨别不出画面受损的部分到底是科蒂莉亚（Cordelia）的脸还是芮根（Regan）的耳朵[①]。

1852年2月，维多利亚女王对大厦又做了一次正式访问。这次，她可以通过王室入口进入大厦了。至此，上、下议院的议员们都已经在大厦里办公议政了。虽说还有很多扫尾工作，还不能说最终的胜利，但大厦被公认为"迄今为止最为艰辛、最宏伟的工程"[47]。几天之后，巴里被封为骑士。

普金的运气却没有这么好。此前的几年里，他一直负责海德公园世界博览会的中世纪庭院项目。这座庭院坐落于约瑟夫·帕克斯顿爵士（Sir Joseph Paxton）所设计的水晶宫里。普金并不赞成帕克斯顿的设计。他也不赞成展览委员会将现代工业世界的奇迹放到水晶宫里展览的想法。私下里，他甚至希望水晶宫漏雨。但最终展览获得了巨大成功，普金设计的庭院里陈列了一幅木质圣坛屏、一个十字架、一组手工雕刻的橱柜。这些展品与其他展室里的重型工业机械形成了强烈的对比，并因此而大获赞誉。普金对工艺和装潢的理念，也成为当时最引人注目的话题。然而好局面却没有维持太久。同年，约翰·拉斯金发表了《威尼斯的石头》（The Stones of Venice），书中对威尼斯的建筑大加赞美，并将之誉为最完美的范式。此外，普金的行为变得怪异。当巴里请求他进行一项新的设计时，普金的女儿珍妮在1851年11月的信中写道："他最近实在是工作得太辛苦了，如果不让他更多地休息，少劳些神，我担心他会生大病。"[48]此时的普金也开始精神恍惚，幻觉丛生。尽管他继续强打精神工作、旅行和写作，但其身体状况却越来越糟，甚至在大

---

① 科蒂莉亚是李尔王的第三个女儿，芮根是李尔王的第二个女儿。——译注

白天他都遭到噩梦的困扰。

1852年2月25日，普金前往伦敦与巴里例行会面。巴里发现老朋友行为怪异，于是打电话联系了医生。普金先是被送到位于肯辛顿的一家私人诊所，之后被转到博德蓝姆精神病院。医生注意到，普金患有躁狂症，"思绪混乱"[49]，身体不停地晃动，仿佛受到持续的骚扰。最后他被转到位于哈默史密斯（Hammersmith）的私人疗养院。因为普金的病情没有任何改善，他女儿只好把他领回位于蓝姆斯盖特（Ramsgate）的家中。回家后的当天傍晚，父女俩参观了当地曾经由普金设计的教堂，又在花园里坐了坐，然后上床睡觉。普金从此陷入昏迷，一个星期后去世。

没有了合伙人，巴里只能独自完成大厦的扫尾工程。所幸，大部分设计图纸已经绘制完毕。此前，他和普金已经为大厦的每一个细部设计绘制了800多份图纸。然而，实施起来并不简单。特别难办的是，办公室、图书室、议政厅和会议室全都在逐步投入使用，而主宰天际线的两座塔楼依然处于烦琐的施工中。

大厦西北角的维多利亚塔于1860年竣工之时，当推"世界上最大最高的方形塔"。其纪念碑式的恢弘之态，非常符合巴里将新大厦打造成一座皇宫的构想。这座塔高达331英尺，总共有11层，其中的房间主要用于存放国会的档案。这些档案以前存放于首都不同地段的不同建筑物中。由于其具有皇家地位，塔的外部精雕细刻。八角形塔垛和尖塔与附近的西敏寺西立面遥相呼应。后者于18世纪由建筑师尼古拉斯·霍克斯莫尔在爱德华一世所建原物的基础上加建。

大厦东北角钟楼的建造则较为复杂。巴里最初的设想是，在哥特式大厦旁边竖起一座挺拔的建筑物。然而他找不到哥特式样的塔楼样板作为参考。好在1836年的委员会居然批准了建造钟楼的计划。这座钟楼的四方外立面上，各带有一个直径为30英尺的精美大钟面。每一个大钟面的背后，都安放一座重 16 吨的大座钟和一座重 8 吨的小座钟。前者每小时敲击报时，后者每一刻钟敲击报时。设计方案提交到皇家学院时，却少有赞赏，一些人甚至觉得花费如此高昂的造价不值当。因为"如今这个机械化时代里，几乎人人口袋里都揣着钟表"[50]。

所幸，在兰开夏郡的斯卡斯布里克庄园（Scarisbrick Hall），普金曾经从事过类似的设计，只不过规模较小一些而已。因此，巴里先以意大利钟楼为模板，然后通过普金的设计添加哥特式外立面。不久就开始了施工。与此同时，巴里开始物色钟面设计人，他邀请了皇家钟表制造商 B. L. 乌里亚米（B. L.Vulliamy）对制造一座精美时钟的成本进行估算。乌里亚米的竞争对手 E. J. 邓特（E. J. Dent）听到风声后，跑来说，如果能让他参加竞标，他会在短期内报出较低的价位。为此，由皇家天文学家乔治·艾里（George Airy）主持了一场招标竞赛。乌里亚米的设计败北。对此，艾里评价道："这座时钟若是放在乡村堪称优美，却不具备天文学上的精度。"[51]结果，邓特获胜。

1855 年完成了钟面的制作，费用为 1600 英镑。但因为座钟尚未造好，无法一次性安装到位。自 1846 年以来，巴里一直在寻找能够铸造座钟的工厂。此刻，一位所谓的专家蹿出来挑战巴里。这位专家叫 E. B. 丹尼森（E. B. Denison），靠着夸夸其谈竟然获得了时钟建造委员会的信任而大权在握。让建筑师苦不堪言的是，他甚至在《泰晤士报》上抨击巴里说："巴里爵士及其制作人和授证专家都是笨蛋。"[52]在丹尼森的建议下，座钟建造采用了伦敦克里坡门附近华纳铸造公司所推广的新技术。这便是以本杰明·霍尔爵士（Sir Benjamin Hall）命名的"大本钟"，当时的本杰明是时钟建造委员会的主管。次年，即 1856 年 11 月，大本钟被运到伦敦测试。

然而 11 个月不到，它就出现了裂痕，不得不重新铸造。新铸造的大座钟运到现场安装测试时，再次开裂。丹尼森开始责备除了自己以外的所有人。1862 年，大座钟终于彻底修好，并稍微做了些偏移，使得报时的拍板不会重复敲击那些受损的部位。第二年，钟楼与格林尼治皇家天文台之间建立了电磁联系，从此，大本钟成为英国的官方报时大钟。

查尔斯·巴里爵士于 1860 年 5 月去世，没能看到自己辛劳一生的大厦竣工。但尽管还有许多扫尾工作，巴里生前的工作已经确保大厦的主要工程都到位，并接近完工。有关历史绘画的工作需要持续到下一个世纪，但议长室即使尚未完工，也可以投入使用了。其内的一些细部和雕刻即将完工。工程扫尾事项的监督任务交给了巴里的儿子、皇家学院建筑学教授 E. M. 巴里（E. M. Barry）。跟从前一样，议员们继续对自己的居住和办公状况怨声载道，建筑师则尽其所能迎合客户们不断变化的要求和欲望。议员们对工程费用再次投诉，建筑师被迫接受审查。客户与建筑师谁也离不开谁，又谁都想做主。新大厦没有官方竣工日。与比邻的西敏寺一样，这里似乎永远处于尚在建造的施工之中。直到今天，大厦以及其内的各大机构，依然需要应对各式各样的难题。前者所处的地段狭窄拥挤，后者面临不断的变革和进化。

总之，国会大厦占地 8 英亩，矗立于低洼的地段之上，面朝泰晤士河。其 1834 年火灾之后的重建，在规模和成本上均堪称史无前例。今日看来，其庞大的体量、精美的装潢细部、富于历史感的大场景，无不令人震撼。自 19 世纪 60 年代以来，巴里的设计影响了全世界几乎所有的参议院和国会建筑。至于这座浴火重生的国会大厦本身，因为它所拥有的某种独特的建筑品质，被后人称为"国会之母"。

然而直至最终，大厦的重建也未能让国会与伦敦之间达成友好往来。历经几十年的重建过程中，国会比从前较多地代表了伦敦的利益。然而国会却远非伦敦的政治中心。具有讽刺意味的是，1855年，年轻的德国流亡者卡尔·马克思来到英国的首都寻求革命理想，他没有去国会大厦，而是去了海德公园。直到2010年夏，国会大厦门前草坪上搭起的帐篷，才让针对当局的抗议者有了一块永久性的根据地。当女王莅临大厦主持国会开幕大典之际或者其他的正规场合，这个根据地都会被大都会警察例行清理。也是在这里，布莱恩·毫尔（Brian Haw）举办了集会，抗议对伊拉克和阿富汗的入侵。摇摇欲坠的抗议招贴和海报仿佛是对巴里关于国家理念莫大的嘲讽。

第九章

维多利亚堤道：约瑟夫·巴泽尔杰特爵士与现代城市的成形

> 试想，伦敦这座伟大的万城之都，如果像古巴比伦那样被遗忘，那么未来的某一天，当人们听说考古学家在伦敦的地下发现了遗迹，一定会带着惊羡！
>
> ——查尔斯·奈特《伦敦百科大全》

1854年9月8日，星期五，上午，一群教区官员来到伦敦苏豪区中心宽街（Broad St.）的拐角处①。这里离优雅迷人的摄政大街不过数百米之遥，却到处是破败不堪的房屋。而且，此地正肆虐着最可怕的流行病霍乱。之前的一年，已经有一万多伦敦人因此而丧生。入夏以来，可怕的瘟疫又让泰晤士河以南的各大教区元气大伤。8月31日，瘟疫蔓延到苏豪区。接下来的3天里，宽街一带有127位居民暴死。不到一个星期，这个街区80%以上的人逃离家园，只丢下病穷者听天由命。

参加聚会的官员中，有一位名叫约翰·斯诺（John Snow）的

---

① 中文又音译作"布劳德街"，即今日的布劳德威克（Broadwick）街。——译注

医生。前一天晚上的教区理事会会议上，斯诺医生针对流行病的起因，提出了在当时来说匪夷所思的推断。他敦促教区理事会采用他的补救措施。斯诺的判断遭到8名持传统观点的理事会成员的反对，也与主流舆论不合。当时的报纸都在报道说，霍乱是通过空气中污秽恶臭的瘴气传播的。与众不同的是，斯诺在研究过往的疫情时，特别绘制出这类疾病的传播路径图。他发现，疾病的传播大多循着拥挤的城市街道及其阴暗的角落。由此他得出结论：传播霍乱的不是空气，而是大都会的供水系统。于是他强烈要求教区委员会的委员们与他一道去拆掉位于宽街的公用抽水泵手柄，以确保不再有人能从那个受到污染的水井里取水。

斯诺不是伦敦本地人，他1813年出生于约克。早在故乡学医时，斯诺便见识过霍乱的厉害。关于这种疾病的报道，最先见之于印度。那是1817年，在一次军事行动中，黑斯廷斯侯爵（Marquess of Hastings）[①]将自己的人马驻扎在加尔各答（Calcutta）附近的帮铎康特（Bundelkhand）地区。据说，一种奇怪的疾病让黑斯廷斯侯爵队伍里的5000多人丧命。不久，灾情便沿着军用铁路线和商贸路线传播开来。到了1818年，它波及整个印度。随后，随着商人的脚步，于次年传到毛里求斯。十年之内，这种流行病先后在阿富汗和波斯肆虐。1831年，它越过英吉利海峡，英国的桑德兰（Sunderland）港口城最先遭难。接着它迅速传播到约克。1834年，随着停靠在莱姆豪斯码头的无畏号医疗船，它登陆伦敦。恐惧之极，加上死亡数字之高，让伍利奇教区的牧师只愿意提供集体丧礼服务。牧师也只站在与坟墓隔开一段距离的地方举行祈福仪式，并丢下一条白手帕作为标志，祈祷死者安息。这种疾病

---

① 黑斯廷斯侯爵（1732—1818）是第一任印度总督。——译注

在初发时，被看作帝国贪婪的象征，但很快便被看成对现代城市的审判。

约翰·斯诺于1836年来到伦敦，在大风车街医学院[①]继续学医。这里与宽街只隔着两条巷子。两年后，斯诺在附近的弗里斯街（Frith）开设了诊所。行医期间，他成为使用乙醚和麻醉剂的先驱。也是在此，他目睹了1849年的大规模霍乱疫情是如何重创了整座城市。这场灾难于之前一年的9月随着日耳曼汽船易北号登陆伦敦。易北号上一位名叫约翰·哈诺德的船员在国外染上了疾病。抵达伦敦后，他租住于南沃克霍斯里敦（Horsleydown）教区的一家寄宿公寓，并死在公寓房间的床上。接着，这家脏乱差的公寓里一位名叫布伦金索普的房客也感染病毒。几个星期之内，瘟疫在整个伦敦蔓延。那么，是什么原因导致疾病传播的？斯诺对每一位患者的住所、死亡时间和地点进行了仔细的分析研究。慢慢地，他勾勒出一幅霍乱在整座城市的传播路线图。他将所有的发现写进了自己关于这场流行病的第一份报告——《霍乱的传播模式》(*On the Mode of Communication of Cholera*)。

斯诺的研究显示，哈诺德死亡的房间位于托马斯街。几天之内，居于同一贫民窟街区的12位居民相继暴死。斯诺还在现场观察到，那些共居于一栋联排屋里的居民也共用同一座水井。而沿着

[①] 大风车街医学院因为位于大风车街而得名，又名伦敦亨特医学院（Hunterian School of Medicine），由英国解剖生理学家，外科、产科医生，教育家和医学家威廉·亨特（William Hunter，1718—1783）于1769年创立。这所医院以拥有知名专科专家授业而闻名，却于1839年关闭。当初的医学院建筑被毁后，原址上另建了一座歌剧院，屹立至今。1952年，该歌剧院的后墙贴上了一块蓝色牌匾，提示此地曾经是威廉·亨特的居所和博物馆，但没有提及这座医学院以及斯诺曾经在此求学。蓝色牌匾是一种安放于公共建筑上的永久性历史标记，以纪念一处场所与某个著名人物或事件之间的关联。世界上第一批蓝色牌匾于19世纪在伦敦设立。——译注

这栋联排屋的房前，还有一条通向水井的排水明沟。附近的露天化粪池又使水井遭到进一步污染。斯诺确信，这些因素都是让通过水源传播的疾病得以扩散的有利条件。于是他提出了与传统观念完全不同的理论：霍乱不是通过空气传播的，而是由于与带病毒人员的排泄物（粪便）有所接触。这种接触很可能就是所喝下的水遭到患者排泄物的污染。斯诺将自己有关霍乱的新理论提交给市政规划师和市政当局的领导，但那些人坚信瘴气传播理论。他们不屑于听取斯诺的意见。又过了5年，当致命的疾病死灰复燃，斯诺关于疾病蔓延的判断才得到证实。

疾病暴发的一个星期后，宽街的抽水泵手柄被拆了。接下来的一个星期，死亡人数继续攀升[①]。截至9月10日，死亡的总人数达到500人。由于对瘴气传播理论的深信不疑，《环球报》（Globe）报道说："由于天气的有利变化，肆虐该地区的瘟疫有所减弱。"[1] 几天后，记者不得不承认失言。因为截至疫情收尾阶段，宽街抽水泵附近的街区已经有700多位居民死亡。至于整个伦敦城，统计显示，死亡总人数高达10 738人。

即便在瘟疫流行最严重的日子里，约翰·斯诺也在坚持工作，对近在眼前的疾病进行统计研究。他挨家挨户进行调查时，一定要弄清死者家庭的饮用水来源。他发现，几乎所有的死亡案例都发生在宽街抽水泵附近的街道。利用显微镜，他对那座水泵抽出的井水进行了化验，并发现其中的"白色絮状颗粒"。他还对一些非常规案例做出了合理的解释。譬如，一位居住在汉普斯特德街区的老妇，以及她居住在伊斯灵顿（Islington）街区的侄女，她们之所以

---

① 据查证，这座水泵的手柄在拆除后，因为人们不相信斯诺的推断，不久又安了回去。——译注

丧命，是因为喝了相同的水。这位老妇从前住在苏豪，非常喜欢宽街抽水泵抽出的井水。即便搬离了苏豪，她还是让仆人每天到宽街打水。她的侄女则是在周末看望她时受到了感染。至于为什么某些住在抽水泵附近的人并没有感染，斯诺也找到了合理的解释。譬如他发现当地一座救济院的530名居民中，只有5人死亡，是因为救济院内有自己的专用水井。附近酿酒厂的很多工人没有受到感染，是因为这家工厂的工人喜欢喝啤酒，几乎从不喝从宽街抽水泵抽出的井水。所有这些事实足以让斯诺坚信自己的理论。

他将自己的新发现发表在论文《霍乱的传播模式》修正版中。除了探讨疾病传播的病理原因，新发表的文章还强调了该流行病的社会后果。富人不必像穷人那般担忧，因为"当病毒传入条件较好的住房时……几乎不怎么传染"[2]。然而，穷人的居住条件不可能阻挡瘟疫的蔓延。这种说法可谓对当时被公认为世上最伟大城市的最强烈指控。

在维多利亚时代中期最繁荣的年代，外国游客惊叹于伦敦的宏大。同时，这些人也被一大堆旅行指南给弄得晕头转向。所谓的旅行指南，美其名曰为了帮助茫然无助的旅游者，让他们更好地了解大都市。譬如莫格（Mogg）的《新伦敦及其1844年景点指南》(*Mogg's New Picture of London and Visitor's Guide to its Sights of 1844*) 便向游客推出了一条旅游路线，帮助他们走遍伦敦所有的重要景点。这项艰巨的任务，使一场伦敦之旅需要花上超过8天的时间。说来，这座大都市可谓集世界各地货物于一地的大超市，商铺前的橱窗熠熠生辉。查尔斯·奈特的《伦敦百科大全》(*Cyclopaedia of London*) 便告诉读者：从怀特沙佩尔路开始，"往西，一直走到皮卡迪利和牛津街，途中所经过的各大主街的门面，几乎全都是商铺"[3]。大都会繁花似锦，条条大街上全天候人山人海，恰如奈特对牛津街的描述："商品、四轮货车、私家马车、公共马车、骑在马背上的男男女女、商贾、时髦的公子哥、好奇的路人……挤满街边的果蔬小贩、无数的广告大篷车。"[4]

超级繁华的表象之下却是一座极端分化的城市。1851年，一位德国访客这边赞美它是"当代世界级的大城市"，那边则警告道："现行的社会体制在此地已经趋于极限。"[5]伦敦正在测试城市生活这个概念本身。如果希望它继续发展，就必须推出一个全新的公民理念，以维持进步。自19世纪初以来，大都市的人口呈螺旋式上升：世纪之初，人口将近100万人；1841年人口普查的数据是190万人；10年后，升至2362236人；到1871年，达到3254260人，相当于伯明翰、曼彻斯特、布拉德福德3座城市人口总和的3倍，或者说相当于澳大利亚加新西兰的总人口。记者亨利·马修估计，如果让伦敦所有的居民成对排列，并以合理的速度前行，得花上9天的工夫，方能越过一条线。

许多人来到伦敦是为了追求财富，但只有少数人成功。而随着这些人的涌入，城市的边界被拓展到极限，城市的街区也开始分崩离析。随着最新式的交通设施投入运营，郊区建起了房屋，内城被抛弃并迅速变得难以运转，而成为对文明的玷污，一个罪犯和疾病的滋生地。正如丝织工居住地斯比托菲尔茨街区的教训，那里并没有为不断增加的人口建造新住房，而是将曾经优雅的联排屋拆解成供多人居住的租赁套间，借以谋利。这就让整个街区迅速沦落为贫民窟。如今，类似的情形遍及首都。整片整片的邻里街区被瓦解为雀巢之地。虽然有许多人喜欢将这座大都市比作罗马帝国，人们也很容易就将它诅咒为现代的巴比伦。在《破烂的伦敦》（*Ragged London*，1861年）一书中，记者约翰·霍林斯赫德（John Hollingshead）描述了自己对贝里克（Berwick）街的印象。这条街距离宽街抽水泵不过百米之遥：

> 小院里到处是腐烂潮湿的垃圾。后院房屋狭窄的窗户上沾满了泥浆，很难照得进光线。厨房仿佛一个黑洞，里面塞满了污秽和垃圾。而此情此景早于12个月前就遭到督察员的批评。虽然前门和后门都敞开着通风，但整座房屋依然充满了恶臭，让人忍不住恶心。当其中的某扇房门打开时，恶心的臭气便随着风一阵阵飘出。我发现有一套公寓住了一家六口，旁边是另外一套公寓，挤住了五个人。[6]

城市在超级饱和中挣扎。亨利三世时代，首都被想象成一具人体，所有的组成部分都拥有功能和意义：国王居于头部，其他每一处主要部位也都拥有各自的角色和地位。到了克里斯托弗·雷恩以及伦敦大火之后的首都重建时代，大都市变成了一个新的象征，象征着一套循环系统。这个循环系统可以像解剖人体一样被加以分解。而今，这具人体的静脉和动脉均遭到破坏而堵塞。肺部被烟雾和疾病吞噬，肝脏和肾脏因为过度劳累而精疲力竭。城市再也经受不住一天到晚充斥其间的汹涌人流了。

因此，维多利亚时代的英国人，必须尽快找到管理城市的新方式。大都市再也不是人体，而变成了一台机器，一个由互相关联的、可移动部件组成的庞然大物。19世纪20年代，居住于马里波恩多塞特街（Dorset Street）的查尔斯·巴贝奇（Charles Babbage）[①]设计了一台差分机（Difference Engine），用来计算对数表和三角函数表。这台差分机也常常被誉为第一台计算机。1837

---

① 巴贝奇（1791—1871），英国数学家、发明家、机械工程师。因为提出差分机和分析机设计概念，被誉为计算机先驱。——译注

年，巴贝奇提出差分机的改进版——分析机（Analytic Engine），可用于各种函数的编程，其记忆容量能够存储1000个40位的十进制数字[①]。听起来是如此地复杂，以至于这台机器从未能真正建成。然而，它完美反映了其梦想中的城市，也就是说，如今的伦敦是工程师的城市。

不过，关于伦敦为什么不能有效运转的思考并没有结束。对一些人来说，解决方案需要到空中寻找。就像许多人所相信的那样，疾病通过瘴气传播，那么清洁的空气便是至关重要的。于是有人建议，将城市包进玻璃当中。1845年，腓特烈·盖耶（Frederick Gye）提出，在英格兰银行大厦与特拉法加广场之间的一些街道上空，建造一条玻璃拱廊街。拱廊街不仅交通便利，还带有"阅览室、展览室、音乐室、位于公共建筑群里的大型公寓、浴室、咖啡屋以及各种各样的特色商店"[7]。

盖耶不是唯一有奇思妙想的人。1855年，万国工业博览会成功举办了展览之后[②]，其设计者约瑟夫·帕克斯顿与威廉·莫布里恩（William Mobrary）一起，提出了伟大的维多利亚大道构想——建造一条环绕着整座城市的"水晶带"。这条"水晶带"途经城市的一些主要车站、皇家交易所、齐普塞以及泰晤士河以南的南沃克。然后，它再一次经过西敏城的国会大厦、肯辛顿花园、牛津街和霍尔本街。沿着维多利亚大道，帕克斯顿设计了一圈高达70英尺的玻璃拱顶，其中央部分是被玻璃拱顶覆盖或包裹的道路，两侧是带有圆柱的凉廊，内部空间的温度由通风系统控制。此外，维多利亚

---

① 作者原文为50位，当有误。——译注
② 这是面向全球的第一次世界博览会。建筑园艺师约瑟夫·帕克斯顿（1801—1865）设计的展馆水晶宫，是一座以钢铁为骨架、玻璃为主要建材的建筑，可谓19世纪英国的建筑奇观之一。——译注

大道还被划分成不同的区段，伦敦城与摄政大街之间有一座购物中心，西敏城与肯辛顿之间有一片住宅小区。这一宏伟的规划提交到大都市交通委员会之后，得到广泛的认可。问题是，要想实现如此激进的大工程，势必要付出巨大的代价。不用说，伦敦付不起。

然而，也必须做些什么。因为事情在帕克斯顿提交方案的3年后变得更加糟糕。从各个街区排水沟排出的污水造成极端严重的污染，几乎让整条泰晤士河淤塞。这场被称作大恶臭的环境灾难标志了大都市的失败，同时也表明，这座城市不仅需要改善其基础服务设施，例如下水道、饮用水、住房、通信、交通运输等，还需要对城市自身的功能机制进行一场彻底的变革。

解决方案必须是激进的。对首都机制的变革，不仅要从组织层面，还必须创建一个公民政府，以便能够将城市当作一个整体统一管理。查尔斯·巴里所设计的国会大厦，借一幅昔日理想化的图像，为整个国家的转型提供了一条路径，可谓哥特式建筑复兴的胜利。然而，国会大厦之外的城市所需要的整治，却远非装饰画般的治疗手段能够应对的。

许多人都提出了解决方案，但归根结底，这是两位能人的故事。他们对城市的反思和重新设计贡献最多。我们先说说爱德文·查德维克（Edwin Chadwick）爵士。作为哲学家杰里米·边沁的门徒，查德维克的人生宗旨也许是效用主义哲学最鲜明的表达——为最多数人提供最好的服务。自19世纪30年代起，查德维克就是改善伦敦卫生运动的核心人物，并领导组建了一个政府机构以监督首都的转型。在坚定不移地努力创建中央公民政府的过程中，因为触动了既得利益集团和一些顽固的偏见，查德维克树敌众多。但最终，他依然推动成立了大都会下水道委员会（Metropolitan Commition of Sewers）。1855年，该委员会易名为大都会工程局

(Metropolitan Board of Works，MBW)。这个机构也是伦敦历史上最早的中央政府。它将伦敦的众多邻里、教区以及不同的利益集团纳入一个整体统筹考量。查德维克坚信，只有将伦敦视为一个整体，才能够提供有效的解决方案。

工程局非常幸运，在其成立的当年，就聘请到一名才华横溢的年轻工程师约瑟夫·巴泽尔杰特(Joseph Bazalgette)。这是一位同样改变伦敦的伟人，堪与克里斯托弗·雷恩和约翰·纳什比肩。但巴泽尔杰特并没有建造恢弘的纪念性建筑物，他的贡献几乎是看不见的。那就是打造疏导泰晤士河的堤道，以及为伦敦建造一整套新型的基础设施系统，包括下水道、道路、铁路。由此可见，一座城市的辉煌，不仅仅体现于其地上的实体宫殿，还在于其地上和地下的恢弘空间。巴泽尔杰特设计的堤道是伦敦历史上最伟大的公共工程之一，也是在大英帝国的巅峰时期对其首都恰到好处的改进。

1854年，每天上午大约有200万人步行来到伦敦城上班。此外，每小时有数以千计的车、马穿过伦敦桥。除了这些，还有无数的公共马车。它们或者将成群结队的中产阶级职员运送到伦敦城，或者将牲口、家禽运进城内的市场和屠宰场。那些即将被屠宰的牲口、家禽，每年又在大街上留下大约3.7万吨的粪便需要清理。在一些人的眼里，这简直就仿佛是地狱景象，既没有交通法规，也没有设置良好的交叉路口，例如河岸街和伦敦桥的北端时刻处于交通堵塞的混乱之中。

泰晤士河的情形也好不到哪里，而且这条河迅速成为伦敦急速扩张的最大受害者。因为此时的泰晤士河已经成为城市所有街区污水排放的主要渠道，是所有的工厂、作坊和住家污水的总出口。1855年，科学家迈克尔·法拉第(Michael Faraday)乘船到河上考察之后，在写给《泰晤士报》的一封信中说，他将几张白色的纸片投入河水做了个试验，结果发现水是"不透明的淡棕色液体"。太多的废弃物让水变得异常黏稠，因此，纸片在河面以下一英寸左右的地方就看不清了。

1858年夏天的酷热中，泰晤士河已然变成了"一条死亡之溪，再也不是生命和美丽之河"[8]。塞缪尔·雷利（Samuel Leigh）在19世纪20年代的告诫言犹在耳："泰晤士河的水质必须保持良好的清洁度，以确保伦敦居民的健康。"[9]然而，事情很快却发生了巨大的变化。据报道，1833年还能够在泰晤士河捕捞到新鲜的鲑鱼。到了1858年，《拙笨》杂志上的一幅卡通画，描绘了一位阴郁的泰晤士河老爹，把自己的三个孩子（白喉、霍乱和瘰疬）带进了伦敦。漫画家发挥了丰富的想象力，将可怕的三类食尸鬼推到大众的眼前。而对于许多不幸需要途经泰晤士河河边的路人来说，无须想象，真相就在眼皮底下、鼻子跟前。退潮之时，一层层厚厚的黑色渗出物铺在裸露的河岸上，随着那些明亮的红色蠕虫起起伏伏。当水位升高时，河船搅动下的恶臭污泥又将泰晤士河变成一摊摊恶臭的泥流。

那个夏天，恶臭是如此的浓烈，人们看见本杰明·迪斯雷利在国会大厦用手帕紧捂口鼻。一些议员提出，应该沿着新建国会大厦的窗户，全部拉上经过氯化钙浸泡过的窗帘。还有的议员呼吁，将国会的议政业务迁到城外。评论家注意到，就像1665年发生大瘟疫时那样，有权有势的富贵之人全都离开了伦敦，只留下穷苦无助的伦敦人听天由命。当留守的议员中有人提议乘船到泰晤士河考察考察，便有同事在耳边告诫："得带上足够的白兰地和其他的调味品……以缓解到时肯定会迸发的超级恶心。"[10]新闻界的批评则更加直接："太臭了！一个人一旦闻到这个臭味，将终生难忘。前提是，他能够幸运到不被恶臭给熏死。"[11]

国会的不作为让情况变得难以容忍，也导致了那个夏天的一连串恶果。如此的恶臭终于让议员们发出呼吁，得赶紧采取紧急措施。具有讽刺意味的是，恶臭的部分原因竟然是国会所推广的、被誉为创新的卫生设施——抽水马桶。1801年，伦敦建造了大约13.6万座新房，每座房子都配有一间厕所。到1851年，这个数字增加到30.6万。这些房子每天通过71条污水渠将8080万加仑的废物排进泰晤士河。

伦敦的扩张速度比制图员绘图的速度还要快。而所有这一切却仍然依赖于陈旧的基础设施。那些住所里没有安装新式下水道的居民，主要依靠大约20万座化粪池来排污。这些化粪池里的粪便污物由一群在夜间淘粪的工人清理。淘粪工收取1先令的费用，将淘出的粪便出售到郊区的农场。到了19世纪40年代，这种方式已经被公认为不卫生。拥挤的住房带来超量的粪便废物也让淘粪工们无力应付。于是，内城里许多破旧的贫民窟就仿佛漂浮于粪池之上。正如圣吉尔斯（St Giles）教区的一位专员所称："一踏上头一栋房屋的过道，我就发现院子里到处都是夜间留下的屎尿。这些从户外厕所溢出的屎尿，足有6英寸深。人们在院子里放置砖块，让居住者穿过院子时不至于弄湿脚。"[12]

1815年之前，将建筑物里的污水直接排入下水道被视作非法的。然而泰晤士河却历来被当作伦敦地表排水渠的总出口。几乎所有建筑物里的污物都是通过雨水从街道冲向河岸。自罗马时代以来，这座城市就一直以沟渠和排水道相结合的方式排污。其中的大部分沟渠由古老的天然水道组成。这些天然的溪流，通过城市外围边缘地段的排水口流向泰晤士河。这样的排水系统显然远非完美。譬如弗利特河，其自海盖特山脉流向老城墙西端边缘泰晤士河的河道，早就是破败不堪，几百年来一直被当作棘手的难题。18世纪诗人亚历山大·波普曾经讽刺这是一条满载着死狗和碎屑的河流。

1846年积聚在一段暗沟里的可燃气体爆炸，污水如海啸般涌出，卷走了克勒肯维尔的3栋住房。

除了化粪池自身的糟糕状态，相关的维护也面临着严峻的问题。因为对化粪池的管理仅仅基于教区或选区的地方层面，由地方委员会和理事会监督，而没有对整座城市实行统一监管。这就意味着不同街区的管理水平参差不齐。相邻街区之间不能"联合"治理。自从进入19世纪，人们日益意识到，需要对旧的行事方式实行大幅改革。

1832年，第一次霍乱疫情爆发后，伦敦内城最先警醒并采取行动。因为很明显的事实是，这种疾病对穷人的打击比对富人的打击更为沉重。当时，负责制定救济穷人法案的机构是皇家救贫法委员会。该委员会的书记员正是爱德文·查德维克。爱德文·查德维克出生于曼彻斯特，其父是一位激进的记者，曾经在巴黎与图米·佩恩（Tome Paine）[①]一起度过青春岁月。查德维克作为一名律师，开始了自己的职业生涯，与此同时亦从事政论文写作。到了伦敦之后，他先是租住在内殿律师学院（Inner Temple）的寄宿宿舍。不久，便融入以杰里米·边沁为核心的激进分子小圈子。1831年，查德维克搬到位于布鲁姆斯伯里皇后广场的边沁别墅。1832年边沁去世。1833年，查德维克很快在救贫法委员会谋得职位。不忘其精神导师边沁的激励，查德维克决心以后的人生不再空谈社会的改革，而更应该干一些实事。

关于穷人的定义以及如何照顾穷人的理念，可以追溯到伊丽莎白时代制定的《救贫法》（Poor Laws）。这项法案将穷人分为四大类：没有能力的穷人，他们无力改变自己的状况；肢体健全的穷

[①] 图米·佩恩（1737—1809）是英裔美国思想家、作家、政治活动家、激进民主主义者，出生于英国，后来投身于欧美的革命运动。"美利坚合众国"（United States of America）一词，即出自佩恩，为此他被很多人誉为美国的开国元勋之一。

人，他们缺乏技能或者说是经济大潮中的受害者；懒惰的穷人，他们不愿意工作；再就是流浪汉。对这四类穷人的管理属于地方上的事务。地方当局通过所征收的地方税向穷人发放救济款。但到了1832年，伦敦城到处都是贫民窟，人满为患，疾病肆虐，救济穷人的旧体制已经难以为继。

查德维克于是鼓励救贫法委员会收集关于旧体制难以为继的数据。他建议，要对贫困问题实行统一管理，理由是教区再也没有能力独立应对。此外，查德维克还建议停止所有的散户救济，停止发放原有的援助金，转而代之以救贫院，专门针对那些真正需要帮助的穷人。救贫院基于"劣等优先的原则"，向最需要帮助的最穷困之人提供救助，而阻止怠惰的穷人沾光。救贫法委员会的提案提交到国会后获得通过，是为《1834年救贫法修正案》（1834 Poor Law Amendment Act）。查德维克也获得任命，成为皇家救贫法委员会的书记，负责监督建造救贫院，并健全一套有关救贫院的全国性管理体系。这就将救济穷人的治理权，从各大教区转交到中央政府。查德维克成为未经选举的福利沙皇。

跟斯诺一样，查德维克也相信，贫穷与疾病之间存在着一定的关系。他呼吁更多的人投入研究，探讨疾病暴发的社会代价，以及如何预防这种危险。其中突出的成果如对1837—1838年东伦敦暴发的斑疹伤寒病的研究，便证明了居住环境对健康和贫困有直接的影响。1838年，查德维克在一份简报中指出："大都会居民发烧的病情……通过适当的卫生措施，可能会得到解决。"[13]1842年，他在这份简报的基础上出版了一份详细的科研报告——《对大不列颠劳动者卫生条件的调查》（Inquiry into the Sanitary Conditions of the Labouring Population of Great Britain）。该报告立即成为畅销书，头一年就销售了2万册。

查德维克指出，生活条件与疾病之间存在着紧密的联系。但跟斯诺医生不一样，查德维克是瘴气理论的支持者。他深信："所有的臭味，只要是刺激性的，便会导致急性疾病。因为这些臭味让人体的循环系统受到抑制，从而使其易于受到其他因素的侵扰，所以说，所有的臭味都会导致疾病。"[14]后果则是长期的经济问题。疾病、饮食不良和糟糕的住房状况都会压迫穷人，让这些人难以摆脱贫困。而贫民窟糟糕的居住条件，例如逼仄的房间和恶劣的卫生条件，又会对个体造成社会和道义上的影响——助长醉酒、滥交和暴力。在被誉为维多利时代圣经的著作《自救》（*Self-Help*）一书中，作者塞缪尔·斯麦尔斯（Samuel Smiles）推崇积极的心态。在斯麦尔斯看来，一个人只要具有坚强的性格和勇气，就可以克服任何困难。查德维克却认为，城市本身不仅仅是污染的受害者，也是施加者。伦敦让人类生病。换句话说，外在环境更为重要。

瘴气理论认为，人和动物的废弃物可以通过溶化到水里而变得安全。为此查德维克努力推行一种新方式，将城市的废弃物冲走。《1844年建筑法案》（Building Act of 1844）便要求，所有的新建筑都应该建有直接连到公用下水道的管道，从而在整座城市建起一套污水排放系统。如此一来，任何新建住房与公用下水道的距离都不得超过30英尺。根据这种新确立的卫生准则，伦敦的20万座化粪池必须废除。更加鼓舞人心的是，约瑟夫·布拉马（Joseph Bramah）[①]所发明的液压机，可以将城市的废物顺利冲到泰晤士

[①] 约瑟夫·布拉马（1749—1814）因发明液压机而闻名。与威廉·阿姆斯特朗（William George Armstrong, 1810—1900）一起，被英国人称作"水利工程之父"。抽水马桶最初由诗人约翰·哈林顿（John Harington, 1561—1612）于1596年发明。1778年，布拉马对这种初级的抽水马桶加以改良，获得专利。同年，布拉马还成功研制出一种新式防盗锁，并获得专利。从此他走上发明家之路。另一个佳话是，一把布拉马研制的防盗锁，在67年的漫长时间里无人能开。如今这把锁保留在伦敦自然科学博物馆。

河。1861年，托马斯·克拉普（Thomas Crapper）[①]又在切尔西商场展出了自己的新设计。由此保证，"每拉动一次，就可以将污物冲洗干净"。于是情况显得更为乐观。

查德维克随即着手修建一套互相连通的下水道系统，将所有街区的废弃物都排放进泰晤士河。1847年，以查德维克为首的大都会下水道委员会正式成立。为确保效用主义的愿景不遭到地方传统或既得利益者的破坏，查德维克毫不畏惧地与反对派人士斗争。自亨利八世以来，伦敦的下水道由7个不同的地方委员会监督，每个委员会都有自己的国会法案、承诺和职责。查德维克决心打散这种管理结构。因此，管理权从之前的1065名地方专员移交到大都会下水道委员会的23名委员手中。

在很多人眼里，这种将权力集中到非选举官员手中的狂热，即便不是彻头彻尾的欧洲大陆的做派，也依然是非常危险的。随着欧洲大陆再次爆发革命，如此"非英国式"的执政行为仿佛在给专制主义开绿灯。而这些不正是巴里哥特式宫殿所象征的议会制度所反对的吗？结果，这边查德维克强调这座城市目前的糟糕局面"是因为大都市缺乏团结所带来的恶果"[15]，那边《泰晤士报》就刊登了来自普罗大众的傲慢回应："我们宁愿在霍乱大流行中碰碰运气，也不愿被强制着拖入健康的环境。"[16]

大都会下水道委员会的工作举步维艰也就毫不奇怪了。其实，过去几十年来逐步建立的下水道总长已达76386英尺。大都会下水道委员会对所有下水道流出的废物进行了检测，并提出了一个构想。那就是，绘制一份整座伦敦及其郊区的地形测绘详

---

① 托马斯·克拉普（1836—1910）是一位水暖工。他虽然不是抽水马桶的发明人，却推广普及了抽水马桶，并发明了相关设施。

图，再根据这份测绘图设计一套完整的下水道系统。问题是，完成这份测绘图的测绘和绘制需要 10 年，预计的费用是 23000 英镑。与此同时，有关这项工程的走向和特质始终处于激烈的争论中，尤其在涉及什么是理想化的下水道系统、如何建造等问题上，争论更趋于白热化。

"下水道之战"说起来在于排水道的形状和制造，但实际上，这是查德维克与大都会下水道委员会之间的冲突。前者倾向于让工程师放开手脚自主设计，后者则想要实施一套标准化设计，以体现新的卫生政策。和伦敦其他人一样，工程师也不喜欢让未经选举的官僚对自己的工作指手画脚。然而工程师们目前所做的设计比较随意，也较为粗糙。正如亨利·马修所报道的，不同教区之间相连接的管道，常常不完整不匀称，一些下水道仅仅用木板拼凑而非砖砌，一些下水道管壁上的许多部位已经剥落。苏豪的情况更为糟糕，其下水道尺寸完全是随意的。马修看到的一处管道间"自下水道顶部垂下一些长达 3 英尺长仿佛钟乳石般的腐烂物"[17]。马修还惊讶地发现，一些富人住宅的下水道并不比贫民窟的下水道建造得更好。这一切最终促使查德维克下决心建造一套规整的下水道系统，提倡统一的管道设计，譬如将管道设计成一个倒立的鸡蛋形，如此可以在任何气象条件下保证管道畅通。

恰在此时，霍乱于 1848—1849 年再次袭击伦敦，导致有史以来的最高死亡人数：14137 人。但几乎无人知道，大都会下水道委员会的作为反倒是起了推波助澜的作用：将受到污染的污水冲进泰晤士河，也就让传染病蔓延到整座城市，因为多家向伦敦居民提供饮用水的私营供水公司，正是从泰晤士河取水的。据查尔斯·狄更斯报道，自 1845 年以来，兰贝斯和南沃克供水公司的取水点均位于伦敦西区的中心地带，即滑铁卢桥与亨格福德桥（Hungerford bridge）之间的河边。因此，一旦疫情爆发，传染病便迅速蔓延到泰晤士河南岸的各大贫困街区。由于无力阻止流行病的蔓延，查德维克很快就失去了民众对他那些激进计划的支持。而他对私人利益集团的处置又显得过于大刀阔斧。譬如他提出，要禁止所有的供水公司从泰晤士河取水，而改以从萨里郡连接过来的管道取水。此言一出，商人们群起攻之。此后，查德维克又提议将8家供应首都饮用水的供水公司"合并为一，统筹管理"[18]。步子显然迈得太大了。

  大恶臭之后的一年，大都会下水道委员会被迫承认自己无能，并发起一场征召工程师的竞赛，让工程师寻求措施解决这座城市的大难题。对此，《泰晤士报》带着哀怨的语气报道："伦敦码头像阴间一般黑暗……哪里去了，你们这些土木工程师？你们可以移山造桥，搅海填河……你们就不能净化净化泰晤士河，让你们自己的城市宜居吗？"[19] 招募启事果然有效，一个月之内，工程师约瑟夫·巴泽尔杰特被下水道委员会聘请为助理测绘师，由此开启了巴泽尔杰特改造伦敦的职业生涯，既改变了伦敦的石头，也解决了泰晤士河的致命问题。按照历史学家约翰·多沙特（John Doxat）的观点，相比于其他任何一位维多利亚时代的公职官员，巴泽尔杰特拯救了更多的生命。

  巴泽尔杰特是一位典型的维多利亚时代的工程师。他注重细节，坚定并勇于担当。由于渴望尽自己最大的努力完美地完成工作，并怀着始终如一的责任感，他常常工作到精疲力竭。他的祖父是一位法裔裁缝，后来移民到伦敦，终其一生成功经营缝纫业，不仅给摄政王制作服装，还借给这个败家子2.2万多英镑。巴泽尔杰特的父亲曾参加过纳尔逊将军领导的特拉法加战役，受伤退伍后在海军和军事圣经学会工作。至于巴泽尔杰特自己，在17岁之前，他接受的是私人教育，然后进入约翰·麦克内尔（John MacNeil）爵士的公司工作。麦克内尔是一位杰出的工程师，曾经在北爱尔兰负责过一些排水和土地开垦工程。这些工程都属于政府项目。1838年，巴泽尔杰特回到伦敦，并加入土木工程师学会。四年后，他在附近的大乔治街成立了自己的公司，独立承接工程设计项目。不久，他就被公认为一颗冉冉升起的明星。其简历上的推荐人，个个都大名鼎鼎，例如乔治·史蒂文森（George Stephenson）、伊桑巴德·金德姆·布鲁内尔（Isambard Kingdom Brunel）、威廉·库比特（William Cubitt）[①]等。

不过，巴泽尔杰特并不是下水道委员会选拔的独苗。在委员会看来，解决首都排水技术问题的人选，还有罗伯特·史蒂文森（Robert Stephenson）[②]，以及委员会的总工程师弗兰克·弗斯特（Frank Forster）。后者在铁路建设方面颇有建树。这三个人一起从137份竞选方案中脱颖而出。但后来对这场竞赛的报道则是："大部分参赛方案模糊不清、臆想太多，过于学究或旁门左道……几乎没有什么方案称得上拥有实际价值。"[20]如此一来，解决城市问题的任务自然就落入由弗斯特领导的团队手中。

弗斯特与巴泽尔杰特一起提出了一项初步设计——建造一些拦截污水的管道，将城市的污水排送到大都会之外，并通过泰晤士

---

① 乔治·史蒂文森（1781—1848）被誉为"铁道之父"。I. K. 布鲁内尔（1806—1859）革命性地推动了英国的公共运输等现代工程。威廉·库比特（1785—1861）同样是工程界翘楚，除了参与运河、码头和铁路工程，他也是水晶宫建造工程的首席工程师。他还发明了跑步机，然而其目的在于惩罚囚犯。跑步机不仅需要体力劳作，还因为单调的踏步带来令人窒息的沉闷。1902年，英国废除了监狱里的跑步机，但到了20世纪中期，一些运动生理学家发现跑步机对人的心肺有利。此后，跑步机成为健身器材。
② 罗伯特·史蒂文森（1803—1859）是乔治·史蒂文森的独子，参与过众多道路工程，并设计了很多座桥梁，被誉为19世纪最伟大的工程师之一。

河两岸的堤道系统确保污水与供水分离。提案比较激进，大都会下水道委员会需要些时间来消化理解。此前，在泰晤士河北岸维多利亚车站与西敏桥之间，已经启动过一项类似的工程，却因为种种问题，很快就陷入一场财政灾难。这些问题包括场地的流沙、低劣的工程质量、对材料的选择等不同的意见纠纷。最终的费用超过原计划的 4 倍多，高达 54866 英镑。也就难怪在接下来的两年里，弗斯特的宏伟设计遭到无休止的审查和核算。"不断地骚扰，加上对公务的焦虑"[21]，导致弗斯特 1852 年早逝。于是大都会下水道委员会任命巴泽尔杰特接替弗斯特担任总工程师。巴泽尔杰特立即着手修改和完善弗斯特的提案。

在泰晤士河沿岸建造堤道早已是经久不衰的话题。1666 年伦敦大火之后，克里斯托弗·雷恩就提出，在伦敦塔与骑士圣殿之间修建一段码头。经过初步调查之后，雷恩和他的朋友、城市测绘师罗伯特·胡克得出结论：这个项目太难实现，因为既得利益集团和私有财产拥有者是不可估量的阻力。然而，类似的想法从未消失。18 世纪，《伦敦城和西敏城改良》（*London and Westminster Improved*）一书的作者约翰·吉恩对雷恩的方案加以改良后提出，在泰晤士河两岸沿着伦敦桥到新近完工的西敏桥之间建造码头区。结果同样不了了之。1824 年，议员腓特烈·特兰奇（Frederick Trench）爵士提出，修建一段步行道以疏导河流。特兰奇的方案旨在改善道路系统，建造漂亮的台阶和码头："华美与壮丽的大道将大大有助于装点大都会的外观。"[22] 该计划同样流产了。

10 年后，画家约翰·马丁（John Martin）建议，以石造堤道替换那些难看的码头区，从而改善河边的环境。马丁的想法较为实际，并且是历史上首次提出将废物污水与堤道建造联系到一起。也就是说，将堤道与一套大型污水拦截系统相结合，让污水沿着泰晤士河的堤道方向流入一些大型蓄水库，再通过这些蓄水库，经由运河排放到伦敦郊外。1842年，托马斯·库比特（Thomas Cubitt）提出更受欢迎的方案，标题为《改善泰晤士河和伦敦排水的建议》（*Suggestions for Improving the State of the River Thames and the Drainage of London*），他认为，解决这一令人头疼的问题的最佳办法，不是让废物流入大型蓄水库，而是"将污水从伦敦的西部和北部，尽可能通过最短和最直的线路，一次性地排放到伦敦东部的某个地方"[23]。当年的晚些时候，伦敦法团的总工程师也提出一项堤道修建计划，却遭到议会、私营公司、教区当局乃至大法官的全面反对。所有这些机构权威都告诫道，泰晤士河河床是属于皇家的地产，动不得。但不管怎样，正如前述维多利亚车站地段的工程表明，如果没有一套完整的城市地形测绘图，一切都只是危险的猜谜游戏。

巴泽尔杰特的设计显然受到前人的启发。具体来说，就是从泰晤士河两岸由西向东，挖掘一系列排水渠，以拦截携带大部分城市污水和雨水的小河小溪，不再让污水流入泰晤士河。但为此所采用的技术倒不必像前人的计划那样复杂。事实上，单就下水道建造而言，并不是问题，问题是能否得到建造许可。因此，巴泽尔杰特不仅需要找到"最短和最直"的路线，还必须解决既得利益集团、地方官僚和产权纠纷等棘手问题。为了让计划得以顺利实施，在铲下第一锹之前，必须对政府机制进行一次大改革，否则肯定会被令人头疼的经费所束缚。

1853年，有人提醒说，大都会下水道委员会每年只能从排污税收中拿到20万英镑，弗斯特和巴泽尔杰特第一套设计方案的造价却高达108万英镑。这还不包括需要强制征收一些建筑物的巨额费用。国会不是没有同情心，却不愿做出支付经费的承诺，而是希望找到一劳永逸的替代方案，不仅解决下水道问题，还要解决整座城市的问题。结果是，1855年，国会在大辩论中通过《大都会管理法案》（*Metropolis Management Act*），并于同年8月成立了大都会工程局。

大都会工程局的成立旨在应对城市的变化。其主要任务是："在污水排放、铺路、清洁、照明以及市政改善等方面，对大都会进行更好的管理。"[24]国会辩论中所通过的管理法案比实际任务听起来更为激进。这是伦敦历史上第一次将城市内无数的教区、地方利益集团、坊里、地方管辖区、伦敦法团和区镇机构纳入一个综合性的政府机构统筹管理。为此，大都会工程局大权在握，掌控着在伦敦城、西敏城以及泰晤士河两岸的所有施工项目。与此同时，该机构不仅取消了大部分地方机构有关基础设施建造的权限，还取消了一些既得利益集团的权益。取而代之的是一套综合性权力机构，以此应对现代城市生活的挑战。既然大都会下水道委员会在应对这一挑战时失败了，那么，大都会工程局或许可以让伦敦这台机器再次正常运转。

大都会工程局代表了查德维克团结伦敦的希望。然而此时查德维克已经出局，一路走来，他树敌太多，以至于等到证明自己正确的时候，已经太晚了，得不到认可。新成立的大都会工程局的领导人，反倒是他的对手本杰明·霍尔。后者正是让国会大厦的钟楼得名"大本钟"的人。霍尔是马里波恩选区的议员，他其实常常是既得利益的捍卫者。现在，他对国会说，200万人口的城市，再也不能交给90家各自为政的地方机构治理，而应该由精简的团队也就是大都会工程局统一管理。这个工程局由46名委员组成，每一名委员都是经过投票选举而来的。此外，大都会工程局还雇用了一支由官方专家组成的团队，以执行具体的解决措施。该团队的主要成员包括一名文员、几名建筑师和工程师。没有任何悬念，约瑟夫·巴泽尔杰特被任命为大都会工程局的总工程师，并得到授权，负责设计一套新的污水排放系统。其他的工作任务还包括：拓宽道路、清理贫民窟、建造大都会的铁路和桥梁等。然而工作从一开始就很不顺利。

第一个障碍，体现于国会法案的小字体印刷部分。其中的第136条规定，所有的设计规划都必须提交到另外一个皇家委员会，"在得到该委员会批准之前，不得实施"[25]。工程局的贷款数额也有限制，任何超过10万英镑的数额，都必须得到国会的批准。这就让巴泽尔杰特几乎每一步行动都受制于更高层的权力机构。当他1856年5月23日递交第一份计划书时，只能谦卑地表示，自己并没有提出任何激进的新花样，只是对前人规划的改良，并且仅仅因为"我的职务让我熟悉那些不同地区的特殊需求和特点"[26]。这份计划书遭到本杰明·霍尔的否定。霍尔认为，计划书中的污水并没有被排放到足够远的地方。也就是说，离城市东部泰晤士河的出海口不够近。

巴泽尔杰特只得重新设计。但他明白，建造更长的下水道需要更多的经费，他还知道，越往城市的东端，挖掘施工将会越复杂。例如在格林尼治郊外的泰晤士河南岸，拟建的管道需要穿过河床和沼泽地。尽管如此，他很快就绘制出了拦截污水的下水道更新版设计图，不久，他向土木工程师学会报告说：

在泰晤士河两岸各建造3条下水道，分别称为高层、中层和低层下水道。高层和中层下水道依靠地心引力排放。低层下水道则只能借助抽水泵排放。沿泰晤士河北岸的3条下水道，在伦敦东部的修道院磨坊（Abbey Mills）处交汇。在此，低层污水道里的污水通过水泵被抽到上层下水道。汇集后的污水，将流经北排污口下水道，并沿着建于沼泽地带的混凝土堤道，一直流到巴金溪（Barking Creek）。在那里，地心引力将污水冲入溪流。

沿泰晤士河的南岸，同样建造3条拦截污水的下水道。它们在德特福德溪（Deptford Creek）汇合。同理，低层下水道的污水被抽到上层下水道。3股污水合流后，经过一条通道，从伍利奇流到位于爱维斯沼泽地（Erith Marshes）的科罗斯那斯点（Crossness Point）。在此，所有的污水在海潮退潮时流入泰晤士河的出海口。其他的时间段，通常会使用水泵将污水排送到位于高处的蓄水库。[27]

巴泽尔杰特不仅关注下水道系统的位置，还兼顾下水道的功能、形状和制造。为此他进行了各种不同的试验，例如"排放过程中最小落差时的速度和流量、被截获的污水量以及如何排放雨水"。他将伦敦的基础设施看作一台大型工业机器，需要校准、测量和量化。最大的难题则是如何利用地心引力。

总体说来，污水在下水道以平均每小时3英里的速度排放。对于泰晤士河北岸的高层和中层下水道来说，达到这个流速并不难。因为自汉普斯特德和肯萨尔高地（Kensal Rise）流向哈克尼街区，所经路线的地势刚好是由高向低。然而对于低层下水道来说，自奇斯维克（Chiswick）街区沿着泰晤士河河岸，其线路的地势非常平缓。巴泽尔杰特找不到合适的坡度以确保稳定的流速。同样，泰晤士河南岸也有一段相当长的平缓地带，找不到斜坡。因此，他必须制造冲力。于是，沿着泰晤士河两岸的不同地段建造了一系列抽水泵泵站以提高水位，然后推着污水继续东流。

1856年12月31日，巴泽尔杰特将修改后的新方案提交给霍尔。霍尔将这份方案交给一个工程师小组研究。工程师们带着嫉妒吹毛求疵，并于7个月后提交了一份长达500页的经过巨大改动的方案。然而，这份修改的方案很快遭到工程局委员会的否决。因为巴泽尔杰特提交的方案成本在250万英镑以下，而修改后的方案经费预算却高达540万英镑。巴泽尔杰特根据人口逐渐增长40%的比例预测，污水的数量在未来还会相应增高，也就意味着需要更多的经费。因此，整个项目被卡在十字路口。直到接下来的夏天，大恶臭搅动了国会，迫使国会议员们必须采取紧急行动。正如《泰晤士报》在那年6月份所做的报道所说："仅仅因为巨大的恶臭，迫使国会忙着立法，以应对令伦敦头疼的问题。"[28]

1858年7月15日，国会通过《大都会管理法修正案》（Metropolis Management Amendment Act），要求工程局启动手头所拥有的无论怎样的方案，并以最快的速度实施。此前国会对经费借贷数额的否决权亦被搁置一边，工程局的贷款权限被上调至300万英镑，从财政部征收的煤炭和葡萄酒税款中支取。总费用相当于当年伦敦大火后圣保罗大教堂和伦敦其他一些教堂的重建费用。8月11日，工程局批准了巴泽尔杰特的方案。开工时间定于1859年1月。

与此同时，各条下水道的施工建造都开始了招标。不出众料，几乎所有的招标中，最终让工程局接受的都是报价最低的。从汉普斯特德到老渡口（Old Ford）的高层下水道总长大约9英里，拦截了来自弗利特街、肯特斯（Kentish）镇、海盖特、哈克尼、卡雷普顿（Clapton）、斯托克·纽因顿（Stoke Newington）以及霍洛威（Holloway）等街区的污水。居住在多佛尔佳能（Cannon）街的莫克森（Moxon）竞标成功，他的标价是152430英镑。其中的大部分工程转包给其他的施工队，先是挖一条至少27英尺深的沟渠，然后用砖砌筑管道，最后在管道上覆以路面。尽管倒鸡蛋形状的管道有各种不同的直径，正如巴泽尔杰特所言，他的设计非常精确："其直径在4英尺到9英尺6英寸之间，高度是12英尺。不同管道线路的落差则大不相同。坡度比的上限为1∶71到1∶376，下限则是每英里落差 4—5 英尺。管道由砖块砌筑。管道壁的厚度从 9 英寸至 2 英尺 3 英寸不等。反面衬以斯塔福德郡出产的蓝砖。"[29] 在那些不能挖掘的地段，例如穿越联合运河（Union Canal）时，就采用隧道。在那些需要穿过私人房屋之下的地段，例如哈克尼街区，"便在管道下面施以支撑，并放置在铁桁架上"[30]。高层下水道于 1861 年落成。

随着泰晤士河北岸 3 条下水道工程的推进，整个伦敦仿佛被挖了个底朝天。中层下水道的路线需要穿过市中心，也就是 5 年前约瑟夫·帕克斯顿提议建造玻璃拱廊的地段。因此，诺丁山（Notting Hill）、贝斯沃特（Bayswater）、牛津以及霍尔本等街区的道路泥泞不堪，仿佛不可逾越的泥潭。此外，还有几条分支线路也经过这些街区。出了城区之后，中层下水道一直通向老渡口，并在那里与本斯托克（Penstock）管道间的高层下水道相连。管道间还安装了一些必要的机械设备，将合流后的污水继续向东排放，或者在紧急情况下将这些污水排入近处的利亚（Lea）河。

1861 年，约翰·霍林斯赫德来到新建成的下水道探访，"仿佛进入了酒窖"。沿着圣约翰伍德（St John's Wood）街的地下管道，霍林斯赫德一路步行，来到皮卡迪利街的地下。到了绿园（Green Park），他回到地面，透口气，又继续探访。走到某处时，向导叫他猜猜这是在哪里。当他被告知他们正站在白金汉宫下面时，霍林斯赫德写道："摘下了我的扇尾帽，大步向前，高唱国歌，并一个劲儿邀请向导跟我合唱。"[31] 同年，1500 位工程局的地方委员和职工受到邀请，与总工程师一起检查验收工程。除了两个人受伤、一个人从一块木板上掉进污水，整个下午的验收工作非常成功。

下层下水道是迄今为止最长也最复杂的构筑，总长达 11.5 英里。其西端的网络，从奇斯维克通向派米科（Pimlico），其中还有几条分支管道和供水管道。派米科地区的地形非常低洼，不可能找到合理的梯度建造下水道。当时的富勒姆原野（Fulham Fields）人烟稀少，巴泽尔杰特于是计划在这里建一座蓄水库，对污水进行化学处理，再将处理过的污水排入切尔西桥以北的泰晤士河，却遭到当地一位医务官博格医生（Dr Burge）的强烈反对。到了1862年，巴泽尔杰特只好放弃建蓄水库的计划，改为建一座水泵站，从而将污水提高19英尺，使其能够沿着堤道内的新管道继续向东排放。

巴泽尔杰特总共设计了四座水泵站。这些水泵站也是宏伟的堤道工程中唯一可见的地上物证。一座位于切尔西，两座分别位于泰晤士河南岸的德特福德和科罗斯那斯点，还有一座位于西汉姆（West Ham）的修道院磨坊。四座水泵站全都被装饰得华丽多彩。将带有粗野功能的场所装饰得富贵堂皇，大概也是维多利亚时代最霸气的表现。其中的修道院磨坊水泵站，旨在将低层下水道的污水提升36英尺，以便与其他两条管道的污水汇集，然后，三条管道一起通过排污口排出。工程始于1865年，由建筑师查尔斯·戴瓦（Charles Driver）主持，他曾经深受建筑评论家约翰·拉斯金的影响。如今他所肩负的任务是，用最没有生气的材料——铸铁建造一座宏伟的建筑（拉斯金肯定会说这是蒙人）。其结果是，该泵站堪称装饰主义与效用主义的奇怪混合体。在此，新国会大厦西敏宫所体现的感性与工程师时代撞击出火花。

在水泵站外部，戴瓦用充满东方迷幻色彩的石头建造了一座中世纪威尼斯式塔楼，屋顶是法兰西芒萨尔式，烟囱是摩尔式，环绕入口的拱顶则是诺曼式。塔楼之内，恢弘的中央大厅里，到处都是工业化机械。其中最主要的，是8台巨大的梁式铸铁发动机。每台发动机拥有142马力、37英尺的铁梁，以及直径为4英尺6英寸的汽缸。它们全天候不停地泵送和搅拌。屋顶则是由铸铁制造的细柱、肩拱和托架的组合。然而任何一个参观者都可能会想象着自己是站在闹哄哄的拜占庭式神庙里。1865年举行了水泵站开幕典礼。一片喜气洋洋中，代表维多利亚女王的威尔士亲王，在国会议员、大主教和工程局董事们的簇拥下，宣布水泵站投入运行。如果说某个事件能够将维多利亚时代各种令人头疼的矛盾——例如相互冲突的利益集团和各类互不相同的观念——汇集到一处，大概非这场开幕式莫属了。

到了1862年，工程显然取得了成功，却也夹杂着批评。一批以最低标价获得工程的承包商，在工程彻底完工之前就已经宣布破产。尽管依然到处都是混乱和泥浆，但伦敦已经变化很大，大都市今非昔比了。位于伍利奇地下的两条下水道的设计和建造堪称完美，以至于在管道接榫时没有分毫的误差。对此，报纸誉之为神奇。巴泽尔杰特则希望于当年的年底前以低于300万英镑的总造价彻底完成工程。然而，沿着泰晤士河北岸的低层下水道工程却还没开始动工。

1864年，查尔斯·狄更斯开始创作其最后一部长篇小说——《我们共同的朋友》(*Our Mutual Friend*)。这部堪称大作家最具黑暗色彩的小说，描述了一个痴迷于泰晤士河的故事。其中的第一幕便是从河水中打捞起一位年轻继承人的尸体。对狄更斯来说，泰晤士河既带来生命和重生，也导致死亡。它可以瞬间就摧毁美景，却也能够向河边的清洁工提供美好生活[①]。这些清洁工长期在布满尘土和泥泞的岸边清理着破烂和垃圾。狄更斯创作该小说的日子里，大

[①] 这部小说中一个虽然去世却无所不在的人物，便是拥有巨额财富的垃圾承包商老哈蒙。小说的主线便是对这位垃圾承包商的遗产的继承争夺战，其深层的隐喻意味深长。——译注

部分时间居住在离泰晤士河仅数步之遥的河岸街。而就在他潇洒挥毫之际，其笔尖下的世界正在消失。

1861年，国会开始讨论泰晤士河沿岸街区的建设，以及巴泽尔杰特排水工程的收尾项目。之前的3年，巴泽尔杰特主持建造的各种管道加起来总长大约为1200英里，相当于从伦敦到格拉斯哥里程的4倍。其中包括污水拦截下水道、雨水排泄管道、地铁和隧道等。这套排污系统每年处理的生活污水、工业污水、雨水和污泥高达3.165亿加仑。然而这些污水最终还是排进了泰晤士河。为了能彻底拦截污水，并将其最终排到城市之外，巴泽尔杰特提出，沿着泰晤士河的河岸修建三条堤道：一条沿着切尔西街区的巴特西桥（Battersea Bridge），通向米尔班克（Millbank）街区，被称作切尔西堤道；一条沿着泰晤士河南岸的沃克斯霍尔桥（Vauxhall Bridge），通向西敏桥，被称作阿尔伯特堤道；一条从西敏宫通向黑修士桥，被称作维多利亚堤道。三条堤道可以将泰晤士河回填出大约52英亩的土地。通过对泰晤士河的疏导以及对淤泥河床的清除，既可以改善河道的航行，同时还可以开辟出一系列新的城市道路，以缓解城市中心长久以来的交通拥堵状况。

然而，巴泽尔杰特并不能保证自己的提案一定成功。虽说此前的工程取得了成功，但障碍依然很多，例如既得利益者的反对和技术问题。首先，人们认为整个规划过于庞大，大都会工程局难以独自承担。于是成立了由约瑟夫·帕克斯顿勋爵领导的皇家委员会。让皇家委员会处理那些从四面八方排山倒海般涌来的规划提案。一位名叫托马斯·韦勒（Thomas Weller）的人提议，沿着泰晤士河建造一座长条状花园，并且将沿河的道路设计成双层，分别作为公路和铁路。伦敦人爱德华·沃尔姆斯利（Edward Walmsley）提议建造一条水晶拱廊，其内有商店和画廊。许多当时颇富影响力的工程公司也向皇家委员会提交了详细专业的规划提案。由此可见，这项工程确实值得竞争。大多数提案中，一个相当重要的考量便是如何让工程最终能够自负盈亏。很多人建议，通过出租和出售此地拥有永久性产权的房屋来获取资金。所有的议题都得到皇家委员会的高度重视，并逐条审查。

最终，巴泽尔杰特再次向委员会证明，只有他和他的提案才是正道。1861年5月13日下午，当着国会委员会的面，巴泽尔杰特被询问拟建的堤道是否可以取代各类沿河码头，这位总工程师站到地图前，画了一条沿着泰晤士河北岸的红色弧线。说来巴泽尔杰特的规划并没有什么特别的创新，也许他的天才就在于综合所有前人提案中的最佳部分，而非重新发明。然而他所做的准备工作可谓艰苦，其中包括34份详细的平面图和草案、56页技术规范综述，这些图纸和论述在今天对维修人员仍有参考价值。在关于维多利亚堤道的构想中，巴泽尔杰特认为，通过这段堤道，可以顺着泰晤士河河沿重新开垦出32英亩的土地。在这些"回填"的地方，又可以建造新的道路和拦截污水的管道。该构想在《1862年泰晤士（北）堤道法案》（1862 Thames Embankment [North] Act）中被正式批准。另外两条堤道的建造提案，分别于1864年和1865年的《国会法案》（Parliamentary Act）中通过。

工程并没有立即启动。首先，巴泽尔杰特需要发布广告，征召承包商。他还必须确保开工之后不再出现任何延误或干扰。关于堤道建造的法案规定，工程施工中，可以允许出现一些混乱局面，但不能干扰泰晤士河的汽船通行。因此，必须在西敏桥以及亨格福德桥附近建造一些临时码头。此外，还需要保证充足的建筑材料补给，例如从河床疏浚出成吨的砾石和上好的苏格兰花岗岩，以用作建造优雅的河墙。

最大的问题是，如何应对房产侵权潮水般的投诉。从亨格福德桥到黑修士桥之间的泰晤士沿岸有很多码头。这些码头需要持续正常的运营，从而保证将货物运进伦敦西区。此外，这里还有一家机械工程公司和伦敦市天然气工厂。在此，每天接收大约400艘装有煤炭的驳船。伦敦城市街道的夜间照明全都得靠这些煤炭。而施工期间，所有这些都需要清除，并补偿相应的损失，让它们在其他地方继续正常运营。此外，还需要对付布卡流奇公爵（Duke of Buccleuch）。这位公爵的府邸蒙塔古府（Montagu House）刚刚装潢不久。他担心堤道工程会让新装修的府邸跌价。总之，任何一个势力强大的反对派都有可能阻止工程的推进。好在新闻界和首相最终都站在推进工程的这一边。1862年9月6日，《泰晤士报》报道说，第一批工程恰恰在正对着蒙塔古府的河床处动工。这就绝非巧合了。

用巴泽尔杰特的话来说，建造堤道的技术仿佛"儿童游戏……泰晤士堤道的建造让我获得巨大声誉，但这不过是挖掘排水沟之类的工作"[32]。首先，将木桩沿着总工程师在设计图上用红笔描绘的路线打入河床。然后在木桩之间填充砾石和黏土用于防水。之后，抽出填充物之间的水分。最后，在这处干燥的地段修建堤道。有人担心，在施工时那些以蒸汽驱动的打桩机会对附近的房屋造成破坏。于是代之以金属沉箱，之后再用木钉将沉箱密封。然而施工过程中充满了危险。一次沉箱翻滚的严重事故中，一名男工的身体被劈成两半。还有一次，一名男工跌入满是混凝土的沉箱中被淹死。而在位于河床以下20英尺深的地基上，需要用砖和混凝土建造河墙，河墙的外立面则需要用花岗石而非铸铁。因为巴泽尔杰特认为，铸铁在打入8英尺的泥土后太容易生锈腐烂。

尽管工程进展良好，但整个工程却在1864年遇到挫折。这一年，有人提出大都会区域线的建造计划，也就是自西敏桥开始，沿着泰晤士河建造一条新的铁路线。为此，巴泽尔杰特的堤道就不再仅仅为了排放城市的污水，还要与最新的技术挂钩。也就是说，还要在其中建造地下铁路。将地铁引入城市中心的想法，早就经过相当长一段时间的讨论。到了19世纪50年代，像伦敦桥南侧的大都会边缘一带、伦敦城内的芬丘奇（Fenchurch）街、城市东部的肖尔迪奇（Shoreditch）、城市北部的国王十字和尤斯顿（Euston）、城市西部的帕丁顿以及西敏桥南部的滑铁卢等处，都陆续建起了地铁站。

地铁技术被誉为解决地面交通问题的最佳方法。因为每天早晨都有成千上万的公共交通工具、私人交通工具和步行者通过地面道路涌入城市。正如皇家委员会于1854年的报告所称，让"城市拥挤不堪的原因，首先来自周边街区的人口和地域的自然增长，其次来自伦敦北部各大铁路线的省外来客，再就是自伦敦城外的车站与内城中心之间，那些让伦敦时刻处于阻塞的公共马车和私家马车"[33]。大都会铁路公司推出的第一条铁路线，便是为了连接帕丁顿街区与伦敦老城。经过国王十字站之后，这条铁路线一直通到老城墙附近的法灵顿（Farringdon）站。因此，除了下水道工程的挖掘混乱，尤斯顿路（即从前的新街，一度也是马里波恩郊区与摄政公园之间的边界）也被挖出一条80英尺宽的沟。这项工程于1863年1月完工。几个月之后，2.6万多名伦敦人率先体验了乘坐地铁的滋味。

地铁是一桩有利可图的生意，而非公共民用工程。铁路公司不久就发现，通过进一步拓展铁路线可以获得更多的利润。因为拓展的地铁线可以吸引更多上下班的通勤乘客。第一条拓展的线路从帕丁顿往西延伸到城市的边缘哈默史密斯附近。铁路公司还试图垄断伦敦西区的交通，并计划从西部的帕丁顿到东部靠近泰晤士河的法灵顿站之间，开通一条地下铁路线，为更多内城的上班族提供通勤服务。到1868年，他们又开始寻找一条沿着泰晤士河北岸，从阿尔德门到南肯辛顿的路线，以连接城里与城外。巴泽尔杰特的堤道正是顺着泰晤士河沿岸。那么沿着堤道的路线建造一条地铁线，便是最完美的方案。此外，还需要建造4座地铁站，即西敏城站、堤道站、圣殿站和黑修士桥站。

新的地铁建造计划拖延了巴泽尔杰特堤道工程的进展。为了将地铁隧道融入其间，巴泽尔杰特不得不重新考虑早前的堤道设计。铁路公司没有及时找到投资方，也让巴泽尔杰特的工程难以推进。1869年，他们终于拿到工程所需的资金——150万英镑。此后，一切都顺畅起来。铁路线的建造采用切开-覆盖的方式，双铁轨隧道覆以优雅的石头作为天花板。在蒸汽发动机的推动下，列车沿着轨道运行。大多数地铁的列车大约40英尺长，共有6节车厢，每个车厢分别设计成三个等级。用亨利·马修的话说，头等车厢"非常漂亮宽敞"，里面有足够的空间让普通的公民享受进城的旅途。

值得推崇的是，堤道还拥有第三大功能，那就是作为地上的道路，开辟一条进出大都市的新干线，为这座机器城市的现代化做出贡献。堤道附近，西敏桥与伦敦城之间的主要通道河岸街早就面临着显而易见的交通混乱问题。然而，若想拓宽这条老街，必须付出沉重的代价。直到1873年，横跨弗利特街北端的圣殿关（Temple Bar）才终于得以拆除。这座由克里斯托弗·雷恩于17世纪70年代设计的石制门坊，令人肃然起敬。然而它却是一个可怕的交通瓶颈。在此，任何时间都只允许一辆大车或公共马车通过。于是新建的堤道成为一条附加的替补路线，大大疏解了城市的交通，让城市再次正常运转。

这项工程的大部分区段处于地下，但人们依然对如何装饰和设计新堤道的地上部分展开了热论。它应该拥有怎样的外表？这无疑是现代最壮观精彩的工程之一。其最终的外貌究竟该是古典的还是哥特式的？或者考虑到其所处的地段（水边），可否让它拥有几分威尼斯色调？1863年，巴泽尔杰特在皇家学院展示了自己所设计的4个不同方案，虽然获得普遍的赞扬，却没有一个得以实现。最终，这一段码头区被裹以光滑的花岗岩，可谓古典主义与现代主义的结合。巴泽尔杰特还设计了一系列由铸铁制造的煤气灯。灯座上盘绕着一对海豚。与之相呼应的，是一系列安放于河墙上的青铜狮子头泊环。同时也开始栽种树木，在宽阔道路的另一侧形成林荫大道。1868年7月30日开始，人们可以沿着河边惬意地漫步。

于是这座堤道既是一条运输通道也是一处景点。1877年之后，很多游客来到这里，为的是一睹一块石头的芳容。这块石头被安放在亨格福德桥与圣殿之间，也常常被昵称为"克娄巴特拉方尖碑"（Cleopatra' Needle）。其最早的源头可追溯到公元前1460年。但在尼罗河战役之后，为了纪念不列颠对拿破仑战争的胜利，当时的埃及统治者穆罕默德·阿里（Muhammad Ali）将它赠给了纳尔逊将军。

巴泽尔杰特还设想着建造一座滨河花园，自亨格福德桥开始，一直蜿蜒到萨默塞特府（Somerset House）。起初，他设计了一层层华丽的露台、喷泉和台阶，将堤道连向拥挤的河岸街，"让这里拥有最珍贵的建筑立面，并成为伦敦最优雅的街区之一"[34]。然而，这需要征用索尔兹伯里侯爵的土地。被誉为"非一般蠢货"的侯爵坚决不允许此事发生。巴泽尔杰特只得重新设计了一个较为低调的方案，仅仅建造了一座宽阔的平台和几座雕像，其中包括巴泽尔杰特自己的雕像。上面有一段拉丁文题词：Flumini Vincula Posuit,

意思是：他把河连到岸上。

维多利亚堤道于1870年7月13日正式开通。当时的维多利亚女王已经深居简出。因此，女王的长子威尔士亲王代表女王与一众人等聚集一堂，举行了庆典。这些人包括5位王室成员、24位大使、几乎全体国会议员以及1万名购票参加者。一群寻衅滋事的人准备以自己的方式庆祝，并推挤前方拥挤的人群。大都会警察立即排成一线，阻止这些人的鲁莽行为，也差点破坏了欢乐气氛。尽管如此，滋事者的粗鄙行为并没有破坏优雅的欢庆场面。总而言之，巴泽尔杰特的成就并非尖端技术。从建筑层面考量，也不是特别地令人印象深刻。然而，所有这3条堤道，在组织和规划方面都取得了巨大成功。维多利亚堤道的建造动用了65万立方英尺的花岗岩、8万立方英尺的砖、14万立方码的混凝土、50万立方英尺的木材、2500吨沉箱以及100万立方英尺的填充物和砾石。最终耗资是1156981英镑。至于其他2条堤道，阿尔伯特堤道于1869年完工，切尔西堤道于1874年完工。

巴泽尔杰特进行泰晤士河河岸改造工程的部分原因，是为了改造自然，让城市走向现代化，并通过河边回填的土地缓解城市交通压力。其开端是一系列大辩论，例如疾病的传播、贫困、贫困伦理以及伦敦作为现代化首都的特质。作为现代意义的首都，伦敦应当成立一个中央政府，实行统一管理，而非受制于一个个分散的市政集团、利益集团和古代传统。至于其最终的结果是否成功，堤道建成之后泰晤士河的水质便是证明。维多利亚时代城市带来的恐怖也许永远不会消失，但约瑟夫·巴泽尔杰特对构建和保护这座现代化城市所做的贡献，大于他同代人中的任何一位。

巴泽尔杰特修建的维多利亚堤道，既象征着政府内部的体制革命，也体现于普通伦敦人的日常生活中。人们不再局限于在同一个街区生活和工作。亨利·马修乘坐地铁时对内城上班族进行过采访，这些人一致认为："廉价的早班地铁为工薪阶层带来很多好处。"一位工人说：有了地铁之后，光在房租这一项上，他每个星期至少节省了两先令。他住在诺丁山，如果没有方便的铁路线，每天上班需要步行往返6英里。太难了，必须就地租房。[35]铁路也给城市的边缘地区带来新的城市生活方式，让这些边缘地区拥有了转化为新郊区的潜力。

巴泽尔杰特继续为机器化伦敦做出贡献。他将自己在工程技术上的知识与查德维克的效用主义哲学相结合，努力改善城市的公共卫生状况。作为大都会工程局的总工程师，他还关注如何改善城市的道路系统，寻求将城市作为整体的统一方法。19世纪60年代，法国奥斯曼男爵（Baron Haussmann）的巴黎大改造，让巴黎拥有了宽阔的林荫大道和各种分支街道。对于拿破仑三世的专制主义，伦敦人难免有几分担忧。然而总体说来，他们对巴黎大改造羡慕不已。巴泽尔杰特无力对伦敦进行全盘改造，却也决心找出一条新路子，建造一些新的城市道路，并清除那些难看的街区和贫民窟。1866年，堤道建设动工之际，大都会工程局计划在特拉法加广场与泰晤士河之间建造一条宽阔的城市大道。由于这个路段的土地权属于诺森伯兰公爵，工程局试图与公爵洽谈土地转让的可能，遭到公爵的拒绝。1867年公爵去世后，工程局成功说服了公爵的继承人，最终以50万英镑的代价完成了土地转让。

工程局亦开始关注城市的中心地带。为此，巴泽尔杰特设计了3条新的城市交通大动脉：一条是查令十字大街，自特拉法加广场北部起步；一条是沙夫茨伯里大街，自皮卡迪利圆环广场起步，这条街还穿过古老的圣吉尔斯教区；一条是新牛津大街，将伦敦西区连向了霍尔本街区。1877年的《街道改善法案》（Street Improvements

Act）堪称伦敦城市史上最重大的城市改革法案之一，将居住于脏乱差住房里的1万多租户搬迁安置，由此让伦敦西区实现了现代化。此外，巴泽尔杰特还设计了一些桥梁，以改善跨河交通，并最终结束了伦敦桥的垄断地位，让大都会工程局决定停止使用伦敦桥的收费站，并考虑拓宽一些位于其他地段的已有桥梁，例如巴特西桥、普特尼（Putney）桥以及哈默史密斯桥。巴泽尔杰特还建议在港口附近建造一座新桥。1878年，伦敦市政府同意造桥提议，但没有同意巴泽尔杰特的桥梁设计，而采用了开启式吊桥方案。后者由贺拉斯·琼斯爵士（Sir Horace Jones）和约翰·巴里爵士（Sir John Barry）[①]合作设计。这座开启式塔桥于1894年投入使用后，立即就成为新首都的象征，可谓建于1900年之前第一座伦敦木桥的工业后裔。

巴泽尔杰特进行的下水道工程无疑改善了伦敦人的健康。19世纪30年代，在克拉普汉姆这样的郊区，人的预期寿命仅为34岁，一些贫民窟的数据甚至更低。对人口寿命预期的提高，原因很多，但干净的饮用水肯定是重要原因之一。然而泰晤士河清洁工程不可能于一夜之间完工。在城市里的一些糟糕地段，化粪池也只能慢慢地陆续清除。1866年，霍乱再次肆虐首都。但这一次，流行病仅限于一些特定的街区，因为那里居民的饮用水依然来自由东伦敦供水公司所拥有的老渡口蓄水库。但到了19世纪90年代，尽管有关疫病的悲惨记忆依然困扰着伦敦的一些街区，但霍乱已几乎销声匿迹。1892年8月，一位从汉堡来到伦敦的年轻姑娘出现类似症状时，立即被紧急送往医院。报纸则急切地报道："死后检查显示其死因并非霍乱。"[36]尽管如此，医院仍然保持全面的警戒，政

---

① 贺拉斯·琼斯（1819—1887）设计塔桥时，是伦敦法团的建筑师和测绘师，后于1882—1884年担任英国皇家建筑师学会主席。约翰·巴里（1836—1918）是建筑师查尔斯·巴里最小的儿子，也是19世纪末到20世纪初英国杰出的工程师之一。——译注

府也派出一大批督察员检查附近的小旅店。卫生部门还检查了考文特花园的水果市场，以确保不得出售腐烂货品，因为这一类货品被认为是疾病的感染源，为此还没收了大量的货物。

巴泽尔杰特设计建造的隧道总长1800英里。到如今，它们已使用了140多年，也难以应对21世纪的城市污水。因此，泰晤士河受到新的关注。2007年，泰晤士供水公司（Thames Water Co.）宣布一项重大举措，修建一条贯穿伦敦东西的超级下水道[1]。泰晤士供水公司是一家私营公司，专门负责首都饮用水的管理和污水处理。这项举措将在泰晤士河的河床下，西自哈默史密斯，东至伦敦塔桥之外，开挖一条总长大约20英里的超级下水道，将34条污染最严重的溢流管道（overflows）[2]连到一起。迄今为止，这些溢流管道依然平均每年55次将污水溢流进泰晤士河。新建的超级下水道有望将所有污水引排到泰晤士河以外的其他地段。有关工程的公众咨询工作于2011年结束，2013年启动施工。

---

[1] 作者原文以"Thames Tunnel"（泰晤士隧道）称呼这项工程，易生误解，为此中译文稍作改写。该工程的正确名称是"Thames Tideway Tunnel"（泰晤士潮路隧道），在日常生活和媒体报道中，又常常被称作"超级隧道／下水道"（Super Tunnel）。和英国大部分公共工程一样，实际所需的时日总是比预期的要长。在一片争议声中（例如成本过高等），该工程直拖到2016年方开始动工，预计7年完工。作者原文所写的"泰晤士隧道"建于1825—1843年，在泰晤士河河床之下，将泰晤士河北岸的瓦平（Wapping）与南岸的罗瑟海斯（Rotherhithe）连成一线，是历史上第一条建于可见河道之下的水底隧道。其建造所采用的"钻挖式隧道"技术，由苏格兰巡洋舰舰长托马斯·科立恩（Thomas Cochrane，1775—1860）与法裔英籍工程师马克·伊桑巴德·金德姆·布鲁内尔（Marc Isambard Brunel，1769—1849）共同研发。后者的儿子伊桑巴德·金德姆·布鲁内尔负责将这条隧道建造完成。1865年，该隧道由铁路公司收购，用作铁路运输至今。——译注

[2] 所谓的溢流管道，本属合理构造，例如在遭遇大雨时，雨水可以经过溢流管道流入泰晤士河，而不是冲上街头，对房屋和其他建筑物产生破坏。但到了21世纪，由于人口和降雨增多等因素，原有的下水道系统已经超过其所能承受的极限，导致部分污水不能流入污水处理厂，而进入溢流管道，流入泰晤士河。

第十章

温布利球场：郊区与帝国

> 远离伦敦，远离疲惫，我的地铁乐土
>
> 城雾之外，明亮光耀，我的地铁乐土
>
> 来吧，我的小镇
>
> 没有大都市的喧嚣
>
> 疲惫的灵魂，一日劳作之后
>
> 复归康健，复归宁静，我的地铁乐土
>
> ——乔治·R. 西蒙斯（George R. Sims）
>
> 《我的地铁乐土》（My Metro-Land）

  1901 年 2 月 2 日，星期六，全世界随着维多利亚女王的灵柩将目光聚焦于伦敦。从白金汉宫前方的林荫大道，经圣詹姆斯街，过大理石拱门，到维多利亚车站，再到帕丁顿车站，最后抵达温莎堡。维多利亚女王生前明确表示自己不喜欢黑色的哀悼仪式，为此整座城市笼罩在紫色和白色中。女王还希望丧事从简，如同哀悼一位"士兵之女的离去"。然而女王葬礼的场面绝不会因为她的这份遗愿而降低规格。成群结队的男男女女乘坐特别安排的夜间电车，涌向城市的中心。早在天亮之前，路边就挤满了上百万的民众，他们在沉默哀悼中凝视着女王的灵柩缓缓而过。维多利亚女王在世时，一直被视作连续性和稳定性的象征。《每日电讯报》(The Daily Telegraph)甚至追问："现在，没了她，谁还能担当起这个国家和民族的重任？"[1]

棺椁的后面，是女王的家人和英格兰王室遍及欧洲的皇族亲属，有德皇威廉二世和俄罗斯罗曼诺夫王朝的代表①，有来自大英帝国其他地区名门望族的成员。大洋另一端，所有的英属领土同样沉浸于哀悼之中。印度的圣公会教堂、穆斯林清真寺和印度教寺庙，全都举办了悼念仪式。南非的开普敦全城笼罩于黑色之中。基钦约将军(General Kitchener)及其属下在比勒陀利亚(Pretoria)举办了悼念仪式。蒙特利尔和多伦多亦沉浸于哀悼中。即便是遥远的商贸港口如天津，也有一些外籍人士列队行进在雨中，以表哀悼。纽约证券交易所则停止了一整天的业务。总之，这一年的2月2日，全世界都随着伦敦的节奏而动。

长达63年的维多利亚时代终于结束了，也标志着英国首都的未来及其在世界上的地位的分水岭。年轻的维多利亚女王加冕时，国会大厦的重建刚刚破土动工。在她统治期间，尽管大厦内有关历史场景的绘画工程尚需继续，但整座大厦业已完工，政府的角色也发生了根本性的变化。下议院夺过了上议院的权威，成为国会大厦里的强势力量。这一切亦体现于1867年以及1884年的第二次和第三次改革法案。通过这些法案，投票权先是被扩大到令人尊重的中产阶级，之后又扩大到工人阶级。

---

① 欧洲王室之间的通婚现象，在维多利亚女王这里达到顶峰，老太太因此被戏称为"欧洲的祖母"。其中德皇威廉二世是维多利亚女王的长外孙（维多利亚女王的长女是威廉二世的生母）。俄罗斯罗曼诺夫王朝的最后一位沙皇尼古拉二世，是维多利亚女王的外孙女婿（维多利亚女王的次女是尼古拉二世的妻子亚历山德拉皇后的生母）。

第十章　温布利球场：郊区与帝国　　　　345

丢下王座的维多利亚有着至高无上的女王的荣耀。当时英国所控制的土地遍及各大洲，其在全球的统治人口超过4亿人。英国海军是海洋的霸主，伦敦是大英帝国的核心。伦敦城东部泰晤士河沿岸26平方英里的区段里，挤满了各式各样的蒸汽艇和帆船，它们将全世界的货物运送到大英帝国的首都。仅仅在1899年这一年，从泰晤士河两岸320座码头上所卸载的货物就高达750万吨。

繁忙的港口推动了面向全球的交易所和银行业。1850年，伦敦的交易所拥有864家会员。到1900年，这个数字攀升至4227家。所有的交易所都位于由古罗马老城墙围绕的平方英里城之内，可谓世界的金融发电厂。其经营范围从筹集资金到股票交易，再到无所不包的投资业务，例如亚洲的新铁路计划、秘鲁的海鸟粪收集、约克郡的工厂建造等等。每天清晨，火车停靠到大都会边缘大大小小的车站，将成千上万的工薪族运送到各自的办公室。1898年，皇家交易所对面建起了伦敦地铁银行站（Bank Station）。乘客可以在这里乘车，直达泰晤士河南岸的滑铁卢火车站。从此，滚滚的人潮可以更快地汇入大都市的心脏："在各大楼层的楼梯上……年轻人跳跃着往前，他们哪里是在做生意啊，简直是冲锋陷阵。"[2]

伦敦还是大英帝国的政府首脑聚集地。殖民地的代办处靠近唐宁街，各个英属地区的管理局则尽可能靠近怀特霍尔宫的权力通道。放眼望去，每一幅广告牌上，都飘荡着帝国的幻影；每一处公共空间，都矗立着雕像，提醒公民自己所肩负的帝国使命。盛会、展览和游行，则处处彰显出作为英国人的高高在上。学校的教科书向年青一代灌注了满脑子的天然优越感。每当新成员被选进伦敦市政府（LCC）时，他们总是会被谆谆教诲："我是大英帝国大都市的信托人。"[3]

20世纪的黎明却也隐含着不祥的预感，嘀咕道，英国肯定会碰到对手，再也不能主宰世界的贸易。1900年，伦敦市政府发出警告："伦敦正在失去其进口贸易中的股份。"[4]用《伦敦新闻画报》（*Illustrated London News*）的编辑L. F. 奥斯汀（L. F. Austin）的话来说："地球不会伤感徘徊于一个大时代里的某个微小时刻。然而，在维多利亚时代的末年，有谁不感到空虚？"[5]

20世纪头十年的爱德华时代常常被看作大英帝国的高峰期，事实上却是退潮的开端，也是人们拼着命阻止衰退的时代。英国本土与其所属殖民地之间的平衡即将被打破。英属殖民地的独立已然起步。1867年加拿大被授予自治权，接下来是1901年的澳大利亚、1907年的新西兰。布尔战争（Boer War）结束后，南非于1910年获得自治权。而早在1900年，要求自治的呼声便通过在伦敦召开的泛非洲会议传达到英国的本土。这场会议深深吸引了加勒比海、非洲和美洲的反殖民主义斗士。其发起人、西印度群岛的律师亨利·西尔维斯特－威廉姆斯（Henry Sylvester-Williams）也是新近成立的非洲学会主席。另一位著名的会议代表是美洲知识分子W. E. B. 杜波伊斯（W. E. B. Du Bois）。后者在会上急切探讨了殖民地人民之间应该如何协作团结，并再一次谴责殖民主义。所有这些让大英帝国的核心信念逐渐土崩瓦解。是的，伦敦依然是世界上最伟大的城市，但是，其20世纪的旅程注定不平坦。

此刻，某种程度上说，建筑弥补了城市自身的野心与现实之间的落差。上述对帝国权力的明显质疑，通过大量建造于伦敦的帝国风格式建筑得以调和。事实上，自从爱德华七世（Edward Ⅶ）[①] 登

[①] 爱德华七世是维多利亚女王和阿尔伯特亲王的第二个孩子，也是长子，出生当年就被封为威尔士亲王。此后一直到1901年继位，他当了60年的威尔士亲王，时间比之前历任威尔士亲王都长。但这个纪录被他的玄孙、当今的威尔士亲王查尔斯打破。爱德华七世年轻时没有参加过任何国家事务，缺乏处理国事的经验。但他善于交际，为人谦和，重义气，因此备受各阶层英国人的喜爱。——译注

基之际，英国人便开始极力寻求新的方式，以展现大都市的辉煌。此前，在伦敦郊区，以威廉·莫里斯（William Morris）为代表的工艺美术运动，虽精美别致，却辉煌不足。于是维多利亚时期的哥特式让位于一种新的英式巴洛克风格，或者说雷恩主义复兴。这种复兴，令人回想起19世纪晚期的荣耀。因为正是那个时候，现代主义在伦敦播下了第一批种子，让这座古典城市比巴黎和罗马都更加壮观。

1900年，人们提出计划，要大力拓展伦敦的河岸街街区，还要从这里开辟一条通往霍尔本街区的林荫大道。这是必须的！并且这条林荫大道被命名为"国王大道"。在国王大道与河岸街交会处的奥德维奇，也就是当年撒克逊人在伦敦维奇的定居点遗址上，将建造一幢宏伟的新月形大厦。有人说，即将建造的将是一个万神庙式的"英雄的厅堂"。但最终落成的是印度大厦，以此作为英属印度的行政中心。英属印度堪称大英帝国殖民地上的珍珠。新建的林荫大道不仅被誉为20世纪摄政大街，还有利于推广巴泽尔杰特所倡导的贫民窟清理政策，比如拆掉了破败不堪的克莱尔市场（Clare Market）。至于摄政大街自身，为了疏解拥挤的交通，也被大加改造。当年由纳什设计建造的象限大厦被拆除。沿着皮卡迪利街的其他老建筑，全都被改造成令人耳目一新的办公楼和酒店，其中就有豪华贵气的丽兹（Ritz）大酒店。

城市的中心再也不是私家房产的地盘了。在此，20世纪头10年的大部分新建筑是办公楼、酒店、商铺和政府大楼。建筑类型的多样化也体现在丰富多彩的建筑风格上。在怀特霍尔街区，有白色古典主义的水师提督府和商贸部大楼；在霍尔本街区，有赤陶色城堡风格的宝城集团总部大楼（Prudential Building）；在牛津街，有哈利·戈登·塞尔福里奇（Harry Gordon Selfridhes）建造的零售业圣殿——百货大楼。此外，还引进了新的建造方法。如丽兹酒店，先以钢框架建造，然后在外墙面贴上石板。建造所有这些宏伟的建筑，目的只有一个，那就是显示大英帝国的伦敦是如何地意气风发。套用英国皇家建筑师学会1899年的主席威廉·艾默生（William Emerson）的话，就是："这些建筑可以增加伟大帝国的荣耀。"[6]然而，首都的中心却抹不去某种空虚。因为这些宏伟的建筑失掉了人的尺度，仅仅是巨大的纪念物，无人居住。

伦敦也变成了商业和零售业中心，让城里的一些大型公共空间沦落为甲壳虫式的工薪族的通道。这些人永远是来去匆匆，恰如奥斯卡·王尔德（Oscar Wilde）所言，人人都像没赶上火车似的。如今的伦敦是白领阶层的领地。对此，出版于1909年的《英格兰现状》（The Condition of England）一书的作者C. F. G. 马斯特曼（C. F. G. Masterman）感叹道，新一代英国人"不是工业的产物，而是诞生于商业以及伦敦商业活动的衍生业……其中的男性总是拥挤在狭小的办公室里劳作。他们在人工照明的光线下，艰难地计算着庞大的数字，统计着别人的账户，为别人书写"[7]。

普通文职人员的急剧增长倒也带来了新的希望和灵感。因为随着这些人经济能力的提升，他们开始追求别样的城市生活，并且很快就在新近发展起来的城市郊区找到自己的乐土。其人数之多，不仅形成了新的邻里街区，更可以说是一场社会革命。据统计，19世纪80年代，从城市中心搬迁到郊区的人口大约有25万人。到了20世纪的头十年，这个数字已经飙升到140多万。单就纯粹的数字而言，已足够惊人。

郊区的发展得益于运输系统的革新。而新型的交通方式早在维多利亚时代之前就已经开始。话说19世纪20年代，一项道路建设计划让城市向西南发展出一些新的街区，例如巴特西、旺斯沃斯（Wandsworth）和布里克斯顿（Brixton），向东南则发展出杜威奇（Dulwich）、莱沙山姆（Lewisham）和新十字（New Cross）等街区。基尔本（Kilburn）、肯特西镇（Kentish Town）和克罗诺奇顶（Crouch End）等街区，则以弧形绕着城市的北部铺开。随着铁路的发展，这些街区很快就被认为是不算太远的近郊。从贝克街（Baker Street）[①]通向法灵顿街的第一条大都会铁路线，更可谓一场革命，彻底改变了19世纪40年代以来的内城交通。19世纪60年代，这条铁路线沿着泰晤士河的维多利亚堤道又得到进一步延伸，大大改善了城市的交通。这便是今日伦敦的地铁区段线和环线，19世纪70年代，又增建了通往哈默史密斯和里士满（Richmond）的铁路线。到了19世纪80年代，这条铁路线又向前延伸，一直通到了温布尔登（Wimbledon）。在接下来的一个世纪，发展趋势更加迅猛。

于是，帝国的衰落与郊区的兴起不期而遇。经历了伤痕累累的第一次世界大战之后，英国政府于1923年决定，通过举办一次博览会重振帝国的声威。被选中的博览会会址却不在城市的中心，而是位于大都会西北边缘的温布利（Wembley）。博览会的高贵严肃与郊区游乐之间的反差，不免让人觉得有些滑稽，却反映了伦敦城市历史上的一个重大转折。博览会官方指南上的宣传是，旨在"促进大英帝国各成员国之间的贸易，为英属地区及英国本土的产品开拓新市场，增加同属于大英帝国的不同种族之间的了解。同时向英国本土的民众展示，与英属领地和殖民地团结一致，可以创造出无所不有的潜能"[8]。实情却可能更接近于诺埃尔·考德（Noel

---

① 贝克街位于马里波恩区。英国小说家柯南·道尔（Arthur Conan Doyle，1859—1930）塑造的人物——侦探家歇洛克·福尔摩斯，让这条街名声大振。如今，这里设立有福尔摩斯侦探博物馆，仿佛真有一位福尔摩斯，曾经真的居住于此。——译注

Coward)的坦率说法："我把你带到这里，是为了让你见识见识大英帝国的奇迹，而你想做的，却只是去游乐场玩玩碰碰车。"[9]

1795年，曾经与纳什有过合作的景观设计大师雷普顿写下自己的感叹："这里安静而闲适，7英里的路给人的感觉仿佛70英里。"[10]彼时雷普顿正在给坐落于城市西北郊的温布利公园做景观设计。公园的富豪业主理查德·佩吉爵士（Sir Richard Page）成天沉迷于异想天开。在他眼里，风景如画的别墅可谓时尚潮流的巅峰。从这里到伦敦只有几个小时的路程，但经过雷普顿这样的大师之手，四周的环境被拿捏得恰到好处，给人的印象是，远离尘世，绝对幽静。温布利公园坐落于一个小村庄附近，小村庄大约有160栋村舍，村内有一座风车和一家名为"绿人"的小酒馆。村外是田野和荒原。再往西的山坡上，是有模有样的哈罗小镇，那里有一所著名的中学，专招城里达官贵人的子弟。

6年后，随着哈罗大道（Harrow Road）的大大改善，文明悄悄地进入了温布利。哈罗大道自伦敦城内的埃奇维尔路开始，一直往西，沿途经过包括温布利在内的若干小村，最终抵达哈罗小镇。此前，哈罗小镇与霍尔本长途巴士站贝尔客栈（Bell Inn）之间，每天只有一个班次。到1826年，增加到两趟班车。如此一来，从哈罗小镇到伦敦的乘客可以一天来回。再后来，开通了伦敦与伯明翰之间的第一条铁路线。这条铁路线不仅穿过温布利附近的优雅风光地带，还在位于今日温布利中央火车站的位置建造了一个铁道平交口。温布利的宁静从此被打破。1842年，这里又添加了一座停靠站。当时它被称作萨德伯里（Sudbury），但后来改名。渐渐地，原来的老村庄延伸铺展扩大，还建造了一座教区教堂。设计这座教堂的建筑师乔治·吉尔伯特·斯科特也是圣潘克拉斯火车站（St Pancras Station）的设计者，他还负责修复了西敏寺。

19世纪中叶,广告商将这里吹嘘为最美乡村,最适合周末郊外旅游。当地的酒馆被誉为"一座棒极了的小酒馆,让这里成为伦敦西区高端人士最青睐的度假胜地"[11]。但温布利的大多数村民依然以农业为生,他们将自己生产的蔬菜和水果拿到伦敦城里的市场贩卖。1871年,小村的人口为444人,主要是一些劳工、铁路职员和少数的专业人员。有趣的是,人口记录中,一位牛奶场临时居民的名字居然写作拉吉·兰帕尔·辛(Rajah Rampal Singh)①。

然而,尽管拥有响当当的名声,但对向往田园生活却又希望靠近市中心的通勤者来说,温布利还是有些偏远,也过于土气。那么别的地方呢?可想而知。因为铁路已经给伦敦的整体形态带来了巨大影响。1864年,大都会铁路公司将铁路线从贝克街向北延伸了2.25英里,火车也就一直开到了瑞士小屋(Swiss Cottage)站。他们还计划将这条铁路线再向汉普斯特德山顶上的小村庄挺进。有了这条铁路线,芬奇利路(Finchley Road)车站与莫尔门站之间的路程,20分钟就可以搞定,对伦敦金融城上班族相当方便。铁路公司的做法是,向上班族男士提供优惠政策,让他们购买一等车厢优惠季票用于每天通勤。这些人的妻子则可以购买通用日票到城里娱乐。于是铁路公司又多赚了一笔。

到19世纪80年代,居住于伦敦的新型工薪阶层,已经成为讽刺作品中的主题之一。1888—1889年,乔治和维登·格罗史密斯(George and Weedon Grossmith)在《拙笨》(Punch)杂志上发表了连载小说《小人物日记》(Diary of a Nobody)。其中对银行中层职员亨利·普特尔(Henry Pooter)栩栩如生的描写,更

---

① 一位印度政治人物同样名叫拉吉·兰帕尔·辛。作者原文没有交代二者是否为同一人。据我们查证,应该不是,仅仅同名而已。——译注

让这一类人物的形象成为永恒。普特尔的住所"月桂居"（The Laurels）是一座城堡式住宅，位于霍洛威上区布里克菲尔德排屋（Brickfield Terrace）街。对这座郊区城堡式住宅，普特尔是相当地自豪。这个人物被刻画得如此深刻，以至于今天依然让人不得不折服。作者笔下的普特尔对社会地位的攀附有着非凡的期待，却又受制于其自身低微的社会关系。因此，他对自己在新郊区所获得的身份相当地满足：

> "家，甜蜜的家！"这是俺的座右铭。俺晚上总是在家……无须朋友到访，卡丽和俺也能在家打发一晚上。俺们总是有些事情要做：这里钉个锡钉，那里把一幅威尼斯式百叶窗拉拉直。再就是安装一把小风扇，或者把地毯上的某个部位用钉子钉服帖。所有的这些活儿，俺都是叼着烟斗，悠哉游哉地干着。至于卡丽，她不外乎在衬衫上缝几粒小扣子，补补枕套，或者在俺们家新买的立式小钢琴（用的是3年分期付款）上练练《西尔维亚·咖沃特舞曲》……[12]

普特尔所代表的远不止于霍洛威上区的居民，而堪称所有生活在首都外环街区居民的缩影。从南部的格林尼治、克拉普汉姆、图廷（Tooting），到泰晤士河以北的奕琳（Ealing）、贝尔塞兹公园（Belsize Park）和哈克尼等街区的居民，莫不如此。和200年前的尼古拉斯·巴本一样，开发新郊区的投机商十分清楚，他们的客户太渴望改善自己的社会地位。于是，由开发商组建的私人投资公司，从新潮的样板书中吸取设计灵感。同时他们紧盯市场，向新型的城市员工兜售他们最想要的。那就是：一处远离首都的、逆城市化的隐身之地。一个都市边缘的田园神话，而且还买得起。

1881年，威廉·克拉克（William Clarke）发表了他对伦敦城外新街区调查的小册子——《伦敦郊区的住屋》(The Suburban Homes of London)。其中许多依然鲜活的记忆是关于伦敦郊外的村庄。这本小册子旨在帮助无助的购房者："当他们急于寻找新居时，如何缩小房源的搜索范围。"[13] 此类小册子对那些即使是有经验的人士也有很大帮助。但这本书并没有将温布利单独列出，而仅仅将其作为哈罗小镇附近的一个村庄加以介绍："若想前往哈罗附近的亨顿，需要穿过汉普斯特德与埃奇维尔路之间那些满是繁茂林木的小道，转个弯，再穿过一条不长的小路，方能抵达。那是一处开敞的教堂墓地（God's Arce）。"[14] 然而，铁路带来了周边的大发展，例如克里克伍德（Cricklewood）、米尔山（Mill Hill）以及文奇莫尔山（Winchmore Hill）等地段，全都被开发成大型住宅区。新搬来的居民与当地村民没什么交往，甚至老死不相往来，他们有"自己的教堂和礼拜堂、自己的朋友圈子。虽然也慢慢认识了一些当地人，却保持着若即若离的关系。所有新来的人的共同点是，大家都需要在伦敦挣钱养家"[15]。新郊区房屋的年租金一般在40英镑到100英镑之间。北部某些地区的租金相对要高一些，有的达到年租金150英镑。北部地段还有一些面向富人的豪宅。往南的地区比如哈勒斯登（Harlesden）的房屋，则主要面向收入较低却同样向往田园风光的群体。这里的交通良好，有巴士和火车。"挤在路边名声不佳的房舍，都逐渐地被拆除"，取而代之的是年租金在"30—80英镑之间的不同价位的优质新居"[16]。

这一类田园诗篇注定还要增色。尽管发展迅猛，但当时的大都会铁路公司的火车还只开通到贝克街站以北的瑞士小屋站。对铁路线的投资并未给大都会铁路公司带来显著的经济效益。除了早、晚上下班高峰时段，火车上的座位一多半都是空的。铁路公司的业务很快就陷入了危机。是继续建造铁路，还是伦敦的铁路线已经饱和而无须再建？

恰在此时，铁路公司的董事会发生了"政变"，爱德华·沃特金爵士（Sir Edward Watkin）成为了公司总裁。沃特金于1819年出生于索尔福德（Salford），曾经接受过棉花贸易方面的培训。19世纪40年代，他投身到繁荣的铁路事业，并出任特伦特山谷铁路（Trent Valley Railway）公司秘书。后来，特伦特山谷铁路公司以43.8万英镑被卖给了伦敦和西北铁路公司（LNWR）。沃特金便转为曼彻斯特、谢菲尔德和林肯郡铁路公司的总经理。这家公司也就是后来的大中央铁路公司。再后来，沃特金甚至一度跑到加拿大，在那里成立了加拿大大铁路（Grand Trunk Railway of Canada）公司。但最终，他还是回到英国，并建议修建海峡隧道。这项隧道工程都已经在多佛尔开工了，但因为此处的滨海地带属于皇家财产，结果被叫停。1872年，沃特金同意接管大都会铁路公司的管理工作，以便将自己新近的投资与其原来在英国北部的投资相结合，更好地盈利。不过他嘴上说的却是：让郊区铁路线把你"带到城外的乡村，与新、老邻居们握手。在那里，人人都希望有便利的交通工具，能够自由往来于伦敦"[17]。

沃特金坚信，将铁路线扩展到伦敦之外，将其连接到这个国家的其他地区，一定能吸引更多的人来伦敦。为此，目前终点位于瑞士小屋站的铁路线，应该再向北拓展到哈罗小镇乃至更远的地区。他还认为，铁路公司需要提升铁路沿线的魅力，从而吸引人们乘坐通向伦敦的火车。因此，自建造铁路线之初，大都会铁路公司就在铁路线的轨道两侧购置了大片草地，计划在这些地块之上开发住房。铁路工程始于1879年3月。先是在瑞士小屋站与芬奇利路站之间开挖隧道。这条隧道穿过平原风景区，一直延伸到西汉普斯特德、基尔本乃至布恩登斯伯里（Brondesbury）。沃特金希望能够在当年夏天就完成这条铁路线的建造，以便让乘客能够坐上火车参观正在皇后公园举办的皇家农艺学会展览。但天公不作美，直到1880年8月2日，贝克街站与哈罗小镇之间才终于开通每天运营30趟班次的火车，外加周末通往西汉普斯特德的6便士特价往返列车。

沃特金显然不满于现状。他提出要将铁路线再往前延伸到里克曼斯沃斯（Rickmansworth），并计划在哈罗与威尔斯登（Willesden）之间设立一个站点，即内斯顿（Neasden）站。此外，还要将其公司所有的铁路车间和设施都搬到这里。这也就意味着，他必须将公司所有的铁路工人都安置于此。于是他又多买了377英亩的土地，在那里建造了一个工人街区，其中有102栋住宅和一些商铺。所有的住宅都带有"花园和有用的后院"[18]。1904年，又在这个街区建造了各种后勤设施，包括啤酒店、杂货店、服饰用品店、邮局、糖果店、面包店和咖啡屋等。因为这里已经入住了200多名儿童，便又划出一块地，交给当地的威斯雷森礼拜堂（Wesleysan chapel），让他们建立一所学校。

与此同时，大都会铁路公司找到更多的煽情手段吸引公众坐火车。1889年的巴黎世界博览会上，由工程师古斯塔夫·埃菲尔（Gustavo Eiffel）主持建造的铁塔，惊艳了世界。当时正在巴黎参加社会党人会议的威廉·莫里斯，却把这座高达1000英尺的铁塔叫作"丑陋的怪物"[19]。即便如此，其他人依然推崇铁塔的宏伟壮丽。尤其让沃特金印象深刻的是，这座铁塔在建造时拿了150万法郎的补贴，但在博览会结束之前，铁塔所赚回来的钱，就已经超过当初的补贴数额。铁塔脚下巨大的钢架四周围绕着出售参观券的售票亭，其前方的购票队伍一排就是几个小时。沃特金于是下决心也要建造这么一座集展览与娱乐于一体的塔楼。对，就建在新大都铁路线位于温布利的地段。1889年10月，他发出招标公告，要求拟建的新塔比埃菲尔铁塔还要高。

1890年，沃特金花32000英镑买下了温布利公园的地产，并着手建造一座塔厦公园。第一步是拆除原公园内一栋建于18世纪90年代的别墅，从而为拟建的新塔楼准备地基。根据计划，新塔楼将立于一圈带有8根支架、直径为300英尺的基座之上。塔楼本身则以1200英尺的气势高耸入云。沃特金还计划建造一座游乐园。游乐园内将拥有一片大约8英亩、可以划船的湖泊，一间多功能大厅，一座戏台，一个板球场，田径赛道，一些茶室和餐厅。为了让事情圆满，还要在内斯顿站与哈罗站之间的大都会铁路线上加建温布利公园站。1895年塔厦公园开幕期间，12万名游客带着好奇慕名前往，却很少有回头客。第二年，塔楼已经建造到第一层平台，高达155英尺，却从此停工了，仿佛一台破烂的机器高耸于辽阔的原野之上。

1899年，塔楼公司破产并自愿清盘。3年后，已经略微倾斜的废塔楼被宣布为不安全，予以拆除。至此，沃特金彻底输了这一赌局。当下的大都会铁路公司有一条通往乡野的铁路轨道，也拥有铁路周边的土地，土地上却空空如也。随着向20世纪的迈进，与英国的其他人一样，大都会铁路公司也面临着一个"空档期"，不知道该干些什么。

随着郊区的发展，20世纪的伦敦不断扩大，也拥有了较好的交通和最新式街区。1901年，大伦敦地区的人口是660万人。到了1911年增加到730万人，1931年则增加到820万人。然而，其内城的人口反而有所下降。1891—1911年间，新郊区的人口从130.4万人翻番到271.8万人。这一增长亦可从电车、公共汽车和火车上的客流量得到证实。这个数字从1901年的8500万次（按每人每年平均乘坐130次计算），增加到1913年的22.55亿次。体现这一切的另一个事实是，大量的田园牧场变成了联排屋和半独立式住宅。两次世界大战之间，在距离查令十字大约12英里外的郊区，大约建造了70万栋私人住宅，相当于平均每年建造一座大型省级城市。

像汉普斯特德以北的戈德斯格林（Golders Green）新区，就是以如此令人吃惊的速度发展起来的。1902年，议会通过了一项法案，对沿着查令十字、尤斯顿以及汉普斯特德的铁路线加以拓展，此即后来的伦敦地铁北线。于是，在汉普斯特德山以及芬奇利路站附近的地面，向下开挖了100英尺。这项铁路工程于1907年完成。而早在一年前，一些开发商就在附近乡村外围的两座木屋里设立了办事处，专门出售土地的居住租赁权。不久，当初售价为250英镑的地块高涨到1000英镑。车站附近用于零售业的商业地价更是飙升到5500英镑。最初开发的住房多建于火车站附近，主要面向较多成员的大家庭，并且标榜带有浴室，楼上也带有卫生间。小镇之内很快就建满了房屋。小镇的中心之外则建造了一些便宜的房屋。在别的地区，随着郊区人口的增长，农场和林地以同样的速度消失。1901—1911年，阿克腾（Acton）的房产增长了52%，秦福德（Chingford）增长了86%，莫顿（Morden）增长了156%。一些社会评论家很快就开始质疑，关于城市的老概念是不是要改改了？

1899年，时任国会速记员的埃比尼泽·霍华德（Ebenezer Howard）出版了一本专著《明日：一条通向真正改革的和平之路》(*Tomorrow: A Peaceful Path to Real Reform*)[①]，由此引发了影响深远的田园城市运动。说来霍华德深受小说《向后看》(*Looking Backward*)的影响。这本由爱德华·贝拉米（Edward Bellamy）创作的乌托邦小说中，年轻的波士顿人朱利安·韦斯特（Julian West）一觉醒来，发现自己已经沉睡了113年，而今已是公元2000年。在莱特博士（Doctor Leete）的引领下，韦斯特参观了眼前的新街区，并发现了一个完美运营的社会，所有的物品均匀分配。于是霍华德决心，在当今的维多利亚时代，在工业、自然与城市规划之间找到新的平衡。和许多前辈一样，他担心伦敦在一个没有总体规划的情况下过度发展。同时他也明白，城市具有磁铁般的吸引力。于是他提出，技术应该被用来提高人的生活质量，而不要像19世纪那样，破坏家庭生活。城镇应该强化乡村的优点，以郊区的高品质对抗市中心的糟糕局面。新的田园城市将集最好的城镇与最好的乡村于一体：

> 无论是城市磁铁还是乡村磁铁，都不能代表完整的自然。人类社会与自然之美生来就应该互为表里。两块磁铁必须合二为一。就好比拥有不同禀赋的男人与女人彼此间形成互补关系，城市与乡村也应该相辅相成……城镇与乡村必须联姻，唯有如此，才能带来新的希望、新的生活和新的文明。[20]

霍华德准备了一套深思熟虑的规划，以实现第一座田园城的

---

① 据我们的记忆和查证，这本书出版于1898年，1902年修订再版时，更名为《明日的田园城市》(*Garden Cities of Tomorrow*)。此后，这部名著被翻译成多种文字流传全世界。书中所倡导的理想主义与现实主义相结合的田园城市理念，开创了现代意义的城市规划。——译注

建造。那便是在伦敦的边缘买下一片大约6000英亩的土地，由代表投资人的管理委员会经营管理。其中六分之一的土地用于建造一座小镇，其余的用于农业。新建城镇将拥有全套的最新设施和田园般的环境。整座城市呈同心圆格网布局。一些公共服务设施，诸如图书馆、市政厅、博物馆、音乐厅、医院等，全都建造在同心圆中心的绿地之上。这个服务设施中心之外，环绕着购物区。购物区被设计成环状的玻璃拱廊，类似于帕克斯顿设计的维多利亚大道。购物区之外，便是一圈圈住宅区，各自环绕着宽达429英尺的大街。在这些住宅区里，还建有学校。再往外，便是工厂和服务区了。田园城市里所有的机器都是电动的，不会产生烟雾和工业污染。

1903年，在距伦敦34英里的赫特福德郡赫奇（Hitchin）小镇之外，购得了6.1平方英里的土地，这便是第一座田园城莱奇沃斯（Letchworth）的缘起。首要任务是建造一段铁路站台，之后又兴建了一座火车站。在建筑师巴里·帕克（Barry Parker）和雷蒙德·厄尔文（Raymond Unwin）的监督下，开始组装新式样房屋。巴里·帕克和雷蒙德·厄尔文是工艺美术运动的干将。1902年，他们受约克郡慈善家本杰明·罗恩垂（Benjamin Rowntree）的委托，设计建造了新埃尔斯维克（New Earswick）小镇。因此，对如何组装新型预造房屋，两位建筑师均拥有一定的经验。随着街区的兴起，莱奇沃斯田园城被广为报道。据说，在其建造过程中，仅仅挪走了一棵树。霍华德也在1905年和1907年有关经济性住房的展览会上，推广了自己的创意。8万多名游客带着好奇参观了在莱奇沃斯所建住宅的新方式，例如预制材料组装、前后花园、手动制砖机器、最新型通风方式等。除了住宅开发，花园小镇的外围还建起了工厂。比如1912年，紧身衣制造商斯皮瑞拉（Spirella）便在莱奇沃斯的郊区建造了厂房。后来在第二次世界大战期间，这家工厂转行制造降落伞。到了1917年，莱奇沃斯田园城已经得到广泛的认可，并且成立了自己的市政委员会。次年，市政委员会向所有的股东支付了2.5%的股息。不过，霍华德本人对钱没什么兴趣，也从未因此而发财。

1906年，厄尔文和帕克又参与了一场"郊区革命"，这个郊区便是汉普斯特德田园郊区。其目的是向城市郊区提供另类生活方式。这一新郊区理念①的发起人，是慈善家和改革家亨利埃塔·巴内特（Henrietta Barnett）。亨利埃塔·巴内特曾经因为改善伦敦东区而闻名。那是19世纪70年代，亨利埃塔·巴内特与其丈夫、牧师塞缪尔·巴内特（Samuel Barnett）一起，搬到怀特沙佩尔的贫民窟居住，并在那里成立了大都会青年联谊协会，以帮助年轻女性摆脱生活的困境。此外，他们还成立了儿童乡村假期基金。巴内特深信，教育是脱贫的关键。因此夫妇俩一起，又在商业路设立了汤恩比馆（Toynbee Hall）和怀特沙佩尔美术馆。前者堪称一座面向工人的大学，后者致力于将艺术普及大众。

汉普斯特德田园郊区位于戈德斯格林以北。其宗旨是让富人与穷人共居于同一街区，借此调和阶级矛盾，促进社会的改革。因此，这里的住房面向不同收入的阶层。但每一阶层的住房都拥有良好的设计，以居住舒适为主要目标。整座花园区内，道路宽敞，树木成行。中央广场布置着公园和花园。巴内特聘请了爱德文·鲁琴斯爵士（Sir Edwin Lutyens）。这位杰出的建筑师不仅对中央广场做了设计，还设计了一座属于英国圣公会的圣局德（St Jude's）教堂，既作为贵格教派聚会的场所，也是一个自由教会。此外还建造了面

---

① 又称睦邻运动。——译注

向大众的教育设施，包括2所小学、1所女子文法学校和1间成人研习所。

莱奇沃斯田园城市和汉普斯特德田园郊区都是城市生活中的革命。然而，这些郊区之所以能够迅速发展，主要在于投资商有能力大幅投资，让昔日乡村荒野的低谷山丘一瞬间变成联排式住宅及花园。在铁路公司诱人的广告宣传中，人们常常看到，理想的伊甸园是多么地便捷，离铁路线只有几分钟的距离。由此可见，创造郊区的动力是利润而非社会变革。在爱德华时代的经济繁荣期，各大码头继续搬运着大英帝国的货物，工业化带来新一波的社会流动性，郊区几乎成为人人都有能力追求的理想。

田园城市和郊区的发展如火如荼，大都会铁路公司在温布利及其铁路沿线的开发自然也不甘落后。曾经在温布利塔厦公园中的失利不过是小试牛刀，如今铁路公司下决心要吸引新的中产阶级。事实上，他们早已成功展开持续了数十年的宣传攻势。其中1903年出版的《大都会铁路沿线指南图解》（*The Illustrated Guide to the Metropolitan Railway Extension*），便囊括了伦敦附近几乎所有的乡村奇观。1915年之后，这本图解已成为关于地铁沿线的权威性小册子，向人们描绘了贝克街几英里之外诗一般的田园风光。经过作家詹姆斯·伽兰德（James Garland）的奇思妙笔，更是叫响了一个特指铁路沿线地区的专有名词——地铁福地或地铁乐土。这片奇妙的乐土会让你拥有更美好的生活。茅草小屋沐浴在明媚而永恒的阳光下，爱德华时代之美带来春天的第一朵鲜花，落日的余晖笼罩着门前都铎式的花园。这是真正的家园，大橡树下，好一顿美味的野餐。1923年，大都会地铁公司又发行了一本小册子，进一步阐释地铁福地之美："如果你必须与伦敦保持联系，其方便程度就仿佛伦敦近在你的家门口。然而，在这里，在你家的花园篱笆之外，永远是纯粹的田园风光……地铁福地是英格兰最美之地,是大自然怀抱里健康、温馨的家园。"[21]

大都会铁路公司所勾勒的反城市虚幻美景,也深深扎根于市场的现实。为此,他们既需要吸引建筑开发商,以促进新街区的建设,同时还要吸引办公室里的白领阶层,让他们走出城市,追求乡村情怀。体育运动被认为是吸引旅行者一日游的最佳方式。像牛津街的马歇尔和斯内尔格鲁夫(Marshall & Snelgrove)商店老板,就买下了温布利北部普雷斯顿路(Preston Road)边的地块,将这里开发为其员工的游乐运动场。这个地段后来又卖给了塞尔福里奇连锁店老板,并增建了一座亭子和一些茶室。附近还建造了其他一些运动游乐场,分别属于文具商 W. H. 史密斯(W. H. Smith)、德本汉姆连锁店以及劳埃德银行等。更引人注目的是,铁路公司还鼓励投资商开发高尔夫球场,将此地打造成极致的美丽郊区。1907 年,当年建造温布利高塔的地段,以每英亩 600 英镑的标价,卖给了温布利公园高尔夫公司。铁路线附近也陆续建起了其他类型的球场。1920 年发表的地铁乐土小册子里,已经有 15 处球场广告。

温布利公园地产公司于是决定,沿着高尔夫球场的边缘建造一些更为优质的住宅,面向那些心有追求的通勤者。他们以每英亩 650—750 英镑的起价,向建筑商拍卖地块。于是,沿着帕克环路(Park Drive)、奥肯腾大道(Oakington Avenue)以及拉格兰花园路(Raglan Gardens),一些大型独立别墅如雨后春笋般拔地而起。这些别墅的设计和规划"更加精心,对各种类型房屋的精巧设计,给整个街区带来风景如画般的布局"[22]。到 1915 年,此地已经建成 105 栋别墅。最可观的是,温布利公园站的年利润从 1906 年的 3807 英镑上升至 8 年后的 6150 英镑。1918 年,此地地产的平均售价是每英亩 1610 英镑。附近为乔克山地产(Chalk

Hill estate）所拥有的地段，曾经相当地沉寂和不起眼，如今也变成了投资公司的抢手货。最后，乔克山地产将这片总共大约 123 英亩的地区分划成一英亩或半英亩的地块，分块出售，其平均标价是每英亩 600 英镑。

随着更多地块的出售以及更多的利润，投资商们不再建造独栋别墅，而青睐一种沿街建造的新式住宅。这便是第一次世界大战之后发展起来的半独立式住宅。这种半独立式住宅迅速取代了伦敦从前的联排屋，而成为城市新的标志性景观。其创新的设计不拘一格，既满足了现代小型家庭的需要，又带有别墅风格。从外面看去，那是一栋被篱笆或矮墙分开的两两相连的别墅。各有一座前花园。花园里有一条通往大门的通道，大门通常安置于各自住宅的最外端，以避免不必要的邻里间摩擦。整座建筑共有两层，屋顶较为陡峭。一扇凸出大窗户直通上下两层。底层的外墙为原汁原味裸露的素面砖，底层以上的外墙，通常饰以粉刷或卵石磨面。从大门进入玄关之后，底层有一间前厅、一间通常用于起居室的后厅、一个小卫生间和一间厨房，楼上则是三间卧室和一间浴室。

对那些经历过战争岁月的居民来说，这种半独立式住宅让他们从城市的恐怖氛围中得到喘息。对都铎式样或都铎城堡风格的模仿热潮，也显示了人们对郊区的态度和期望。与早期开发不同，人们对工艺美术运动的工艺和装饰哲学不再有什么兴趣。经历了第一次机械化战争的恐怖之后，人们所追求的半独立式住宅，其"股票经纪人式的都铎风格"，本质上是保守的，也是向后看的东西。对此，20 世纪 30 年代的评论家安东尼·贝特伦姆（Anthony Bertram）解释道："对都铎王朝的热爱，不管是出自本心还是因为虚情，很可能是基于恐惧和逃避的心态……这是一个令人不安和恐惧的时代，我认为，经济衰退和对战争的恐惧，是复兴都铎风格的主要原因。"[23]都铎式样发源于伊丽莎白时代，在大多数人眼里，那是一个宁静安逸的时代，一个黄金时代。因此，模仿那个时代风格的、带有木框和铅皮的窗户，让银行的经理们从劳累了一天的办公室回家之后，有一种我就是庄园领主的即时放松感。

随着人造都铎式半独立住宅的兴起，单调的街区取代了从前令人愉悦的田园风光。唯一留下的富于乡土气息的，只是那些令人黯然神伤的街道名称。事实上，就连这个也不过是《地铁乐土》小册子的封面招牌而已。"郊区"很快就沦为一个刺眼的词汇，代表着糟糕的现代性。在诗歌、小说和戏剧中，郊区成了进步、自由和创造力的对立面。对此，不管是诗人约翰·贝杰曼精湛机智的语言，还是奥斯伯·兰开斯特（Osberr Lancaster）的滑稽短剧，都有过绝妙的嘲讽。乔治·奥威尔（George Orwell）的小说《上来透口气》（*Coming Up for Air*），则向人们展示了更为糟糕的场景。小说描写了保险公司推销员乔治·鲍林（George Bowling）的生活。因为人生平淡乏味，45岁的乔治·鲍林突发奇想，重访自己童年时期的住地。他所碰到的却是可怕的场景，也让他发现，时光是最无情的，能够踩躏一切。其童年时代居住过的郊区再也不能让人透口气，竟然同样地令人窒息。难道这就是英国未来的美丽新天地？这一切与大英帝国展览会的目标大相径庭。

郊区兴起的本意是为了解决糟糕的城市问题，结果却并没有为大众提供一处真正的庇护所。这个弊端在世界大战中显露无遗。1914年，开战的消息一经宣告，哈罗的各家商店就出现了抢购恐慌。当然，也有一些人致力于发起应对战争的措施，组织自愿援助分遣队（VAD）、护士队以及为了应对紧急袭击的特殊纠察队。比如当地的小分队米德塞克斯第九团（9th Middlesex Regiment），就被派往美索不达米亚，对抗苏丹的奥斯曼帝国军队。他们在纳达福

（Nadaf）和摩苏尔（Mosul）展开激烈的战斗。另外，还有一个番号为外国军团的部队，驻扎在北温布利东巷的运动场。其成员可能是外籍志愿者。这些人大多是在战争的头几个月抵达伦敦的比利时难民。据估计，有59名难民定居于温布利，可谓对这个小街区人口的大补充。至少有3座房子全都让给了这些人居住，例如西普寇特（Sheepcoat）农场的农舍、安贝尔小屋（Amble Cottage）以及克里福顿大道（Clifton Avenue）33号。

H. G. 里克（H. G. Leek）下士是当地参战士兵中第一个牺牲的。这位从前的温布利邮递员，在1914年11月11日第一次伊普尔战役中阵亡。此后，《威尔斯登纪事和温布利观察报》沉痛报道了每一位阵亡的当地士兵。人们还在当地公墓的一角专辟出一片墓区，称之为"英雄之角"。总共有169位阵亡士兵的姓名被镌刻在圣约翰教堂的纪念碑上。1915年秋季，尽管在附近的肯腾（Kenton）架设了一架反空中轰炸机枪，所幸温布利并未被列入空袭伦敦的轰炸区。然而，战争结束后不久，于1918年夏天登陆英国的西班牙流感肆虐了整个温布利，造成将近50人死亡。显然，温布利即便是远离战争的前沿，也同样遭受了战争的创伤。

战争终于结束了，到处回荡着凯旋和骄傲。但热情很快消退，随之而来的是更多的焦虑。战争改变了世界格局，英国因为过分纠结于往昔，不得不付出巨大的代价。此外，大英帝国的辉煌也开始显得名不副实。1919年，经济学家约翰·梅纳德·凯恩斯（John Maynard Keynes）发表高见称，从前的伦敦居民"一边在床上品饮着早茶，一边通过电话发号施令，全世界各式各样的产品都将按电话里的要求，如期如数地快递上门"[24]。这一切却在佛兰德斯（Flanders）的战壕中结束了。1918年，为了刺激国内市场的回暖，政府打响了贸易战。但随着国家债务呈十倍地增长，旧政策似乎不再奏效。从前的大英帝国给英国本土带来财富。问题是，现如今维持这个帝国的开支太高。

大战也让许多人认识到，英国本土的权威并没有自己原以为的那么大。1914—1918年的战争期间，殖民地派出的军队占大英帝国部队总和的近三分之一。超过100万名的印度士兵在西线服役，新西兰则派出了10万名男兵和护士，占其全国人口的十分之一。尽管在人们的印象中，这场战争是欧洲的事，其实这是一场全球性战争。在非洲，联军中10万名伤亡战士的名单里，只有1300名出生于英国本土。在这个战线上，骆驼兵团最能说明志愿军的多样性：其中四分之三的士兵招募于澳大拉西亚（Australasia），此外，还有一些其他地区的士兵，分别来自新加坡、罗得西亚、南非乃至加拿大的落基山脉。虽说整场战争因为西欧的消耗战而结束，但来自大英帝国各殖民地士兵们的贡献是毫无疑问的。

早在战前就有人提出设想，举办一场有关大英帝国的展览。1908年，为庆祝新近签署的《英法协约》(Entente Cordiale)，在伦敦西部的谢芬德斯布什（Shepherd's Bush）区举办过一场法、英联展。因为展览馆建筑为白色，展览地以"白城"著称。800万名游客前往展会参观，展地面积超过140英亩。除了展览来自世界各地的物品，还展示了模拟当地手工艺和建筑风格组建的村庄。那年夏天，展览公园内的体育馆还举办了第四届奥林匹克运动会。22个国家参加了24个项目的比赛，并第一次加进了花样滑冰赛事。马拉松比赛的距离也更改了两次。为了以温莎堡为起跑点，先是将25英里的赛程改为26英里。后来，未来的玛丽·路易丝王后[①]要求，将起跑点放在她幼时的儿童室窗外，于是又将赛程额外增加了

---

① 玛丽·路易丝是当时威尔士亲王的王妃，即后来乔治五世的王后，也是当今英国女王伊丽莎白二世的祖母。——译注

385英尺。也许就是因为赛程延长，意大利队选手多兰多·皮埃特利（Dorando Pietri）丢了金牌①。因为他在进入体育场之后的冲刺阶段，一再摔倒而功亏一篑。

继白城博览会取得成功之后，帝国主义的坚定拥护者斯特拉斯科纳勋爵（Lord Strathcona）建议，在伦敦再举办一场展览，以示大英帝国的辉煌。但直到第一次世界大战结束，这一梦想才变成认真的规划。1919年5月，在时任首相劳合·乔治（Lloyd George）和威尔士亲王的支持下，莫里斯勋爵（Lord Morris）被任命为展览筹备委员会主席。第二年，议会决定投入100万英镑保证金用于展览，并选定温布利作为展览场地。不久，威尔士亲王在英国皇家殖民研究所的年度晚宴上宣布，展览地将是一个"伟大民族的竞技场"[25]。尽管温布利市政府原本希望在那个地方开发田园郊区，而对展览计划颇有微词，但展览筹备委员会依然于同年夏天买下了216英亩的土地。接着，他们就着手策划在沃特金糟糕的塔楼原址上建造一座新的国家体育场。随之，温布利公园变成了前所未有的展览会所在地。

1922年1月10日，约克公爵在开工剪彩仪式上，以剪开一片草坪的方式宣布施工开始。只有一年多一点的时间，却要打造一座让全世界惊艳的新城市，施工速度便显得至关重要。最先开始的是体育场建造。一些工人用炸药炸开沃特金所建塔楼的老地基，另一些工人挖掘周围的黏土山。罗伯特·麦克阿平（Robert McAlpine）迅速拿下了工程的合同，并承诺他将雇用最有经验的工人来完成工

---

① 这位皮埃特利在比赛的大部分时间里，都以明显的优势领先对手，却在进入运动场后，因为筋疲力尽而多次摔倒在地。最后，他在多名工作人员和医护人员的协助下（有照片为证），才摇摇晃晃第一个跑过终点，获得金牌。为此，获得银牌的美国运动员海斯提出质疑，认为皮埃特利的金牌并非完全靠自己的努力。结果是皮埃特利的金牌被取消，海斯获得冠军。但皮埃特利拼搏到最后的精神可嘉，王后向他颁发了特制的金杯以示肯定和鼓励。——译注

程。一起合作的还有建筑师约翰·辛普森爵士（Sir John Simpson）以及麦克斯韦尔·艾尔顿（Maxwell Ayrton）。后来还聘请了土木工程师欧文·威廉姆斯（Owen Williams）。欧文也是设计团队中最富有钢筋混凝土建造经验的专家。因为在温布利以及其他项目中的突出表现，欧文·威廉姆斯后来还被授予了骑士爵位，这些项目包括多切斯特（Dorchester）酒店和M1号高速公路。

此前，英国人从未用混凝土建造过如此大的项目。但为了节省时间和成本，依然决定以混凝土建造所有的展览结构，包括灯柱、水管和水箱。混凝土公用事业局为展览制作的宣传手册中宣称，钢筋混凝土是现代伦敦的最新建筑材料："我们现在所看到的温布利，表现了伟大的帝国。但如果不使用混凝土，恐怕体育场永远也无法完工……混凝土是我们这个时代最经济实用的建筑材料。"由此可见，温布利不仅被当作大英帝国未来的愿景加以庆祝，也是第一座以混凝土建造的城市。在此，混凝土塑造了城市的未来。

单是体育场馆的建造，就需要1400吨钢材、50万个铆钉和2.5万吨混凝土，并且在300天不到的工夫就完成了施工。在一些人看来，钢筋混凝土的运用，预示了大英帝国稳固的未来。"不再是韬光养晦，而彰显了力量之美，其丰富多样的灵活性恰好符合其建造目的，通过建筑象征大英帝国的庄严辉煌。"[26]而在另一些人眼里，却是丑陋的登峰造极，是工业化功能主义的平淡无奇，除了实用，乏善可陈。

体育场本身几乎没有什么建筑美学上的吸引力。然而，体育场绵延40英里的大阵势，在开幕日前后，着实让安保人员备受考验。从建筑学层面看，唯一引人注目的特征，是两座高达125英尺的白色塔楼，矗立于建筑群的北端，面朝温布利公园站。两座塔均由欧文·威廉姆斯设计。其外层是3英寸厚的混凝土饰面，高耸在郊区辽阔的天际线之上，异常引人注目。而这个建筑风格所吸取的灵感却来自远离地铁乐土的异国他乡。

说话1911年，印度决定将首都从加尔各答搬迁到德里。英国当时的杰出建筑师爱德文·鲁琴斯接到委托，设计印度政府的新行政中心，也就是印度的新首都——新德里。鲁琴斯曾经设计过汉普斯特德田园郊区的圣局德教堂。该田园郊区的中央绿色区亦出自鲁琴斯之手。在新德里的设计中，鲁琴斯运用了新古典柱式，让莫卧儿民族仿佛古罗马人一般，用支柱、列柱和穹顶构建自己的大都会。欧文·威廉姆斯由此受到启发，将这种新大英帝国风格运用到温布利体育馆，用混凝土而非石头建造了一栋仿佛古代宫殿般的建筑，并希望以此重现大英帝国的辉煌。

当时的英格兰足球协会还没有为其足总杯（FA Cup）的年度赛设置永久性赛场。但人们一致认为，温布利帝国体育场是举办盛大比赛的理想场地。于是，新落成的体育场便用来举办英足协1923年4月28日的赛事。对于一座能容纳127000人的体育场来说，比赛的组织者认为，临时在体育场门口出售门票最保险，而无须提前预售门票。然而，那场决赛中，与伦敦西汉姆（West Ham）联队对阵的博尔顿（Bolton Wanderers）队，早在联赛和杯赛中就已经获得了双分。这就让决赛极具挑战性。下午1点，也就是正式开赛之前的两个小时，体育馆就已经座无虚席。体育场入口于1点45分关闭，而场外涌出温布利火车站的人依然是络绎不绝。场内的球迷你推我挤地涌出看台。当乔治五世[①]抵达体育场的皇家包厢

[①] 乔治五世是爱德华七世的次子，因为其兄长死于肺炎，1910年爱德华七世驾崩后，乔治继位，史称乔治五世。第一次世界大战期间，为了表明英国王室与德国作战的决心，乔治五世于1917年7月颁布御旨，将英国王室的原有德国姓氏改为典型的英国姓氏"温莎"，由此开创了温莎王朝，同时也获得了英国广泛的民意支持。

时，球迷们纷纷挤入球场，高唱国歌，击掌欢呼。骑警乔治·斯科雷（George Scorey）只好骑着他的大白马比利（Billie）试图将球迷赶出赛场的边缘。也只有这样，两支球队才能够顺利出场比赛，可是10分钟不到，又有一批球迷涌入赛场。好在两支球队最终还是打完了比赛，博尔顿队以2∶0获胜。根据官方的统计，观众人数为126 047人，但估计至少另有9万人进入体育场观看了比赛。

第二年的足总杯，却只有92000人前来观看。为了疏通拥挤的人流，主办方依然增加了4座楼梯塔楼。比赛之前的3天，大英帝国展览会开幕，乔治五世出席。乔治五世先从温莎堡乘坐小汽车前往阿尔卑顿（Alperton），再在阿尔卑顿换乘一辆马车，前往体育场。通向体育场的大路两边挤满了人，体育场内的11万名观众，也是在耐心地等候。终于，国王在体育场东端皇家包厢的花座前发表了演讲。他告诉观众："这场展览让我们能够评估整个大英帝国的资源，包括实际的和潜在的。不仅要弄明白这些资源的所在地，还要思考如何有效地发展和利用这些资源。此外，还要思考各族人民之间如何合作、如何彼此帮助，以提高国家的福祉。"[27]

这场开幕式可谓全球最早的媒体活动。现场气氛温和愉悦，国王演讲随后通过体育场邮局电传到世界各地。80秒之内，一位年轻的男邮递员又将从帝国各地传来的祝贺转回王室。数千人第一次通过无线电同步聆听了演讲。附近海耶斯（Hayes）的HMV工作室还制作了录音带，于36小时内上架销售。开幕式现场亦被制作成影片，在帝国各地播出。

《地铁乐土》小册子撰稿人当然不会错过这个良机。他们及时推出了特辑，吸引成千上万的乘客从贝克街上车来到温布利公园。温布利公园站也已经扩建，如今拥有6个站台、19个订票窗口。广告宣传说，一等车厢的票价是3先令6便士，二等车厢的票价是2先令6便士。在此，你还可以乘上"全天候"环形车环绕展览地。不过小册子没有提及同样拥有全天候优质服务的停车场、电车和伦敦综合服务车。在温布利公园站一下车，游人便立即感受到场地的大气恢弘。主办方声称，这场展览是"人类历史上无与伦比的事件……打开了无数扇通往大英帝国的大门，让游人进入五大洲所有的大洋，从神秘的东方，到激情的西方，到强悍的北方，到浪漫的南方"[28]。

仅是用于展览的场地就高达216英亩，可谓一座光闪闪的混凝土大都市。大英帝国非官方记者鲁德亚德·吉卜林（Rudyard Kipling）受邀给展览会场中的一些主要道路逐一命名，例如帝国大道、德雷克大道、英联邦大道、奇塔宫（Chitta Gong）大道等等。其中的主干道是从温布利公园站通往体育场的国王大道。这一路上全都是宏伟的建筑，又以工业宫和工程宫最为突出。大道的前方是一片开阔的园景湖区。大英帝国一些主要属地的展馆绕湖而建，其中包括澳大利亚馆、新西兰馆、加拿大馆、印度馆。与这些富裕和白人国家的展馆聚集在观赏湖周围不同，其余地区的展馆分布于次级街道。从中央广场向外分布的，大多是一些较小殖民地的展馆，例如马来亚馆、沙拉沃克馆、缅甸馆、南非馆。而尼日利亚周边地区如黄金海岸、塞拉利昂等地区的展馆，则聚集在靠近游乐场的西非村。如此，整个大英帝国似乎浓缩进伦敦的郊区。豪宅别墅坐落于花园内，环绕花园的小街上则点缀着半独立式别墅。

工业宫和工程宫在展示帝国力量的同时，旨在促进工业世界的最新发明。在古典外墙的掩映下，两座混凝土建筑给人的印象都仿佛如一座圣殿而非工业建筑。工业宫内，来自各地的制造商展示各自的产品，真可谓无所不包。有关于爆炸物的展览，还有剑桥卡文迪什实验室的复制品。正是在这间实验室,欧内斯特·卢瑟福爵士(Sir Ernest Rutherford)成功完成了著名的原子裂变实验。其他展区也是丰富多彩。通过不同的摊位,各大行业如煤矿、天然气、新兴化学工业和药理行业等,展示了各自最新的发明,例如从鳕鱼肝油提取维生素 A、胰岛素等等。此外,还有一些药商在展示各种新奇的药物。附近有关香烟的展区,在一间维多利亚时代风格的房间里,放置了一台每天可以包装 35 万支香烟的机器。利物兄弟(The Lever Brothers)公司展示了他们的肥皂和染料。托马斯·利普顿(Thomas Lipton)公司展示了制茶工艺。与此同时,他们还出售盒装的茶具纪念品。由丝绸世家路易莎·佩里纳·翁吉后人创办的库塔尔丝织厂,亦展示了他们的最新发明,包括人造丝、合成丝绸等。

正对工业宫的是工程宫,正如导览小册子所言:"帝国的浪漫故事很大程度上是关于工程的故事。"[29]在这座大型展厅的建造过程中,楼面由混凝土加固,并且将铁轨引建到建筑物内,从而可以将较重的货物(其中有些超过 150 吨)运进展厅,让展厅里的展品应有尽有。从历史悠久的火车、火箭、苏格兰飞人,到最新发明的汽车如奥斯汀、沃尔瑟利(Wolseley)和莫里斯(Morris)轿车。马可尼(Marconi)公司还开辟了一个演示无线电报及其未来发展的展台。整整一座发电站被放进了展厅,让电气部门演示一些最新的家用电器,以博取参观者的眼球。

位于工业宫后面的艺术宫展示了英国文化事务中的亮点。在此,每人只需多付 6 便士,便可以参观一系列体现不同时代的展室,例如 1750 年的威廉·贺加斯时代展厅、自 1815 年开始的摄政王时期展厅、1851 年世博会复制品展厅、威廉·莫里斯工艺美术风格展厅以及反映当代风格的展厅。当代展厅里的艺术品由《乡村生活》(Country Lift)杂志的读者选出。大约210万游人参观了艺术宫展览。他们最喜爱的展览，当推王后玩具之家。这是为当时的王妃玛丽·路易丝而建的，由爱德文·鲁琴斯爵士设计，高5英尺，长和宽均为8.5英尺。室内的每一处细节都堪称完美。入口大厅里，有大理石和青金石雕刻，并嵌以威廉·尼科尔森（William Nicholson）的小型壁画。位于地下室的厨房里，备有厨师所需要的一切，连酒窖里的酒瓶都经过精心的雕刻和绘制。其他设施如自来水、电梯和灯具，全都功能齐备，并且可以现场操作，着实令人耳目一新。与雕塑大厅和其他帝国属地的展览相比，这间屋子得到更多的关注也就毫不奇怪了。

官方指南显示："温布利一日游可以抵上欧洲马不停蹄一周游。"[30] 不过，相当一部分游客完全撇开大英帝国的展览，而跑到印度馆后面40英亩的游乐场。这座游乐场的建造耗资超过百万英镑，包括一间带有多面镜子的哈哈镜大厅、一面号称"死墙"上的摩托车表演、碰碰车、螺旋滑梯、惊险水槽滑梯和一座动物园。显然，此处的游乐更合伦敦游人的趣味。其花园布局优雅，内有5000多株翠雀花和1万多株达尔文郁金香。一个规则形状的湖上，有划桨船、踏板船和汽艇等多种游船供游人选择。附近还有24小时服务的咖啡厅和莱昂斯餐厅。7000多名员工每天为游客提供餐饮高达17.5万余次。对于大多数游人的取舍，P. G. 伍德之家的博提·伍斯特（Bertie Wooster）博士总结如下：

> 我们离开黄金海岸，走向机械宫。此刻，所有的指路牌都让我悄悄地走向西印度馆附近那个令人愉悦的西印度群岛茶场主酒吧……我从来没有去过西印度群岛，但我可以说，在某些基本的生活方式上，他们远远领先于欧洲文明。[31]

体育场里也不间断地举办一些娱乐活动。在纽卡斯尔（Newcastle）阿斯顿维拉（Aston Villa）举办了开幕式之后，英国足总杯将余下3天的比赛移到这里。此外，帝国合唱团也在此举办晚间音乐会。这支合唱团拥有1万名合唱团员，堪称英国历史上最大的合唱团[①]。1924年6月，国际罗迪欧（International Rodeo）公司接过合唱团的业务，让来自美国、加拿大、澳大利亚以及阿根廷的表演者在此间表演各自的技能。尽管遭到皇家禁止虐待动物学会的抗议，这些人却依然每天演出两场，其演出收入高达两万英镑，超过200万的观众观看了表演。到了夏天，又在此举办盛大的帝国庆典。1.2万名演员表演了一些经典故事的精彩片段。这些故事旨在教化民众，例如约翰·卡伯特对纽芬兰岛的征服、纳尔逊上将的胜利以及佛兰德斯战役等。到11月份闭馆之前，又有一些军事文身表演以及一系列棒球比赛。

总之，展览获得了巨大成功。1924年4—11月，总共有17403267名游人入场参观，圣灵日那天的参观人数高达321000人，创下了日参观人数的最高纪录。这一切绝对达到了大都会铁路公司的期望值。除了高达1075万人次的列车运营，还有乘客在餐车上消费120万顿膳食的额外收入。展览举办方于是决定，于1925年5—10月再次举办展览，于是又招揽了970万名游客。然而尽管政府补贴了220万英镑，这一年的展览还是赔了本。展览举办方的债务总额高达150万英镑。1925年10月，展览会所在地迅速由亚瑟·埃尔文爵士（Sir Arthur Elvin）收购。

埃尔文是一位精通拆迁业务的百万富翁，他曾经是一位王牌飞

[①] 从作者的原文，我们难以推断是否真的有1万名合唱团员同时在体育馆演出。但据查证，这支合唱团于1919年确实派出1万名合唱团员，在海德公园演出。可以想象其帝国的恢弘。——译注

行员。1924年，他在展览会上的一座烟亭工作，并于当年的年底之前一共做了8次投资，赚了1000英镑。第二年温布利公园关闭之后，他开始购买展馆，然后又卖掉它们。他还报出12.7万英镑的价码，准备买下温布利体育场。此时的体育场像沃尔金当年的塔楼一样，成了中看不中用的"大白象"。体育场成交之后，埃尔文就拼命寻找生财之道。第一步，让体育场依然用于足总杯的赛事，并成为英格兰国家队的总部，但这样做还不能保证未来的财源。于是，埃尔文又想出了一些新花样。1927年，他将原先赛场边缘的煤渣赛道改成了赛狗轨道。1927年12月10日，第一场赛狗会，观众超过5万人。不久，观看赛狗的平均出席率，稳定在9000人次上下。两年后，他又试图引入澳大利亚式赛车赛。这一年，他还建议举办橄榄球联盟挑战杯赛，将传统的北方运动带到首都伦敦。

后来，这座体育场又被用作1948年的奥运会主会场。这是第二次世界大战之后在当时的配给制下举办的运动会，并且以"瘦身运动会"闻名。尽管在1908年奥运会上英国运动员获得的奖牌数名列第一，但在这场运动会上，他们的名次却跌到第12位。美国远远领先于其他地区，其所获得的奖牌数，是排在第二位的瑞典运动员所获金牌数的两倍以上。再后来，老体育场终于被拆除，原址上建造了一座由建筑师诺曼·福斯特设计的新体育场。在一片争议声中，曾经由欧文·威廉姆斯设计的双塔于2003年被拆除[①]。

展览场馆之外的温布利小镇也是变化巨大。从这里通往伦敦市中心的道路已经加宽。沿路的其他设施均得到改善。1924年间，游人在抵达温布利公园站时，可以看到正在开发中的海蜜儿斯谷仓住宅区（Haymills Barns estate）。不久，其他住宅开发公司蜂

---

① 作者原文说两座塔得以保留，当为笔误。我们的译文已作更正。——译注

拥而至，开发了众多住宅小区，例如谷仓莱斯（Barn Rise）、谷仓山（Barn Hill）、格林顿花园（Grendon Gardens）以及艾沃斯礼大道（Eversley Avenue）住宅区。这些住宅区的房价大概是，一栋三居室的独立屋售价1275英镑。此外，从温布利火车站向城外延伸的第四十大道上，建造了许多商铺。其附近则开发出一些三居室半独立屋，售价在750—1000英镑。至此，温布利最后的乡土气息消失殆尽。到了1933年，有报道说："自温布利小镇为起点的谷仓山住宅区，已经延伸到火车站与普雷斯顿区老城之间的普雷斯顿路……一排排新建别墅一直延伸到福提农场（Forty Farm），甚至延伸到通往哈罗的原野。连伍德科克山（Woodcock Hill）的斜坡上，都盖满了房子，原先老农场的房舍夹在新建的住宅之间几乎隐藏不见了。"[32]

到了第二次世界大战爆发前夕的1939年，米德塞克斯郡几乎用光了所有的土地，只剩0.9%的林地可供开发。50%的草地消失，牛的数量也减少了75%。内城糟糕的环境激发了公众对田园生活的向往，由此带来蓬勃发展的郊区。然而，开发商们却将乡土原野全都开发成单调乏味的街道。1938年，伦敦乡村理事会对伦敦的急剧扩张深感担忧，从而提出以绿带环绕伦敦的理念来限制扩张。世界大战亦改变了伦敦的需求，并再次迫使人们不仅要重新思考伦敦所面临的历史课题，还要对城市的未来形态等问题做出新的回应。这种历史与未来之间的冲突也预示着大英帝国的终结。

再也没有了地铁福地。然而，成千上万的民众（包括我）每天上班都需要乘坐火车，依然沿着当年爱德华·沃特金所拓展的铁路线，从瑞士小屋站延伸到伦敦北郊。如今，84%的英国人居住在郊区。因此，不仅伦敦的历史，而且整个英国的历史都应该被视为一个郊区的故事。但这个故事很少被认真对待。郊区经常被看作哪里也不是，然而那里正是我们大多数人生活时间最长的地方。也是在那里，塑造了我们的品位。2002年，英国皇家建筑师学会（RIBA）组织评选著名的斯特林建筑奖（Stirling Price）之际，MORI随机调查了全国各地的1000名受访者，让他们说出自己最喜爱的住房类型。30%的人喜爱平房，大多数人则喜爱建于20世纪30年代的半独立式住宅或现代式样的半独立住宅。这个结果恐怕会让英国皇家建筑师学会多少有些不爽。

伦敦在继续扩张中，如今它已经涵盖60多平方英里，从东部的埃平（Epping）森林到西部的里士满群山之外。这一切全靠着实用而有效的运输系统。而追根溯源，其源头当推19世纪40年代的第一条大都会铁路线，之后则处于不断的演进中。2008—2009年，伦敦地铁的流量超过11亿人次，总计7000多万公里。此外，还有22亿人次公交车乘客流量。算起来，每天乘坐公共交通工具进入伦敦的人数超过350万。最富于雄心的计划是正在建造中的2012年奥运交通线，以及贯穿伦敦的铁路工程。后者将从伦敦的地下连接切尔西与哈克尼。然后，在这条地下铁路线的两端，各向外延伸出更为广泛的铁路网。这项工程预计于2017年竣工。①

在关于现代伦敦的故事中，郊区的历史占据着主要篇幅。然而有关郊区的大部分评论来自批评家。自从亨利·普特尔这个人物问世以来，作家、艺术家和诗人大多同意刘易斯·芒福德（Lewis Mumford）在其力作《城市发展史》（*The City in History*）中的说法："从城中心外迁到郊区，并没有带来什么更高层次的希望或承诺。"[33]然而，由于众多原因，大多数人都搬出了市中心，远

---

① 与英国很多大型工程一样，这项工程也不得不滞后。根据2018年的官方预期，整项工程的竣工日将延期到2020年底或2021年初，但民间人士估计，这个预期也难以保证。——译注

离市中心的混乱和喧嚣。郊区的街道在今天看来单调又乏味。尽管如此，其吸引人的诱惑却总也挥之不去，例如新型的住房、最新式的装备、拥有土地的美好感受！正如 J. B. 普里斯特里（J. B. Priestley）写于 20 世纪 30 年代的文字所述："郊区最大的魅惑是，几乎所有的英国人骨子里都是乡绅。郊区别墅让推销员和店员们在劳作之余，仿佛自己也是一个乡绅。"[34] 如此奢望不应该遭到嘲笑。然而，正如 20 世纪 80 年代的经典系列剧《好生活》(*The Good Life*) 证明，欲望与现实之间的鸿沟永远是讽刺剧的源头。

如今，如果不掂量掂量城市中心与郊区之间的复杂关系，有关伦敦城市发展的故事也就无从说起。在罗马时代，一个人的身份和归属感根据其是否拥有罗马公民的资格来界定。直到公元 190 年建造了城墙，才改为从物理空间界定伦敦的范围或者说伦敦人的归属感。这种界定在中世纪得到进一步强化。然而今天，大伦敦的行政区拥有 750 多万人口。一个规模如此之大的城市所赋予的归属感，很难令人肃然起敬。尤其绝大多数伦敦人工作在城里，却生活在城外，让我们再次感慨，有关城市公民的定义是不是需要改写？

二战以来，各式各样的社群来到伦敦。2001 年，国家统计局报道，如今的温布利即便算不上欧洲民族最多的街区，也肯定是英国最多样化的街区。其中的社群，有的来自英联邦国家如印度、斯里兰卡和西印度群岛，有的来自东欧。显然，伦敦已经从世界之都演变为世界之城。2007 年的有关估计是：40% 以上的伦敦人出生于祖辈并非英国本土民族的家庭，其中的四分之三来自前殖民地国家。从前的移民大多从码头落脚伦敦。然后，他们住到位于城市边缘的街区，例如斯比托菲尔茨。如今的移民大多把家园安置在大都市的郊外。郊区已成一个世界。

温布利今非昔比了。战后的一段时期，这里成为伦敦西北部的主要购物区而广受欢迎。但随着北环路沿线的一些大型购物中心和工业区的开发，此地的热度于20世纪70年代消退。目前，人们试图将温布利与体育场一起再次打造成热点。"温布利城"将被打造为伦敦最新最大的休闲娱乐中心，其中包括体育场、体育馆、音乐厅、游泳池、多功能厅、各种高档酒店和商铺等。伦敦不再是一圈圈郊区，以老城为中心按同心圆环绕。如今的各大郊区早已是自成一体，它们是自己的城市。从前伦敦是一座城市，后来，随着西敏城的兴起，变成了两座城市。而今，伦敦是大都会综合体，它拥有不同的中心，无穷无尽。

第十一章

基林公寓楼：丹尼斯·拉斯敦爵士与新耶路撒冷

> 不久前，这里还是一片荒野，惨遭炸弹的摧残之后，又被人遗弃。如今，崭新的建筑群拔地而起，建筑与建筑之间，排列有序，成组布局，形成一个完整的街区，景致优美。
>
> ——1951年《不列颠欢庆节官方指南》
> (*Festival of Britain Official Guidebook*)

到1993年，基林公寓楼（Keeling House）早已是年久失修。负责管理大楼的塔村区市政理事会（Tower Hamlets Council）[①] 无奈地将其斥为"脓疮"[1]，并准备把它给拆掉。拆解工具已经就位，就等着一纸命令，便可以立即推倒这栋15层高的楼房了。大楼的外部全都给裹上了安全网，以承接拆解施工时可能会落下的砌块。但人们尚可以自由出入，乘坐其内的电梯。就是说，这里对任何有意拜访的人士开放。这也就让仍居住在楼内的乔治和艾琳·哈罗德（George and Irene Harrold）一家子无时不处于郁闷当中。这家

---

① 顾名思义，"塔村区"指的是"伦敦塔"（Tower）之外的"村庄"（Hamlets）。——译注

人是基林公寓楼唯一的老居民,自大楼落成之日起,他们就乔迁新居,在里面生活了34年。如今他们担心,任人自由出入的大楼会招致人为的破坏。与此同时,大楼的建筑结构日益显露出劣质施工的样子。

随着公寓楼内的居民被陆续安置到他处,人们开始了议论,到底应该怎样处置这座大楼。塔村区市政理事会的发言人证实,他们反对任何形式的修缮,因为"这栋建筑在满足社会性住房需求方面已经是毫无益处,我们必须考虑到民众对住房形式的需求和向往,而非建筑物自身的品级"。如果要修缮基林公寓楼,花费至少是800万英镑。而且只要让这栋大楼空置一个星期,塔村区市政理事会的损失就达2000英镑。因此,必须把它给拆掉!建筑师们却一直责怪大楼的管理者①。在他们看来,问题不在建筑物本身,"这栋楼尽管破旧,但其基本结构尚好"[2]。还有些人认为,这栋楼的身价地位太重要了,拆的事,想都不要想!基林公寓大楼是15层的混凝土结构。其四周多是些维多利亚时代低矮的工人阶级小村舍,放眼望去,基林公寓楼有如鹤立鸡群。尽管它现在残破,也无人居住,但曾经却是件国宝,需要保存。

1993年11月,正当塔村区市政理事会加急申请拆迁令之际,英格兰遗产委员会出手相救了。他们将基林公寓楼列入二级名录建筑②,并将之誉为"20世纪50年代公共住房建筑的杰出范例"[3]。此举阻止了任何拆掉这栋大楼的妄想。然而,仅此而已。英格兰遗

---

① 管理者便是塔村区市政理事会。——译注
② 英国的名录建筑分3个等级。一级为拥有极其重要价值的建筑物,在任何情况下不得拆除;二级为重要且拥有超过特别价值的建筑物,不许随意拆除;三级为拥有特别价值的建筑物,需要保护。入选标准随时代而变,一般来说,建于1945年之后的建筑,只有在拥有特殊重要性的情况下,方可入选为名录建筑。建于20世纪50年代末期的基林公寓能够被列入二级名录建筑,足见其在人们心目中的重要地位。——译注

产委员会有能力阻止拆除，却无重建计划。接下来的6年里，基林公寓楼一直空置，无人居住。其中的一些公寓遭到焚烧，一些被砖块堵住。1995年，房产慈善机构皮博迪信托基金（Peabody Trust）提出，以1英镑的报价收购这栋旧楼。他们还计划借助国家彩票基金拨出的900万英镑，将它改造成新住房。但这个提议遭到拒绝。塔村区市政理事会再次申请拆除大楼的许可令。对此，建筑师们向《泰晤士报》的编辑发出了一批又一批呼吁信。他们在信中抱怨，将钱财花在那些古老的建筑物身上，仅仅因为其历史悠久。而对像基林公寓楼这样的建筑，仅仅因为其建造史不太久远便缺少关照，任其衰败。对此，彩票基金会主席回应道，是因为缺钱，而非针对建筑物自身的建造历史。

都是因为钱！也就是说，不是如何复兴基林公寓楼，而是要让它盈利。到了1999年，基林公寓楼所在地贝思纳尔格林街区的房价频频上涨。将伦敦打造成金融之都的城市复兴，让这片距离其东部金融城仅仅一英里之遥的地段变成了热土，吸引了一大批追寻摩登都市生活的雅皮士。那些时尚追逐者和富有的现代主义者，"厌倦了改建后的维多利亚风格房屋"，转而向往曾经为他们的父母所鄙夷的混凝土塔楼[4]。仅仅在1999年这一年，对公寓楼的需求便增长了25%。这些公寓楼属于社会性住房，其产权隶属于市政理事会。其中，那些由激进野兽派建筑师所设计的高层建筑尤其受到青睐。因为这些高层建筑曾经被誉为时代的标记。于是，地产开发商林肯控股（Lincoln Holdings）公司在基林公寓楼上看到了黄金商机。截至2000年，大楼里总共64套公寓得到了翻新和清理。此外，在灌木丛掩映下的总入口和栏杆之后，还加建了一个玻璃门厅。崭新的门厅不仅带有门控装置，其内还拥有一座24小时开放的礼宾服务台。翻新后的每套公寓里都铺着白色木地板,并配有意大利式厨房。2000年7月首次投放市场之际,其中有45套两居室公寓出售,每套的起价为18.5万英镑;7套一居室公寓出售,每套的起价为12.75万英镑;7套空中别墅出售,每套的起价为37.5万英镑。所有的公寓均附带固定而安全的停车位[①]。

曾几何时,基林公寓楼预示着社会性住房设计新理念。其落成的时间是1959年,既得益于国际建筑界于第二次世界大战以来兴起的建筑新理念,亦迎合了伦敦大轰炸之后的急迫需求。当初的设计构想是,在经历战争的恐怖之后,创建一座新耶路撒冷,通过建筑变革街区。因此可以说,基林公寓楼是长期的贫困与急速兴起的社会学研究之间相互作用的产物。这种关于街区建设的新理论,试图通过激进的现代主义建筑创作,让一个街区得以重新表述。因此,这是一个关于伦敦如何在大轰炸的瓦砾中重生的故事,关于好梦成真的故事,关于一座建筑及其附近的街区潮起潮落乃至凤凰涅槃的故事。

第一轮伦敦大轰炸始于1940年9月7日(星期四)夜。伦敦码头区的夜空笼罩在300架纳粹德军飞机之下。飞机投下的燃烧弹把码头区照得火光通明。几个星期之内,超过95枚高爆炸弹(其中的一些重达1000千克)、2架由降落伞投掷的地雷以及数以千计的燃烧弹,投向了贝思纳尔格林和斯比托菲尔茨以北的伦敦东区。本来,在宣战的那个冬天,大批的儿童已经从这些街区撤离。但在轰炸威胁貌似被解除之后,孩子们又回到了原住地。此时此刻,他们簇拥在安德森防空壕(Anderson shelters)里,或者躲到在后花园

[①] 该地产公司从塔村区市政理事会买下基林公寓楼后不久,便对整栋大楼进行全面整修。添加了空中别墅之后,原先的15层楼变为16层。2002年,该翻新工程获得RIBA优质建筑奖。

或附近广场临时挖的防空洞里。9月25日，位于哈克尼路附近的伊丽莎白女王儿童医院（Queen Elizabeth Hospital for Children），被炮弹炸了个正着。

人们争相躲到能找到的防空避难所，例如哥伦比亚路皇家橡树酒吧的地窖、萨尔蒙和波尔酒吧附近贝思纳尔格林路路口的铁路段拱门、哥伦比亚路市场的地下室等。萨尔蒙和波尔酒吧即当年斯皮托菲尔茨反叛分子被处决的地方。哥伦比亚路市场是一栋宏伟的哥特式建筑，由百万富翁、慈善家安吉拉·伯德特·科图斯（Angela Burdett-Coutts）出资建造，用作当地贸易商交易大厅。但即便躲进了防空壕或避难所，也不能保证绝对的安全。一架德军轰炸机投下的燃烧弹竟然直接击中了一处防空壕，一下子就造成53人死亡。接下来的8个月里，几乎每个夜晚，伦敦人都会听到空袭警报的呼啸声，不得不忍受防空壕里寒冷的潮气。维多利亚公园里向空中开火的防空机枪爆裂声，大概是唯一的迹象，表明人们在面对无情的敌人时并非一筹莫展。一天夜里，伊莎贝拉·威金森（Isabella Wilkinson）躲到家附近的哥伦比亚路防空壕，落在近处的一枚炸弹掀掉了防空壕没怎么固定好的瓦楞铁皮顶棚，让她目睹了恐怖的一幕：

> 夜晚仿佛变成了白天。血红色的天空满是火焰。一群我认识的熟人被炸得到处都是，这里一只手臂，那里一条腿，甚至有一个人的头颅混杂其间。我们都惊慌失措，连防空袭的值班门卫都深感震惊。我永远不会忘记，值班门卫俯下身子，捡起一只手臂，在自己的头顶摇晃，鲜血便全部流到他的脸上。他尖叫道："就别管死者了，看在基督的份儿上，帮帮这些活人吧。"[5]

伦敦大轰炸自1940年9月持续到1941年5月，纳粹政权企图借此逼迫丘吉尔领导的英国投降。之前的一年，希特勒的闪电战已经从德国席卷到英吉利海峡，让英国远征军（BEF）不得不在敦刻尔克（Dunkirk）的海滩上拼死作战。那个夏季开始，德国将军发起了入侵英国的海狮行动。起初，他们企图在英国东南部乡村的空战中击溃英国皇家空军（RAF）。因为没有达到预期的效果，战争蔓延到城市。这就让伦敦人站到了战争的最前沿。此外，德国空军不仅希望打击英国人的士气，还决心摧毁英国的一些重要军事基地。为此，除了英国的各大都市，德军轰炸机还瞄准了海军军事基地和工业中心。紧挨伦敦码头区的贝思纳尔格林，便成了德军炮火下的附带牺牲品，遭到毁灭性打击。

贝思纳尔格林挤满了工人阶级居住的小型村舍、贫民窟住宅以及联排式社会性住宅，后者零星建造于维多利亚时代。可以说，这里是伦敦居住条件最恶劣的街区之一。自第一次世界大战以来，人们为改善这一地区做出了许许多多的努力。然而，逼仄拥挤的住宅群，让这里依然是伦敦最密集、最危险的街区。1933年，为了获得政府的资助，代表该街区的一位议员指出，此地43%的人口居住拥挤，17%的人口生活在贫困线以下，23%的男性失业。房屋质量是如此之差，几乎没有应对炸弹的防御力。

1941年3月的一次突袭中，炸弹落到了艾恩广场（Ion Square）。这座位于哥伦比亚路路北的小型广场，四周环绕着38栋建造于1845年的小村舍。凌晨2点时分，厄尼·沃克丁（Ernie Walkerdine）在一阵喧嚣和爆炸声中惊醒。当时的沃克丁与妻子和两个儿子挤睡在自家的防空庇护所里，他完全不知道自己正处于爆炸的中心。除了5栋幸存的村舍，这次爆炸摧毁了这个小街区几乎所有的一切。17—24人当晚被炸死，被埋在瓦砾下的尸体直到第

维多利亚堤道截面示意图
堤道铁路、下水道,以及地下隧道被纳入统一设计

维多利亚时代早期伦敦全景图
现代大都市早已超越这个区域

1923年正在建造中的温布利体育馆塔楼

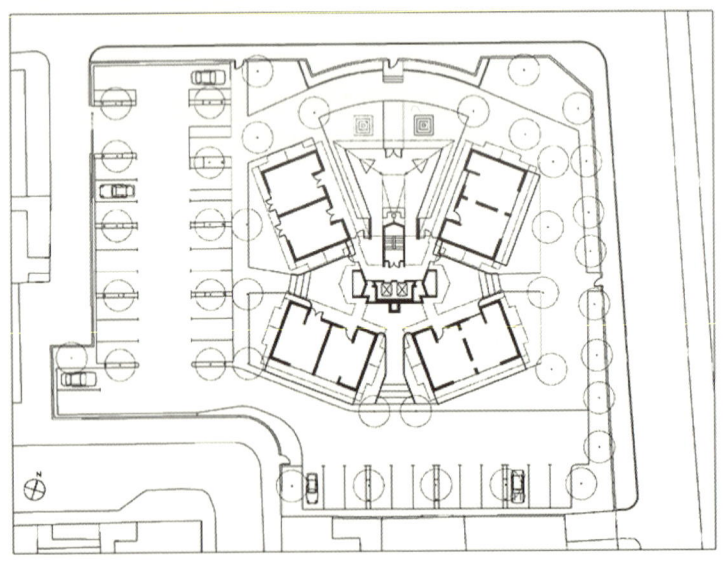

基林公寓楼总平面

今日基林公寓楼及其街景

波罗的海交易所维多利亚时代的彩色玻璃窗

小黄瓜近景
远方是金丝雀码头
难道这就是伦敦未来的轮廓线

伦敦传统街区，小黄瓜鹤立其中

二天中午才挖出来。

1941年5月10日是伦敦大轰炸的最后一夜，最为凶险，也撕裂了整座城市。那是一个满月之夜，清晰度让德军飞机能够在泰晤士河上空自如飞翔。更为糟糕的是，天上也没有什么云层。满载着炸弹的515架飞机得到空袭伦敦的命令。因为整个夜晚都处于大火肆虐当中，直等到第二天上午，才计算出袭击的受损程度：1486人遇难，1616人遭受重伤，11000座房屋被烧毁或者被夷为平地。国会大厦遭到严重损伤，下议院的厅堂沦为灰烬。此外，受到袭击的还有圣詹姆斯宫、滑铁卢车站以及朗豪坊皇后音乐厅等。不久，这个夜晚被称为"最长夜"。

轰炸并没有彻底结束。1943年3月3日，贝思纳尔格林遭到这场战争中最严重的空袭。那个晚上，为了报复两天前英国皇家空军对柏林的突袭行动，德国空军飞到伦敦东区的上空。晚上8时17分，伦敦街头的警报响起，成百上千的人跑向贝思纳尔格林地铁站内新建的防空壕。在伦敦大轰炸的头几个月里，这座地铁站已经关闭。但不久，政府部门意识到，这里是该小区最为安全的场所。于是1943年这里被改造成一处可容纳1万人住宿的综合性大楼，其中还带有食堂、由若干护士和一名医生组成的急救站、可容纳300人的音乐厅以及拥有4000本藏书的图书馆。警报拉响10分钟后，维多利亚公园的防空机枪开始向空中开火。机枪开火的爆裂声，却让那些在地铁站楼梯上排队进入防空壕的人极度紧张起来。恐慌之下，排在后面的人拼命向前推挤。当时还是一名小学生的雷格·巴勒（Reg Baler）描述了惨状：

一旦有人跌倒，后面的人便不断地推啊挤啊，就有人被踩死了。我妹妹运气算好，因为她被挤压在所有人的最上方，救援人员能够把她给先拉上来……而车站管理员看到的景象，简直难以置信。因为大多数男人当时都穿着靴子，被踩的孩子们脸上便都是鞋钉的印子。有的一家子就都没了……我们出来时，与我的同学站在一起。我们看见许多的救护车来来去去。开始我们以为只有15人死亡。可是后来，加上在医院里的死亡人数，总计高达178人死亡。[6]

因为担心灾难性消息可能会打击士气，丘吉尔首相要求官方不得向外公布伤亡地点和伤亡数字。

然而，据估计，仅仅伦敦大轰炸期间，整个伦敦包括从其西部的里士满到东部的码头区，大约遭到两万吨炸弹的轰炸。为了激励自己的臣民，乔治六世（George VI）①慷慨激昂地表示："伦敦的城墙可能会被击毁，伦敦人的精神却坚定不移、牢不可破。"[7]然而，大轰炸造成的损失是巨大的。伤亡人数大约有5万。其中城内有两万人死亡。13万栋住宅和900万平方英尺的办公楼被摧毁，75万栋住宅遭到轰炸，使房主不得不进行修理。仅仅是贝思纳尔格林就有555人在大轰炸中遇难，重伤400人，21700栋住宅被击中，其中2233栋被彻底炸毁，893栋再也不能居住，2457栋严重受损。伦敦遭受了严峻的考验，要怎样才能从大空袭中恢复呢？

事实上，在伦敦大轰炸结束之前，就有人开始筹备重建城市的计划。最初，这项计划被称为新耶路撒冷重建。经过慎重的考虑，规划草案又得到进一步修改，既反映了有关城市建设的最新理念，也顾及具体的运作。总之，这项革命性的都市建设哲学承诺：要在伦敦重建一套新型的街区网络，以提供更加便利的交通，

---

① 乔治六世为乔治五世的次子，也是现任女王伊丽莎白二世的父亲。——译注

对逼仄拥挤的城市中心地带予以清理，以完成19世纪60年代开始的贫民窟清理工程。工业区被设计安排到城市边缘的指定地带，从而将整座城市的工作空间与生活空间分开布置。此外还希望，通过最新的建筑材料和最新的建筑理念，变革街区的基本结构和肌理，以消除贫困和剥削。无疑，这是伦敦历史上从未尝试过的、人类最伟大的试验。

长期以来，不管是19世纪60年代的大都会工程局，还是19世纪80年代末工程局的新称谓伦敦郡市政理事会（LCC），伦敦政府对改善社会性住房的努力纯属零敲碎打穷于应付。1887年11月，在纳什启动设计的特拉法加广场爆发了一场骚乱。1万名游行示威者遭到警察、步兵和骑兵的拳头和警棍袭击，200多人被送进了医院。这场后来被称作"血腥星期日"的事件，主要是为了抗议英国政府，抗议他们对爱尔兰地区政府高压政策的放任自流。然而，其中也包括伦敦东区穷人对贫穷和失业的抗议。在社会党、费边社分子（Fabians）和无政府主义者的煽动下，伦敦东区怀特沙佩尔街区穷人的绝望情绪转化为政治革命。这场骚乱加深了人们对伦敦东区的恐怖印象。该地也由此得名为失落的世界，并很快被美国作家杰克·伦敦（Jack London）称之为社会问题的深渊。1888年4月，有关"开膛手杰克"（Jack the Ripper）的连环强奸杀人案被首次披露后，伦敦东区在人们的印象中变得更糟。接着便是火柴厂女工的罢工，揭露了布莱恩特和梅（Bryant and May）工厂的恶劣工作条件。1889年，工人们开始在码头区罢工，并要求成立工会。社会动荡引起的担忧、小报宣传的魔力，加上清教徒式的多愁善感，让人们发出呼吁，要采取应对措施。政府和一些私人慈善机构全都展开了行动。他们希望能够像医生治病那样消除社会的病根。两者所采取的举措均带来好坏参半的结果。

1896年，亚瑟·莫里森（Arthur Morrison）出版了一本极为畅销的小说——《雅各区的孩子》（*A Child of the Jago*）。小说中，莫里森将自己所描写的虚构生活和犯罪行为安排在实际场所——贝思纳尔格林西部的老尼科尔（Old Nichol）贫民窟。虚构的小说亦大胆证实了现实生活中骇人听闻的统计数据。这个数据记载于查尔斯·布茨（Charles Booth）的调查报告——《人民的劳动和生活》（*Life and Labour of the People*）。这份调查报告来自1889年对伦敦贫困状态所做的系统调查。当时的布茨专门委托了一个研究小组，对伦敦的每一条街道进行普查。根据居民的生活条件和收入，调查人员用不同颜色的标记或图例，在地图上对所有的街道进行编码。有关贝思纳尔格林小区的图例中，老尼科尔贫民窟用黑色图例标记，表示"最低层阶级，恶性至半犯罪状态"。此外，深蓝色图例表示"非常贫穷，长期需要救济"，浅蓝色图例表示"收入为每星期18—21先令的贫穷家庭"。布茨的统计通过具体数字体现了真正的贫困程度。莫里森的小说则将伦敦最糟糕的贫民窟化作一处旅游的景点——一所当代疯人院，富人来到这里体验人类最极端恶劣的生存处境。伦敦郡市政理事会不得不采取措施了[8]。

老尼科尔贫民窟有一些破烂的廉价公寓楼。这些房产大多建于17—18世纪投资商掀起的开发热潮时，到如今已经是破败不堪。伦敦郡市政理事会于是将它们全部拆掉，然后在原址上堆土重置，将从前的贫民窟变成了一座街心花园，此即阿诺德圆环广场（Arnold Circus）。其中心地带还有一个音乐台。老尼科尔贫民窟被重新命名为帮达瑞（Boundary）住宅区，街心花园则成为新建的帮达瑞住宅区的中心。此外，还在这里建造了一批新型公寓楼。整个项目的宗旨是："通过改善周边的环境，例如在街道和公共空地种植树木，提高居民的素质。"[9]每一组新建的公寓群都以泰晤士河边的某座村庄为名,并按照最时兴的工艺美术风格设计,将拉斯金、威廉·莫里斯和诺曼·肖的新理念引入伦敦东区。然而,对于这项涉及大众住房的新建项目,却从未征求过当地居民的意见。

帮达瑞住宅区当推伦敦郡市政理事会在20世纪的第一个社会性住房项目。而在其他的街区,私人慈善机构对贫民窟的改造也跃跃欲试。打头炮的当推皮博迪信托基金。这家慈善机构由美国银行家乔治·皮博迪(George Peabody)于19世纪60年代创办。如今,他们率先在斯比托菲尔茨的商业路建造住宅,面向有能力定期支付小额租金的人士。随后,其他住房信托基金纷纷成立,诸如吉尼斯信托基金(Guinness Trust)、工业住宅公司(Industrial Dwellings Company)、塞缪尔·刘易斯住房信托基金(Samuel Lewis Housing Trust)等。这些信托基金既出于慈善亦带有盈利目的,就是说,为值得尊敬的穷人建造住房的同时也吸引投资人介入。他们还向投资人承诺5%的投资回报率。还有些慈善机构,如罗斯柴尔德建造基金(Rothschild Buildings)又附加了其他一些严格规定。罗斯柴尔德建造基金由银行家族罗斯柴尔德创立,旨在为贫穷的犹太移民建造住房。总之,新开发的项目改善了许多有正常工作人士的处境,让他们能够自主安排自己的生活。然而社会的最底层依然处于恶劣的生存条件中。这些人依然没有固定的工作,依然寿命很短。

贝思纳尔格林中心地带的哥伦比亚路,曾经混杂着各种类型的住宅。其中有些是建于早期的老村舍。那个时候,这里尚且是伦敦城外的乡村,以种植水芹而闻名。还有些是由信托公司建造的住宅,譬如耶稣收容院住宅区里的一些房产,便是由慈善信托机构于19世纪40年代建造的。但到了19世纪60年代,约翰·霍林斯赫德却写道:"住在贝思纳尔格林一带的,都是些贫穷的码头工人、贫穷的小摊贩、贫穷的丝织工。这些人无奈地从事着过时的手艺。他们装成绅士模样干坏事,却很容易露馅儿,可谓最低能的暴民。"[10]霍林斯赫德正是我们在第九章提到的记者,在白金汉宫地下那条由巴泽尔杰特所设计的下水道里高唱"天佑女王"。19世纪70年代初,在富翁安吉拉·伯德特·科图斯的赞助下,建造了哥特式样的哥伦比亚路市场。当地居民却普遍无视这个市场的存在,他们更愿意在不设限制和规则的露天市场做买卖。

第一次世界大战之后的几年里,英国的住房政策与新兴郊区的资产阶级品位共同发力。所谓"为英雄建造住房"的口号,其目的是为了将伦敦内城的居民外迁到郊区。这些新郊区的建造均受到霍华德田园城市理念的启发。到了20世纪30年代末,这一类大型住宅区在英国遍地开花,总数量高达25.8万个。规模最大的,当推位于埃塞克斯郡的贝肯翠(Becontree)住宅区[①]。这个拥有完整配套设施的新街区,主要是为了接纳从伦敦东区搬迁过来的居民。小区内总共有25766套住宅、400家商铺、30所学校。此外,还建有教堂、酒吧和电影院。每套住宅都符合都铎·沃尔特斯(Tudor Walters)报告所规定的标准,即都铎·沃尔特斯建筑标准。为此每套住宅的建筑面积至少达到760平方英尺,内有6间大小适中的房间和大窗户,外带花园。至于具体的设计模式,则需要符合建筑师厄尔文所倡导的三大设计中的一种。我们在上一章介绍过厄尔文。汉普斯特德田园郊区和莱奇沃思田园城的设计和规划,都出自他的手笔。

然而,从内城向外扩散的离心式规划并非唯一的政策。在贝思

---

① 贝肯翠住宅区堪称英国乃至世界上规模最大的社会性住宅区之一,位于查令十字东北约11英里处,小区的面积大约10平方公里,1965年开始被划入大伦敦地区。——译注

纳尔格林，就有人致力于在原地开发建造租赁住房，而不是非要让居民搬离原有街区。1936年，伦敦郡市政理事会开始对老贝思纳尔格林路以北的36英亩贫民窟予以清除。他们还将该地浪漫地更名为贝思纳尔格林1号开发区。新建的三层或四层楼砖砌公寓清爽而结实，取代了从前肮脏的住房和老村舍。新型公寓沿着与房间宽度相等的阳台布局，相互之间由一座中央楼梯相连。到1945年，伦敦郡市政理事会已经建成2170套新公寓，并计划再建造1830套。然而，贫民窟清除行动并没有获得普遍的赞同。尽管从前的老房子阴森恐怖，贫民窟也濒于崩溃之中，但许多被迫搬入新公寓的居民并不领情，反而是怨声载道。一项由大众观察所做的调查表明，不断有居民投诉，他们认为新公寓里的垂直式居住方式，窒息了传统的生活习惯。

1946年，亦即二战结束的一年后，为了找到街区重建新方式，社会学家露丝·格拉斯（Ruth Glass）来到贝思纳尔格林。格拉斯当时供职于规划和区域重建学会。她在调查中发现："这里89%的家庭没有浴室，78%的家庭只能在厨房或灶具上用水壶烧热水……整个街区遭到遗弃，到处都是被忽略的地段，看上去已经是城市衰败的一分子。"[11]露丝·格拉斯似乎在暗示，漫漫历史长河中，贝思纳尔格林之所以饱经沧桑，既因为暴力和忽视，也因为愚蠢的慈善尝试。伦敦大轰炸不过是在从前的创伤之上再撒一把盐。长期以来，这里始终是伦敦最贫穷和管理最糟糕的地区之一，如今又遭受了第二次世界大战中最残酷的打击。这里需要建设，不仅仅是物质上，还应该重建一个现代化社区。

即便在战事正酣之时，重建大都会的计划也已经出笼。其核心理念是，打造一个福利国家。就是说，政府应该介入和改善所有战争幸存者的生活。说来，这一理念孕育于伦敦东区。因为，国家新政策的重要推动者威廉·贝弗里奇（William Beveridge）在其成长的关键期，曾经担任过汤恩比馆的副督导。汤恩比馆是巴内特为伦敦东区穷人设立的教育中心。正是在这座教育中心所吸取的诸多理念，让贝弗里奇于1942年写出了大作——《社会保险及其相关服务》(*Social Insurance and Allied Services*)。这份内容翔实的300页报告，很快就成为广受欢迎的畅销书。仅在二战期间就销售了60万册。当时的贝弗里奇受政府指派，试图寻求振兴社会的有效方案。"为什么英国拥有大量财富的同时，却有人依然贫穷？通过哪些方法可以让人脱贫？"[12]在这份令人难忘的报告中，贝弗里奇提出，要消灭五大社会公敌——贫穷、疾病、无知、肮脏和懒惰。该报告后来以《贝弗里奇报告》(*The Beveridge Report*)著称，也成为建设新英国的蓝图。

然而，能够让伦敦从物质层面上得以转型的却是另一份文件。这便是阿波可隆比规划（Abercrombie Plan）。是这份规划将贝弗里奇的抽象价值观转化为具体提案。在其1943年的伦敦郡规划中，帕特里克·阿波可隆比（Patrick Abercrombie）① 和 J. H. 福肖（J. H. Forshaw）一起，提出了导致伦敦窒息的五大关键问题：交通拥堵；住房条件恶劣；缺乏工业区规划（意味着工厂与居住区拥挤在一起）；缺乏开放性空间；郊区的不断扩张。于是，他们不仅将霍华德明日田园城市的远见卓识引入伦敦新规划中，还对之加以与时俱进的改进。需要特别强调的是，之前的田园城市建造，在

---

① 中国城市规划专家陈占祥20世纪40年代初期师从阿波可隆比，攻读博士学位。之后，陈占祥又作为阿波可隆比的助手，对英国南部的一些城市进行区域规划。1950年，陈占祥和梁思成一起提出了关于北京城市规划的"梁陈方案"（即《关于中央人民政府行政中心区位置的建议》）。其中的一些构想，想必得益于与阿波可隆比的交集。——译注

于谋取利润，此时的新型街区将由国家承担建造。1943年，伦敦内城的人口为248.2万人，阿波可隆比希望，至少减少60万人。而在那些特别拥挤或者在伦敦大轰炸中毁坏严重的东部区镇，如斯特普尼、肖尔迪奇、南沃克和贝思纳尔格林，则需要至少减少原有人口的50%。

自20世纪20年代以来，阿波可隆比一直领导着英格兰乡村保护运动，致力于推动对优秀自然美景和园林的保护。他还热衷于在首都周围建设绿化圈，创立一个没有混乱建造的特区。为此，阿波可隆比将类似的理念作为自己关于大伦敦郡规划的核心。然而，这一理念似乎也让他落入一个自己设置的陷阱。试想，如何能够做到在减少内城人口密度的同时，又限制郊区的发展？解决方案是，环绕城市的保护区之外，建造一系列新城镇，例如斯蒂夫尼奇（Stevenage）、哈特菲尔德（Hatfield）、巴塞尔登（Basildon）、韦尔林（Welwyn）、布拉克内尔（Bracknell）等。《1946年新城镇法规》希望，建造一个综合和谐的街区，要在经济上自理，从而为其内的居民提供新的就业机会，而不要让新街区成为首都的通勤宿舍区。如此美好的规划意愿，正如国会议员刘易斯·西尔肯（Lewis Silkin）在国会所宣称的："我们的目标应该是，让这些新城镇既拥有从前贫民窟邻里所蕴含的友好氛围，又大幅度改善新房产的卫生状况。拥有一个包容社会各阶层的博大胸怀。"[13]

1957年，社会学家米歇尔·杨（Michel Young）和彼得·威尔莫特（Peter Willmott）出版了专著——《伦敦东区的家庭与亲属关系》(Famlily and Kinship in East London)。书中的数据和材料主要来自两位学者对贝思纳尔格林居民所做的广泛调查，包括这些居民自二战以来的生活状况和观念变化。关键议题之一便是，原先居住于贝思纳尔格林的居民，在迁徙到伦敦城之外20英里的"格林利"（Greenleigh）小区之后所面临的问题。起初，突然变化的环境所带来的伤感和失落显而易见。"刚来的时候，"桑德曼太太（Mrs Sanderman）说，"我哭了好几个星期，太孤独了。"[14]许多在亲密家庭和睦邻小街中长大的居民，其原先所居住的地区，可以步行抵达家人和朋友的住所，如今却被迫远离亲人。然而，逐渐地他们发现了种种好处，例如新型街区的优质住屋、照样可以定期拜访亲戚朋友等。这一切鼓励着他们的亲属跟着外迁。还有些人说，他们是为了孩子才搬出原来的老街区。埃姆斯太太（Mrs Ames）说："我们来到格林利是为了比尔。此前，他得了很厉害的白喉病，就是因为喝了住在我们楼上那两家人水槽里的水。"[15]光阴荏苒，搬迁出来的居民与贝思纳尔格林的老关系也就逐渐淡漠了。取而代之的，是新城镇里新的邻里关系。

住房问题依然是政界的烫手山芋。而且，它不仅仅是各个区镇所辩论的议题，还关乎国家政策的大方向。城市自治区镇的劳工人口流向城外乡村，让城里的工党议会和乡村区镇的保守党议会都感到紧张。前者担心其选区人口的流失让他们失去支持率和选票，后者不愿意让工人阶级社会主义分子混入自己从前安稳的选区。当西尔肯向斯蒂夫尼奇小镇上的6000多位居民兜售有关建造新街区的想法时，所得到的回应可想而知。"盖世太保""专制独裁"，听众向他咆哮道。他只得在离开讲台前匆匆宣布："这个项目将会启动，因为它必须启动。在你们的帮助和合作下会更加稳定和顺利，更加成功。"[16]接下来的一些年里，斯蒂夫尼奇小镇扩大了10倍。

至于"建造社会性住房的根本目的"，亦存在政治理念上的鸿沟。1954年，狂热的社会主义者、威尔士人安奈林·贝文（Aneurin Bevan），被新上台的工党政府任命为卫生大臣。贝文认为，社会性住房是福利国家的核心议题。在战后紧缩开支的几年里，尽管材料和劳动力均极为匮乏，但贝文依然强调，应该提供最高标准的社会性住房，不能为了数量而牺牲质量。在他看来，降低都铎·沃尔特斯建筑标准的做法是"逃避责任的胆小鬼……如果我们现在耐心稍等一会儿，比立即建造一大批丑陋的房屋然后又反悔要好得多"[17]。

贝文的政策让伦敦陷入巨大的困境，因为此地对住房的需求量最大。更为糟糕的是，1945—1950年，大都市的人口又增加了80万人，都需要住房。于是整个城市发生了由房屋引起的骚乱，1947年，英国共产党甚至在肯辛顿街区组织了一场占领空房运动①。一些无良业主，例如诺丁山的彼得·拉赫玛尼诺夫（Peter Rachmaninov），则利用高需求的机会，购买一些便宜和受损的房屋，然后出租，从中牟利。于是政府拼命在短期内采取应对措施。他们在许多不再使用的陆军营地和露天场所，建造了1.5万多座预制性临时平房，并且都是经那些战后被弃置不用的战时飞机厂的工人之手仓促施工的。尽管有些预制房屋至今依然在使用，但当时对其使用寿命的设计却只有十年。为了尽快提供较好的住房，一些大型物业也被政府强制收购，然后被改造成拥有更多套间的小型

---

① "占领空房"（Squatting）指的是未经房产主的允许，擅自占据他人的空房或土地的行为。实施如此行为的人被称为"占屋族"（squatter）。自14世纪80年代以来，在英格兰的法律中，只要占屋族不使用破坏手段进入空房空地，即便未经原房主或地主的允许，其占屋行为也不属于刑事犯罪，而只属于民事纠纷。占屋族于是利用这项法律漏洞，以娴熟的技巧（不显露出撬门锁痕迹），进入貌似无人居住（即使原屋主短期度假在外）的房屋，然后便"理直气壮"地维护自己的权益。不少人由此最后成为所占房屋的真正业主，原业主则失去房产。类似法律在西方其他一些国家和地区，例如苏格兰、威尔士、美国、加拿大等地同样流行。但在苏格兰，自1865年以来，这种侵占空房的行为被视为非法。此后，美国和加拿大等地也逐渐将这类行为视为非法。直到2012年9月，英格兰和威尔士才终于调整法律，将占住无人居住的空房行为视为非法。——译注

公寓。

贝文还竭尽全力向工薪阶层提供让他们感到自豪和有尊严的永久性住房。仅仅在1947年，政府就建造了22.7万栋住宅，然而却远远不够。伦敦郡市政理事会于1945—1951年，在贝思纳尔格林建造了830栋住宅。然而，尽管贝文希望每个家庭都能拥有一栋自己的别墅型住房，其中带有室内厕所、热水箱和一片花园，然而现实是仅仅能为一大家子提供一套公寓。

1951年，政府决定举办一场不列颠欢庆节。但这场欢庆节与温布利的帝国展览会完全不同。对此，官方所宣称的主旨是："向世界证明，英国在道德、文化、精神等领域，走出了战争的阴影。"[18]然而在前伦敦郡市政理事会领导人、后来的工党议员赫伯特·莫里森（Hebert Morrison）看来，这是为了给整个国家打一针强心剂。一处位于泰晤士河南岸的地段被选中作为欢庆节主会址。这里刚好位于维多利亚堤道的对面。码头废墟、旧工厂和工人住宅混杂在一起，不太能给人一个明亮、新未来城市的印象。问题是，此刻，造价和速度是关键。建造展示最新建筑设计理念的"崭新的城市景观"[19]，必须既廉价又快速。

主会址的中心是"节庆大厅"。这栋建筑实为一座音乐厅，却又不仅仅是演奏音乐的场所，而是一座文化中心，所谓人民的宫殿，其中包括酒吧、餐馆、排练厅和画廊等。整栋建筑的设计者，是伦敦郡市政理事会总建筑师罗伯特·马修（Robert Matthew）。受限于狭窄的场地，罗伯特·马修只好将音乐厅安排到整座建筑的最高处，凌空悬浮于主厅之上。音乐厅的下方及其四周则用来安排其余功能的房间。至于这座建筑的外观，用BBC纪录片《地铁乐土》撰稿人、诗人约翰·贝杰曼的说法是，仿佛国营博彩公司的"手提包"。其室内则是"流行的现代主义风格"，并被认为是一场现代主义建筑的胜利。[20]高耸于大厅西边的探索馆穹顶,由建筑师拉尔夫·塔布斯(Ralph Tubbs)设计。其穹顶的直径为365英尺,堪称当时世界上最大的铝结构。附近90英尺高的天梭塔(Skylon),是一个由钢铁和电线组成的怪物,直愣愣拔地而起,直刺苍穹。

欢庆节活动不仅局限于泰晤士河南岸,全国各地都建造了临时展馆,举办类似的活动。其中超过8.6万名游人参观了杨树林的兰茨伯里(Landsbury)住宅区。该小区位于伦敦东区泰晤士河下游的几英里处。它从伦敦大轰炸的瓦砾中凤凰涅槃,堪称新型社会性住宅的最优秀实例。在此,由伦敦郡市政理事会出资建造的现代化住房,取代了从前肮脏的工人阶级贫民窟。那年6月,约翰·萨莫森参观了这里的住宅后,对自己所见的景象做了如下描写:"总体思想是重建一个邻里街区……旧的街道模式被清除,代之以较低密度的新街区。别墅型住宅与公寓楼自由布局,错落有致。这里有充足而流通的开放性空间,教堂和学校也都布局得很好。"[21]街道上那些肮脏老旧的排屋砖房都被拆除,代之以一个尽最大努力建造起来的错落有致的街区,其中拥有宽敞的开放空间。垂直向上的公寓楼与传统式样的别墅型住宅相得益彰。这就是未来。

兰茨伯里住宅区得名于乔治·兰茨伯里(George Landsbury)。这是一位颇受欢迎的伦敦东区工党议员。长期以来,他在伦敦最贫穷的街区奋力争取社会正义。建筑评论家们对上述设计却反应冷淡。他们担心,如此设计缺乏纯净主义设计原则。而对于那些即将搬入的居民来说,那是来自政府的福音,超出了自己的期望值:"我们的新居正是一个家庭主妇的梦想,房间里有一些预先安装好的入墙橱柜和一个晾衣装置、一个不锈钢水槽和热水箱。正是那种让人感到骄傲的家园。"[22]爱丽丝·斯诺迪(Alice

Snoddy）如是说，她是一位兼职的文件清理员，与丈夫、两个孩子和婆婆同住。

兰茨伯里住宅区的建造以及不列颠欢庆节，显示了建造现代化英国的殷切期望，亦表现了伦敦乃至整个英国的深层次转型。第二次世界大战改变了一切，为了在战后的新天地里继续发展，所有的事情都必须变革。正如建筑师 H. T. 卡特百利－布朗（H. T. Cadbury-Brown）所言："欢庆节的真正意义，在于它标志着人们生活水平的提高……预示着一个新的黎明，善用现代技术，享受现代意义的生活。"[23]

然而到了1951年，举国上下全都开始厌倦贝文关于高质量住宅的说辞。保守党以每年建造30万套新住房作为竞选口号，最终成为执政党。哈罗德·麦克米伦（Harold Macmillan）被任命为住房大臣。与贝文不同，麦克米伦更注重数量而非质量。在他看来，由政府建造的住房是一个短期行为，只是一块让工人摆脱贫困走向自强自立之路的垫脚石。结果，新建住房数量上升的同时，"人民住房"的质量下降：都铎·沃尔特斯建筑标准所规定的住宅总面积减少了30%，使用材料的质量也明显下降，例如用石膏板代替原来的砖砌。窗户的数量减少，花园的面积也缩小了。此外，麦克米伦治下的伦敦，高层建筑不断涌现，仿佛摩登时代的新式大教堂飞向了城市天空。但正是在这些高楼里，关于城市的设计理念与有关建筑的最新理念不期而遇。也是在这里，活跃于不列颠欢庆节上的超现代主义者们的梦想，与20世纪50年代英国的政治现实擦出了火花。

欢庆节之后的一年，建筑师丹尼斯·拉斯敦（Denys Lasdun）撰写了一篇有关伦敦住房的论文，发表于《建筑师年鉴》（*Architects' Year Book*）。纵然之前的工党政府在住房问题上做出了最大努力，此刻却还是出现了危机。是的，任何仓促推出的项目必将危及质量。然而对住房的需求量实在是太大，也太急迫了。因此，尽管之前的工党政府曾经呼吁要建造别墅型住宅和村舍，以改善工人的家庭生活。如今，新的政策制定者不得不将视线转向天空，让所谓的塔楼来解决人口爆炸所带来的问题，也让塔楼解决街区建设所面临的工程困境。至于拉斯敦本人，他不仅处于其职业生涯的十字路口，同时也开始对自己从前所崇尚的理念做出反思。建筑与城市之间到底有着怎样的关系？在追求新的建筑哲学过程中，现代建筑师应该如何对待往昔的历史？建筑的社会功能是什么？

丹尼斯·拉斯敦于1914年出生于伦敦。他的父亲是犹太裔俄罗斯人，母亲是澳大利亚人。丹尼斯先是在拉格比公学①就读，接着进入皇家音乐学院深造，然而不久却转学到位于布鲁姆斯伯里贝德福德广场的 AA 建筑学院。用他自己的话说，转学是因为他也不清楚还有什么其他事可做。那个时候，这位年轻人所受到的建筑学教育还只是些皮毛。他的母亲是一位敏锐的音乐家，向他灌输了一些有关现代主义运动的关键理念，他自己也开始对立体主义产生兴趣，着迷于流动与空间之间的关系，还着迷于他父亲从纽约寄给他的明信片。然而他对于建筑学的知识还欠缺。对此，他回忆道："我每天只是上学和祷告，星期天在巴特菲尔德（Butterfield）教堂里祷告两次……仅存的其他记忆是，8岁时对沃特豪斯自然历史博物馆（Waterhouse's Natural History Museum）所画的素描，再就是被带到温布利帝国展览馆参观。那里的混凝土展览馆被罗素·希区

---

① 拉格比公学是一所男女生混合的寄宿学校，位于英格兰沃里克郡的拉格比镇，是英国最古老的公学之一，并以其作为橄榄球发祥地而闻名于世。"橄榄球"一词的英文（Rugby）正是源于拉格比。——译注

柯克（Russell Hitchcock）[①] 评价为'给了学界重重一击'。"[24] 到了 AA 建筑学院，拉斯敦仿佛被扔进了一座融合各种新理念的大熔炉，这些新理念也在之后的几十年里改变了建筑。

课堂上，他的老师 E. A. A. 卢维思（E. A. A. Rowse）教导说，建筑"说到底是一门社会艺术"[25]。在得到一本勒·柯布西耶的《走向新建筑》之后，拉斯敦对上述教导更是坚信不疑。这本名作是拉斯敦收到的一份生日礼物，他带着极大的热情阅读了全书。由瑞士裔法籍现代派领袖所撰写的现代主义建筑宣言，不仅驳斥了以前所有关于建筑的观点，更树立了机器时代的新理念——注重效率和功能、开发新材料、摒弃装饰，还要对构造做出全面的回应。勒·柯布西耶撰写这些论文时，他也在从事着有关城市规划的工作，并于 1935 年在另一本著作《光辉城市》（*La Ville radieuse*）里，发出对变革的第二次呼吁，要通过建筑让社会合理化并得以重组。

除了在图书馆的阅读，拉斯敦很幸运地吸收了众多欧洲知名理论家的思想。那些从德国来到伦敦的大师，有的是为了逃避纳粹，有的是为了逃避斯大林的政治迫害。其中有包豪斯运动领袖沃尔特·格罗皮乌斯（Walter Gropius），还有好几位知名的现代主义建筑师，诸如埃里希·门德尔松（Erich Mendelson）和谢尔格·谢

[①] 罗素·希区柯克为美国建筑理论家。1932 年，他与菲利普·约翰逊（Philip Johnson）一起，在纽约现代艺术博物馆（Museum of Modern Art）举办了展览"现代建筑：国际展览"（Modern Architecture: International Exhibition）。约翰逊亦是美国著名的建筑理论家和建筑师。同年，两人又合作出版了专著《国际式：1922 年以来的建筑》（*The International Style: Architecture Since 1922*）。展览和专著中，汇聚了一批建于 20 世纪 20 年代的现代主义建筑作品。两位建筑理论家还将"国际式"归纳出三大原则：1. 建筑作为体量（volume）而不是实体（mass）的表现；2. 构图追求均衡而非单纯的对称；3. 避免运用装饰。如此，二人将欧洲新兴的现代主义建筑统一贴上了"国际式"标签，并加以历史理论的阐释，有力推动了这个形式的建筑在全球的迅速传播。

苗耶夫（Serge Chermayeff）等人。门德尔松与格罗皮乌斯以及密斯·范·德·罗（Ludwig Miles van de Rose）都有过合作。谢苗耶夫则于1935年与门德尔松合作，设计了伯克希尔滨海城著名的德拉瓦尔现代美术馆[①]。此外，匈牙利建筑师埃尔诺·戈德芬格（Erno Goldfinger）以及俄罗斯建筑师贝特霍尔德·卢布金（Berthold Lubetkin）等人都是在那个时期先后来到伦敦的。1932年，卢布金还与AA的6名毕业生一起，组建了颇具影响的特克顿（Tecton）小组。这几位前卫人物不仅向英国引进了欧洲大陆的最新理念，还成为组建现代建筑研究小组（MARS）的中坚力量。现代建筑研究小组1933年于伦敦成立，可谓勒·柯布西耶国际现代建筑学会（CIAM）在英国的分支。其宗旨是为了将现代建筑和社会规划理论简化为一组公理。

　　求学期间，拉斯敦还前往法国，亲身体验勒·柯布西耶的作品，其中位于巴黎的瑞士留学生宿舍瑞士馆是他考察的重点。他深深折服于大师清晰的视野和表现的力量，并记下了自己的感慨："这座建筑预示着城市的未来，如何处理大众住房。其中的做法与19世纪的贫民窟清理方式截然相反。"[26]显然，彼时的拉斯敦很是热衷于现代主义。然而他在AA学习期间的第3年，却选择了对肯辛顿花园里的橘园宫进行测绘，并以此作为自己的毕业课题。橘园宫并不是现代建筑，而是由建筑师尼古拉斯·霍克斯莫尔于1704年设计的。如此选择颇为出人意料。然而，对英国巴洛克式建筑的精深研究却让拉斯敦醉心不已。从此，"他

---

① 伯克希尔滨海城（Bexhill-on-Sea）位于英格兰东南部。德拉瓦尔现代美术馆（De La Warr Pavilion）是该城的标志性建筑，也是英国第一栋钢筋混凝土框架结构建筑。——译注

开始了终其一生的深层次研究，专门而持之以恒地研究建筑大师尼古拉斯·霍克斯莫尔，并由此探索建筑的本源和空间的本质"[27]。20世纪90年代，在一场关于霍克斯莫尔的讲座中，拉斯敦指出，是霍克斯莫尔而不是勒·柯布西耶，将"革新之愿与对往昔深刻依恋的悖论"的种子，深深地植入自己的脑海。20世纪50年代，这颗种子开始开花结果。[28]

从AA建筑学院毕业后，拉斯敦接手了一些小型项目。其中他在伦敦帕丁顿街区设计的一栋城市住宅，可谓当之无愧的勒·柯布西耶风格。这个住宅后来成为漫画家罗纳德·塞尔（Ronald Searle）的家。之后，拉斯敦加入威尔斯·寇茨（Wells Coates）的建筑事务所。寇茨是现代建筑研究小组在加拿大分支的创始人之一，也是勒·柯布西耶的忠实信徒。他坚信建筑是居住的机器，并将这一理念充分体现于对伊索康公寓楼（Isokon Building）的设计。伊索康公寓楼位于伦敦汉普斯特德，由寇茨于1934年设计。在此，他提出共享居住的新模式，例如共用厨房、洗衣房和擦鞋服务设施等。拉斯敦在寇茨手下工作了一段时间后，跳槽到由卢布金领导的Tecton小组工作。自1928年以来，卢布金就在伦敦设计了一系列震撼人心的现代主义建筑。在他看来，建筑是"三维的哲学"。镶嵌于石头的理性，通过对材料的深刻理解和坚定的信念来体现。建筑师要做的不是提供人们想要的，而是提供他们所需要的，无须追索历史、情感或研究地方传统。

那时卢布金还接到委托，在位于摄政公园里的动物园，也就是纳什所设计的风景如画的景观区一带，设计一栋围合构筑物，即企鹅池。其设计理念是"不用拳头，而以微笑"驯服自然。[29]该理念也完美体现于企鹅池的标志性几何造型——缓慢落入水中的两条螺旋式滑板[①]。而卢布金对现代主义理念最深切的体验，当推位于伦敦海盖特的高地1号（Hightpoint I）公寓楼设计。在此，他将勒·柯布西耶关于密集公共生活的理念发挥得淋漓尽致。除了几何形状、功能主义，他还将建筑物的所有细部，包括从浴室水龙头到伸缩型窗户，全都融于雕塑般的景观之中。跟伊索康公寓楼一样，高地1号公寓楼亦是为"左翼知识分子"建造的社会性住房。这些人有实力选择自己的创意性生活方式。

1938年，也就是拉斯敦加入Tecton小组的那一年，卢布金还参与了由伦敦市政府主持的第一个现代主义建筑项目——芬斯伯里医疗保健中心（Finsbury Health Centre）。说来，早在英国全民医疗保健服务体系（NHS）创立之前，芬斯伯里医疗保健中心就做出决定，要对当地街区的医疗保健服务进行合理化改革。为此，这栋建筑试图以混凝土、玻璃和砖块表现现代主义的社会议程。其公共区域的开放性空间，营造出一种温馨的友好氛围，既开放通达又拥有包容性，打破了从前横亘在医护人员与病人、国家与民众之间的屏障。

现代主义建筑有其明确的社会议程，那就是改善大众生活。与此同时，MARS的成员们还将伦敦作为一个整体看待。起初，他们试图为贝思纳尔格林开发一套"住房总体规划"，却因为成员之间各自理念上的差异而争论不休。最后他们得出结论，倘若不能就如何复兴一个具体的邻里做出抉择，也许能够将自己的理论推广到整个大都会。1937年，基于科学层面上的"人类互动模式研究"，以及对1935—1950年伦敦人口将增长一倍的预测，这些人制定了一

[①] 这段著名的环状螺旋斜坡（intertwining spirals）由一对回力棒（boomerang）形混凝土悬臂板构成，所表现出的强烈动感震撼人心。——译注

套新型的规划——"沟通理论"[30]及其在未来伦敦的应用。

对现代主义者来说，田园城市是荒谬的，新城镇令人憎恶，绿色圈想法是一个绞索。他们认为，应该允许城市增长。条件是，城市的增长应该在功能主义和沟通理念的严格控制之下，这才是和谐社会的理性根源。于是他们提出，建造13条带状街区，各自向城市之外辐射开来。整座城市的运转通过以速度为基准的新型运输系统来掌控。为此，城市的总体规划应该基于不同等级的交通特征，例如基于行人每小时10千米的步行道、基于机动车每小时100千米以下的街区道路、基于机动车每小时100千米以上的长途高速公路，最后是航空旅行。这种新型街区的生存、运转和消亡，都与居民之间的沟通有关。城市内的居民也因为"沟通"被划分为不同的社会阶层，例如作为生产者的工薪阶层，作为经销商的中产阶层，作为消费者的上等阶层。不同阶层的居民所居住的住宅，亦对应于不同的类型，例如公寓套房、联排屋、别墅。不同类型的房屋，则以"沟通单元"的方式混合布局。每一组"沟通单元"拥有3万人的居住人口，其建筑构成是8栋高层塔楼以及380栋传统型别墅和联排屋。8栋塔楼里总共有480套公寓，有关的设计以Tecton小组设计的高地1号公寓楼作为模板。每一组"沟通单元"里，高楼与别墅以及联排屋井然有序，其间穿插着学校和服务性设施建筑。

1938年，MARS将这个计划拿到AA建筑学院举办的建筑展览会上展示，却几乎没有什么人赞同，即便在MARS内部也遭到反对。其中由阿波可隆比的弟子、规划师亚瑟·林（Arthur Ling）领头的一个阵营认为，伦敦只能在网格系统的基础上，通过"邻里单元"实现规划。每一单元不超过6000名居民。所有阶层的居民都应该在同一街区里，共享设计有序、景色优美的生活空间。一切的供给补养都是基于邻里单元，跟交通没什么关系。

二战的爆发让这一设想不了了之。MARS 的许多要员被征召入伍，那些来到英国的欧洲大陆人士则被视为外国人而靠边站。拉斯敦加入了皇家炮兵团，但很快被借调到皇家工兵部（Royal Engineers）。这些经历让他拥有一张非同凡响的照片。它拍摄于诺曼底登陆次日的诺曼底海滩。主角拉斯敦站在一块黑板前给一群士兵上课。他当时的主要工作是修理受损的机场跑道。此外他还设计了一个位于荷兰的战斗机停靠站。后来，拉斯敦常常回忆起指挥推土机的乐趣，将地面推成一座座平台，仿佛在雕琢景观。

战后，拉斯敦回到伦敦，再次在卢布金的手下工作。此时的卢大师已经将注意力转向建造彼得利（Peterlee），彼得利也是阿波可隆比所挚爱的新城之一。拉斯敦的工作则是设计霍尔菲尔德（Hallfield）公寓群。这是一个社会性住房项目，位于伦敦西部的近郊帕丁顿街区。但自打一开始，拉斯敦就对旧的教义以及战前的现代主义理论感到厌倦，他后来回忆道：

> 现代主义建筑需要重新定位，我绝不否定自己早已继承了现代主义运动先驱的传统……然而面对眼前的一切，我从根本上厌倦了勒·柯布西耶的乌托邦主义……如今我明白，那种抽象的城市主义没有前途，因为它导致建筑师在无知的情况下从事设计，让他们对地方精神和历史毫不知情。[31]

显然，拉斯敦试图通过回归历史与自己以前的设计理念分道扬镳。同时，他还认识到，设计一栋建筑时，应该考虑到它与城市的关系。就是说，建筑设计要创造出城市的景观哲学，而不是仅仅为了改造城市。但作为社会性住宅的霍尔菲尔德公寓群，其建造宗旨基于勒·柯布西耶光辉城市的理念。这是一片在二战中被炸毁的地区，总共拥有17英亩土地。拟建的公寓群由15栋面积和高度不等的大楼组成。其外围则是大量建于19世纪、带粉刷外墙的房屋。拉斯敦希望，拟建的公寓楼应该与周边邻里的19世纪房屋形成对比和呼应，从而尊重这座城市的历史进程。正如他后来写道："我不能把自己关于建筑的想法与城市本身的特质分开。一座城市的特质早就存在，它在不断地改变和发展。我真的认为应该把建筑视作城市的缩影。"[32]

拉斯敦有关城市景观的新兴哲学，在于对街区房屋立面的特别关注。而勒·柯布西耶认为，整体比个体更为重要。因此，在勒·柯布西耶的忠实信徒卢布金的设计中，所有的公寓单元被组合成统一的模式。随着工作的推进，卢布金与他的助手拉斯敦之间发生了争论。结果是，卢布金将大量的时间用于英格兰北部的彼得利新城，其助手拉斯敦则专注于霍尔菲尔德的工作。拉斯敦后来透露，正是在这个当口，他决定，"对卢布金曾经教给他的一些功课，反其道而行之"[33]。

1948年，Tecton小组解散，人员星散。拉斯敦则继续在霍尔菲尔德的工作。虽然这组公寓群里的大部分高楼建造近乎竣工，但拉斯敦依然能够添加一些新的建筑特征，例如弯曲的几何状阳台。这片住宅区建造之初，主导者所期望的四大目标是：开发一个都市空间而非郊区；在种有植物的花园内安排高密度住房，给人一种城市景观感；在远离公路的地段，建造塔楼公寓，从方位上增强住户的街区意识；最后，提供建筑和装潢的视觉多样性和品种多样性。而此时的拉斯敦则希望，创造一个"人性化几何空间"[34]。

接着，拉斯敦为这个街区设计了一所小学。这一次，他从勾勒草图开始就展现了自己的想法。他坚信，建筑不仅应该与其周围的环境和谐一致，还需要考量其主要使用者的需求。拉斯敦希望，学校的空间能够给人一种庇护感，犹如第二个家。于是这座学校的大部分房屋被设计为互为相连的蜿蜒状，其中心部位是幼儿班。他还将这条曲线形建筑设计成更富于"生物"体态的造型。譬如将整座学校化成一幅植物剪纸图案。教室仿佛植物的叶子，大礼堂宛如花朵，餐厅如同植物盆栽的花盆，行政办公室则沿着植物的枝干延伸。不同的材料、不同的建筑高度、不同的光线和阴影，将学校的花园和建筑打造成一个既安全又充满幻想的迷人世界，"每一个角落都蕴含着丰富和有趣的联想"[35]。这座学校立即被认为是一座非常成功的建筑。

1952年，拉斯敦与林齐·德雷克（Lindsey Drake）[①] 合作，成立了自己的建筑事务所，并且将目光转向位于贝思纳尔格林的一项新建住房工程。着手这项工作之前，他在《建筑师年鉴》上发表了一篇关于伦敦住房再思考的文章，仿佛在给自己的设计新理念发表宣言。文章警告说，住房大臣麦克米伦当前的住房政策，是为了要做些什么来显示政绩，就好比板球比赛中的记分牌。然而，这个政策只是为了"房屋建造的统计数字，缺乏想象，毫无生气"。于是他呼吁，必须反其道而行之，建筑师要重新评估社会性住房的建造目的。首先，"我们面对的是人，包括老年人、青年人、单身的或已婚的人"。其次，只想着提高有关建造的数量是不可饶恕的。"对有关密度的控制，应该从无法实现的总体方案转向更加人性化的实际个案上。"[36]最后，应该认识到建造高层公寓楼仅仅是开发新街区的一部分。人们更为需要的，不仅是为他们提供服务性设施，更是创造一个新社会。"建筑和布局应该表达出生活的模式。这种模式

---

① 林齐·德雷克也是从 Tecton 小组分裂出来的建筑师。——译注

不仅涉及居住的物理环境，还需要关注更为广泛的生活理念。"[37]

拉斯敦对现代主义建筑僵化教条的担忧并不孤立。彼时的英国，已经有相当一批新生代建筑师试图以一套灵活的原则取代僵化的审美教条。1953年，这些建筑师被称作"新野兽派"①。某种程度上说，如此命名似乎是个玩笑。作为对一场运动的定义，"新野兽派"这个名词，出自建筑评论家雷讷·班汉（Reyner Banham）的文字。有关的实例，最早见之于艾莉森和彼得·史密森夫妇（Alison and Peter Smithson）的作品。那是他们于1951年提交的伦敦黄金巷（Golden Lane estate）住宅区竞赛方案。史密森夫妇认为，社会学家没有什么可以教导建筑师的。因为街区早已是建筑师从事实践的核心。在黄金巷住宅区设计竞赛方案中，史密森夫妇提出在空中建造"街道"。就是说，在公寓楼的每套公寓之外创造一个公共空间。这种空中的街道类似于传统工人阶级居住区里的小巷。史密森夫妇希望，借着这些空中街道，在高层公寓楼中重构昔日伦敦东区的邻里氛围。他们没有赢得比赛。然而，其方案中的理念却很快经其他建筑师之手变成了现实。建筑师杰克·林恩（Jack Lynn）和艾瓦·史密斯（Ivor Smith）在谢菲尔德公园山设计建造的公寓楼，便是通过"空中的街道"表现"我们的民族既拥有独立的性格，同时又与街区紧密相连"[38]。

大名鼎鼎的"新野兽派"却从未被载入宣言或会议文件。对于自己被别人叫作"新野兽派"，拉斯敦并不认同，但他却接受新野兽派的许多关键理念。他后来写道："尽管存在很多问题，但我认为新野兽派理念比当前90%的建筑理论更为切实可行。但是……新野兽派的三大信念，例如形式主义、暴露结构、符合原始材料的风

---

① 又译为新粗野主义。——译注

格，仅仅触及有关建筑原理的边缘，至于核心的理念，例如如何创造出独特的建筑等议题，'新野兽派'依然在原地打转。"[39]"形式主义"试图摆脱对建筑作先入为主的设计处理，所有关于建筑的考量都应该基于特定的场所和时间。"暴露结构"关注对装潢的处理，在没有任何装饰的情形下，将建筑结构的核心暴露在外，从而让建筑材料直接展现出其自身的特质和效果。然而对某些人来说，对粗糙混凝土的崇拜超越了其他所有的外饰。这些人还期望，以此展示建筑及其组成部分的功能。最后，"符合原始材料的风格"以一种正统的方式探讨建筑物如何与其周边的环境互动，让自己并非孤立，而是与周边的物质环境和历史景观融为一体。当拉斯敦试图为贝思纳尔格林创建一个社会性住房新模式时，他尝试采用了上述的理念。

　　自1945年以来，贝思纳尔格林几乎变成了一个实验场。在此，各路人马对"社会性住房理念"大加探讨。[40]在拉斯敦看来，再也不能在往日破旧的村舍旁边建造一栋形式主义公寓楼、一个对称式混凝土的庞然大物。他更不愿将自己新近在霍尔菲尔德完成的设计移植到这个完全不同的环境。相反，他期望找到一种新的风格，能够充分理解当地特定的地理环境、历史和社会问题。为此他开始研究德裔摄影家比尔·布兰特（Bill Brandt）的作品。布兰特于20世纪30年代拍摄过许多伦敦东区的生活场景。尽管物质匮乏，但那些贫苦生活场景的照片里依然散发出强烈温馨的街区氛围。在其同时期的专著《观察英格兰》一书中，布兰特将一些他在斯提普尼和贝思纳尔格林穷人街区所拍摄的生活照，与一些特权阶层的生活照并列放置，对比参照。这些照片包括：衣衫褴褛的男孩旁边站着身着伊顿公学学生制服、燕尾服和戴着闪亮帽子的年轻学生，酒吧最后的订单，在莱昂斯茶室打工的羞怯的女服务生，一位姑娘正在清洗自家门前的阶梯,肯辛顿街区一场儿童生日聚会上到处是气球和帽子,等等。

伦敦东区紧密的社区关系,也是杨和威尔莫特在《伦敦东区的家庭与亲属关系》一书中所探讨的主题。这本书写作之际,拉斯敦恰好着手自己的方案构想。对那些没有搬迁到"格林利"的贝思纳尔格林居民来说,保持家族中代代相传的亲密关系至关重要,例如相互帮助照看房屋和孩子,家族成员中的叔叔、阿姨和表兄们就近居住。女儿们成婚后虽然搬到靠近丈夫家族的地段,却依然与自己的父母居住在同一个街区。这就让许多人宁愿居住在恶劣的环境里,也不愿搬到新城镇,"因为他们依恋自己的父母,依恋老街区的市场、酒吧和老屯子,依恋伦敦城里的医院,甚至依恋那条臭气烘烘的露天市场宠物街(Club Row)①"[41]。

然而,自20世纪40年代开始,接踵而至的公寓楼以及外迁到郊区的行动,威胁着传统的生活方式。是的,被安置到一座公寓会带来许多优越,却并不让人觉得离开自己原有的住处是件大好事。杨和威尔莫特得出结论:"贝思纳尔格林街区里亲密的邻里关系,跟建筑物无关……像这样的街区,其邻里友善的精神,不是别人强加的,而是一直就在那里。"[42]拉斯敦理解这些老居民的情怀。当他开始自己的设计时,尽管他深知以前的大多数尝试都以失败告终,却依然希望能找到一种建筑形式,增强和维护上述的邻里精神。1957年,他在写给《泰晤士报》编辑的一封信中感慨道:"建筑师只有一个功能,那就是为体面的生活创造环境。"[43]但是,怎样的方式才是体面的生活?怎样的建筑材料可以提供好生活?

拉斯敦在思考这些问题的同时,也在阅读美国麻省理工学院城

---

① 在动物保护机构及动物保护人士的不断示威下,这条宠物街于1983年关闭。——译注

市规划教授凯文·林奇（Kevin Lynch）的论文。1954年，林奇在《科学美国人》杂志上就城市形式发表了一篇文章。文章中，林奇将城市的公民空间分解为"颗粒"或者"集群"。如此说来，战前伦敦东区的一条街道，便是一座集群式街区中的"颗粒"。拉斯敦相信，新建住房需要承认这些从前就存在的"颗粒"，并找出某种方法来增强"颗粒"内部的凝聚力。改善而不是破坏和变革。现代主义建筑有责任提供集群式住房（cluster housing）①，而非"居住的机器"。

当时拉斯敦正在设计位于乌克街（Usk Street）②的一栋8层高的公寓楼，于是他尝试着将自己的新思考融入其中。乌克街位于贝思纳尔格林火车站东侧，沿着罗马路（Roman Road）一直往东，经过几个路口，再往南拐便是。拉斯敦的设计是，将两栋翼楼沿着中央电梯间大楼的两边向外铺开。如此一来，生活起居空间与服务空间各自独立。1954年，拉斯敦又在不远处一块地上展开了更加雄心勃勃的设计。这便是位于克莱尔戴尔街（Claredale Street）的基林公寓楼。此地离哥伦比亚路东端的艾恩广场只有几百码距离。如前所述，艾恩广场在伦敦大轰炸中严重受损。起初，拉斯敦所关注的是如何重塑一条传统的伦敦东区街道，从而形成一个集群。后来，他将这条街转了个身，让它的一端通向了城市的天空。

此外，拉斯敦还发展出将4栋大楼合成一体的设计构想。各套公寓也不是集中安排在一层，而是分为两层的复式公寓。其布局仿佛传统小村舍的"两上两下"模式。卧室和浴室安排在复式公寓的二楼，一楼则布置有起居室等房间。每栋大楼总共有14套复式公寓。居民们通过为4栋大楼所包围的中央服务楼里的电梯进入楼

---

① 亦有中文译作"组合住宅"。——译注
② 作者原文写作"Usk Road"，当为笔误，译文已经更正。"Usk Road"是伦敦的另外一条街，位于泰晤士河南岸的巴特西街区。——译注

群，然后通过走廊来到自家复式公寓的前门。开敞的廊道让人仿佛置身于"空中的街道"。这条空中街道还提供了衣物晾晒和社交活动的空间。每栋大楼的地面则设有商店和供暖设备用房。即便那些住在较低层复式公寓的业主也不会觉得过于阴暗，能够享受到新鲜的空气和阳光。

关于这组楼群另一个极富吸引力的特征是，拉斯敦还考虑到阳光在空中的运行。也就是说，对阳光投射到每栋公寓楼带来的阴影及其对公寓房间的影响予以评估。于是，每栋大楼就仿佛一个巨大的日晷。拉斯敦坚信，每一套复式别墅都应该为其内的居民提供隐私感，不能让各套公寓互相看到对方的室内。因此，4栋塔楼以意想不到的角度组合到一起。从空中俯视，整组楼群好比一只混凝土蝴蝶。此外，他还通过计算，让每套复式公寓在一天内能够获得充足的自然光。

随着基林公寓楼拔地而起，拉斯敦开始通过一系列文章和访谈将自己的设计新哲学转成文字。其中包括接受约翰·H.V.戴维斯（John H.V. Davies）的采访。当时戴维斯是《建筑设计》杂志"思考进行中"的专栏编辑。在文章中，拉斯敦不仅表达了自己对建筑理论的思考，还对有关的技术性考量加以特别的关注。前者包括对"新野兽派""展现真实结构"理念的评论，后者包括诸如玻璃幕墙的效能。尤其值得一提的是，拉斯敦在文章中强调，要关注新技术与历史和场所之间的关系。先进的技术能够改善人们的生活。但是，怎样才能调和新技术与历史和场所情怀之间的冲突呢？

> 建筑师总是会受到方方面面的影响，例如科学、技术、社会、经济、文化、建筑。当他面对具体情况的具体问题，并对所有这些问题做出回应时，也就诞生了建筑。一个建筑师必须学习和观察可

能会影响他从事设计的所有因素。他必须时刻质疑，在任何情况下，都不要采用仅仅因为在其他场所有效的解决方案。[44]

1959 年，居民们陆续入住基林公寓楼。而此刻，拉斯敦已经投身于完全不同的新项目了。那是一组独具特色的高档公寓，位于朝向圣詹姆斯公园的皮卡迪利街区。到了 20 世纪 60 年代，拉斯敦已经被公认为英国杰出的现代主义建筑大师。1960 年，在摄政公园纳什设计的联排别墅附近，他设计了皇家医学院大楼。之后他又接受了一些委托，设计了一些大学建筑，包括诺里奇东安吉利亚大学的整个校区、剑桥大学的一栋科技楼和一座博物馆、伦敦大学的教育学院和其他建筑等。

至此，拉斯敦对自己在基林公寓楼设计中所发展出的理念进行了全面的总结和提炼。最终，他将这些理念戏剧性地运用到英国国家剧院的设计中。国家剧院靠近皇家节日大厅，也就是 1951 年不列颠欢庆节的主会址。直至今日，这座建筑依然引发热议。20 世纪 80 年代，查尔斯王子说，这栋建筑证明现代主义城市规划者成功地将核反应堆走私到城市的中心，居然没有引起人们的警觉。2009 年，《每日邮报》记者昆汀·莱茨（Quentin Letts）将拉斯敦列为"败坏了英国的 50 人"之一。查尔斯王子于 1989 年所引发的争论中，英国建筑界被分裂为传统主义者与现代主义者两大阵营。对于这样的分类，拉斯敦持不同意见，并略带愤怒。他认为，自己不是与过去断裂，而是伦敦建筑历史长期传承中的一部分。这个传承链上，尤其重要的是克里斯托弗·雷恩和尼古拉斯·霍克斯莫尔。当设计基林公寓楼时，拉斯敦带着极大的热情，考察研究了附近的斯比托菲尔茨基督教堂。这座教堂当年由霍克斯莫尔设计，旨在向新兴的街区提供一处神圣的礼拜场所。正如霍克斯莫尔将自己的建筑看作对建筑历史的沉思，拉斯敦认为自己的设计是实体城市与城市居民之间长期互动的继续，也是伦敦历史传承的一部分。在为1991年的一场演讲所准备的笔记中，拉斯敦将自己的混凝土创造视作与英国巴洛克风格建筑大师的对话："虽然霍克斯莫尔打破了所有严格的古典规则，但他从未忽视过古典规则背后的基本原理——建筑实体、空间、线条、外表面、比例、连续性等。这是所有优秀建筑的秘密。"[45]

1990年的一次访谈中，拉斯敦透露，他一直困惑于自己的一本小笔记本封底的一段引言，这段引言摘自埃德蒙·伯克的文章："那些伟大的公共项目的执行人，必须经得起最糟糕的延误、最令人沮丧的失望、最令人震惊的侮辱。而比这一切更糟糕的是，无知者对他们的设计充满偏见的预设判断。"[46]的确，拉斯敦对后来发生的事情倍感失望。基林公寓楼即将竣工之际，高层住宅的繁荣达到了顶峰。1953年，77%的社会性建筑是家庭住房，其中的20%是低层公寓，只有3%是高层公寓楼。不久，情况却发生了急剧而根本性的变化。1955年，政府宣布，因为对住房不可估量的需求，住宅建设市场需要向私人承包商开放。而政府对这些承包商所提供的补贴，不是根据其所建住房的数量或面积，而是根据建筑物的楼层数。这就鼓励了高层建筑的发展。因为建造6层的楼房所得的补贴是建造平房的2.3倍。建造20层以上的楼房，补贴则升高到3.4倍。

政府补偿与私人利润的结合，对建造高层建筑的数量有直接的刺激。1953年，得到地方当局批准的高层建筑投标数是6730个，到1964年，这个数字飙升到35454个。这个趋势还体现于高层建筑的规模上。1955年，10—14层的高层建筑仅占全部建筑的0.7%。到1963年，则增加到8.4%。伦敦是繁荣建造的中心。1965年，伦敦郡市政理事会更名为大伦敦市镇理事会。此后的10年里，大伦敦建造了384幢10层或10层以上的建筑,提供了总共68500套新公寓。到了1971年,伦敦建造的高层建筑,占全英国高层建筑的67%。

大规模工业化建造也给高层建筑的设计和布局带来深远影响。各大建筑公司如G. Wimpey、J. Laing、Taylor Woodrow和Wates取代了之前由建筑师主导的设计和建造。为了尽可能降低劳动成本,这些建筑公司在建造高楼时通常采用标准化设计和工业化生产的材料如预制板等。1965年,政府取消了补贴政策,代之以"住房成本衡量标准",让建造质量达到史上的最低点[①]。

此时,越来越多的人开始提出不同的见解。他们反对为了建造新街区而大规模拆迁旧邻里。1965年,米尔纳·荷朗德的报告(*Milner Holland Report*)宣称,依然有20万伦敦人没有适当的住房。然而两年后另一项调查所显示的数据却是,被拆毁的老房子中67%结构良好,完全可以翻新改造。那些被迫从旧居迁往新住宅的居民,证实了这一调查。在这些人看来,事情并非像预先假定的那样,新住宅的生活环境并非都得到了改善。

1993年,费边社研究员保罗·汤普森(Paul Thompson)采访了基林公寓楼之后报告说,虽然100%的租户拥有足够的隐私,但只有26%的人认为建筑布局鼓励了邻里关系。另外有47%的人担心,建筑设计限制了人们的交往。汤普森进而总结道:

> 对一个参观者来说,看着公共晾衣区里那些长条状木质边框,混杂着大量裸露的管道,被高空中的大风给吹得晃里晃荡,或者,站在电梯井的出口,看着那些胡乱刻画在粗糙混凝土基座

---

① 这个大背景下,1974年竣工的格伦费尔塔(Grenfell Tower)于2017年6月发生严重火灾也就不难理解了。——译注

上的粗鄙的铅笔画，还有走廊天花板上方乱七八糟的图案，总是会感到不舒服……不太能领会到建筑师的真正意图（和成就）。真的是在一栋大楼里，赋予了伦敦东区房屋后院的审美观，或者融入了那不勒斯住宅的情怀？

最终的结果被视作乏善可陈："一座纪念碑的胜利，却是社会的失败。"[47]

现实中，类似的故事早已传遍了整座城市，并于1968年发出最强音。那便是罗南角公寓楼（Ronan Point Tower）坍塌事件。这栋由泰勒·伍德罗·盎格鲁（Taylor Woodrow Anglian）公司建造的公寓楼，两个月前刚刚竣工。那是1968年5月16日清晨，56岁的糕点装饰女工艾维·霍奇（Ivy Hodge）走进自家位于18层的厨房，点燃自家的煤气灶，不料发生了爆炸事故。几块支撑着楼上4套公寓的墙板被炸毁，于是就仿佛推倒了致命的多米诺骨牌，楼板开始坍塌，并导致公寓楼的西南角整个垮塌。4位居民当场身亡，17人受伤。一名女子被困在一段窄窄的窗台边缘惊恐不已，因为她面前的房子全都倒塌了。对很多人来说，这起爆炸事故为他们反高楼立场提供了强有力的佐证①。各地的市政理事会纷纷做出决定，

---

① 这起事故在英国引起巨大反响，不仅导致人们对高楼的负面印象，亦让现代主义建筑乃至整个建筑行业的名声严重受损。为此，英国建筑界常常将这一事故与美国圣路易斯普鲁伊特-伊戈公寓楼群（St Louis' Pruitt-Igoe Housing Project）的爆破拆除相提并论。后者发生于20世纪70年代初，被美国著名建筑评论家查尔斯·詹克思（Charles Jencks）称为"现代主义建筑之死"。罗南角公寓楼事故，亦引起国际结构工程界的高度重视，并确立了结构设计中的一个重要原则，即结构内发生一处破坏时，不能导致整体结构的连锁性崩塌。至于罗南角公寓楼本身，经过修复，又继续使用了若干年，最终于1984年被彻底拆除。英国其他数以百计的类似高楼亦被认为不安全而遭到拆除。但事情总是循环往复，如今有人对罗南角公寓楼和其他高层公寓楼的拆除提出不同意见。同理，亦有人对美国圣路易斯普鲁伊特-伊戈公寓楼群的爆破拆除提出异议。——译注

终止有关高层建筑的建造计划。

　　然而，依然有成千上万的伦敦人居住在远离地面的高空。这些高楼也迅速暴露出其廉价施工的后果。伦敦东区的衰落显然已达极限。一些制造企业不断地以"伦敦因素"为借口，将工厂迁离城市。土地变得极其昂贵，而如果建造单层建筑，势必需要占用更多的土地。1966—1974年，由于公司倒闭或政府对开发的限制，大约39万个工作岗位被精简。此外，长期被当作伦敦居民生活中心和历代劳工就业地的码头区，也开始走向其2000年来漫长历史的尽头。到了1973年，在册登记的码头工人数已经由2.3万人减至1.2万人。世界货物运输中，集装箱使用量的日益增加，意味着港口需要宽阔的道路和用于运送货物的铁路线。然而，那些在码头和仓库区附近拥挤了千百年的稠密街区，限制了任何改良。为此，20世纪60年代中期，泰晤士河口以东埃塞克斯郡的蒂尔伯里码头不得不转型，以适应新的运输需求，让那些远洋轮船可以在36小时之内调头离港。

　　尽管工作机会匮乏、住房不足，但伦敦东区的移民人数却继续攀升。沿着17世纪胡格诺教徒的脚印，19世纪的俄罗斯犹太难民以及逃离饥荒的爱尔兰人接踵而至。自20世纪70年代开始，为逃离故乡的贫穷和迫害，一群孟加拉国移民来到了斯比托菲尔茨和贝思纳尔格林。正如17世纪80年代所发生的那样，对陌生来客的反应既极端又暴力。年轻的白人将新移民视为对本地资源的极大威胁。新近抵达的许多外来人口被安置在不受欢迎的、为市政理事会所拥有的房产和高楼里，又进一步将外来人与城市的主流群体隔开，让前者更加孤立。

　　与从前一样，住房问题继续左右着伦敦的政界。2010年2月，大伦敦市长鲍里斯·约翰逊提出了"伦敦住房决策"。他承诺，到2012

年为止，将建造5万套廉价住房，以解决伦敦人糟糕的居住条件，到2016年，将严重拥挤的比例减半。面对源于房地产市场的全球性经济衰退，这是个不小的雄心。由于居民人均寿命的增加而并非移民人数的上升，预估未来的20年里，大都会的人口会增长到890万人。小家庭导致的家庭成员减少，以及晚婚和离婚，也使得拟定于2031年之前所建造的85万套新房中，会有75万套仅仅为单身人士所居住。

随着21世纪头10年飞涨的房价，对经济适用房的需求比任何时期都更为迫切。在城市建造房屋的平均成本也远超过大多数工薪阶层的收入。约翰逊市长承诺，每年将建造13200套住房（比之前工党市长承诺的住房建造数目减少了50%）。他还将这项任务纳入其他的建造工程，以创造混合街区。照这位市长的意愿，"可及性、适应性和灵活性……满足伦敦多元化人口的需求，以及应对气候变化的挑战"[48]，是建设幸福街区的关键要素。对于现存的老房产，将投资进行改造而非拆除，对减少碳排放至关重要。此外，还应该种植花草树木，以营造绿色空间，"让居民摆脱高密度城市生活带来的紧张感和压力"[49]。对那些与外界脱节并且也不安全的糟糕住宅区，则必须采取措施，要让它们与社会重新接轨。

然而，为了在经济衰退的余波中平衡国家的预算，用于社会性住房的经费将与其他活动经费一样被削减。伦敦21世纪的房屋建造将以前所未有的规模向市场和私人投资机构开放。2010年10月，随着财经大臣的预算报告，《独立报》（*Independent*）报道，社会性住房的实际建造数量已经是每星期减少一栋。与此同时，政府还在计划着削减住房福利。这一切促使伦敦的一些区镇市政理事会在首都的外围大批量订购提供早餐和床铺的卧房。但约翰逊市长在BBC的播音室里，继续讲述着自己雄心勃勃的计划。他保证，任何经费削减都不会让伦敦的穷人走向"科索沃式"大流亡。

第十二章
圣玛利亚·埃克斯街 30 号：规划未来的城市

伦敦，海纳百川。

——肯·列文斯通（Ken Livingstone），2016 年 7 月

大势所趋，连我们自己也卷进了伦敦的历史。当英国的房地产处于繁荣巅峰之际[①]，我和家人一起搬进了新居。新居的不远处便是大都会铁路线。这条铁路线建于 19 世纪 70 年代，其目的是为了将伦敦的西北郊一直拓展到温布利乃至更远的地区。接下来的几十年里，火车站以北，昔日田园风光的牧场草地上建满了千篇一律的联排屋，形成了一个从文员到银行经理各色人等混居的小村庄。我们所住的这条街属于这座小村庄的早期开发区。其外围，一边是克里克伍德的工人阶级住宅区，一边是汉普斯特德以及浮洛格纳尔（Frognal）的豪宅区。其中心地带，从前是一座被

[①] 作者没有注明房地产繁荣巅峰期的具体时间，接着便谈到 19 世纪 70 年代的铁路线，易让读者混淆事情发生的具体时间。根据本书的初版时间为 2012 年、作者为 20 世纪 70 年代生人以及英国房地产发展的大致情况，我们推测，作者所言的房地产巅峰期，应当发生于 21 世纪头 10 年的中期，即 2005—2008 年期间。——译注

叫作西顶府（West End House）的大庄园。自17世纪以来，西顶府为不同的商人所拥有，并于18世纪90年代落入玛利亚·贝克福德（Maria Beckford）之手。玛利亚·贝克福德与丑闻缠身的威廉有亲属关系[①]。

19世纪60年代，贝克福德家族将西顶府及其庄园的土地出售，以供开发。最初的街区建设缓慢，仅在如今已改为派出所的菲尔德巷男子工业学校附近建造了一些住房。但到了20世纪的前几十年，从城市南郊拓展而来的开发势头，很快就吞没了由若干住房组成的小村庄。先前的一座老果园变成了两排相互平行的大型住宅。这些住宅由不同的建筑公司建造。其中某些靠道路北端的住宅后园里，至今依然零星保留着一些古老的苹果树和梨树，算是这个地区旧时乡土气息的最后残存。西顶府被拆，取而代之的是一栋豪宅。豪宅的四周环绕着封闭式花园。第二次世界大战期间，此地的邻里街区在大轰炸中受损。一些战后重建的现代化住房，在原先整齐划一的街区显得十分醒目。

但这些房屋诉说着伦敦在20世纪最后几十年里的风云变幻，将一个家庭的室内生活场景，与发生于大都市的千变万化紧密相连。我们这条街上的很多房子，由伦敦地产公司建于19世纪60年代。正是那个时候，巴泽尔杰特爵士开始建造维多利亚堤道，让第一拨拥有伦敦郊区房产的业主可以从西汉普斯特德车站坐上地铁，在贝克街站中转后进入伦敦城。这些房子建造得坚固、实用、朴素，放到伦敦的任何地段，既不让人觉得落伍，也不显得招摇。穿

[①] 此处的原文写得含糊。据查证，玛利亚·贝克福德的第二任丈夫，是曾经担任过伦敦市长的老威廉·贝克福德。至于她是否为作家小威廉·贝克福德的母亲，说法不一。有说小威廉是老威廉的非婚子女。老、小威廉都算是丑闻缠身之人。本书第六章和第八章对他们的所为有所提及。——译注

过一扇沿街的小栅门之后，便是前花园。石头铺的小路，直接将你领到带有三层台阶的大门前。靠向街道和大门一侧的前厅拥有一个外凸式大窗户。除了极少的装饰，整栋房屋的前立面主要为伦敦本地红砖。

就我们居住的这栋4层楼住宅而言，当初的开发商在建造时所考虑的，该是面向一个儿女众多外加至少一名仆人的大家庭。后来的某个时候，它却被分割成带有好几套单元的公寓。房价的上涨、对住房密度要求的改变，以及家庭平均人口的下降等因素，都促使这栋房屋的业主将自己的房产分隔成多套间公寓，以获得更多利润。在某些房间里，这种空间变化可以从天花板上那些被隔墙打断的模板看出端倪。再就是客厅地上普金装饰风格的马赛克图案，到了前厅的门口突然中断，这类装饰性马赛克曾经是大批量生产的，如今却已经少见了。为了增大客厅的起居空间，这条街上的很多住宅里，其底层沿街的前厅与后客厅之间的隔墙都被拆掉了，从而将前后的两间房打通成一间大厅。这种做法反映了现代生活中的室内空间更加随意。此外，许多人还在房屋的后部加建了大厨房，以便在同一间屋子里下厨吃喝，亦可谓当代的时髦生活方式。于是，这些不同房屋的沿街前立面依然统一匀称，而各自的背面却是各式各样的温室暖房以及不同的侧入口。

这些改造和加建说明，人们希望在一间带有历史外壳的房屋内，创造出某种建筑师丹尼斯·拉斯敦所期望的现代性空间：明亮、开敞、整洁，一个躲在维多利亚时代外观背后的20世纪家园。正如休姆府房主休姆伯爵夫人对自己房屋的装潢，反映了其所处的时代和自己的品位，上述现代居住方式反映了我们所处时代的风貌和我们自己的品位。这是我们称之为家的地方，它对我们如何感受居家之外的城市有着深刻的影响。

早在城市起源之际,伦敦的DNA由五大基石界定:将人们带到一个渡口的桥梁、鉴别市民资格的城墙、规范并管理贸易与法律的市政广场、赋予城市空间神圣性的圣殿、将有关城市的虚幻神话带进现实生活的伦敦之石。尽管伦敦早已从散置的谷仓和作坊,进化为当今的大都市,但上述遗传基因依然在大都市的各个地段以不同的面目再现。

有关城市的理念也一直处于进化中。中世纪的首都曾经是两座城市——西敏城与伦敦城。它们维系在精神领域与世俗领域的摩尼式二元性(Manichean dualities)两端,体现了皇权与民众之间的较量。后来,这两座城市合二为一,仿佛人的躯体,有了自己的生命。为了保证各个部位之间的流通,这个躯体于17世纪被重新配置了一套循环系统,正如罗伯特·胡克和克里斯托弗·雷恩所言,实现了人体脉络中血液循环的奇迹。然而,到了巴泽尔杰特时代,这个暗喻中的循环系统不再奏效,躯体已经疾病缠身,血管已经破裂。于是伦敦变成了一座工程师的城市。在技术的驱动下,一些各不相同却又互为关联的齿轮得以转动。而今,这座城市又变了,变成了一台电脑。

技术永远决定着我们与城市之间的互动方式。当代的首都已经智能化,可谓一台由石头作为硬件、由信息作为软件的大型电脑。从前,货币和货物都通过街道运输;如今,它们沿着电线网络,随着电子脉冲移动。由此,我们的身体变成了信息包。上万台安装于全国各地的闭路电视摄像机,监视收集了我们的行踪。我们所做的每一笔交易,都留下了数据。智能手机上的GPRS通过卫星识别我们所处的位置。我们所到之处,无不留痕。这显然给人身自由带来了挑战。然而,同样的技术却也给我们带来自由。

如今,因为有了SatNov软件,人们再也不会在大都市的街道上迷路。移动计算让我们可以迅速调配资源处理紧急事件，例如2010年4月3日圣保罗大教堂门外的枕头大战，利物浦大街地铁站为推广手机网络而组织的街头乱舞；或者为一些大型活动提供安保，例如2009年G20游行之类的活动。Grindr社交软件则告诉我们，在哪里能够找到亲密的联络人。脸书（Facebook）让我们发现自己的朋友圈，并与他人分享自己的喜乐哀愁。如今，我们可以在独处的同时又是虚拟大众中的一员。所有这一切彻底颠覆了有关街区和公民身份的定义。

一些新近发明的实拟虚境软件（Augument Reality）[①]，例如Layar，也改变了我们与城市之间的关系。如今，我们可以搜索到有关本地的各种知识和信息，从最好的比萨饼、最近的地铁站到平均房价。而这还仅仅是开始。社交网站已经在使用定位器，让我们以新的方式行走于街道。这项技术也开始改变我们对城市历史的认知。2010年5月，伦敦博物馆推出了《博物馆街道》应用程序，只要将一种特制的手机随意指向某一特定的历史遗迹，博物馆所收集的有关该遗迹的不同历史时期的原貌图片就会显现出来，供我们观看。

不久，技术将打破图书馆、档案馆和档案存放室与城市之间的隔墙，让人们以一种全新的方式阅读城市，倾听城市，并以全新的方式为城市绘制地图。将来的某一天，如果你在伦敦走丢，最大的乐趣便是自由自在。公民身份很快就不再由出生地或祖籍来决定，

[①] "实拟虚境"，亦可直译为"增强现实"。这种软件技术通过摄影机影像的位置及角度精算，再加上图像分析技术，让荧幕上的虚拟世界与现实世界的场景结合互动。我们将其翻译为"实拟虚境"，是为了对应另一项先进技术"虚拟实境"（Virtual Reality）。后者利用电脑，模拟生成一个三维空间的虚拟世界，向使用者提供关于视觉等感官的模拟，让使用者仿佛身临其境。——译注

而取决于接近宽带的能力。

然而，新的技术在大都市有形的固体（如石头、街道、空间）与无形的信息之间划下了一道鸿沟。信息总是要超越地理界限，而首都只能被限定于物理形态之内。2009年11月发布的英国版《线路》(*Wired*)程序中，有专门的章节告诉读者，如何"对城市进行解锁"，以此探索新技术改造未来的潜力。实时信息网络可以帮助人们建立一套高效的基础交通设施，让地下铁路和地上街道的路灯控制系统自如快速地应对交通。在韩国仁川，思科（Cisco）公司已经与当地的城市规划者合作，开发一套"高科技环保智能城市网络，称霸全球"[1]。不久，伦敦将会引进这项高端技术。显然，技术将使城市变得人性化，让城市能够适应不断的变化，并灵活应对市民的个人需求，满足市民的意愿。

有关伦敦未来高科技的建设和规划却也必须基于城市的现状。从城市起源的基石开始，既要解决涉及过去与未来的紧迫问题，也要为未来的软件提供硬件。它必须是连接街区的桥梁，而不是在街区之间设置隔阂；它应该重新界定市民的身份、规范并促进贸易以及友好的贸易往来；它应该为社会谋取福利、增加良知；最后，用托马斯·卡莱尔的话说就是，它必须与历史整合，而不是毁灭历史。唯有如此，伦敦的故事方能继续。技术将用来存储我们的记忆，并以一种全新的方式再现记忆。保存昔日历史的行动总是伴随着遗忘。因为"保护"其实是一个更新的过程。对应该保留什么做出规划的同时，总是伴随着要放弃什么的决定。而建筑物一旦被拆除，就不可能复原。

智能伦敦已经在规划和建设中。这种规划和建造，可以通过伦敦最新的地标建筑圣玛利亚·埃克斯街30号大厦向世人展示。这栋别名"小黄瓜"（Gherkin）的建筑，由诺曼·福斯特建筑事务所于

21世纪的头几年设计建造。与当今世界上大多数建筑师相比，说诺曼·福斯特是当代伦敦的克里斯托弗·雷恩或当代的丹尼斯·拉斯敦，最为名副其实。他设计的建筑遍及伦敦的大街小巷，其中有民用住宅、博物馆、桥梁、政府大楼、办公大楼，还有位于城市外围的机场，后者可谓第一座伦敦木桥在国家层面上的超级后裔。

圣玛利亚·埃克斯街30号的故事始于暴力和废墟。1992年4月，爱尔兰恐怖分子轰炸了伦敦的主教门。从此开启了一场大辩论，如何重建爆炸中受损的建筑？与此同时，有关圣玛利亚·埃克斯街30号的建造，也在向人们诉说着街区转型的故事。例如金融市场的大爆炸，例如伦敦晋升为世界银行业之都的戏剧化进程。福斯特的独特设计及其所倚重的现代化的建造方法和材料，更让"小黄瓜"成为未来世界级大都市的象征。其在今日的地位，就如同雷恩所设计的圣保罗大教堂在当年的声望。

那么怎样才算是世界级大都市或者说世界城？21世纪的头一年，恐怖主义让我们质疑世界城的目的和未来。2001年9月纽约遇袭之后，立即就有人发出疑问，技术让我们能够以全新的方式进行交流而无须彼此靠近，商业也不再需要在传统市场上进行交易。可这些全新的功能有什么用？2005年7月，恐怖分子再次袭击伦敦。他们分别在伦敦地铁和塔维斯托克广场上的一辆公共汽车里引爆了自杀式炸弹，造成52人死亡、700人受伤。除了人身代价，这一事件对伦敦造成了巨大的冲击。整座城市的公共交通全部瘫痪，人们被迫步行，令生活于纽约的亚当·戈波尼克（Adam Gopnik）惊叹伦敦的韧性：

> 数十万人在明晃晃的阳光下徒步而行——他们走过西敏桥，走过西敏寺，走过鸟笼小街。没有人奔跑，没有人哭泣，也没有

人议论刚刚发生的事。商人们肩并肩地从城市中心走向南岸，行走当中，他们依然还在做生意，无奈地摇晃着手机，试图用手机通话。[2]

金融城还算平静。英镑兑美元下跌0.89美分。富时100指数的下跌，迫使联交所采取了一些措施，阻止因为恐慌引发的抛售。所有这一切导致了国际市场的微弱波动。法国、德国、荷兰和西班牙的股市都有所下跌，但美国的股市反而出现了小幅上涨。

恐怖爆炸之后，大伦敦市长肯·列文斯通发表了谴责恐怖分子的演讲："在接下来的日子里，来看看我们的机场、港口、火车站。在你们这些外强中干的懦夫攻击之后，你会看到，人们依然从英国乃至世界的四面八方来到伦敦，让自己成为伦敦人，实现自己的梦想，发挥自己的潜力。"[3]无数的文章和演讲亦在向世人昭示，伦敦人是团结的，正如列文斯通后来在杂志《超时》(*Time Out*)中所写的："伦敦，海纳百川。"[4]

2001年的英国人口普查证实了上述的多样性。21世纪初，伦敦拥有超过700万人的青壮年人口，比之前的10年上升了5%。在种族构成方面，72.9%的人出生于英国，5.3%的人出生于欧盟，21.8%的人出生于欧盟之外的其他地区。而20年前的1981年人口普查中，80%的人出生于英国，3%出生于欧共体，只有9%出生于世界其他地区。现实生活中，这种以数字显示的文本统计，早已在此前的几十年里为许多人所亲身体验。伦敦早就被打造成一座国际港口、一处避难的港湾、一个地球人之家。政府的多元文化政策强调对差异的宽容而非强迫性整合。如此，让城市拥有了全球意识，突破了传统的公民身份定义。如今，走在伦敦的大街上，你会发现，很多人拥有多重国籍。

相对应的是，今日伦敦也是一座拥有各种各样不同中心的城市，不仅空间多样化，社会形态也是丰富多彩。正如我们在温布利城的重建中所见到的，在建设现代住宅的同时，打造了一座新型的文化和娱乐中心。为此，伦敦不再围绕着单一的城市中心一圈一圈环形发展，而转型为一系列微型城市的组合。因为工作以及零售业不断变化的特征，打造这些微型城市的功能便显得至关重要。例如金丝雀码头区的兴起和成功，就得益于银行业和贸易业对新技术的需求。同理，2008年10月开业的西田购物中心（Westfield Shopping Centre）[①] 开辟了一个新的枢纽。这座位于谢芬德斯布什的购物中心，包括几座新建的火车站以及可停靠4500辆汽车的停车场，大大改善了附近的邻里街区。一些早期的调查表明，尽管新建的购物中心导致了当地犯罪率的飙升，但伦敦郊区的购物中心却有效地抵抗了经济的衰退。同时，它们也对位于其他地段的购物区产生了重大影响。后者包括牛津街和肯辛顿大街的购物中心等。理查德·罗杰斯于2000年设计建造的千禧年穹顶，因其庞大的体量，在初始阶段难以出租，颇为棘手。然而不到10年，这里已经发展成集音乐、体育、购物与娱乐为一身的娱乐场馆，即O2体育馆（The O2 Arena），堪称欧洲最大的流行音乐表演场地。

所有新发展中最重要的趋势是，让城市向东部开发，由此改变了伦敦自17世纪以来向西发展的传统模式。2005年，伦敦7·7爆炸的前一天，国际奥委会在新加坡宣布，伦敦将成为2012年奥运会举办城市。这一宣告立即就带动了伦敦奥林匹克新区的大开发，既吸引了全球建筑界大腕，亦促使伦敦人共同努力，改善伦敦东区

[①] 西田购物中心所在地，正是本书第十章中提到的1908年法英展览会会址白城。1908年的法英展览以及夏季奥运会之后，此地发展迅猛，并多次举办展览会。2008年11月开幕之际，西田购物中心是当时英国的第二大购物中心。

斯特拉特福（Stratford）奥运村的交通和服务设施。而关于2012年伦敦奥运村设想的大部分讨论，最后都集中于其未来的后续功能。也就是说，三个星期的奥运会之后，这座奥运村还有什么作用？因此，斯特拉特福奥运村被纳入一项更为宏伟的远期项目——泰晤士门户工程，旨在让伦敦的城市空间得以可持续发展。这一雄心勃勃的计划规模巨大，其所涉范围也远远超越了伦敦当时的地界，让大都市沿着泰晤士河河岸一路延伸40公里到英吉利海峡。其中有埃塞克斯郡的滨海小城南顶（Southend）镇，有肯特郡的滨海小城谢斯耐斯（Sheerness）镇。接下来的20年里，伦敦拟建住宅中的一多半将位于伦敦东部的自治市镇。随着建设的步伐，这些地段也将逐渐被升级为新型的企业区。

　　如此多维度的剧变之下，伦敦转型为一座没有城墙的大都市、一座没有城市中心的首都。那么伦敦是否依然能够发出其万众一心的城市之声？我们是否需要寻找新的城市基石，例如新的桥梁、圣殿、广场、城墙和起源之石，以此更新我们的故事？显然，有关城市的古老定义正在受到挑战！毋庸置疑的是，在其增长过程中，不管受到怎样的创伤，只要城市不死，它就必须继续增长。而界定伦敦的，也不再是地理边界。这里不再仅仅是一个供众人共享的空间，或者一个抵达的时刻。因此，如今的城市基石之一——桥梁，可以处于城市之外，比如希思罗（Heathrow）机场、盖特威克（Gatwick）机场、卢顿（Luton）机场、斯坦斯特德（Stansted）机场以及城市（City）机场。如今，正是这些机场让伦敦通向四面八方。同理，物理意义上的"城墙"，也可能已经不同于从前。但即便如此，当今对市民身份的辨识甚至更为重要。"圣殿"则不再仅仅是一处宗教场所，而变成一个象征，体现出其所在街区的组织原则。至于那块象征伦敦起源的石头——伦敦之石，则依然矗立于坎农街，没有挪位。

　　让伦敦获得世界级大都市地位的，则是伦敦作为"市政广场"的职能。这是一处贸易和律法之地。2008年，伦敦城已经超过华尔街，成为世界上最大的银行之都，并且成功应对了太平洋沿岸地区不断发展壮大的经济挑战。不过，这种"霸主"地位的回归却毫无征兆。说来伦敦的故事与全球市场的兴衰息息相关。而在此之前，几乎无人对伦敦金融城再抱什么希望。因为它已经衰落并沦为孤岛。但到了20世纪80年代，二战之后所建立的全球金融准则《布莱顿森林协定》（Breton Woods Agreement）[1]，显然不再奏效。该协定当初生成的背景是：经过6年的战争之后，世界各国开始努力恢复重建。此时有人指出，造成战后焦虑的部分原因在于战乱时期的灵活汇率机制。于是44个国家通过谈判，形成了一项协定，采用以美元为基制的固定汇率。这种金融制度不仅确定了44个协定参与国之间的贸易规则，同时也对这些国家各自的经济发展带来了深远的影响。在英国的体现便是，在保证威廉·贝弗里奇1942年报告所提倡的全面就业前提下，将国家经济的重点放在维持贸易顺差的平衡，以确保不会有太多的现金离开本土，去购买外国货物。这种调控由政府通过对利息的操纵（即控制借贷）得以实现。

　　及至20世纪70年代中期，上述政策却显出弊端。世界各国政府所保持的低利息导致了通货膨胀。大量的热钱用于购买不足的货源，使进口的商品变得昂贵。火上浇油的是，美国发动的对越战争导致了美元的疲软。这种情况下，英国政府为了维持高就业率，对没落的重工业过度投资，无形中削弱了对新兴产业的扶持。最终，布莱顿森林体系于1979年分崩离析。

---

[1] 该协定签订于美国新罕布什尔州的布莱顿森林公园，由此得名。——译注

对伦敦金融城来说，上述"革命"宣告了菲利普·奥格（Philip Augar）所言的"绅士资本主义"的消亡。从前的旧体制下，伦敦的银行业是一种会馆式事务，是一个受保护的行业，其中坚力量是历史悠久的小企业。旧时代的交易商全都明白名著《伦敦伦巴底街》（Lombard Street）一书中所说的事。这本关于维多利亚盛期金融世界的经典之作出版于1873年。其作者沃尔特·白芝浩（Walter Bagehot）在书中指出："伦巴底街是英格兰两大对立面之间的永久代理人。一边是快速增长的街区，这里的人将所有能够到手的钱都用于投资；一边是僵化和衰退的街区，那里的人就是有钱也舍不得花出去。"[5]

于是伦敦的市场陡然间向全世界开放。受芝加哥经济学家米尔顿·弗里德曼（Milton Friedman）的影响，英美的经济政策又进一步促进了市场的开放。弗里德曼反对国家对市场的任何干预。在他看来，市场自身而非官僚当局最明白市场。因此，实力雄厚的英国银行家不再局限于只能投资本国的公司，而转以与世界各地的任何一家公司进行交易。外国公司也可以在伦敦以新的方式开展业务。最早的标志，便是于1982年在皇家交易所附近设立的伦敦国际金融期货交易所。这座交易所批准的第一批373个交易席位中，有将近100个席位来自海外基金。正如迈克尔·刘易斯（Michael Lewis）在《老千骗局》（Liar's Poker）一书中所言，伦敦有着迷人的吸引力："在这一轮热潮中，伦敦成为主宰世界的关键环节。其所在的时区、历史、语言、相对稳定的政治环境、庞大的美元资本以及哈罗茨商场（Harrods，可不要低估购物中心的重要性哦），让伦敦成为所有美国投资银行家宏伟计划的核心。"[6]《老千骗局》堪称对20世纪80年代银行业的经典描述。

市场的自由化，需要一个摆脱旧法律和老传统的新系统。事情在1986年10月27日如期发生，并且获得"大爆炸"的名声。"大爆炸"这个名词，本来是用来比喻宇宙在瞬间的创世。从前，股票经纪人与代理商之间有着明确的分工。前者代表客户在联交所进行股票交易，后者主要从事对客户的管理并为投资者提供咨询。新的规则打破了这个分工。第一，代理商也可以自行交易；第二，为银行或某项基金工作的代理商，也可以代表自己或者客户进行投资，将到手的货币随时投放到市场。此外，新规则还打破了从前客户与经纪人之间的固定佣金率。如今，任何一家投资公司都可以自行决定收费标准，如此便带来了竞争。

最后，上述的自由化宣告了"当众叫卖式"交易寿终正寝。从前的股票经纪人站在交易大厅亲自交易。而当市场走向全球化之时，面对面的交易失去了意义，从事商务的业务平台也就转型为更为广义的"交易厅"。这种新型的"交易厅"，可以是电话，也可以是闪闪发光的电脑屏幕。后者随时更新着世界各地的股市信息。这种转型直接导致了伦敦皇家交易所于1991年关门大吉。金融交易迅速转移到欧式咖啡屋或小酒馆，而不再依赖于某个单一的金融中心。

大爆炸改变了金融城的交易传统，也打破了老交易商之间的人脉关系网。几十年来，这张关系网仿佛私营俱乐部一般为老交易商所呵护。全球化市场的开放，意味着一家公司不能再依靠老客户的关系，而需要有雄厚的资金用于投资获利，否则就失去了客户。对客户的评价也不再以忠诚度或老关系为准则。不久，客户与经纪人之间的关系，仅仅维持于进行交易的时间段，并且取决于"钱包的大小"。几乎所有曾经仅仅专注于储蓄管理业务的大银行，全都转型为投资银行。美国的一些大型银行带着用之不竭的资金纷纷来到伦敦，使出各种手腕兼并、清算其对手。到2006年为止，伦敦有

251家外资银行，有超过550家在联交所上市的外资公司。据2008年所做的估计，至少有10%—15%的城市劳动力为非本地人口的外国工人。主要投资银行中，非英国籍雇员超过了三分之一。

迈克尔·刘易斯最早在所罗门兄弟（Salomon Brothers）投行的债券处工作。这是伦敦最成功和最具扩张野心的投资银行之一。刘易斯的起薪为4.8万美元，外带工作6个月后的6000美元奖金。这是伦敦大学经济系教他的教授工资的2倍。刘易斯曾经在该系攻读硕士。他发现，如今的世界摇摆于新、旧之间。"美国人以史无前例的气势来到了伦敦，不过在这些大场面的背后，倒也未见得有什么大变样。"[7]然而不久，美国人对利润的无情追求就成为一种新常态。一位财大气粗的贸易商大言不惭地炫耀道："如果你想要忠诚，就雇一匹西班牙大猎犬吧。"[8]问题是，连金融界的弄潮儿如所罗门兄弟投行，都不能保证恒定的业务及其在市场的稳固地位。到了1981年，所罗门兄弟投行已经被纳入辉宝集团（Phibro Corporation）的囊中。之后，又于1998年被旅行者集团（Travelers Group）收购。当年的晚些时候，又与花旗集团（Citigroup）合并。

金融界的大爆炸给全球市场带来长期的波动。其后果是，伦敦金融城的发展总是处于高潮与低潮的周期中。紧随着放松管制之后的1987年就发生了市场大崩盘。1992年，一些外汇市场投资人觉得自己可以从英镑贬值中获利，于是他们持续做空英镑。尽管当时的英国财政大臣诺曼·拉蒙特（Norman Lamont）拨款270亿英镑来支撑市场，却依然招架不住。于是，这年9月的某一天，英国保守党政府被迫从欧洲汇率机制（ERM）中撤出英镑投资。这一天后来被称为"黑色星期三"。但到了2006年，放松管制法案的20周年之际，《金融时报》在关于金融城的一份特别报告中却如此评论道："放松管制具有划时代的意义。报纸上的文章、演讲以及与内阁大臣的私下会晤中，那些超级富豪让我们明白，金融大爆炸如何带来了其后20多年的荣耀和成功。"[9] 然而，2008年正是市场的超级波动以及对波动的预设（即认定复杂的市场将以某种方式实现自我平衡），再一次将非理性的繁荣推向悬崖的边缘。

金融城的繁荣对伦敦的建造产生了巨大影响。繁荣时期所获得的新权力需要通过新的建筑形式来体现。首先，工作方式随着交易空间的增加而发生了变化。由于高昂的租金，狭窄拥挤的老金融城内很难再找到合适的房屋。1985年，地产代理商萨沃斯（Savills）调查了金融城内的251家公司。他们发现，其中三分之二的公司正在寻找至少10000平方英尺的大型开放式办公室。花旗集团是最早迁出伦敦金融城的公司。它先是委托建筑师理查德·罗杰斯对比林斯盖特附近的老鱼类市场加以改造，后来又在金丝雀码头区拔地而起新建了一座办公楼。不久，所罗门兄弟投行在维多利亚地铁站上面建造了自己的办公楼。

另一个巨大的诱惑是建造鹤立鸡群般的摩天大楼。对办公空间无限度的需求，让开发商看到了向空中发展塔楼的优势。尤其值得一提的是，这一切推动了一项大工程——将20世纪70年代衰落的金丝雀旧码头区改建为新型港口。于是，从前的码头和库房摇身一变，化作崭新而耀眼的摩天办公楼。曾经用于堆放来自世界各地货物的仓库，如今变成了从事货币交易和债券业务的办公大厦。在此，人们通过电话线和交易屏幕，将伦敦的业务连向了全球的金融市场。也就打造了一个能够与老金融城一较高下的新型的银行中心。

复兴金丝雀旧码头区的想法始于1979年。那年的某一天，时任撒切尔保守党政府环境大臣的迈克尔·赫泽尔廷（Michael Heseltine）在一架小型飞机上巡视伦敦。面对眼前"伦敦东区满目苍凉的码头……破败不堪的基础设施……现代技术造成的大范围污染"[10]，赫泽尔廷深感震惊。1981年，他牵头成立了伦敦港区发展公司，目的是为了绕过伦敦的规划控制，向任何有意在伦敦东区荒地上投资的开发商提供减税优惠。接下来的一年里，有三家美国银行表示有兴趣将自己的业务从伦敦金融城迁到此地。

那么，伦敦老金融城如何与新型的企业区展开竞争？历经1700年历史的老城贸易中心，难道就此坐以待毙吗？或者，像巴黎的老城一样，被历史的车轮碾过，慢慢成为一座博物馆，而任凭金丝雀码头区像巴黎的德方斯（La Defense）那样，成为城市的新型商业中心？伦敦城需要从其昔日的城市基石中找到建设未来的新途径。

2000年，肯·列文斯通出任大伦敦市长之后所做的第一件事，便是制定一套规划准则，让城市的景观而非建筑来界定城市。因此，这套准则不在于制定出一份需要保护的建筑及其场所的名录，而是找出一系列需要保护的景观走廊。2009年5月，鲍里斯·约翰逊就任大伦敦市长之后，将这套准则拓展为《伦敦景观的管理框架》（London View Management Framework）。拓展后的景观管理框架对需要保护的全景、景观走廊、河流景观以及城镇景观做出了更为明确的定义，并在附录里列出了地球表面曲率和光线折射等信息，以防止开发商钻空子，建造太高的建筑。这种对首都的"视觉管理"，目的是为了遏制任意建造摩天大楼的势头，保护伦敦的既有天际线。然而，现代大都市的视觉优势正是来自其垂直方向的视野。与20世纪六七十年代节俭朴素的社会性住宅楼不同，摩天大楼通过前卫性工程技术和巨大的体量，宣示其声势震撼的力量。宏伟壮丽的摩天大楼堪称新时代的大教堂。

政府于2009年发布的相关文件中，已经表现出对新旧冲突的认知，不是害怕拆迁，而是担心这座城市的往昔可能会被未来所抹杀。为此，圣保罗大教堂、格林尼治荣军院、伦敦塔和国会大厦全都被指定为伦敦最重要的建筑景观，纳入被保护的行列。在这些建筑物的景观走廊附近，应该遏制某些建造行为，让经典建筑免于遭到破坏。需要遏制的建造包括："糟糕而难以还原的大规模城镇建设"，或者"可能会扰乱观赏体验的、丑陋而刺眼的视觉元素……例如突出的体块、超高的楼层、糟糕的屋顶设计、糟糕的建筑材料和色彩"[11]。最大的景观保护区当推泰晤士河两岸各大桥梁之间的景观走廊。其所涵盖的地区，从城市东部的伦敦塔桥，到国会大厦对面巴泽尔杰特所设计的阿尔伯特堤道。

然而，大伦敦市长又诚恳地申明，自己并不反对高层建筑。前提是，在激进的新建筑与历史建筑之间取得平衡。2009年的《伦敦规划》（London Plan）更指出："精心设计的高层建筑照样可以成为地标，为更新和改善伦敦的天际线做出贡献。"[12]但这些高层建筑"需要拥有良好的灵活性和适应性，并且是设计的典范"[13]。然后，几乎在报告的同一页上，又清楚地指出，贪婪的现代性可能会破坏城市昔日的历史：

> 两千年来的建造已经积累了深厚的历史底蕴，彰显了伦敦的社会、政治和经济遗产。今日伦敦拥有博大精深的历史建筑、历史空间和古迹。我们的市长希望看到，对伦敦非凡的历史资产进行精细管理的同时，发展出优秀的现代建筑和城市设计。[14]

那么，如何在过去与未来之间找到微妙的平衡？

维多利亚时代的伦敦始于建造水晶宫的梦想，终结于地下铁道工程。与之形成对比的是，21世纪的伦敦始于地下建设，尔后，让自己浮现于钢结构和玻璃塔之上。两者均带来了城市形态的变化。也就是说，基础设施的建造带来新型的街区，并将这些新街区与老城中心相连。而大型建筑物的建造不仅迎合了新的工作和生活方式，还通过其雄伟的体量彰显出场所的力量。

1990年，地铁银禧线拓展工程获得批准，将老金融城中心连同金丝雀码头新开发区一起，与城市的东部相连。最初的构想是，将已有的大都会铁路线延伸到城市西区的查令十字火车站，并以女王1977年的"银禧年"将这条铁路线命名为"银禧线"。其实，早在20世纪80年代，就有人提出若干项铁路线拓展计划，将西区与老金融城相连，然后向东穿过泰晤士河，通向刘易斯汉姆（Lewisham）以及东南的泰晤士米德（Thamesmead）新开发区。然而直到狗岛上的金丝雀码头区得到重新开发，将旧码头的废墟成功转型为一座现代化商业中心之后，拓展地铁线的希望才重新燃起。新建的铁路线将在西敏桥附近穿过泰晤士河，并沿着泰晤士河南岸的南沃克、博蒙德赛（Bermondsey）、罗瑟海斯（Rotherhithe）、德特福德等街区，一直抵达格林尼治，然后再一次穿过泰晤士河，以斯特拉特福为终点。决策者希望，上述沿着铁路线的各大街区亦将随之复兴。施工始于1993年，预计53个月完成，然而工期一直拖延到1999年的12月22日。

金丝雀码头区早已被誉为"水上的华尔街"。其中心地带围绕着凯撒·帕里（Cesar Pelli）设计的加拿大广场1号玻璃塔楼。不远处，始建于1987年的城市机场将新型的码头"企业区"连向了世界各地。1987年，还完成了以单轨技术建造的港区轻轨，让上班族可以从塔桥站搭乘地铁来此地上班。然而随着金丝雀码头作为广受大众喜爱的商务区，这里的基础设施越来越显得薄弱，更凸显出伦敦城中心的交通问题。因此，拟建的银禧线需要每小时开通36趟班车，让人们能够在20分钟内从城市中心抵达自己的办公室。

为实现这一超级现代化项目，就不得不向下挖掘，因为需要在地下建造售票大厅、自动扶梯、通风井和逃生门等建筑物。而向下挖掘绝不能破坏城市过往的历史层面。为此，地铁施工队伍的身后，总是跟着一群来自伦敦博物馆的考古学家。

1954年，格兰姆斯教授在巴克勒斯伯里府的废墟发现了米特拉斯圣殿。同样，地铁银禧线拓展工程的地下挖掘亦出土了意想不到的宝藏。在西敏桥附近，也就是巴里设计的国会大厦旁边，发现了2座13世纪的水门和一系列中世纪房屋。在伦敦桥附近，发现了一些公元前4500年的新石器时代陶器碎片以及足够的证据，让历史学家推翻他们此前对罗马时期伦敦城形状的假定。在伦敦桥南端还发现了一大片聚落遗址以及一层被断代为公元60—70年的灰烬，进一步证明了布狄卡女王对这座多变城市的暴力摧毁。此外，还有更多的惊人挖掘成果，比如在并不怎么神圣的地段发现了大批的人骨头，显示这里应该是当地妓院的妓女埋葬地。这个发现可以通过《圣玛利亚·奥利弗年鉴》里的记载予以佐证："据说住在这些房子里的女人，不能享有基督徒式的葬礼……这些人被埋在红十字街拐角一个被称为十字骨的墓地，得不到任何祭奠。"[15]在斯特拉特福，拟建的新车站将矗立于一片巨大的中世纪本笃会修道院废墟之上。

对往昔历史的保护工作，使地铁银禧线拓展工程往后拖延了好几个月。不过，其投入运营的时间倒也是恰逢其时，刚好于千禧年的前夜，将蜂拥的人群运送到北格林尼治地铁站，让他们前往附近的千禧年穹顶。那个晚上，王室代表、新工党政府的领导人与普通的伦敦人欢聚一堂，守望新世纪的黎明。附近便是著名的格林尼治。其象征性建筑格林尼治皇家天文台标志着零度经线。这座由克里斯托弗·雷恩和罗伯特·胡克设计的建筑物，至今依然高耸于王后行宫和格林尼治荣军院背后的山坡上。

地铁银禧线拓展工程既预示着21世纪的新开篇，亦是对城市转型的认可。尤其是向城市东端拓展的商业区，让人们再一次认识到大都会地理广度的大扩展。因此，基础设施的建造也必须跟上，以适应新近开发的新街区。铁路线拓展工程可谓这一新趋势的风向标，亦反映在金丝雀码头地铁站自身的发展规划中。该地铁站的建造由诺曼·福斯特建筑事务所主持，不仅综合考量了各种功能需要，还运用了最新的耐磨材料，以应对每年大约4000万人次的流量。在很多人眼里，银禧线沿途的地铁站是公民的象征，事关重大，应当设计得与圣保罗大教堂一样优雅。只不过，如今的伦敦不再自誉为精神之都，而是供奉财神的世界级祭坛。

在金丝雀码头地铁站附近，诺曼·福斯特建筑事务所还设计了汇丰银行大厦。远远看去，这座大厦仿佛高耸于地铁站的弧形玻璃天篷之上。大厦施工始于1999年，即银禧线开通的那一年，竣工于2001年。其70米高的塔楼是当时伦敦第二高的摩天大楼，也是香港汇丰银行大厦的姊妹楼，并因此将伦敦与东方的金融明星城连到了一起，后者同样由福斯特建筑事务所设计。与银禧线地铁站汇丰银行大厦相比邻的，则是即将完工的花旗集团总部大厦。这栋综合性大厦依然由福斯特建筑事务所设计，为了满足现代银行业的新需求，其内拥有两座3000平方米的交易大厅，不难看出，两组大厦的设计都致力于给伦敦的天际线抹上重重的一笔，同时使其优雅颀长的背影誉满全球。

世纪更替之际，福斯特建筑事务所的设计工程遍布伦敦，以至于建筑评论家乔纳森·格兰斯（Jonathan Glancey）感叹道："伦敦福斯特化了。"[16]这些项目的类型各不相同，表现形式也丰富多彩。从私人住宅，到银行，到办公大楼，到政府部门大楼，到博物馆，到大学图书馆，到桥梁，乃至到对城市公共空间的改造。在大英博物馆，福斯特重新设计了博物馆大厅，用一大片震撼人心的玻璃天顶，营造出一个广阔的"花园空间"，其中心部位则是用作阅览室的圆柱形房间。于是，以最少的干预，将从前的颓败之地改造成欧洲最大的闭合式公共空间。至于圣保罗大教堂前方那座跨越泰晤士河的千禧年大桥，福斯特采用了最新的技术和创新设计，将河两岸的城市连到一起。

温布利新体育场工程也已经动工，并计划在21世纪来临之际投入使用。此地的老场馆是一座混凝土的庞然大物。为了应对1923年的帝国展览会，当时只用了300天不到的时间就完成了建造。福斯特的任务是，将混凝土庞然大物改造成以钢铁和玻璃建造的足球之家。令人感慨的是，福斯特在翻新老建筑的同时，却也保留了原先的两座大穹顶。

其他的工程，有位于霍尔本的办公大楼，有位于西敏城的女王陛下财政大楼重建，有位于南肯辛顿的帝国理工大学弗莱明（Alexander Fleming）大楼，有位于伦敦塔桥南岸附近的大伦敦政府市政厅（GLA）大楼。市政厅的设计旨在反映城市最新的政治理念：透明和可持续性生态环境。这是一栋采用自然通风、几乎没有污染的建筑。

通过上述遍布于泰晤士河沿岸的各类不同项目，福斯特也在表达着自己的城市哲学。怎样才是未来的城市？如何引导有关城市街区的理念，以适应21世纪的工程技术？他提倡采用那些10年前无法想象的新技术，他热衷于探索新材料的最大用途，以促进可持续性和多样化，创建能够适用于未来的灵活性建筑。他还关注伦敦的公共空间，以及如何通过这些空间构建城市的肌理。1999年，他在有关"世界人广场"（World Squares for All）的总体规划中，明确提出将伦敦定位为世界级大都市的理念。这项总体规划旨在重新开发伦敦西区。其所涵盖的区段，自特拉法加广场开始，沿着怀特霍尔大道一直通向了国会大厦广场。其间不仅有克里斯托弗·雷恩的经典之作，也有约翰·纳什的华彩乐章。

福斯特的目标是重新定义伦敦。让城市不再受制于排放二氧化碳的小汽车，这也是自二战以来大多数规划决策者所期望的：还行人一处原本清静的空间，让伦敦成为一座拥有人性化生活空间的城市。福斯特写道："伦敦是一个紧凑型、管理良好的人文主义城市，拥有可持续发展的潜在模式，尤其体现于它所特有的高密度性……关键是，如何让城市得以可持续发展。"[17] 公共场所的可抵达性、在人口稠密的城市环境中挖掘公众活动场所的潜力等议题，是福斯特关于大都市新理念的核心。伦敦可以由此引领世界：

> 改善城市的结构肌理，在人与交通之间实现更好的平衡，是未来的关键议题之一。伦敦人可以与来自国内外的游客一起，欣赏伟大的纪念性建筑和开敞的空间。一个世纪以前的维多利亚时代，将一座到处都是贫民窟、污染和拥堵的城市，改造成文明城市生活的样板……我们也应该做好准备迎接挑战。[18]

诺曼·福斯特并非出生于伦敦。他的故事告诉我们，外地人来到首都之后，如何改造了这座城市。福斯特出生于大曼彻斯特的斯托克波特（Stockport）。尽管在艺术和数学方面表现出色，但他却于16岁离开学校，到曼彻斯特市政理事会的财务处工作。那时，他已经对建筑学很感兴趣，并在当地的图书馆找到勒·柯布西耶的著作《走向新建筑》。此后，由于不符合政府奖学金的要求，他自己付费到曼彻斯特大学建筑学院学习。和许多前辈一样，他所接受的教育也包括旅行。然而，与"大旅行"的前辈不同，他选择前往美国而非欧洲大陆。而且他获得了奖学金，在耶鲁大学攻读硕士学位。

在美国的纽黑文（New Heaven），他是班上为数不多的英国建筑师之一。班里还有理查德·罗杰斯以及乔吉亚·切斯曼和温迪·切斯曼（Georgie and Wendy Cheesman）两姐妹。当时的系主任是美国人保罗·鲁道夫（Paul Rudolph）。鲁道夫对福斯特影响很大。他鼓励福斯特注重设计的实践体验。学习期间，福斯特还发现了美国人与欧洲人对待建筑的不同态度。这种差异可以通过一个经典故事说明。某天，在教室里属于英国小组学习和讨论的角落，美国教师放了一条横幅，上面用大写字母写着"开始绘图"（START DRAWING）。英国小组的反应颇具代表性，他们将条幅上的标语改写为"开始思考"（START THINKING）。但不管怎样，英国小组在很多方面都需要向他们的美国同学学习。某个假期，福斯特和几个英国同学挤进一辆小汽车，畅游美国的中西部，学习考察了弗兰克·劳埃德·赖特（Frank Lloyd Wright）设计的每一栋建筑。

力求实践与理论之间的平衡，也主宰了福斯特后来的职业生涯。他是一位冒险家和探险家，其第一任妻子温迪·切斯曼后来将他描述为抛球游戏玩家。他会把球扔得很高，超过其他任何人抛出的高度，然后在常人难以想象的最低点，将球抓住。对挑战极限的着迷，可以从"四人小组"的早期设计中找到。"四人小组"是福斯特与罗杰斯和切斯曼姐妹共同创立的公司[1]。这家位于伦敦的小

---

[1] 四人小组成立于1963年。准确地说，其创始人还包括罗杰斯的夫人苏·罗杰斯（Su Rogers）。执业初期，五个人当中只有温迪·切斯曼的姐姐乔吉亚·切斯曼拥有建筑师资质，能够让四人小组合法承接工程。但几个月后，乔吉亚·切斯曼离开四人小组，独自承担业务并设计了众多优秀的建筑，被评论家誉为扎哈·哈迪德之前一代最杰出的女建筑师。

公司所接的设计业务，也都是规模较小的。其中最著名的，当推罗杰斯岳父家位于康沃（Cornwall）的玻璃船房，以及位于斯温顿（Swindon）的可控制电厂的高科技厂房。两项设计都惊人地简洁。电厂用可以随意置换的预制构件，创造出一个3200平方米的开敞空间，堪称对办公室设计的开创性革新。其内取消了从前办公部、管理层与车间之间的等级层次，而代之以可随时重新装配（除了固定业务）的开放式空间。

"四人小组"解散后，福斯特和妻子在汉普斯特德的家中，成立了福斯特建筑事务所。正是在此期间，福斯特与美国思想家兼设计师巴克敏斯特·富勒（Buckminster Fuller）走到一起。富勒的巴克主义很快成为对福斯特影响最深的理念之一，并促使他思考建筑、技术与环境之间的关系。富勒认为，从勒·柯布西耶到拉斯敦的现代主义建筑理念，只停留在表层而忽略了关键议题。"他们只看到终端产品的表面改造，而那些终端产品只是属于在技术上业已落伍的次要功能。"[19] 富勒最著名的发明是一个巨大的球形穹顶，可谓富勒理念的象征。在这个穹顶设计中，富勒试图用尽可能少的材料创造出尽可能大的空间。在他看来，未来的建筑面临着资源不足的挑战。一边是急剧缩小的都市空间，一边是日益增加的人口。"以少搏多"的理念将有助于应对这一挑战。

福斯特带着极大的热情吸收了这些理念，更从中发现了一些方法。他将这些方法运用到自己在伦敦之外的3座建筑设计中，并以此探索自己所迷恋的技术极限性。1971—1975年，当他设计威利斯费伯和杜马斯（Willis Fabre & Dumas）总部大楼时，他开始尝试让办公空间更为开敞宽松，从而创造出一种街区感。威利斯费伯和杜马斯是一家总部位于伊普斯维奇（Ipswich）的老牌保险公司。1974年，福斯特开始设计圣斯伯里视觉艺术中心（Sainsbury Centre for Visual Arts）。该中心比邻诺里奇东安吉利亚大学的主校区。这个主校区由丹尼斯·拉斯敦设计。其中，拉斯敦1960年所设计的混凝土建筑，通过连续的内部连接结构，例如富于创新的转折形学生宿舍，将建筑与景观融为一体。福斯特设计了一块方形金属玻璃盒子。这个盒子与校园之间仅仅通过一条简洁的走道连接，似乎在俯瞰着周围的景观。而在室内，他通过创造大型开放式空间，将传统型博物馆和大学校舍，解码为一系列由玻璃墙和办公室隔开的离散式组合。为此，艺术收藏、研讨室以及行政办公区之间互相融通，并形成一个整体。

这些不同的想法，后来被结合运用到福斯特设计的第一座摩天大楼——香港汇丰银行大厦。作为一名英国建筑师，此前福斯特并没有令人印象深刻的摩天大楼设计经验。但他在香港的设计改变了摩天大楼的设计成规。人们一向认为，摩天大楼就是一个钢框架，围绕着一个坚实的混凝土核心，再在这个核心的周围布置服务性空间、升降机和楼梯。福斯特却另辟蹊径，并试图找出新方法，在密集的香港城市中心创造出拥有93000平方米的办公空间。遇到的问题很多，福斯特也经受了挑战极限的严格考验。更有甚者，这栋建筑不仅仅是一处纯功能性工作场所，随着其业务面向全球的扩张，香港汇丰银行正处于急剧变革的转型期，为此银行的主人还希望，在这个政治敏感时期，通过建筑物展示自己的力量。此外，福斯特还不得不面对东、西方不同的文化传统，比如为了拥有"好风水"，他非常艰难地重新安排建筑的平面。

在这个项目中，他没有采用当时摩天大楼的标准化设计，而是试图重新考量塔楼的使用目的，并将其视作一系列相互叠加的桥段，如同V形与倒V形组合。没有中心核，也没有围绕着中心核的电梯井。同样，办公室的空间被设计成开放式。让这种布局得以实现的手法是,将服务性用房安排到建筑的主楼之外。与此同时,整座大楼以其结构自我展示,就好比一座建造于平板玻璃窗之外的骨架。至于大楼建造所遵循的技术原则,那就是:"对所有的建筑特征,加以质疑和考证。蕴含于建筑中的本质或者说建筑的精神,不可能完全脱离技术。如果不考量建筑空间以及让这些空间得以建造的技艺,如何能够构思设计出一座哥特式大教堂、一座古典神庙或者一个中世纪庄园?"[20]

香港汇丰银行大厦于1986年落成之后,福斯特成为了业界的翘楚。尽管其公司的总部依然位于伦敦,但他的设计项目遍及全球,并发展成一个建筑品牌。任何经他之手设计的建筑,总是有着格外的魅力,也让他的设计视野超越了传统的地理或地区界限。由此,他的工作被拓展成一种全球性城市哲学,强调技术、新材料和可持续发展。千禧年伊始,当他构思圣玛利亚·埃克斯街30号大厦设计之时,时时萦绕于心的正是这种革新式探索。这种探索改变了伦敦金融城的古老身份特征,为这座老城的未来提供了一个新的愿景。

到了2000年,金融大爆炸的动荡、电子交易厅的兴起以及对大型办公空间的强烈需求,给伦敦金融城带来巨大的冲击,并导致了相应的变化。1985年,利德霍尔市场背后的劳埃德银行大厦揭幕。这个保险界巨头所拥有的大厦,由诺曼·福斯特以前的合伙人理查德·罗杰斯设计。跟福斯特一样,罗杰斯也是一位装点新伦敦的世界级大师。"四人小组"解散后,罗杰斯成立了自己的公司,最初的设计业务主要立足于英国国内。1971年,他与意大利建筑师伦佐·皮亚诺(Renzo Piano)合作,赢得了巴黎蓬皮杜中心的设计竞赛,从此便名声大噪。同时他还发展出自己的设计策略。这些策略也成为劳埃德大厦设计的指导原则。在此,罗杰斯把博物馆设计理念翻了个面，将所有的服务性用房放到建筑的主体结构之外，从而可以在主体结构的内部创造出灵活开放式空间。这种做法宣示了一种新型的建筑体系，让服务性用房能够根据建筑功能和密度的要求灵活布置。

> 建造堡垒和玻璃盒子式房屋的时代业已结束。两者都受到束缚而难以灵活运用，抑制了自我表达，并且因为不同的原因，造成技术上的不可靠。我们提出了一个自由而开放的框架，这种对建筑结构的动态表达适用于不断变化的需要……在此，不断变化的活动空间与灵活的优质服务性空间互为补充，相得益彰。[21]

劳埃德大厦吹响了改革金融城的号角。却并非人人都赞赏改革带来的现代性。一位保险商叹息道："可怜的劳埃德，过了300年，竟是这个样子……我们从咖啡屋起家，却在咖啡壶上砸了锅。"[22]更糟的是，皇家交易所对面又建起了颇特里街1号大厦（1 Poultry building）。这座后现代主义大理石坦克楼，由建筑师詹姆斯·斯特林（James Stirling）① 设计。福斯特和罗杰斯在耶鲁大学求学时，斯特林在那里教书。后现代主义建筑的崛起，是为了对抗之前现代主义建筑的弊端，重建街区的情感。为此，后现代主义反对没有历史文脉的方盒子和无序零乱的装饰，转而提倡机敏和花哨的建筑哲学。所幸，这种做派在伦敦金融城不过是昙花一现。因为金融城所面临的关键问题是，如何应对大银行日益变化的需求。为了扩大电子交易大厅，这些大银行急需更多的办公空间。

---

① 詹姆斯·斯特林（1926—1992）是英国20世纪最重要的建筑师之一，1981年普利兹克奖得主。英国皇家建筑师学会自1996年开始颁发的年度最优秀建筑师奖斯特林奖，即得名于他。——译注

1986年2月，所罗门兄弟投行搬迁到金融城西边的维多利亚火车站之际，伦敦法团提出了一项新计划，加建18.5万平方米的办公大厦，目的是为了让各大商务公司留在金融城内。值得一提的是，这项开发计划同样显示了向城市东部发展的趋势。1986年，工程始于宽门附近，用玻璃和钢结构取代了之前的老维多利亚火车站。此后又陆续建造了一些办公大楼，让各大公司有了更多的办公用房。这些公司包括美国华平（Warburg）投资集团、雷曼兄弟控股公司（Shearson Lechman / American Express Co.）、太平洋保险、劳埃德商业银行、瑞银集团（UBS）等。相关的拓建工程一直持续到21世纪初。此刻，**诺曼·福斯特**也开始在环绕着斯比托菲尔茨老市场的地段设计一些办公大楼，其中包括荷兰银行（ABN / AMRO）大楼。后来，这家银行在2008年经济衰退的大潮中，被苏格兰皇家银行收购。2010年，扩建工程的名单里又添加了一座伦敦最宏伟的摩天大楼：位于主教门街110号的苍鹭塔（Heron Tower）。然而，这一轮建造的新篇章却源于一场灾祸。这便是爱尔兰共和军于1992年4月10日制造的爆炸，发生于利德霍尔市场附近圣玛利亚·埃克斯街波罗的海交易所门前。事故中有3人遇害，但商务秩序很快就得到恢复。3天之内，波罗的海交易所的业务转移到劳埃德大厦，并于一个星期之内恢复交易业务。

和劳埃德银行一样，波罗的海交易所于18世纪成立于一家咖啡屋，主要从事海上贸易。其总部大楼是一栋优雅的爱德华时代建筑。红色花岗岩、彩色大理石和波特兰石头，回荡着前一个世纪的辉煌，亦彰显了帝国的财富和权力。其中的交易主厅，一直使用到20世纪80年代。大厅天花板上的美人鱼和激起浪花的海豚雕饰精致华丽。遭到炸弹袭击之后，立即就有人呼吁，要保护这栋极为优雅的建筑。

然而次年的 4 月又发生了一起爆炸。23 日那天，一辆载有整吨化肥和爆炸物的卡车，停靠在主教门街的汇丰银行大厦门外。炸弹在警方疏散该地之前引爆了。古老的圣埃泽布加（St. Ethelburga）教堂被夷为平地，周围很多高楼大厦的窗户玻璃被震碎。对爆炸造成的损失估算是 10 亿英镑。刚刚启动的波罗的海交易所恢复工作立即叫停。

炸弹袭击引起了广泛的呼吁。最先受到关注的是安全议题。由此设立了"一圈钢环"，以监控进出金融城的所有交通工具。其次便是关于复原和重建，特别是关于波罗的海交易所的复建。致力于历史建筑保护的英格兰遗产委员会下决心要保存这栋建筑，或至少保存其朝向圣玛利亚·埃克斯街的古典立面。1993 年，波罗的海交易所的负责人甚至鼓动他们的商业合伙人掏出各自的钱袋子，以支付维修交易所的费用。然而两年后，大家认识到，唯一可行的方案是建造一座新大楼，同时将原建筑中某些古老的细节保留于新建大楼内。可是不久，连这样的设想也变得没有指望。虽然有人提出一些创新设计，却没有买家愿意接手。第二年，拥有该地块的地主特拉法加集团（Trafalgar House），将地皮转让给克瓦纳国际公司（International Kvaerner），于是需要一个更富于雄心的计划。

诺曼·福斯特最初提交的设计方案是一座千禧塔楼，一栋主宰伦敦地平线的摩天大楼。那是 1997 年，恰逢新一届工党政府以压倒性多数的实力上台。新政府上台伊始，一个史上首创的动作便是插手金融界，将金融管理权交给英国央行，并鼓励新成立的金融服务管理局只对市场进行轻度调控。与此同时，财政大臣戈登·布朗（Gordon Brown）发誓，要打破金融城盛极必衰的金融周期律。既然金融城知道如何维持收支平衡，最好就任其自行管理。

与之前的保守党政府不同，前者倾向于对文化遗产实行保护，新上台的工党政府对"新事物"更感兴趣。福斯特千禧塔楼的设计思想肯定是新的，说起来可算是一座垂直的城市，高 120 米，总面积超过 15.8 万平方米。其内可以布置办公室、零售店、公寓、"空中花园"等。整座大楼还拥有一套独立、创新并且环保的通风系统。此外，还为公众提供了一座观景平台，在高处眺望城市无与伦比的景色。其总体规模令人印象深刻，甚至超过了附近当时金融城最高的建筑国民西敏银行大厦（Nat West Tower）[①]。问题是，很多人却又觉得它过于宏大。

但不管怎样，千禧塔方案引发了热烈讨论，如何在保护历史建筑与建造现代地标性建筑之间保持平衡？1997 年，长期被视为反变革的英格兰遗产委员会竟出人意料地宣布："在新建筑拥有精美质量的前提下，原则上愿意考虑放弃对波罗的海交易所现存遗迹的保留。"[23] 然而，尽管福斯特声称从技术上完全可以建造千禧塔，但有关的建造却涉及许多其他的议题。综合说来，福斯特的千禧塔方案并不可行。福斯特及其团队只得返回位于伦敦巴特西的办公室，重新考虑。

如此庞大的项目需要集思广益。于是，设计任务交给了由罗宾·帕丁顿（Robin Partington）领导的团队。这个团队在诺曼·福斯特及其同事肯·肖特沃斯（Ken Shutttleworth）[②] 勾勒的草图基础上深化设计。两位建筑大师均提出了大量的设计理念。（但据后来的消息说，在福斯特建筑事务所诸多改写伦敦天际线的项目中，肖

[①] 此即著名的伦敦 42 号大厦。——译注
[②] 肯·肖特沃斯亦是香港汇丰银行大厦设计和建造工程的中坚力量，并于 1979—1986 年负责福斯特建筑事务所在香港办事处的业务。2004 年，肖特沃斯离开福斯特建筑事务所，成立美克建筑（Make Architects）事务所。后者的总部同样位于伦敦，并在香港和悉尼设有办事处。——译注

特沃斯可谓核心人物。这些项目包括市政厅以及伦敦塔附近的一些工程。)

因为千禧塔的方案被批评者指责为过高,在修改方案时,罗宾·帕丁顿领导的团队首先要做的便是缩小塔楼的体积。那些为达到较小规模的构思,很快就获得各式各样的外号,例如"荣耀蜂巢""一片面包""宇宙圆顶"等。然而直到1997年底,尚未形成最终提案。此时,波罗的海交易所的地皮再易其主。新主人是一家总部位于瑞士的保险公司,即"瑞士再保险"(Swiss Re)。这位新地主立即为此地的重建带来了新动力。瑞士再保险是世界保险业的翘楚,伦敦是其人寿和健康保险业务部的中心。他们正计划在伦敦金融城设立总部,便需要至少3.7万平方米的办公空间,也因此有了上述的地皮交易。地皮成交时,瑞士再保险的认知是,有关的建造许可将很快获得审批。为了早日完成建造大业,瑞士再保险在其公司的内部也成立了一个团队,以专门负责大楼的建造事务。这个团队立即同意继续与诺曼·福斯特建筑事务所合作。

福斯特和肖特沃斯都明白,新方案既要比之前方案中的塔楼低一些,又要能够提供较多的办公空间。1998年2月,他们设计了一个自地面以椭圆形上升的方案。中间突出,然后又逐渐缩小直至峰顶。对摩天大楼设计来说,这是一个激进的新形式。罗宾·帕丁顿后来的阐述表明,其创作过程是一项艰苦的工作而非电脑魔法。"这栋建筑并不像许多人所以为的那样,用计算机程序设计。你可以说这是一栋模拟建筑,但是,设计过程中没有所谓的'意外大发现'时刻。最终的形式并不是因为什么突发的灵感带来的结果。更应该说,这是一场艰苦卓绝的努力。"[24]接下来的两年里,罗宾·帕丁顿领导的设计团队,制订了7个基于椭圆形概念的新方案。随着椭圆形向锥形的演变,整栋建筑更加富有流线型，也更高（从154米增至180米）。最后，"蜂巢"变成了"性感小黄瓜"。

与此同时，开始了让新设计得到认可和审批的努力。正如瑞士再保险公司的卡拉·皮卡德（Carla Picard）坦承，因为太希望获得建造许可，"我们进行了许多的公关活动"[25]。将这块地皮出售给瑞士再保险公司，给许多致力于保护的人士敲响了警钟。这些人原以为波罗的海老交易所已经获救，只等着修复即是。面对新的局面，可以想象他们的对抗之心。瑞士再保险公司聘请了一大批公关专家、顾问和律师，来对付保护人士的反对行为。虽说英格兰遗产委员会已经宣布他们不反对建造一座新建筑，但其他一些人却绝对不是这个态度。此外，大厦的建造还需要得到伦敦法团的批准。伦敦法团领导人彼得·里斯（Peter Rees）倒是透出口风："随着事态的发展，我们赞成瑞士再保险公司的开发计划。瑞士再保险公司的工作热情令人印象深刻，并且极富感染力。"[26]但波罗的海交易所的一批人却纠结着与一些保护组织结盟。他们拧成一股绳，坚决反对任何以新代旧的改造建议。在这些人看来，宁可让现存的建筑遗留继续颓败，也不要在原址上推倒重建。那么，能不能破例拆除这栋属于二级名录建筑的老交易所？最终的决定权掌握在副首相约翰·普雷斯科特（John Prescott）手中。

到了1999年2月，修改后的新方案已经变成一栋革命性建筑，在伦敦可谓是前所未有。修改后的塔楼，高166米，地面层宽度为49米，最宽的部位54.4米，位于七楼。整栋塔楼对城市的影响还在于，它打造了一座面向四周所有街道的公共广场。专家所做的行人交通分析表明，新的空间可以产生"城中之城"的效应。塔楼的底层则用作咖啡屋和商店，将建筑融入城市的生活。从外部，人们还可以看到塔楼独特的弯曲结构。其他大多数摩天大楼都是由坚固的核心和不具有结构意义的外壳构成，而这栋经工程公司阿拉普（Arup）设计计算的塔楼却另辟蹊径。其外围360度的表面是一个网格状斜肋架构，整栋大厦由一系列A形框架钢杆支撑。这种弯曲形状可以让结构的外表面减少25%的面积，室内的空间却并没有减少太多。至于曲面形状与建筑物周围风速流量之间的关系，则采用了流体动力学计算机模拟研究。结果表明，此类曲面结构能够改善环境。流体动力学模拟研究通常更多地运用于赛车设计。

大体说来，塔楼环绕着一个圆环钢芯。其中含有楼梯、洗手间和服务性用房。从这个钢芯，每层楼伸出六根"空间的手指"，呈辐射状延伸到外部骨架。这些"手指"以旋转的趋势，让各层楼面相互错开5度。各"手指"之间的螺旋错位在内侧呈卷曲状，不仅给室内带来动感，还提供了一系列创新功能。万一发生火灾，螺旋的核心能够将烟雾通过自动开启的窗户顺利排出。此外，还创建了一个节能环保型通风系统。建筑物的其他部分亦得到环保考量。水箱、冷水机组和电力服务等重型服务设施，全都安置在地下层而非塔顶。虽说每一楼层都带有各自的空调设备室，但塔楼之外的广场上依然建造了一套新型结构，用于安放必要的冷却塔等。如此一来，保持了塔楼内部空间的灵活性，以适应将来随时出现的功能变更。

当这个修改方案于1999年2月提交到有关部门时，英格兰遗产委员会又觉得塔楼过小，塔楼的高度应该从166米增加到180米。最终的方案于2000年7月提交，并获得各方权威的一致通过。这些权威包括英国环境事务大臣、英格兰遗产委员会、伦敦法团以及英国皇家美术委员会。然而就在工程即将开工之际，遇到最后一道坎。一家名为拯救（SAVE）的保护机构，向这栋塔楼建造发起了法律挑战。他们要求对方案设计和规划的过程进行公开调查，并呼吁对建造工程的环境影响再次进行评估研究。SAVE的呼吁获得了广泛的媒体支持，不过这个组织最终还是撤回了诉讼。

施工之前，必须拆除原有的老交易所。英格兰遗产委员会的初衷是，保存老交易所维多利亚时代的彩色玻璃窗，并将之整合到新建塔楼。但这个主意很快就被搁置一边。老交易所被拆除之际，每一个细部都进行了拍摄。为得到妥善保存，玻璃窗拆卸后被运送到格林尼治国家海事博物馆。其他被拆解的构件也都被精心包入木箱，运送到伦敦之外的坎特伯雷加以储存，以待出售。2007年，两位爱沙尼亚商人以80万英镑的价码买下了这些部件，并将之用船运到塔林。在那里，他们将这些部件按原样忠实复原。

与此同时，现场开始施工。首要任务是打桩，在地上钻出333个深孔，直达泰晤士河河床以下的黏土层。接着便是在这些深孔里填充混凝土。到2001年7月，已在这些桩顶之上铺设好一圈加强笼，以此作为整栋大楼的地基，也就是一个主桩盖。因为施工场地处于密集的城市中心，为避免超过金融城的噪音标准，工人们不得不等到接下来的周末，才用290辆卡车于11个小时之内向施工现场运送了超过1800立方米的混凝土。尽管发生了"9·11"惨剧，并因此引起在城市内部建造高楼的担忧，但这座千禧塔的第一个外部斜状构架，依然于这一年的10月12日举行了安装仪式。从此，建筑的外部构架以平均每星期建造一层的速度向空中伸展。

外玻璃的安装也就是建筑的外表面装潢，是施工中最昂贵最棘手的工序。玻璃必须安装在钢框架上，也就需要足够的灵活性来承受建筑构件在风中的摆动。因此，聘请了瑞士施密丁（Schmiddllin）营造公司，由他们事先设计建造好一套菱形框架，再将现成的框架运送到现场组装。先由施工团队在室内组装好菱形构架，再由机器人用吸盘将这些构架平拖到塔楼的外部，最后才放下就位。此外，还通过使用不同种类的彩色玻璃，以凸显内部空间的螺旋性，给建筑带来与众不同的螺旋特征。每个窗格都精细布置，以抵消太阳的眩光。

2003年1月，当塔楼的外表面装潢接近塔顶，并基本呈现塔楼的最终形状时，开启了38—40层即最后三层的塔顶施工。这些楼层主要用作私人餐厅包间、大餐厅以及一座酒吧。酒吧内可观赏伦敦的全景。最后环节的施工需要采用不同的建造方式。因为最后三层的外表装潢需要直接连到钢框架上。这些外表面与钢架必须通过起重机升到顶端之后，再焊接到一起，而不是像之前的楼层那样，事先在室内组装玻璃构件。这些工作由专家组成的团队在不同的状态下进行了磨合，作业时的风向大约为每小时30英里。施工非常复杂，根据计算，每天只能安装15个小格窗。塔楼的顶部，由一个高度为2.42米的弧形玻璃圈圆顶覆盖。第一次施工时，因为螺栓拧得太紧，使玻璃出现了裂纹。直到2003年6月20日，才终于成功安装好新的玻璃圈圆顶。

外部施工完成之后，福斯特建筑事务所开始了室内设计。最初，福斯特希望在螺旋的核心体四周创造出一些花园空间。然而当时的许多楼层即将由瑞士再保险公司用于出租，让花园空间的主意变得渺茫。但不管如何，大体构思是让室内装潢能够带来协调的空间和灵活性功能。为了拥有街区意向，依然采用开放式办公室空间布局。技术层面也是至关重要，例如视频会议室和A/V设施，由此大大减少对环境有害并且昂贵的商务旅行。简洁的装饰亦对应了建筑自身的开放性。此外，还强调对自然光的利用，以及通过明亮的窗户眺望城市的景观。

瑞士再保险公司的第一批员工，于2003年圣诞节之前陆续进

第十二章　圣玛利亚·埃克斯街30号：规划未来的城市　　455

驻大楼上班。当时的大厅仍然是施工场地。然而正如公司项目总监萨拉·福克斯（Sara Fox）所言，这座建筑富有激情且励志。"员工们很高兴在傍晚下班时，看到游客盯着自己的办公地点拍照。陡然间，他们发现自己上班的大楼变成了景点，仿佛圣保罗大教堂或者伦敦塔一般荣耀。"[27]

用伦敦法团领导人彼得·里斯的话来说，瑞士再保险公司大楼"举手间改变了高层建筑在伦敦的观感"[28]。2004年4月的官方发布会上，新闻界交口称赞，同时进一步坐实了这座建筑的流行绰号"小黄瓜"。这一昵称后来亦成为这座大楼的通用名号。2004年9月，作为伦敦建筑开放周周末活动的场所之一，8000多名伦敦人排着长队，第一次参观了大厦的室内。接下来的一个月，这座塔楼的设计赢得了当年的RIBA年度最佳建筑斯特林奖。此后，它被当作伦敦的标志，被广泛用于关于伦敦的电影、漫画以及2012年的奥运宣传和电视广告。它还被广泛用作一些杂志的封面，这些杂志致力于宣传和推介世界金融之都——现代伦敦金融城。

如果没有"小黄瓜"的成功，关于城市形态的争论恐怕也不会太多。但福斯特的这座塔楼仅仅是给如此的辩论开了个头。2008年全球经济衰退的首批受害者之一，便是伦敦的天际线。那些曾经遍布于金融城地平线上的起重机，一时间全都停了下来，仿佛沉浸于"啊，狼来了"的游戏中。曾经计划在这里建造15座摩天大楼，还叫响了各式各样的外号，例如"奶酪切割器""对讲机""碎片"等。如今，所有这一切，集体漂浮于涌入资本市场的外资海啸。

摩天大楼的崛起引发了来自各方的谴责。在一场面向伦敦遗产保护机构的演讲中，影子文化大臣伊德·韦泽（Ed Vaizey）抱怨道，新工党政府和大伦敦市长肯·列文斯通"过分崇拜摩天大楼"[29]。建筑评论家罗曼·摩尔（Roman Moore）指出："塔楼建筑对伦敦的经济和环境不利。这些建造是由开发商决定的。"[30]建筑评论员兼英国名胜古迹保护信托基金主席西蒙·詹金斯（Simon Jenkins），将这种现象简称为"城市无政府状态"。用他的话说，伦敦"本质上是一个以街巷为基础的亲善性城市景观"，现在被改造成"一系列散置于广场之上的点块"。沿着泰晤士河的景色将会沦为一道"玻璃墙"[31]。大都市的权力已经屈服于一座奇怪的"大厦综合体"。这样的综合体，迫切需要通过高耸的钢铁和玻璃来宣示首都的力量。

然而在那些将伦敦视为工作场所而非寻梦剧院的人士眼里，上述批评全不是那么回事。作为工作场所的伦敦需要持续的增长，既要关注往昔的传统，也要对未来抱有雄心。2010年8月，瑞银集团向伦敦法团提交了一份计划书，计划建造一座金融城内的大型办公楼。对此，伦敦法团政策主管斯图亚特·弗雷泽（Stuart Fraser）回应道："毫无疑问，金融城将会成为另一座地标性建筑的家园。更为重要的是……它的建造将向人们发出一个非常积极的信号。就是说，未来的伦敦金融城是世界的金融中心。"[32]

瑞士再保险塔楼所获得的美誉，让后来的"碎片大厦"和"奶酪切割器大厦"建造计划获得批准。可以说，这一切应当归功于诺曼·福斯特及其团队以及瑞士再保险公司。同时也说明了伦敦的现实。这座城市将围绕着一些地标性高楼大厦继续发展。而这些大厦所立足的街区，沿着公元1世纪50年代罗马人所建的第一座木桥的两端，历经了将近2000年的劳作和改造。

然而，关于如何开发一座城市的争论绝不会停止。"小黄瓜"只是新城市开发哲学中的一小步。21世纪带来了新的需求和机遇。技术将继续试探城市发展的边界和可能性。随着城市人口的不断增加，有关居住的密度问题日益突出：哪里才是首都发展的物理界限？城市向外一圈圈扩展的20世纪模式，是否会被一种新的垂直城市所取代？或者，伦敦将继续向外圈扩展，一直抵达大海？可持续性城市规划至关重要。我们本能的假定是，与乡村相比，城市肯定对环境不利。而这一类假定正在受到质疑。伦敦是否可以比其附近的乡村更加"绿色"？购物、工作和生活方式的新途径，很可能会改变我们使用城市的方式。街道转角的小店家会不会很快消失？如果能够在家里更为有效地工作，我们还需要经常穿行奔波，远赴位于城市中心的办公室上班吗？随着越来越多的人独居生活，有关社区的体验会不会更多更频繁地转向线上社交网络，而不再是传统意义上的街区活动？

  本书所述的历史上任何一个转折点，都对未来产生了深刻影响。同理，我们今天所做的抉择亦将对未来产生恒久的影响。我们生活在伦敦历史上一个激动人心的时刻，为此我们必须认识到，历史与档案一样，都是变革的代理人。城市要发展，也必须发展，唯有如此，方能应对不断变化的需求。新技术改变了我们的导航、工作和建造方式。伦敦的精神蕴含于遍布其间的建筑物中，不应该被认为是没有生命的宝藏，需要被罐装或者被放进博物馆里保存。这一精神，在最艰难的时期得以幸存，在逆境中重生，也会在变化中蓬勃发展。伦敦的石头不仅仅是关于往昔的篇章，亦是鲜活大都市的重要组成部分，是一些标记，时刻提醒着我们，我们怎样来到此地。它们也是帮助我们书写未来的遗传基因。

注 释

第一章

1 Grimes, W. F. (1947), p.379
2 Shepherd, J., ed. (1998), p.49
3 Mattingly, D. (2007), p.47
4 Dio, trans. Cary, E. (1914), ch. LX, p.23
5 ibid., p.24
6 ibid., p.25
7 ibid., ch. LXI, p.33
8 http://vindolanda.csad.ox.ac.uk Vindolanda tablet 310
9 Tacitus, trans. Ogilvie, R. & Richmond, I. (1961), p.31
10 Watson, B. et al., eds. (2001), p.43
11 Tacitus, trans. Ogilvie, R. & Richmond, I. (1961), p.31
12 ibid.
13 Mattingly, D. (2007), pp.277–8
14 Tacitus, trans. Ogilvie, R. & Richmond, I. (1961), BK. XXX
15 Stow, J., ed. Kingsford, C. L. (1908), pp.19–20
16 ibid., p.1
17 Monmouth, Geoffrey of (1976), p.14
18 Nennius, ed. Morris, J. (1980), p.9
19 Monmouth, Geoffrey of (1976), p.65
20 ibid., p.73
21 ibid., p.75
22 ibid., p.106
23 Shakespeare, *Henry VI*, Part 2, Act 4, Scene 2

第二章

1 Baron, X., vol. 1 (1997), p.102
2 Augustine, ed. Dyson, R.W. (1998), ch. 1, book XV
3 Mason, E. (1996), p.12
4 Inwood, S. (1998), p.49
5 Barlow, F., ed. (1962), pp.44–6
6 Sheppard, F. (1998) p.68
7 Gerhold, D. (1999), p.13
8 ibid., p.11
9 Sheppard, F. (1998), p.79
10 Inwood, S. (1998), p.54
11 http://www.bl.uk/treasures/magna carta/translation/mc_trans.html. (clause 13)
12 Field, J. (1996), p.27
13 Baron, X., vol. 1 (1997), p.102
14 Nuttgens, P. (1972), p.42
15 Swaan, W., (1969), p.48
16 ibid., p.4
17 Lethaby (1909), p.9
18 Ball, P. (2008), p.46
19 Recht, R. (2008), p.306
20 Colvin, H. M., ed. (1971), p.229
21 Baron, X. (1997), pp.103–4
22 Lethaby (1909), p.129
23 Carpenter, D. A., 'Ware, Richard of (d. 1283)', *Oxford Dictionary of National Biography* (Oxford University Press, Oct. 2006); online edn

24　Colvin, H. M., ed. (1971), p.144
25　Carpenter, D. A. (1991), p.188
26　Carpenter, D. A. (2004), p.328
27　Lethaby (1909), p.66
28　ibid., p.15
29　Grant, L. & Mortimer, R., eds (2002), p.50
30　Jordan, W. C. (2009), p.109

第三章

1　Stow, J., ed. Kingsford, C. L. (1908), p.1
2　ibid.
3　Inwood, S. (1998), p.155
4　Keene, D.; Burns, A.; Saint, A., eds (2004), p.80
5　Baron, X. (1997), p.57
6　Arrighi, G. (1994), p.107
7　Wilson, E. (1884), p.11
8　Stow, J., ed. Kingsford, C. L. (1908), p.232
9　Burgeon, J. W. (1839), vol 2, p.485
10　Blanchard, Ian, 'Gresham, Sir Thomas (c.1518–79)', *Oxford Dictionary of National Biography* (Oxford University Press, Sept. 2004); online edn
11　Guicciardini, L. (1976), p.28
12　Burgeon, J. W. (1839), vol. 1, p.60
13　Guicciardini, L. (1976), p.29
14　ibid.
15　Marnef, G., from audio talk at Gresham College
16　Guicciardini, L. (1976), p.38
17　Burgeon, J. W. (1839), vol. 2, p.477
18　Feltwell, J. (1990), p.145
19　Bryson, A., from audio talk given at Gresham College
20　Ramsay, R. D. (1975), p.115
21　ibid., p.128
22　Anon., Memoir: BL 1082.d.16. p.6
23　Saunders, A. (1997), p.26
24　Burgeon, J. W. (1839), vol. 2, pp.410–11
25　Saunders, A. (1997), p.26
26　ibid, p.27
27　Thornbury, W. (1876), vol. 1, pp.494–513
28　Hanson, N. (2002), p.164
29　Thornbury, N. (1876), vol. 1, pp.494–513
30　Stow, J., ed. Kingsford, C. L. (1908), pp.187–200
31　Bindoff, S. T. (1973), p.18
32　Mitchell, R. J. & Leys, M. D. R. (1963), p.110
33　Anon., Memoir: BL 1082.d.16. p.7
34　Gascoigne, G. (1872), p.28
35　Ronald, S. (2007), p.46
36　Hollis, L. (2007), p.8

第四章

1　Jonson, B. (1816), p.261
2　ibid., p.265
3　ibid., p.269
4　From facsimile Jones, I., intro. by Piggott, S. (1971)
5　Summerson, J. (1966), p.xx
6　Leapman, M. (2003), p.23
7　Aslet, C. (1999), p.62
8　ibid., p.83
9　Hollis, L. (2008), p.xx
10　Oman, C. (1976), p.39
11　Sharpe, K. (1992), p.171
12　Summerson, J. (1966), p.48
13　Bold, J. (2000), p.60
14　Brotton, J. (2006), p.12
15　Aslet, C. (1999), p.101
16　Bold, J. (2000), p.61
17　Roy, I. (1984–5), p.17
18　Brotton, J. (2006), p.17
19　Leggett, D. (1972), p.198

20 Hollis, L. (2008), p.26
21 ibid., p.85
22 Bold, J. (2000), pp.80–81
23 http://www.pepysdiary.com/archive/1664/03/04/
24 Hollis, L. (2008), p. xx
25 Wren Society, vol. XIX (1942), p.114
26 ibid.
27 ibid., p.113
28 ibid.
29 Newell, P. (1984), p.6
30 Aslet, C. (1999), p.159
31 Hollis, L. (2007), p.278
32 Wren Society, vol. VI (1929), p.7
33 Bold, J. (2000), p.108
34 ibid., p.116
35 Downes, Kerry, 'Hawksmoor, Nicholas (1662?–1736)', *Oxford Dictionary of National Biography* (Oxford University Press, Sept. 2004); online edn
36 Aslet, C. (1999), p.162
37 ibid., p.164
38 Barber, Tabitha, 'Thornhill, Sir James (1675/6–1734)', *Oxford Dictionary of National Biography* (Oxford University Press, Sept. 2004); online edn
39 Thornhill, J. (1726), p.8

第五章

1 From Preface, Strype, J. (1720) www.hrionline.ac.uk/strype/
2 Martin, G. H. & McConnell, Anita, 'Strype, John (1643–1737)', *Oxford Dictionary of National Biography* (Oxford University Press, Sept. 2004); online edn
3 Survey of London, vol. 27, ch. VI (http://www.british-history.ac.uk/source.aspx?pubid=361)
4 ibid.
5 ibid.
6 ibid., ch. XIII
7 Hollis, L. (2008), pp. 297–8
8 Dillon, P. (2006), p.55
9 Rothstein, N. (1990), p.331
10 ibid., p.330
11 Gywnn, R. D. (1985)
12 Rothstein, N. (1990), p.371
13 Gywnn, R. D. (1985), p.69
14 Hollis, L. (2008), p.295
15 Richardson, J. (2000), p.172
16 Survey of London, vol. 27, ch. XII
17 Summerson, J. (2003), p.280
18 Betjeman, J. (1993), p.370
19 Summerson, J. (2003), p.284
20 Survey of London, vol. 27, ch. XII
21 Noorthouck, J. (1773), Book 5, ch.2
22 Hollis, L. (2008), p.192
23 ibid., p.196
24 ibid., p.142
25 ibid., p.248
26 ibid., p.199
27 Survey of London, vol. 27, p.205
28 Gwynn, R. D. (1985), p.71
29 Hollis, L. (2008), p.199
30 Feltwell, J. (1990), p.159
31 Rothstein, N., in Vigne, C. & Littleton, C., eds (2001), p.33
32 ibid., p.42
33 Ginsburg, M., 'Garthwaite, Anna Maria (1688–1763?)', *Oxford Dictionary of National Biography* (Oxford University Press, Sept. 2004); online edn
34 Mayhew, H. (1881) from 'And Ye Shall Walk in Silk Attire'
35 ibid.
36 ibid.
37 Page, W., ed. (1911), 'Industries: Silk-weaving', *A History of the County of Middlesex*, vol. 2. (http://www.british-history.ac.uk/report.aspx?compid=22161)

第六章

1 Lewis, L. (1997), p.50
2 Whinney, M. (1969), p.13
3 Leslie, C. (1740), p.240
4 ibid., p.120
5 ibid., p.17
6 Gragg, L. (2000), p.29
7 Walvin, J. (1997), p.140
8 Leslie, C. (1740), p.36
9 Lewis, L. (1997), p.46
10 Wilson, B. (2009), p.29
11 Porter, R. (2001), p. xxi
12 Longstaffe-Gowan, T. (2006–7), pp.78–93
13 Thorold, P. (1999), p.30
14 ibid., p.113
15 ibid.
16 Reed, C., 'The Damn'd South Sea', *Harvard Magazine*, May 1999. (http://harvardmagazine.com/1999/05)
17 Thorold, P. (1999), p.138
18 Gwynn, J. (1996), p.5
19 ibid.
20 From 'The West Indian' (http://openlibrary.org/books/OL7148229M/West_Indian)
21 Sheridan, Richard B., 'Beckford, William (bap. 1709, d. 1770)', *Oxford Dictionary of National Biography* (Oxford University Press, Sept. 2004); online edn
22 Sennett, R. (2002), p.63
23 Miller, S. (2006), p.13
24 Schnorrenberg, Barbara Brandon, 'Montagu, Elizabeth (1718–1800)', *Oxford Dictionary of National Biography* (Oxford University Press, Sept. 2004); online edn
25 Eger, E. & Peltz, L. (2008), p.26
26 ibid., p.24
27 Whinney, M. (1969), p.13
28 Survey of London, vols 31 and 32: St James Westminster, part 2 (1963), ch. XVIII (http://www.british-history.ac.uk/report.aspx?compid=41477)
29 Von La Roche, S. (1933), p.241
30 Harris, E. (2001), p.1
31 Parissien, S. (1992), p.41
32 Hughes, R. (1972)
33 Harris, E. (2001), p.4
34 Harris, E. (1967)
35 ibid.
36 Saumarez Smith, C. (2000), p.164
37 Parissien, S. (1992), p.49
38 Harris, E. (2001), p.313
39 Saumarez Smith, C. (2000), p.147
40 Whinney, M. (1969), p.13
41 Longford, P. (1989), p.580
42 Williamson, A. (1974), p.140
43 Blackstock, F., 'Luttrell, Henry Lawes, second earl of Carhampton (1737–1821)', *Oxford Dictionary of National Biography* (Oxford University Press, Sept. 2004); online edn.

第七章

1 Suggett, R. (1995), p.10
2 Summerson, J. (1980), p.2
3 ibid., p.3
4 ibid., p.5
5 ibid., p.7
6 Tyack, Geoffrey, 'Nash, John (1752–1835)', *Oxford Dictionary of National Biography* (Oxford University Press, Sept. 2004); online edn.
7 From Berkeley, G. (1897)
8 White, J. (2008), p.4
9 http://www.historyguide.org/intellect/reflections
10 Murray, V. (1998), p.96
11 Summerson, J. (2000), p.60

12 Saunders, A. (1969), p.65
13 Tyack, Geoffrey, 'Nash, John (1752–1835)', *Oxford Dictionary of National Biography* (Oxford University Press, Sept. 2004); online edn
14 Summerson, J. (1980), p.21
15 Batey, M. (1994), p.126
16 Tyack, Geoffrey, 'Nash, John (1752–1835)', *Oxford Dictionary of National Biography*, (Oxford University Press, Sept. 2004); online edn
17 Summerson, J. (2000), p.179
18 ibid., p.174
19 Saunders, A. (1969), p.69
20 Mordaunt Crook, J. (2000), p.7
21 Summerson, J. (2000), p.115
22 Saunders, A. (1969), p.80
23 Summerson, J. (1935), p.195
24 Arnold, D. (2000), p.4
25 Adams, A. (2005), p.17
26 Fox, C., ed. (1992), p.75
27 Elmes, J., ed. Shepherd, T. M. (1978), pp.1–2
28 Hobhouse, H. (2008), p.20
29 Summerson, J. (1935), p.130
30 ibid., p.84
31 ibid., p.126
32 ibid., p.108
33 Hobhouse, H. (2008), p.48
34 Elmes, J., ed. Shepherd, T. M. (1978), ch. 3
35 Hobhouse, H. (2008), p.21
36 ibid., pp. 43–4
37 Von La Roche, S. (1933), p.87
38 Hobhouse, H. (2008), p.10
39 ibid., p.50
40 ibid., p.63
41 Healey, E. (1997), p.91
42 ibid., p.94
43 Summerson, J. (1935), p.164
44 ibid., p.181
45 ibid., p.182
46 ibid., p.274

第八章

1 Field, J. (2002), p.177
2 *The Times*, 20 October 1834
3 ibid.
4 ibid.
5 Barry, A. (1867), p.145
6 ibid., p.146
7 Field, J. (2002), pp. 178–9
8 Hamilton, J. (2007), p.262
9 *The Times*, 17 October 1834
10 *The Times*, 18 October 1834
11 Watkin, David, 'Soane, Sir John (1753–1837)', *Oxford Dictionary of National Biography* (Oxford University Press, Sept. 2004); online edn
12 ibid.
13 Cannadine, D. et al., eds (2000), p.243
14 Hill, R. (2009), p.87
15 Hilton, B. (2006), p.426
16 Hill, R. (2009), p.105
17 Field J. (2002), p.162
18 Cooke, Sir R. (1987), p.80
19 Rorabaugh, W. J. (Dec. 1973), p.165
20 Barry, A. (1867), p.239
21 Hill, R. (2009), p.144
22 Cannadine, D. et al., eds (2000), p.163
23 Cooke, Sir R. (1987), p.89
24 Hill, R. (2008), p.119
25 ibid., pp.213–14
26 Hunt, T. (2005), p.66
27 ibid., p.103
28 Hill, R. (2009), p.155
29 Rorabaugh, W. J. (Dec. 1973), p.172
30 Cannadine, D. et al., eds (2000), p.225
31 ibid., p.227
32 Boase, T. S. R. (1954), p.324
33 ibid., p.345
34 Port, M. H. (1976), p.122
35 ibid., p.125
36 ibid., p.139
37 ibid., p.113

38 ibid., p.103
39 ibid., p.115
40 Cooke, Sir R. (1987), p.129
41 Cannadine, D. et al., eds (2000), p.41
42 Cooke, Sir R. (1987), p.129
43 Port, M. H. (1976), p.149
44 Cannadine, D. et al., eds (2000), p.229
45 ibid., p.232
46 Cooke, Sir R. (1987), p.259
47 Colvin, H. M., ed. (1973), p.625
48 Hill, R. (2009), p.476
49 ibid., p.486
50 MacDonald, P. (2004), p.24
51 ibid., p.28
52 Barry, A. (1867), p.170

第九章

1 Johnson, S. (2007), p.160
2 On the Mode of Communication of Cholera (http://www.ph.ucla.edu/epi/snow/broadstreetpump.htl)
3 Armstrong, I. (2008), p.134
4 ibid., p.135
5 Metcalfe, P. (1972), p.80
6 Hollingshead, J. (1861), p.120
7 Armstrong, I. (2008), p.135
8 White, J., *London in the Nineteenth Century* (2008), p.51
9 Halliday, S. (1999), p.18
10 ibid., p.71
11 ibid., p.72
12 ibid., p.40
13 Owen, D. E (1982), p.26
14 Halliday, S. (1999), p.127
15 Porter, R. (2000), p.317
16 Schneer, J. (2005), p.148
17 Mayhew, H. (1881), p.375
18 Porter, R. (2000), p.322
19 Halliday, S. (1999), p.26
20 ibid., p.53
21 ibid. p.54
22 Oliver, S. (2000), p.232
23 Porter, R. (2000), p.320
24 MBW Handbook (1857), p.1
25 ibid., p.6
26 Halliday, S. (1999), p.67
27 Bazalgette, J. (1864–5), p.17
28 Halliday, S. (1999), p.71
29 Bazalgette, J. (1864–5), p.19
30 ibid.
31 Hollingshead, J. (1861), p.120
32 Porter, D. (1998), p.191
33 Wolmar, C. (2004), p.22
34 Porter, D. (1998), p.207
35 Wolmar, C. (2004), p.57
36 *New York Times*, 30 August 1892 (http://select.nytimes.com/gst/abstract.html?res=F70F15FB395C17738DDDA 80B94D0405B8285 F0D3#)

第十章

1 Rennell, T. (2000), p.4
2 Schneer, J. (2001), p.67
3 ibid., p.10
4 ibid., p.42
5 Marr, A. (2009), pp.14–15
6 Schneer, J. (2001), p.23
7 Inwood, S. (1998), p.201
8 Ferguson, N. (2003), p.318
9 ibid., p.318
10 *Places in Brent: Wembley and Tokyngton*, Grange Museum of Community History and Brent Archive, p.1
11 Elsley, H. W. R. (1953), p.157
12 Grossman, G. & W. (1938), p.17
13 Clarke, W., ed. (1881), p.vi
14 ibid., p.241
15 ibid., p.242
16 ibid., p.402
17 Jackson, A. A. (1986), p.75

18 ibid., p.82
19 Jay, R. (1987), p.146
20 Rasmussen, S. E. (1939), p.369
21 Jackson, A. A. (2006), p.59
22 ibid., p.42
23 Jensen, F. (2007), p.162
24 Ferguson, N. (2003), p.319
25 Knight, D. & Sabey, D. (1984), p.3
26 ibid., p.8
27 Lawrence, G. C., ed. (1924), p.xx
28 Knight, D. & Sabey, D. (1984), p.1
29 Lawrence, G. C., ed. (1924), p.52
30 ibid., p.33
31 Ferguson, N. (2003), p.319
32 Jackson, A. A. (2006), p.96
33 Barker, 23 (?) Mumford Quote
34 Saint, A. (1999), p.114

第十一章

1 *The Times*, 1 July 2000
2 *The Sunday Times*, 7 February 1993
3 English Heritage brochure
4 *The Sunday Times*, 17 October 1999
5 Wilkinson, L. (2001), p.70
6 Smith, L. (2007), pp.176–7
7 Porter, R. (2000), p.416
8 For maps and more information on Booth's survey, see www.booth.lse.ac.uk
9 Wise, S. (2009), p.59
10 Wilkinson, L. (2001), p.28
11 Glass, R. (1964)
12 Hanley, L. (2007), p.74
13 Kynaston, D. (2008), p.160
14 Young, M. & Willmott, P. (2007), p.122
15 ibid., p.128
16 Kynaston, D. (2008), p.161
17 Hanley, L. (2007), p.80
18 Kynaston, D. (2009), p.30
19 Hanley, L. (2007), p.78
20 Kynaston, D. (2008), p.435
21 Kynaston, D. (2009), p.61
22 ibid.
23 Mullins, C. (2007), p.48
24 Curtis, W. (1994), p.21
25 ibid.
26 ibid., p.36
27 ibid., p.26
28 ibid., p.223
29 Allan, J. (2002), p.21
30 Gold, J. R. (1995), p.248
31 Curtis, W. (1994), p.40
32 *Architects' Year Book* 4 (1952), p.10
33 Curtis, W. (1994), p.44
34 Glendinning, M. & Muthesius, S. (1994), p.109
35 *Architects' Year Book* 7 (1956), p.203
36 *Architects' Year Book* 4 (1952), p.137
37 ibid., p.138
38 Powers, A. (2007), p.114
39 Curtis, W. (1994), pp.52–3
40 Inwood, S. (1998), p.821
41 Young, M. & Willmott, P. (2007), p.186
42 ibid., p.199
43 *The Times*, 7 October 1957
44 Curtis, W. (1994), p.216
45 ibid., p.223
46 Bennett, C. (1990)
47 Curtis, W. (1994), p.51
48 *The London Plan*, February 2010, 2.1
49 ibid, 2.2. i

第十二章

1 Eaton, K., 'Cisco to Turbo Boost South Korean City to "smart" Future City Status', *Fast Company*, 30 March 2010
2 Gopnik, A., 'Not Scared', *The New Yorker*, 25 July 2005

3　Massey, D. (2007), p.3
4　ibid., p.4
5　Bagehot, W. (1999), p.12
6　McSmith, A. (2010), p.173
7　Kynaston, D. (2001), p.710
8　ibid., p.716
9　Augar, P. (2010), p.15
10　Schneer, J. (2005), p.268
11　GLA (May 2009), p.31
12　ibid., p.253
13　ibid., p.254
14　ibid., p.256
15　The Big Dig (1998), p.31
16　Jenkins, D., ed. (2000), p.375
17　ibid., p.701
18　ibid., pp.704–5
19　Sudjic, D. (2010), p.146
20　Jenkins, D., ed. (2000), p.518
21　Kynaston, D. (2001), p.699
22　ibid., p.700
23　Powell, K. (2006), p.45
24　ibid. p.63
25　ibid., p.40
26　ibid., p.49
27　ibid., p.191
28　ibid., p.195
29　http://www.london-se1.co.uk/news/view/2734
30　Moore, R., *Evening Standard*, 15 December 2009
31　Jenkins, S., *Guardian*, 27 September 2007
32　Fraser, S., *City A.M.*, 9 August 2010, p.16

参考文献

导 言

The Endless City: The Urban Age Project (Phaidon, 2007)
Ackroyd, P., *London: the Biography* (Chatto and Windus, 2000)
Ackroyd, P., *Sacred Thames* (Chatto and Windus, 2007)
Adams, A., *London in Poetry and Prose* (Enitharmon Press, 2005)
Bacon, E. N., *Design of Cities* (Thames and Hudson, 1974)
Baron, X., *London 1066–1914: Literary Sources and Documents*, 3 vols (Helm International, 1997)
Black, J., *London: A History* (Carnegie Press, 2009)
British Geological Survey, *Geology of London* (Keyworth, 2004)
Clayton, A., *The Folklore of London: Legends, Ceremonies and Celebrations Past and Present* (Historical Publications, 2008)
Curtis, W., *Denys Lasdun: Architecture, City, Landscape* (Phaidon, 1994)
Dorling, D., *Injustice: Why Social Inequality Exists* (Polity Press, 2010)
Fettwell, J., *The Story of Silk* (St Martin's Press, 1990)
Fox, C., *Londoners* (Thames and Hudson, 1987)
Foxell, S., *Mapping London: Making Sense of the City* (Black Dog Publishing, 2007)
Glinert, E., *East End Chronicles* (Penguin, 2006)
Glinert, E., *West End Chronicles* (Penguin, 2008)
Hollis, L., *The Phoenix: St Paul's Cathedral and the Men Who Made Modern London* (Weidenfeld and Nicolson, 2008)
Hunt, T., *Building Jerusalem: The Rise and Fall of the Victorian City* (Phoenix, 2005)
Inwood, S., *A History of London* (Macmillan, 1998)

Inwood, S., *Historical London* (Macmillan, 2008)
Keene, D.; Burns, A.; Saint, A., eds, *St Paul's: The Cathedral Church of London 604–2004* (Yale University Press, 2004)
Koolhas, R. et al., *Mutations* (Actas, 2002)
Lewis, J., ed., *London: The Autobiography* (Constable, 2008)
Mayhew, H., *London Characters* (Chatto and Windus, 1881)
Mitchell, R. J. & Leys, M. D. R., *A History of London Life* (Pelican, 1963)
Nuttgens, P., *The Landscape of Ideas* (Faber, 1972)
Olsen, D. J., *The City as a Work of Art: London, Paris, Vienna* (Yale University Press, 1986)
Porter, R., *London: A Social History* (Penguin, 2000)
Rasmussen, S. E. *London: The Unique City* (MIT Press, 1991)
Richardson, J., *The Annals of London* (Cassell, 2000)
Ross, C. & Clarke, J., *The London Museum History of London* (Penguin, 2008)
Schneer, J., *The Thames: England's River* (Little, Brown, 2005)
Sennett, R., *The Fall of Public Man* (Penguin, 1978)
Sennett, R., *The Conscience of the Eye* (Faber, 1991)
Sennett, R., *Flesh and Stone* (Faber, 1995)
Sheppard, F., *London: A History* (Oxford University Press, 1998)
Stow, J., ed. Kingsford, C. L., *Stow's Survey of London*, 2 vols (Clarendon Press, 1908) (http://www.british-history.ac.uk/source.aspx?pubid = 593)
Summerson, J., *Architecture in Britain, 1530–1830* (Yale University Press, 1993)
Summerson, J., *Georgian London* (Yale University Press, 2000)
Sutcliffe, A., *London: An Architectural History* (Yale University Press, 2006)
Thornbury, W., *Old and New London*, 6 vols, 1878 (http://www.british-history.ac.uk/place.aspx?gid= 79&region =1)
Vance, J. E., *The Continuing City: Urban Morphology in Western Civilization* (Johns Hopkins University Press, 1990)
Von La Roche, S., *Sophie in London 1731–1807* (Jonathan Cape, 1933)
White, J., *London in the Nineteenth Century* (Vintage, 2008)
White, J., *London in the Twentieth Century* (Vintage, 2008)

第一章

Vindolanda Tablet Project, Oxford (http://vindolanda.csad.ox.ac.uk/)
Archaeology of the City of London (Dept of Urban Archaeology, Museum of London, 1980)

Archaeology of Greater London: An assessment of the archaeological evidence from human presence in the area now covered by greater London (Dept of Urban Archaeology, Museum of London, 2000)

Baker, T., *Medieval London* (Cassell, 1970)

Bell, W., *London Wall through Eighteen Centuries* (Council for Tower Hill Improvements, 1937)

Birley, A., trans., *Lives of the Later Caesars* (Penguin, 1976)

Daniels, C. M., 'The role of the Roman in the spread and practice of Mithraism' *Mithraic Studies*, vol. 2 (Manchester University Press, 1971)

De La Bedoyere, G., *Hadrian's Wall* (Tempus, 1998)

De La Bedoyere, G., *Gods with Thunderbolts: Religion in Roman Britain* (Tempus, 2002)

De La Bedoyere, G., *Roman Britain: A New History* (Thames and Hudson, 2006)

Dio, Cassius, trans. Cary, E., *Roman History*, 9 vols (Loeb Classical Library, 1914)

Gibbon, E., ed. Womersley, D., *History of the Decline and Fall of the Roman Empire* (Allen Lane, 1994)

Green, M. J., *The Gods of Roman Britain* (Shire, 1983)

Grimes, W. F., 'Roman Britain', *The Classical Journal*, April 1947

Haynes, H. W., 'The Roman Wall in Britain', *Journal of the American Geographical Society of New York*, vol. 22, 1890

Hingley, R. & Unwin, C., *Boudica: Iron Age Warrior Queen* (Hambledon and London, 2005)

Hinnells, J. R., ed. *Mithraic Studies*, 2 vols (Manchester University Press, 1971)

Hobley, B., 'The archaeoloy of London Wall', *London Journal*, vol. 7, 1981

Hollaender, A. E. J. & Kellaway, W., eds, *Studies in London History* (Hodder and Stoughton, 1969)

Howe, E., *Roman Defences and Medieval Industry, Excavations at Baltic House* (City of London MoLAS Monograph, 7)

Howe, E., *Roman and Medieval Cripplegate* (City of London MoLAS Mongraph 21)

Lethaby, W. R., *Londinium Architecture and the Crafts* (Duckworth and Co., 1923)

Marsden, P., *Roman London* (Thames and Hudson, 1980)

Marsden, P., *Roman Forum Site in London* (HMSO, 1985)

Mattingly, D., *An Imperial Possession* (Penguin, 2007)

Milne, G., *The Port of Roman London* (B.T. Batsford, 1985)
Milne, G., *Roman London* (English Heritage, 1995)
Monmouth, Geoffrey of, *The History of the Kings of Britain* (Penguin, 1976)
Morris, J., *Londinium: London in the Roman Empire* (rev. edn) (Weidenfeld and Nicolson, 1982)
Nennius, ed. Morris, J., *British History and the Welsh Annals* (Phillimore, 1980)
Perrings, D., *Roman London* (Seaby, 1991)
Pierce, P., *Old London Bridge: The Story of the Longest Inhabited Bridge in the World* (Headline, 2001)
Price, J. E., *On a Bastion of London Wall in Camomile Street, Bishopsgate* (Westminster, 1880)
Shepherd, J., ed., *Post-war Archaeology in the City of London: 1946–72* (Museum of London, 1998)
Shepherd, J., *The Temple of Mithras, London* (English Heritage, 1998)
Suetonius, trans. Graves, Robert, *Lives of the Caesars* (Penguin, 1989)
Tacitus, *The Annals of Imperial Rome* (Penguin, 1958)
Tacitus, trans. Ogilvie, R.; Richmond, I., *De Vita Agricolae* (Clarendon Press, 1967)
Toynbee, J. M. C., 'The Roman Art Treasures from the Temple of Mithras', Special Paper 7 (London and Middlesex Archaeology Society, 1986)
Ulansey, D., *Origins of the Mithraic Mysteries* (Oxford University Press, 1991)
Ulansey, D., 'Solving the Mithraic Mysteries', *Biblical Archaeology Review*, vol. 20, Sept/Oct 1994
Watson, B; Brigham, T; Dyson, T., eds, *London Bridge: 2000 years of a River Crossing* (Museum of London Archaeology Service, 2001)

第二章

Augustine, ed. Dyson, R. W., *The City of God Against the Pagans* (Cambridge University Press, 1998)
Ball, P., *Universe of Stone: Chartres Cathedral and the Triumph of the Medieval Mind* (Bodley Head, 2008)
Barlow, F., ed., *The Life of King Edward who Rests at Westminster* (Thomas Nelson and Sons, 1962)
Bevan, B., *Royal Westminster Abbey* (Robert Hale, 1971)
Blair, J., 'The Westminster Corridor: An Exploration of the Anglo-Saxon

History of Westminster Abbey and Its Nearby Lands and People', *The English Historical Review*, February 1997

Bony, J., *The English Decorated Style: Gothic Architecture Transformed 1250–1350* (Phaidon, 1979)

Carpenter, D. A., *The Reign of Henry III* (Hambledon Press, 1991)

Carpenter, D. A., *The Struggle for Mastery: Penguin History of Britain 1066–1284* (Penguin, 2004)

Coldstream, N., *Medieval Architecture* (Oxford University Press, 2002)

Colvin, H. M., *History of the King's Works*, vol. 1: *The Middle Ages* (HMSO, 1963)

Colvin. H. M., ed., *Building Accounts of Henry III* (Clarendon Press, 1971)

Field, J., *Kingdom, Power and Glory: A Historical Guide to Westminster Abbey* (James and James, 1996)

Foster, R., *Patterns of Thought: The Hidden Meaning of the Great Pavement of Westminster Abbey* (Jonathan Cape, 1991)

Frankl, P., Gothic Architecture (rev. edn) (Yale University Press, 2000)

Gerhold, D., *Westminster Hall: Nine Hundred Years of History* (James and James, 1999)

Grant, L. & Mortimer, R., ed, *Westminster Abbey: the Cosmati Pavements* (Ashgate, 2002)

Harvey, B., *Westminster Abbey and its Estate in the Middle Ages* (Clarendon Press, 1977)

Harvey, J., *The Master Builders* (Thames and Hudson, 1971)

Holland, T., *Millennium* (Little, Brown, 2008)

Hutton, E., *The Cosmati: The Roman Marble Workers of the 12th and 13th Centuries* (Routledge and Kegan Paul, 1950)

Hutton, W. H., ed., *The Misrule of Henry III* (David Nutt, 1887)

Jenkyns, R., *Westminster Abbey* (Profile, 2004)

Jordan, W. C., 'Abbots Ascending' *History Today*, vol. 59 (8), August 2009

Jordan, W. C., *A Tale of Two Monasteries: Westminster and Saint-Denis in the Thirteenth Century* (Princeton Univeersity Press, 2009)

Lethaby, W. R., *Westminster Abbey and the King's Craftsmen: A Study of Medieval Building* (Duckworth & Co., 1909)

Malmsbury, William of, *Chronicles of the Kings of England* (G. Bell and Sons, 1904)

Mason, E., ed., *Westminster Abbey and its People: c.1050-c.1216* (Boydell Press, 1996)

Mason, E., ed., *Westminster Abbey Charters, 1066-c.1214*, http://www.british-history.ac.uk/source.aspx?pubid=580)

Mortimer, R., ed., *Edward the Confessor: the Man and the Legend* (Boydell Press, 2009)

O'Daly, G., *Augustine's City of God: a Reader's Guide* (Clarendon Press, 1999)

Palliser, D. M., ed., *The Cambridge Urban History of Britain*, vol. 1 (Cambridge University Press, 2000)

Recht, R., *Seeing and Believing: The Art of Gothic Architecture* (University of Chicago Press, 2008)

Rosser, G., *Medieval Westminster: 1200–1540* (Clarendon Press, 1989)

Sullivan, D., *The Westminster Circle* (Historical Publications, 2006)

Swaan, W., *The Gothic Cathedral* (Elek, 1969)

Westminster Abbey (Annenberg School Press, 1972)

Westminster, Matthew of, *The Flowers of History*, 3 vols (Henry G. Bohn, 1853)

Wilson, C., *The Gothic Cathedral* (Thames and Hudson, 1990)

第三章

The Competitive Role of London as a Global Financial Centre (Corp. of London/ YZen 2001)

'London Lickpenny', from *Medieval English Political Writings*, ed. Dean, J. M. (http://www.lib.rochester.edu/camelot/teams/dean1.htm

William Fitzstephen's *Florilegium Urbanum* http://users.trytel.com/ ~tristan/towns/florilegium/introduction/intro01.html#p19)

Ames-Lewis, F., ed., *Sir Thomas Gresham and Gresham College* (Ashgate, 1999)

Anon., *Brief Memoir of Sir Thomas Gresham . . .*, BL 1082.d.16

Arrighi, G., *The Long Twentieth Century* (Verso, 1994)

Bindoff, S.T., *The Fame of Sir Thomas Gresham* (Jonathan Cape, 1973)

Burgeon, J. W., *The Life and Times of Sir Thomas Gresham*, 2 vols (Robert Jennings, 1839)

Braudel, F., *Civilization and Capitalism*, vol. 1: *The Structures of Everyday Life* (Collins, 1981)

Braudel, F., *Civilization and Capitalism*, vol. 3: *The Perspective of the World* (Collins, 1984)

Bryson, A., 'The Legal Quays: Sir William Paulet, First Marquis of Winchester', a talk given at Gresham College (http://www.gresham.ac.uk/audio_video-.asp?PageId=108)

Challis, C. E., *Currency and the Economy in Tudor and Early Stuart England* (The Historical Association, 1989)
Craig, Sir J., *The Mint: A History of the London Mint: AD 287 to 1948* (Cambridge University Press)
de Roover, R., *Gresham on Foreign Exchange* (Harvard University Press, 1949)
Dietz, B., 'Antwerp and London: The Structure and Balance of Trade in the 1560s', *Wealth and Power in Tudor England*, Ives, E.; Knecht, R.; Scarisbrick, J., eds (Athlone Press, 1978)
Divine, A., *The Opening of the World* (Collins, 1973)
Gascoigne, G., *A Larum for London* (Longmans, 1872)
Green, B., 'Shakespeare and Goethe on Gresham's Law and the Single Gold Standard', BL 8227aa 60
Guicciardini, L., *Description of the Low Countreys* (London, 1593; Teatrum Orbis Terrarum, 1976)
Hanson, N., *The Dreadful Judgement: The True Story of the Great Fire of London* (Corgi, 2002)
Isreal, J. I., *Dutch Primacy in World Trade, 1585–1740* (Clarendon Press, 1989)
Marnef, G., 'Gresham and Antwerp', a talk given at Gresham College (http://www.gresham.ac.uk/audio_video.asp?PageId=10)
Merritt, J. F., *Imagining Early Modern London: Perceptions and Portrayals of the City from Stow to Strype 1598–1720* (Cambridge University Press, 2001)
Picard, L., *Elizabeth's London: Everday Life in Elizabethan London* (Phoenix, 2003)
Ramsay, R. D., *The City of London in International Politics at the Accession of Elizabeth Tudor* (Manchester University Press, 1975)
Ronald, S., *The Pirate Queen: Queen Elizabeth I, her Pirate Adventurers and the Dawn of Empire* (HarperCollins, 2007)
Salter, F. R., *Sir Thomas Gresham* (Leonard Parsons, 1925)
Saunders, A., *The Royal Exchange* (London Topographical Society, no. 152, 1997)
Simpson, R., ed., *School of Shakespeare 1: A Larum for London* (Longman, Green and Co., 1872)
Teague, S. J., *Sir Thomas Gresham: Financier and College Founder* (Synjon Books, 1974)
Weddington, J., *A Breffe instruction, and manner, how to kepe, merchantes bokes, of accomptes,* (Scolar Press, 1979)
Wilson, E., *Wilson's Description of the New Royal Exchange ...* (Effingham Wilson, 1844)

Woodall, J., 'Trading Identities: The Image of the Merchant', a talk given at Gresham College (http://www.gresham.ac.uk/audio_video.asp?PageId=108)

第四章

Anderson, C., *Inigo Jones and the Classical Tradition* (Cambridge University Press, 2007)
Anon., A description of the Royal Hospital for Seamen at Greenwich, BL 10351 CC 32
Aslet, C., *The Story of Greenwich* (Fourth Estate, 1999)
Balakier, A. & J., *The Spatial Infinite at Greenwich in Works by Christopher Wren . . .* (Edwin Mellen Press, 1995)
Bevington, D. & Holbrooke, P., eds, *The Politics of the Stuart Court Masque* (Cambridge University Press, 1998)
Bold, J., *Greenwich: An Architectural History of the Royal Hospital for Seamen and the Queen's House* (Yale University Press, 2000)
Brotton, J., *The Sale of the Late King's Goods* (Macmillan, 2006)
Callender, G., *The Queen's House, Greenwich, a short history 1617–1937* (Yelf Bros, 1937)
Downes, K., *Nicholas Hawksmoor* (Zwemmer, 1959)
Evelyn, J., *Navigation and Commerce . . .* (1674)
Evelyn, J., ed. De Beer, E. S., *Diaries* vols 1–6 (1955)
Fraser, A., *King James* (Weidenfeld and Nicolson, 1974)
Harris, J. & Higgott, G., *Inigo Jones: Complete Archtectural Drawings* (Zwemmer, 1989)
Harris, J.; Orgel, S.; Strong, S., eds, *The King's Arcadia: Inigo Jones and the Stuart Court* (Arts Council of Great Britain, 1973)
Hawksmoor, N., 'Remarks on the Founding and Carrying on the Buildings of the Royal Hospital at Greenwich', Wren Society, vol. VI, 1929
Hooke, R., eds. Robinson, W. & Adams, W., *The Diary of Robert Hooke, 1672–80* (Taylor and Francis, 1935)
Horne, A., *The Seven Ages of Paris* (Weidenfeld and Nicolson, 2003)
Inwood, S., *The Man Who Knew too Much* (Macmillan, 2002)
Jones, I., intro. by Piggott, S., *Stone-Heng* (Gregg International, 1971)
Jones, I., ed. Johnson, A. W., *Three Volumes Annotated by Inigo Jones* (Abo Akademi University Press, 1997)

Jonson, B., *The Works of Ben Jonson*, vol 7: *Masques at Court* (1816)

Leapman, M., *Inigo: The Troubled Life of Inigo Jones, Architect of the English Renaissance* (Review, 2003)

Leggett, D., 'The Manor of East Greenwich and the American Colonies', *Transactions of the Greenwich and Lewisham Antiquary Society*, vol. 8, 1972

McCrae, W. H., *The Royal Observatory, Greenwich* (HMSO, 1975)

Mowl, T. & Earnshaw, B., *Architecture without Kings: The Rise of Puritan Classicism under Cromwell* (Manchester University Press, 1995)

Newell, P., *Greenwich Hospital 1692–1983* (Trustees of Greenwich Hospital, 1984)

Nicholson, A., *Earls of Paradise* (HarperCollins, 2007)

Oman, C., *Henrietta Maria* (White Lion Publishers, 1976)

Orrell, J., *The Theatre of Inigo Jones and John Webb* (Cambridge University Press, 1985)

Peacock, J., *The Stage Designs of Inigo Jones: the European Context* (Cambridge University Press, 1995)

Roy, I., 'Greenwich in the Civil War', *Transactions of the Greenwich and Lewisham Antiquary Society*, vol. 10, 1984–5

Sharpe, K., *The Personal Rule of Charles I* (Yale University Press, 1992)

Stewart, A., *The Cradle King: A Life of James VI and I* (Chatto and Windus, 2003)

Stoye, J., *English Travellers Abroad 1604–1667* (Yale University Press, 1989)

Summerson, J., *Inigo Jones* (Penguin, 1966)

Tinniswood, A., *His Inventions So Fertile: A Life of Christopher Wren* (Jonathan Cape, 2001)

Thornhill, J., *An Explanation of the Paintings in the Royal Hospital at Greenwich* (1726)

Whitaker, K., *A Royal Passion: The Turbulent Marriage of Charles I and Henrietta Maria* (Weidenfeld and Nicolson, 2010)

Williams, E. C., *Anne of Denmark: Wife of James VI of Scotland: James I of England* (Longman, 1970)

Wittkower, R., *Palladio and English Palladianism* (Thames and Hudson, 1974)

Worsley, G., *Inigo Jones and the European Classicist Tradition* (Yale University Press, 2006)

Wren, S., *Parentalia*... facsimile of Heirloom edn (1965)

Wren Society, vol. XIX (Wren Society, 1942)

第五章

Noorthouck, J., *A New History of London* (1773) (http:/www.british-history.ac.uk/source.aspx?pubid=332)

Smith, G., *Laboratory of the School of Arts* (www.archive.org/stream/laboratoryorschooosmit)

19 Princelet Street (www.19princeletstreet.org.uk/ index.html)

Strype, J., *A Survey of London, 1720* (www.hrionline.ac.uk/strype/)

Survey of London, vol. 27: *Spitalfields and Mile End New Town* (www.history.ac.uk/)

Barbon, N., *A Discourse Shewing the Great Advantages that New Buildings, and the Enlarging of Towns and Cities Do bring to a Nation* (1678)

Barbon, N., *An Apology for the Builder* (1685)

Bayliss, M., 'The unsuccessful Andrew and other Ogiers: A Study in Failure in the Huguenot Community', *Proceedings of the Huguenot Society*, vol. XXVI, 1994–97

Berg, M., *Luxury and Pleasure in Eighteenth-century Britain* (Oxford University Press, 2005)

Betjeman, J., *John Betjeman's Guide to English Parish Churches* (HarperCollins, 1993)

Black, J., *A Subject for Taste: Culture in Eighteenth-century England* (Hambledon and London, 2005)

Brett-James, N. G., *The Growth of Stuart London* (Allen and Unwin, 1935)

Brewer. J., *Pleasures of the Imagination* (HarperCollins, 1997)

Burton, N. & Guillery, P., *Behind the Facade: London House Plans, 1660–1840* (Spire Books, 2006)

Cherry, B.; O'Brien, C.; Pevsner, N., eds, *The Buildings of England: London 5: East* (Yale University Press, 2005)

Coleman, D. C., *Courtaulds: An Economic and Social History* (Clarendon Press, 1969)

Courtauld, C., 'The Reburial of Louisa Perina Courtauld (neé Ogier)', *Proceedings of the Huguenot Society*, XXVII (5), 2002

Cox, M., *Life and Death in Spitalfields, 1700–1850* (Council for British Archaeology, 1996)

Cruickshank, D. & Burton, N., *Life in the Georgian City* (Viking, 1990)

Defoe, D., *A Tour Throw' the Whole Island of Great Britain*, vols I, II (Peter Davies, 1927)

Defoe, D., ed. Furbank, P. N. & Owen, R., *A True Born Englishman and Other Writings* (Penguin, 1997)

Defoe, D., *The Great Storm* (Penguin, 2005)

de la Ruffiniere du Prey, P., *Hawksmoor's London Churches: Architecture and Theology* (University of Chicago Press, 2000)

Dillon, P., *The Last Revolution: 1688 and the Creation of the Modern World* (Jonathan Cape, 2006)

Downes, K., *Hawksmoor* (Thames and Hudson, 1994)

Flanagan, J. F., *Spitalfields Silks of the 18th and 19th Centuries* (F. Lewis, 1954)

'Fournier Street Outstanding Conservation Area'. Tower Hamlets Council, June 1979

Girouard, M., 'The Georgian Houses of Spitalfields', *Proceedings of the Huguenot Society*, XXIII, 1977–82

Guillery, P., *The Small House in Eigteenth Century London* (Yale University Press, 2004)

Gywnn, R. D., *Huguenot Heritage* (Routledge and Kegan Paul, 1985)

Gwynne, R. D., *The Huguenots of London* (Alpha Press, 1998)

Hammond, J. & Hammond B., *The Skilled Labourer* (new edn) (Longman, 1979)

Hatton, E., *A New View of London (1708)*

Leech, K., 'The Decay of Spitalfields', *East London Papers*, vol. 7.2, 1964

Maddocks, S., *The Copartnership Herald*, vol. 1, no. 10, 1931

Marsh, G., *18th Century Embroidery Techniques* (Guild of Master Craftsman Publications, 2006)

McKellar, E., *The Birth of Modern London* (Manchester University Press, 1999)

Molleson, T. & Cox, M., *The Spitalfields Project*, vol. 2: *The Anthropology* (CBA Research Report 86, 1993)

North, R., 'Life of the Honorable Sir Dudley North', *Lives of the Norths* (G. Bell and Sons, 1890)

Porter, G. E., *Treatise on ... the Silk Manufacture* (1831)

Rothstein, N., 'The Calico Campaign of 1719–1721', *East London Papers*, vol. 7.1, 1964

Rothstein, N., *Silk Designs of the Eighteenth Century* (Thames and Hudson, 1990)

Rule, F., The Worst Street in London (Ian Allan, 2008)

Sabin, A. K., *The Silk Weavers of Spitalfields and Bethnal Green* (Bethnal Green Museum, 1931)

Vigne, C. & Littleton, C., eds, *From Strangers to Citizens: the Integration of Communities in Britain, Ireland and Colonial America, 1550–1759* (Sussex Academic Press, 2001)

第六章

Beckfordiana: A website for William Beckford (http://beckford.c18.net/beckfordiana.html)
Cumberland, R., *The West Indian: a Play* (http://openlibrary.org/books/OL7148229M/West_Indian)
Shepherd, F. H. W., *Survey of London*, vols 31 and 32: St James's, Westminster (http://www.british-history.ac.uk/source.aspx?pubid=290)
Adburgham, A., *Shopping in Style: London from Restoration to Edwardian Elegance* (Thames and Hudson, 1979)
Anon., Critical Observations on the Buildings and Improvements of London, 1771, BL 105.e.40
Ayres, J., *Domestic Interiors: The British Tradition 1500–1850* (Yale University Press, 2003)
Black, J., *The British Seaborne Empire* (Yale University Press, 2004)
Brewer, J., *The Pleasures of the Imagination: English Culture in the Eighteenth Century* (HarperCollins, 1997)
Burton, E., *The Georgians at Home* (Longmans, 1967)
Chancellor, E. B., *Wanderings in Marylebone* (Dulau and Co., 1926)
Colley, L., *Britons: Forging the Nation* (2nd edn) (Yale University Press, 2005)
Cundall, F., *The Governors of Jamaica in the first half of the eighteenth century* (The West India Commitee, 1937)
Draper, N., 'Possessing Slaves: Ownership, compensation and Metropolitan Society in Britain at the Time of Emancipation 1834–40', *History Workshop Journal*, vol. 64(1), 2007
Eger, E. & Peltz, L., *Brilliant Women: 18th Century Bluestockings* (National Portrait Gallery, 2008)
Gore, A. and A., *The History of English Interiors* (Phaidon, 1991)
Gragg, L., 'The Port Royal Earthquake', *History Today*, September 2000
Gwynn, J., *London and Westminster Improved (1766)* (Gregg International, 1969)
Hampson, N., *The Enlightenment* (Penguin, 1990)

Harris, E., 'Home House: Adam Versus Wyatt', *Burlington Magazine*, vol. 109, 1967

Harris, E., *The Genius of Robert Adam: His Interiors* (Yale University Press, 2001)

Home, Elizabeth, Countess of, Last Will (National Archives PROB 11/1112)

Hughes, R., 'Palaces of the Mind', *Time* magazine, 10 April 1972

Jenkins, S., *Landlords to London: The Story of a Capital and its Growth* (Constable, 1975)

Leslie, C., *A New and Exact Account of Jamaica* (Edinburgh, 1740)

Lewis, L., 'Elizabeth, Countess of Home and her House in Portman Square', *Burlington Magazine*, vol. 139(i), 1997

Longford, P., *A Polite and Commercial People: England 1727–1783* (Oxford University Press, 1989)

Longstaffe-Gowan, T., 'Portman Square Gardens: The Montpelier of England', *The London Gardener*, vol. 12, 2006–7

Mackay, C., *Extraordinary Popular Delusions and the Madness of Crowds* (Wordsworth Reference, 1995)

Miller, S., *Conversation: A History of a Declining Art* (Yale University Press, 2006)

O'Connell, S., ed., *London 1753* (The British Museum Press, 2003)

Parissien, S., *Adam Style* (Phaidon, 1992)

Peck, L., *Consuming Splendour* (Cambridge University Press, 2005)

Picard, L., *Dr Johnson's London* (Weidenfeld and Nicolson, 2000)

Porter, R., *The Enlightenment* (Allen Lane, 2001)

Robinson, J. M., *The Wyatts: An Architectural Dynasty* (Oxford University Press, 1975)

Rude, G., *Hanoverian London, 1714–1818* (Secker and Warburg, 1971)

Saumarez Smith, C., *The Rise of Design: Design and the Domestic Interior in Eighteenth-century England* (Pimlico, 2000)

Sennett, R., *The Fall of Public Man* (Penguin, 2002)

Shaftesbury, ed. Klein, L., *Characteristiks . . .* (Cambridge University Press, 1999)

Summerson, J., *The Architecture of the Eighteenth Century* (Thames and Hudson, 1986)

Sykes, C. S., *Private Palaces: Life in the Great London Houses* (Chatto and Windus, 1985)

Tait, A. A., *Robert Adam Drawings and Imagination* (Cambridge University Press, 1993)

Thomas, P. D. G., *John Wilkes: A Friend to Liberty* (Oxford University Press, 1996)

Thorold, P., *The London Rich: The Creation of a Great City from 1666 to the Present Day* (St Martin's Press, 1999)

Vickery, A., *Behind Closed Doors* (Yale University Press, 2009)

Voltaire, trans. Tancock, L., *Letters on England* (Penguin, 1984)

Walvin, J., *Fruits of Empire: Exotic Produce and English Taste* (Macmillan, 1997)

Whinney, M., *Home House: No. 20 Portman Square* (Country Life, 1969)

Williamson, A., *Wilkes A Friend of Liberty* (Allen and Unwin, 1974)

Wilson, B., *What Price Liberty: How Freedom was Won and is Being Lost* (Faber, 2009)

Wroth, W., *London Pleasure Gardens of the 18th Century* (Macmillan and Co., 1896)

第七章

Arnold, D., *Representing the Metropolis: Architecture, Urban Experience and Social life in London 1800–1840* (Ashgate, 2000)

Batey, M., 'The Picturesque: An Overview', *Garden History*, vol. 22, winter 1994

Berkeley, G., *Reminiscences of a Huntsman* (Edward Arnold, 1897)

Burke, E., *Reflections on the French Revolution* (http://www.historyguide.org/intellect/reflections)

Cameron, D. K., *London's Pleasures* (Sutton, 2001)

Colvin, H. M., ed., *The History of the Office of King's Works*, vol. VI (HMSO, 1963–1982)

Davis, T., *John Nash: The Prince Regent's Architect* (Country Life, 1966)

Draper-Stumm, T. & Kendall, D., *London's Shops: The World's Emporium* (English Heritage, 2002)

Elmes, J., ed. Shepherd, T. H., *Metropolitan Improvements* (Arno Press, 1978)

Epstein Nord, D., 'The City as Theater: from Georgian to Early Victorian London', *Victorian Studies*, Winter, 1988

Fox, C., ed., *London World City: 1800–1840* (Yale University Press, 1992)

Gay, J., ed. Walsh, M., *Selected Poems* (Carcanet, 2003)

Hamilton, J., *London Lights: The Minds that Moved the City that Shook the World* (John Murray, 2007)

Harvey, R., *War of Wars* (Constable, 2006)

Healey, E., *The Queen's House: A Social History of Buckingham Palace* (Michael Joseph, 1997)

Hill, D., *Regency London* (Macdonald, 1969)

Hill, D., *Georgian London* (Macdonald, 1970)

Hobhouse, H., *The Mile of Style: A History of Regent Street* (Phillimore, 2008)

Hod, J., *Trafalgar Square: A Visual History of London's Landmark through Time* (Batsford, 2005)

Mordaunt Crook, J., 'London's Arcadia: John Nash and the Planning of Regent's Park', Annual Soane Lecture, 2000

Murray, V., *High Society in the Regency Period 1788–1830* (Penguin, 1998)

Palmer, A., *George IV* (Weidenfeld and Nicolson, 1972)

Pevsner, N. & Cherry, B., *The Buildings of England: London 3: North West* (Penguin, 1991)

Samuel, E. C., 'The Villas in Regent's Park and their Residents', St Marylebone Society Publication, no. 1, 1959

Saunders, A., *Regent's Park: A Study of Development of the Area from 1086 to the Present Day* (David & Charles, 1969)

Sheppard, F. H. W., ed. *The London Survey*, vol. 21: *St Martin in the Fields and Trafalgar Square* (1940)

Sheppard, F. H. W., ed., *The London Survey*, vols 31 and 32; *St James's Westminster* (1963)

Suggett, R., *John Nash, Architect in Wales* (Royal Commission on the Ancient and Historical Monuments of Wales, 1995)

Summerson, J., *John Nash: Architect to King George IV* (George Allen and Unwin, 1935)

Summerson, J., *The Life and Work of John Nash, Architect* (George Allen and Unwin, 1980)

Summerson, Sir J., 'John Nash's "Statement", 1829', *Architectural History*, vol. 34, 1991

Townsend, D., 'The Picturesque', *Journal of Aesthetics and Art Criticism*, Fall 1997

White, J., *London in the 19th Century* (Vintage, 2008)

White, R. J., *Life in Regency England* (Botsford, 1963)

Whitehead, J., *The Growth of St Marylebone and Paddington* (Jack Whitehead, 2001)

第八章

Barry, A., *The Life and Works of Sir Charles Barry, RA FRS* (John Murray, 1867)
Boase, T. S. R., 'The Decoration of the New Palace of Westminster: 1841–1863', *Journal of Warburg and Courtauld Institutes*, vol. 17, no. 3/4, 1954
Brookes, C., *The Gothic Revival* (Phaidon, 1999)
Cannadine, D. et al., eds, *The Houses of Parliament: History, Art and Architecture* (Merrell, 2000)
Clark, K., *The Gothic Revival* (Constable, 1950)
Colvin, H. M., ed., *The History of King's Works*, vol. 6: 1782–1851 (HMSO, 1973)
Cooke, Sir R., *The Place of Westminster: Houses of Parliament* (Burton Skira, 1987)
Cust, E., 'Thoughts on the Expedience of a Better System of Control', Hume Tracts (1837) (JSTOR 60209685)
Dixon, R. & Muthesius, S., *Victorian Architecture* (Thames and Hudson, 1978)
Field, J., *The Story of Parliament in the Palace of Westminster* (Politicos, 2002)
Hamilton, J., *London Lights: The Minds that Moved the City that Shook the World* (John Murray, 2007)
Hastings, M., *Parliament House: The Chambers of the House of Commons* (Architectural Press, 1950)
Hill, R., *God's Architect: Pugin and the Building of Romantic Britain* (Penguin, 2008)
Hilton, B., *A Mad, Bad and Dangerous People?* (Oxford University Press, 2006)
MacDonald, P., *Big Ben, the Clock and the Tower* (Sutton, 2004)
Pearce, E., *Reform! The Fight for the 1832 Reform Act* (Jonathan Cape, 2003)
Port, M. H., *The Houses of Parliament* (Yale University Press, 1976)
Pugin, A. W. N., *Contrasts*... (Leicester University Press, 1969)
Quinault, R., 'Westminster and the Victorian Constitution', *Transactions of the RHS*, vol. 2, 1992
Reid, D. B. (David Boswell), 'Narrative of Facts as to the New Houses of Parliament', *Hume Tracts* (1849) (JSTOR 60207891)
Rorabaugh, W. J., 'Politics and the Architectural Competition for the Houses of Parliament 1834–1837', *Victorian Studies*, vol. 17, no. 2, Dec. 1973
Sawyer, S., 'Delusion of National Grandeur: Reflections on the Intersection of Architecture and History at the Palace of Westminster, 1789–1834', *Transactions of the RHS*, vol. 13, 2003
Stevenson, J., ed., *London in the Age of Reform* (Basil Blackwell, 1977)

Weitzman, G. H., 'The Utilitarians and the Houses of Parliament', *Journal of the Society of Architectural Historians*, vol. 20, no. 3, Oct. 1961

第九章

The Handbook for the Metropolitan and District Board of Works, 1857 (http://www.jstor.org/stable/60244750)

UCLA Epidemiology Department, John Snow site (http://www.ph.ucla.edu/epi/snow/broadstreetpump.htl)

The Victorian Dictionary (http://www.victorianlondon.org/)

Armstrong, I., *Victorian Glassworlds: Glass, Culture and the Imagination* (Oxford University Press, 2008)

Bazalgette, J., *Of the Metropolitan System of Drainage* (Institute of Civil Engineers, 1864–5)

Bennett, A. R., *London etc. in the Eighteen Fifties and Sixties* (Fisher Unwin, 1924)

Bradford, T., *The Groundwater Diaries* (Flamingo, 2004)

Buchanan, R. A., 'Gentlemen Engineers: the Making of a Profession', *Victorian Studies*, vol. 26., no. 4, Summer 1983

Clifton, G., *Professionalism, Patronage and Public Service in Victorian London* (Athlone, 1992)

Colquhoun, K., *A Thing in Disguise: The Visionary Life of Joseph Paxton* (Fourth Estate, 2003)

Davis, J. R., *The Great Exhibition* (Sutton, 1999)

Dickens, C., *Our Mutual Friend* (Chapman and Hall, 1887)

Dobraszczyk, P., 'Historicizing Iron: Charles Driver and the Abbey Mills Pumping Stations (1865–8)', *Architectural History*, vol. 49, 2006

Halliday, S., *The Great Stink of London: Sir Joseph Bazalgette and the Cleansing of the Victorian Metropolis* (Sutton, 1999)

Hamlin, C., 'Edwin Chadwick and the Engineers: 1842–1854', *Technology and Culture*, vol. 33, no. 4, Oct. 1992

Harley, R. J., *London's Victoria Embankment* (Capital History, 2005)

Hollingshead, J., *Ragged London in 1861* (Smith, Elder and Co., 1861)

Humphreys, A., 'Knowing the Victorian City: Writing and Representation', *Victorian Literature and Culture*, 2002

Inwood, S., *City of Cities: The Birth of Modern London* (Macmillan, 2005)

Johnson, S., *The Ghost Map: A Street, an Epidemic and the Two Men who Battled to Save Victorian London* (Penguin, 2007)

Metcalfe, P., *Victorian Britain* (Cassell, 1972)

Nead, L., *Victorin Babylon: People, Streets and Images in Nineteenth Century London* (Yale University Press, 2000)

Oliver, S., 'The Thames Embankment and the disciplining of Nature in modernity', *The Geographical Journal*, vol. 166, no. 3, Sept. 2000

Owen, D. E., *The Government of Victorian London 1855–89* (Belknap Press, 1982)

Picard, L., *Victorian London* (Weidenfeld and Nicolson, 2005)

Porter, D., *The Thames Embankment: Environment, Technology, Society in Victorian London* (University of Akron Press, 1998)

Spufford, F. & Uglow, J., eds, *Cultural Babbage: Technology, Time and Inventions* (Faber, 1996)

Summer, J., *Soho* (Bloomsbury, 1989)

Wilson, A. N., *The Victorians* (Arrow, 2003)

Wolmar, C., *The Subterranean Railway: How the London Underground was Built and How it Changed the City Forever* (Atlantic, 2004)

第十章

TfL: Annual Report and Statement of Accounts, 2008–9 (http://www.tfl.gov.uk/corporate/abcut-tfl/investorrelations/1458.aspx)

Adshead, A. D., 'The Town Planning of Greater London after the War', *The Town Planning Review*, vol. 7, no. 2, 1917

Adshead, A. D., 'The Town Planning of Greater London after the War: Part II', *The Town Planning Review*, vol. 7, no. 3/4, 1918

Barclay, P. & Powell, K., *Wembley Stadium: Venue of Legends* (Prestel, 2007)

Barres-Baker, M. C., 'Wembley in the First World War: 1914–1919', *Wembley Historical Society*, 15 Sept. 2006

Bell, W., *Where London Sleeps: Historical Journeys into the Suburbs* (Bodley Head, 1926)

Clarke, W., ed., *The Suburban Homes of London* . . . (Chatto and Windus, 1881)

Elsley, H. W. R., *Wembley Through the Ages* (*Wembley News*, 1953)

Ferguson, N., *Empire: How Britain Made the Modern World* (Penguin, 2003)

Ford, F. Madox, *The Soul of London: Survey of a Modern City* (Alston Rivers, 1905)

Gee, H., *Wembley: Fifty Great Years* (Pelham Books. 1972)

Glass, R., *London: Aspects of Change* (MacGibbon & Key, 1964)

Green, O., intro, *Metro-Land*, British Empire Exhibition Number, 1924 (Southbank Publishing, 2004)

Grossman, G. & W., *Diary of a Nobody* (Arrowsmith, 1938)

Harding Thompson, W., 'The Arterial Roads of Greater London in Course of Construction', *The Town Planning Review*, vol. 9, no. 2, 1921

Hoffenberg, P. H., *An Empire on Display: English, Indian and Australian Exhibitions from the Crystal Palace to the Great War* (University of California Press, 2001)

Howard, E., *Garden Cities of Tomorrow* (Faber, 1945)

Inwood, S., *City of Cities: The Birth of Modern London* (PanMacmillan, 2006)

Jackson, A. A., *London's Metropolitan Railway* (David and Charles, 1986)

Jackson. A. A., *The Middle Classes 1900–1950* (David St John Thomas Publishers, 1991)

Jackson, A. A., *London's Metro-Land* (Capital History, 2006)

James, H., *Essays in London* (James R. Osgood, McIlvaine and Co., 1893)

Jay, R., 'Taller than Eiffel's Tower: The London and Chicago Tower Projects: 1889–1894', *Journal of the Society of Architectural Historians*, vol. 46, no.2, 1987

Jefferys, R., *After London* (Cassell, 1885)

Jensen, F., *The English Semi-Detached House* (Ovolo Books, 2007)

Judd, D., *Empire: The British Imperial Experience from 1765 to the Present* (HarperCollins, 1996)

Knight, D. & Sabey, D., *The Lion Roars at Wembley* (Barnard and Westwood, 1984)

Lawrence, G. C., ed., *The British Empire Exhibition, 1924: Official Guide* (Fleetway Press, 1924)

Marr, A., *The Making of Modern Britain* (Macmillan, 2009)

Mee, A., ed. Saunders, A., *The King's England: London North of the Thames, except the City and Westminster* (Hodder and Stoughton, 1972)

Muthesius, H., *The English House* (Frances Lincoln, 2007)

Pevsner, N. & Cherry, B., *The Buildings of England: London 3: North West* (Penguin, 1991)

Pugh, Martin, *'We Danced All Night': A Social History of Britain Between the Wars* (Bodley Head, 2008)

Rasmussen, S. E., *London: The Unique City* (Jonathan Cape, 1939)

Rennell, T., *Last Days of Glory: The Death of Queen Victoria* (Viking, 2000)

Saint, A., intro., *London Suburbs* (Merrell Holberton, 1999)
Schneer, J., *London 1900: the Imperial Metropolis* (Yale University Press, 2001)
Service, A., *London 1900* (Granada, 1979)
Thraves, A., *The History of the Wembley FA Cup Final* (Weidenfeld and Nicolson, 1994)
Tomsett, P. & Brand, C., *Wembley: Stadium of Legends* (Dewi Lewis, 2007)
Wade, C., *Hampstead Past* (Historical Publications, 1989)
White, H. P., *A Regional History of the Railways of Great Britain*, vol. III: *Greater London* (Phoenix House, 1963)
William, O., et al., *Wembley: First City of Concrete* (Concrete Utilities Bureau, 1924)
Young, P., *A History of British Football* (Stanley Paul, 1968)

第十一章

Architects' Year Book 4 (Paul Elek, 1952)
Architects' Year Book 7 (Paul Elek 1956)
'Heritage group vies to save council block for the nation', *The Sunday Times*, 7 Feb. 1993
'Crumbling block of flats saved for nation; Keeling House', *The Times*, 24 Nov. 1993
A Language and a Theme: The Architecture of Denys Lasdun & Partners (RIBA Publications, 1996)
Abercrombie, P., *Greater London Plan 1944* (HMSO, 1945)
Allan, J., *Berthold Lubetkin* (Merrell, 2002)
Baker, T. F. T., ed., *A History of the County of Middlesex*, vol. 11 (Victoria County History, 1998)
Bennett, C., 'La Poesie Concrète: A Love Story', *Guardian*, 15 November 1990
Dench, G., et al., *The New East End: Kinship, Race and Conflict* (Profile Books, 2006)
Dunleavy, P., *The Politics of Mass Housing in Britain, 1945–1975* Clarendon Press, 1981)
Elwall, R., *Building a Better Tomorrow: Architecture in Britain in the 1950s* (Wiley Academic, 2000)
Glendinning, M. & Muthesius, S., *Tower Block: Modern Public Housing in England, Scotland, Wales and Northern Ireland* (Yale University Press, 1994)
Gold, J. R., 'The MARS Plan for London 1932–1942: Plurality and Experi-

mentation in the City. Plans of the Early British Modern Movements', *The Town Planning Review*, June 1995

Hall, P., *Cities of Tomorrow* (3rd edn) (Blackwell, 2002)

Hall, P., et al., *The Containment of Urban England*, 2 vols (George Allen and Unwin, 1973)

Hanley, L., *Estates: An Intimate History* (Granta, 2007)

Hughes, J., 'Born Again: The High Rise Slum', *The Times*, 1 July 2000

Humphries, S. & Taylor, J., *The Making of Modern London* (Sidgwick and Jackson, 1986)

Jay, B. & Warburton, N., eds, *Brandt: The Photography of Bill Brandt* (Thames and Hudson, 1999)

Kynaston, D., *Austerity Britain: 1945–51* (Bloomsbury, 2008)

Kynaston, D., *Family Britain: 1951–57*, (Bloomsbury, 2009)

Lasdun, D., 'Second Thoughts in Housing on London', *Architects' Year Book 4*, 1952

Lasdun, D., *MARS Group 1953–57 Architects' Year Book 9*, 1957

Lasdun, D., 'Freedom to Build', letter to the editor of *The Times*, 7 October 1957

Lasdun, D., *Architecture in an Age of Scepticism, a Practitioners' Anthology* (Heinemann, 1984)

Lasdun, D. & Davies, J. H. V., 'Thoughts in Progress', *Architectural Design*, Dec. 1956–Dec. 1957

Lynch, K., 'A New Look at Civic Design', *Journal of Architectural Education*, vol. 19, no. 1, 1955

Mullins, C., *A Festival on the River: The Story of the South Bank Centre* (Penguin, 2007)

O'Neill, G., *Our Street: East End Life in the Second World War* (Penguin, 2004)

Powers, A., *Britain: Modern Architectures in History* (Reaktion, 2007)

Ravetz, A., *The Government of Space: Town Planning in Modern Society* (Faber, 1986)

Reading, M. & Coe, P., *Lubetkin and Tecton: An Architectural Study* (Triangle Architectural Publishing, 1992)

Smit, J., 'They bought a tower block', *The Sunday Times*, 17 Oct. 1999

Smith, L., *Young Voices: British Children Remember the Second World War* (Viking, 2007)

Sudjic, D., 'The Bull about Bunkers', *Guardian*, 6 Feb. 1997

Summerson, J., intro, *Ten Years of British Architecture; an Arts Council Exhibition* (Arts Council, 1956)

Waller, M., *London, 1945: Life in the Debris of War* (John Murray, 2004)
Wilkinson, L., *Watercress but no Sandwiches: 300 years of the Columbia Road* (JHERA, 2001)
Wise, S., *The Blackest Streets: The Life and Death of a Victorian Slum* (Vintage, 2009)
Wright, P., *A Journey Through Ruins: The Last Days of London* (Oxford University Press, 2009)
Young, M. & Willmott, P., *Family and Kinship in East London* (Penguin, 2007)

第十二章

The Big Dig: Archaeology and the Jubilee Line Extension (Museum of London Archaeology Service, 1998)
'Unlock the Digital City', *Wired UK*, Nov. 2009
Augar, P., *The Death of Gentlemanly Capitalism* (Penguin, 2008)
Augar, P., *Reckless: The Rise and Fall of the City* (Vintage, 2010)
Bagehot, W., *Lombard Street: A Description of the Money Market* (Wiley Investment Classics, 1999)
Burdett, R., ed., *Richard Rogers Partnership: Works and Projects* (Monacelli Press, 1999)
Cable, V., *The Storm* (Atlantic, 2009)
Coggan, P., *The Money Machine: How the City Works* (Penguin, 2009)
Cohen, P. & Rustin, M. J., eds, *London's Turning: The Making of Thames Gateway* (Ashgate 2008)
Corporation of London, *Global Financial Centres 7*, March 2010
Elrington, C. R., ed., *A History of the County of Middlesex*, vol. 9 (Victoria County History, 1989)
Foster, N. + Partners, *Foster Catalogue 2001* (Prestel, 2001)
GLA, The London Plan: Spatial Development for Greater London (Feb. 2008)
GLA, Draft Revised Supplementary Planning Guidance (May 2009)
GLA, Taking London to the World: An Export Promotion Programme for the Capital (May 2009)
Glancey, J., *London: Bread and Circuses* (Verso, 2001)
Hebbert, M., *London: More by Fortune than Design* (Wiley, 1998)
Jenkins, D., ed., *On Foster – Foster On* (Prestel, 2000)
Kerr, J. & Gibson, A., eds, *London from Punk to Blair* (Reaktion, 2003)

Kynaston, D., *The City of London: A Club No More 1945–2000* (Chatto and Windus, 2001)

Lewis, M., *Liar's Poker: Two Cities, True Greed* (Hodder and Stoughton, 1989)

Massey, D., *World City* (Polity Press, 2007)

McSmith, A., *No Such Thing as Society* (Constable, 2010)

Michie, R. C., ed., *The Development of London as a Financial Centre*, vol 4: 1945–2000 (I. B. Tauris, 2000)

Pawley, M., *Norman Foster: A Global Architecture* (Thames and Hudson, 1999)

Plender, J. & Wallace, P., *The Square Mile: A Guide to the New City of London* (Century, 1985)

Powell, K., *30 St Mary Axe: A Tower for London* (Merrell, 2006)

Powell, K., *New London Architecture 2* (Merrell, 2007)

Rogers, R., *Architecture: a Modern View* (Thames and Hudson, 1990)

Sudjic, D., *The Edifice Complex: How the Rich and Powerful Shape the World* (Allen Lane, 2005)

Sudjic, D., *Norman Foster* (Weidenfeld and Nicolson, 2010)

致　谢

我对伦敦的迷恋始于青春年少时，从此便一发不可收拾。更重要的是，这其实是一种寻找，寻找被称为家的地方，并领悟自己安身之所在。这个我选择扎根的地方，也让我尝试着去求解，一个人对家的需要为何如此强烈。然而，家并非抽象之物，不可能通过图书馆或谷歌搜索或下载一份文件就被发现。它通常所指的，更应该是人而非一堆砖块。这本书就是献给罗丝（Rose）的，因为她才是家的真正意义之所在。同时，也献给路易（Louis）和西娅多拉（Theadora）。

还有许多其他的朋友、同事和家人，如果没有他们的帮助和信任，本书也不可能付梓。所以我要感谢母亲、伊德（Ed）、艾玛（Emma）、提姆（Tim）和黛西（Daisy）。感谢康威尔和沃尔什（Conville and Walsh）版权公司的帕特里克（Patrick）、克莱尔（Clare）及其所有的同人。作为出版经纪人，他们竭尽全力，既是朋友也是向导。感谢魏登菲尔德和尼科尔森（Weidenfeld and Nicolson）出版公司的比依（Bea）、艾伦（Alan）、伊丽莎白（Elizabeth）及其所有的同人，他们是最棒的团队。我还要特别感谢林顿·罗森（Linden Lawson），他为提升本书文字所付出的努力远远超出了我的期望。

  最后，我要感谢图书管理员和档案管理员，感谢他们的善良和慷慨无私的帮助。我们的公共图书馆正处于一段艰难时期，关闭它们将威胁到我们的集体记忆。许许多多位于伦敦的图书馆、档案馆及其馆藏对整座城市的未来至关重要，因为这些机构为城市保存了昔日的历史。削减经费和解雇有价值的员工貌似省钱，实际上却得不偿失，而且还削弱了我们对大都市的期待。

译后记

2016年10月，三联书店的唐明星女士推荐此书，商请我们为此书做中文翻译。我们欣然接受，乐意成为此书的译者。其原因有三。其一，此书立即让我们联想到英国维多利亚时代的大艺术家约翰·罗斯金（John Ruskin，1819—1900）的名著《威尼斯的石头》。其二，此书的写作角度和切入点新颖别致。诸如对构成伦敦五大基石的思索和追寻，让我们叹赏。还有，原书文风充满文学色彩，读来优美流畅。其三，伦敦是我们熟悉的城市，相对而言，翻译起来不至于太困难。

在一些人眼里，翻译这件事门槛很低。因为翻译无非就是把别人的话，换一种语言表达出来而已。这似乎是任何一个人，只要懂一点外语，便可以从事翻译工作的原因了。其实不然，翻译乃是门槛极高的一门大学问。因为，任何一个人，哪怕他外语说得再流利，但要实现我们常说的"信达雅"，还是有一定难度的。近些年来，我国翻译出版了大量的外文专著。从数量上来看，可喜可贺。但从质量上来看，即便不作深究，一些译本质量也令人堪忧。因此，我们在从事此书翻译的过程中，一再提醒与严格要求自己，尽力做到译文精准、文字流畅。当然，旁观者清。读别人的译著，很容易眼尖，挑出错误。一旦自己深陷其中，也会有错而不自知。所以，书中如存有翻译错误，还请读者批评指正。

　　本书的翻译得到何岩芳博士的倾力帮助。她不仅为译稿修改了很多不当的遣词造句，还对译文进行了加工润色，让整本书读来更为平滑流畅。原书作者利奥·霍利斯（Leo Hollis）总以最快的速度给我们答疑解难，令人感动。我们的同事和朋友桑德拉·帕默（Sandra Palmer）、维多利亚·芬利（Victoria Finley）、蔡晓景女士也对本书的翻译工作给予诸多帮助。在此一并致谢！

　　最后，感谢三联书店与责任编辑唐明星女士，他们的辛劳与敬业让这本译作得以面世。

罗隽

2019 年 3 月

新 知
文 库

01 《证据：历史上最具争议的法医学案例》[美] 科林·埃文斯 著　毕小青 译
02 《香料传奇：一部由诱惑衍生的历史》[澳] 杰克·特纳 著　周子平 译
03 《查理曼大帝的桌布：一部开胃的宴会史》[英] 尼科拉·弗莱彻 著　李响 译
04 《改变西方世界的 26 个字母》[英] 约翰·曼 著　江正文 译
05 《破解古埃及：一场激烈的智力竞争》[英] 莱斯利·罗伊·亚京斯 著　黄中宪 译
06 《狗智慧：它们在想什么》[加] 斯坦利·科伦 著　江天帆、马云霏 译
07 《狗故事：人类历史上狗的爪印》[加] 斯坦利·科伦 著　江天帆 译
08 《血液的故事》[美] 比尔·海斯 著　郎可华 译　张铁梅 校
09 《君主制的历史》[美] 布伦达·拉尔夫·刘易斯 著　荣予、方力维 译
10 《人类基因的历史地图》[美] 史蒂夫·奥尔森 著　霍达文 译
11 《隐疾：名人与人格障碍》[德] 博尔温·班德洛 著　麦湛雄 译
12 《逼近的瘟疫》[美] 劳里·加勒特 著　杨岐鸣、杨宁 译
13 《颜色的故事》[英] 维多利亚·芬利 著　姚芸竹 译
14 《我不是杀人犯》[法] 弗雷德里克·肖索依 著　孟晖 译
15 《说谎：揭穿商业、政治与婚姻中的骗局》[美] 保罗·埃克曼 著　邓伯宸 译　徐国强 校
16 《蛛丝马迹：犯罪现场专家讲述的故事》[美] 康妮·弗莱彻 著　毕小青 译
17 《战争的果实：军事冲突如何加速科技创新》[美] 迈克尔·怀特 著　卢欣渝 译
18 《最早发现北美洲的中国移民》[加] 保罗·夏亚松 著　暴永宁 译
19 《私密的神话：梦之解析》[英] 安东尼·史蒂文斯 著　薛绚 译
20 《生物武器：从国家赞助的研制计划到当代生物恐怖活动》[美] 珍妮·吉耶曼 著　周子平 译
21 《疯狂实验史》[瑞士] 雷托·U. 施奈德 著　许阳 译
22 《智商测试：一段闪光的历史，一个失色的点子》[美] 斯蒂芬·默多克 著　卢欣渝 译
23 《第三帝国的艺术博物馆：希特勒与"林茨特别任务"》[德] 哈恩斯－克里斯蒂安·罗尔 著
　　孙书柱、刘英兰 译

24 《茶：嗜好、开拓与帝国》[英]罗伊·莫克塞姆 著　毕小青 译

25 《路西法效应：好人是如何变成恶魔的》[美]菲利普·津巴多 著　孙佩妏、陈雅馨 译

26 《阿司匹林传奇》[英]迪尔米德·杰弗里斯 著　暴永宁、王惠 译

27 《美味欺诈：食品造假与打假的历史》[英]比·威尔逊 著　周继岚 译

28 《英国人的言行潜规则》[英]凯特·福克斯 著　姚芸竹 译

29 《战争的文化》[以]马丁·范克勒韦尔德 著　李阳 译

30 《大背叛：科学中的欺诈》[美]霍勒斯·弗里兰·贾德森 著　张铁梅、徐国强 译

31 《多重宇宙：一个世界太少了？》[德]托比阿斯·胡阿特、马克斯·劳讷 著　车云 译

32 《现代医学的偶然发现》[美]默顿·迈耶斯 著　周子平 译

33 《咖啡机中的间谍：个人隐私的终结》[英]吉隆·奥哈拉、奈杰尔·沙德博尔特 著　毕小青 译

34 《洞穴奇案》[美]彼得·萨伯 著　陈福勇、张世泰 译

35 《权力的餐桌：从古希腊宴会到爱丽舍宫》[法]让-马克·阿尔贝 著　刘可有、刘惠杰 译

36 《致命元素：毒药的历史》[英]约翰·埃姆斯利 著　毕小青 译

37 《神祇、陵墓与学者：考古学传奇》[德]C.W.策拉姆 著　张芸、孟薇 译

38 《谋杀手段：用刑侦科学破解致命罪案》[德]马克·贝内克 著　李响 译

39 《为什么不杀光？种族大屠杀的反思》[美]丹尼尔·希罗、克拉克·麦考利 著　薛绚 译

40 《伊索尔德的魔汤：春药的文化史》[德]克劳迪娅·米勒-埃贝林、克里斯蒂安·拉奇 著　王泰智、沈惠珠 译

41 《错引耶稣：〈圣经〉传抄、更改的内幕》[美]巴特·埃尔曼 著　黄恩邻 译

42 《百变小红帽：一则童话中的性、道德及演变》[美]凯瑟琳·奥兰丝汀 著　杨淑智 译

43 《穆斯林发现欧洲：天下大国的视野转换》[英]伯纳德·刘易斯 著　李中文 译

44 《烟火撩人：香烟的历史》[法]迪迪埃·努里松 著　陈睿、李欣 译

45 《菜单中的秘密：爱丽舍宫的飨宴》[日]西川惠 著　尤可欣 译

46 《气候创造历史》[瑞士]许靖华 著　甘锡安 译

47 《特权：哈佛与统治阶层的教育》[美]罗斯·格雷戈里·多塞特 著　珍栎 译

48 《死亡晚餐派对：真实医学探案故事集》[美]乔纳森·埃德罗 著　江孟蓉 译

49 《重返人类演化现场》[美]奇普·沃尔特 著　蔡承志 译

50 《破窗效应：失序世界的关键影响力》[美]乔治·凯林、凯瑟琳·科尔斯 著　陈智文 译

51 《违童之愿：冷战时期美国儿童医学实验秘史》[美]艾伦·M.霍恩布鲁姆、朱迪斯·L.纽曼、格雷戈里·J.多贝尔 著　丁立松 译

52 《活着有多久：关于死亡的科学和哲学》[加]理查德·贝利沃、丹尼斯·金格拉斯 著　白紫阳 译

53 《疯狂实验史Ⅱ》[瑞士]雷托·U.施奈德 著　郭鑫、姚敏多 译

54 《猿形毕露：从猩猩看人类的权力、暴力、爱与性》[美]弗朗斯·德瓦尔 著　陈信宏 译

55 《正常的另一面：美貌、信任与养育的生物学》[美]乔丹·斯莫勒 著　郑嬿 译

56 《奇妙的尘埃》[美]汉娜·霍姆斯 著　陈芝仪 译

57 《卡路里与束身衣：跨越两千年的节食史》[英]路易丝·福克斯克罗夫特 著　王以勤 译

58 《哈希的故事：世界上最具暴利的毒品业内幕》[英]温斯利·克拉克森 著　珍栎 译

59 《黑色盛宴：嗜血动物的奇异生活》[美]比尔·舒特 著　帕特里曼·J.温 绘图　赵越 译

60 《城市的故事》[美]约翰·里德 著　郝笑丛 译

61 《树荫的温柔：亘古人类激情之源》[法]阿兰·科尔班 著　苜蓿 译

62 《水果猎人：关于自然、冒险、商业与痴迷的故事》[加]亚当·李斯·格尔纳 著　于是 译

63 《囚徒、情人与间谍：古今隐形墨水的故事》[美]克里斯蒂·马克拉奇斯 著　张哲、师小涵 译

64 《欧洲王室另类史》[美]迈克尔·法夸尔 著　康怡 译

65 《致命药瘾：让人沉迷的食品和药物》[美]辛西娅·库恩等 著　林慧珍、关莹 译

66 《拉丁文帝国》[法]弗朗索瓦·瓦克 著　陈绮文 译

67 《欲望之石：权力、谎言与爱情交织的钻石梦》[美]汤姆·佐尔纳 著　麦慧芬 译

68 《女人的起源》[英]伊莲·摩根 著　刘筠 译

69 《蒙娜丽莎传奇：新发现破解终极谜团》[美]让－皮埃尔·伊斯鲍茨、克里斯托弗·希斯·布朗 著　陈薇薇 译

70 《无人读过的书：哥白尼〈天体运行论〉追寻记》[美]欧文·金格里奇 著　王今、徐国强 译

71 《人类时代：被我们改变的世界》[美]黛安娜·阿克曼 著　伍秋玉、澄影、王丹 译

72 《大气：万物的起源》[英]加布里埃尔·沃克 著　蔡承志 译

73 《碳时代：文明与毁灭》[美]埃里克·罗斯顿 著　吴妍仪 译

74 《一念之差：关于风险的故事与数字》[英]迈克尔·布拉斯兰德、戴维·施皮格哈尔特 著 威治 译

75 《脂肪：文化与物质性》[美]克里斯托弗·E.福思、艾莉森·利奇 编著 李黎、丁立松 译

76 《笑的科学：解开笑与幽默感背后的大脑谜团》[美]斯科特·威姆斯 著 刘书维 译

77 《黑丝路：从里海到伦敦的石油溯源之旅》[英]詹姆斯·马里奥特、米卡·米尼奥－帕卢埃洛 著 黄煜文 译

78 《通向世界尽头：跨西伯利亚大铁路的故事》[英]克里斯蒂安·沃尔玛 著 李阳 译

79 《生命的关键决定：从医生做主到患者赋权》[美]彼得·于贝尔 著 张琼懿 译

80 《艺术侦探：找寻失踪艺术瑰宝的故事》[英]菲利普·莫尔德 著 李欣 译

81 《共病时代：动物疾病与人类健康的惊人联系》[美]芭芭拉·纳特森－霍洛威茨、凯瑟琳·鲍尔斯 著 陈筱婉 译

82 《巴黎浪漫吗？——关于法国人的传闻与真相》[英]皮乌·玛丽·伊特韦尔 著 李阳 译

83 《时尚与恋物主义：紧身褡、束腰术及其他体形塑造法》[美]戴维·孔兹 著 珍栎 译

84 《上穷碧落：热气球的故事》[英]理查德·霍姆斯 著 暴永宁 译

85 《贵族：历史与传承》[法]埃里克·芒雄－里高 著 彭禄娴 译

86 《纸影寻踪：旷世发明的传奇之旅》[英]亚历山大·门罗 著 史先涛 译

87 《吃的大冒险：烹饪猎人笔记》[美]罗布·沃乐什 著 薛绚 译

88 《南极洲：一片神秘的大陆》[英]加布里埃尔·沃克 著 蒋功艳、岳玉庆 译

89 《民间传说与日本人的心灵》[日]河合隼雄 著 范作申 译

90 《象牙维京人：刘易斯棋中的北欧历史与神话》[美]南希·玛丽·布朗 著 赵越 译

91 《食物的心机：过敏的历史》[英]马修·史密斯 著 伊玉岩 译

92 《当世界又老又穷：全球老龄化大冲击》[美]泰德·菲什曼 著 黄煜文 译

93 《神话与日本人的心灵》[日]河合隼雄 著 王华 译

94 《度量世界：探索绝对度量衡体系的历史》[美]罗伯特·P.克里斯 著 卢欣渝 译

95 《绿色宝藏：英国皇家植物园史话》[英]凯茜·威利斯、卡罗琳·弗里 著 珍栎 译

96 《牛顿与伪币制造者：科学巨匠鲜为人知的侦探生涯》[美]托马斯·利文森 著 周子平 译

97 《音乐如何可能？》[法]弗朗西斯·沃尔夫 著 白紫阳 译

98 《改变世界的七种花》[英]詹妮弗·波特 著 赵丽洁、刘佳 译

99 《伦敦的崛起：五个人重塑一座城》[英]利奥·霍利斯 著　宋美莹 译

100 《来自中国的礼物：大熊猫与人类相遇的一百年》[英]亨利·尼科尔斯 著　黄建强 译

101 《筷子：饮食与文化》[美]王晴佳 著　汪精玲 译

102 《天生恶魔？：纽伦堡审判与罗夏墨迹测验》[美]乔尔·迪姆斯代尔 著　史先涛 译

103 《告别伊甸园：多偶制怎样改变了我们的生活》[美]戴维·巴拉什 著　吴宝沛 译

104 《第一口：饮食习惯的真相》[英]比·威尔逊 著　唐海娇 译

105 《蜂房：蜜蜂与人类的故事》[英]比·威尔逊 著　暴永宁 译

106 《过敏大流行：微生物的消失与免疫系统的永恒之战》[美]莫伊塞斯·贝拉斯克斯 – 曼诺夫 著　李黎、丁立松 译

107 《饭局的起源：我们为什么喜欢分享食物》[英]马丁·琼斯 著　陈雪香 译　方辉 审校

108 《金钱的智慧》[法]帕斯卡尔·布吕克内 著　张叶　陈雪乔 译　张新木 校

109 《杀人执照：情报机构的暗杀行动》[德]埃格蒙特·科赫 著　张芸、孔令逊 译

110 《圣安布罗焦的修女们：一个真实的故事》[德]胡贝特·沃尔夫 著　徐逸群 译

111 《细菌》[德]汉诺·夏里修斯　里夏德·弗里贝 著　许嫚红 译

112 《千丝万缕：头发的隐秘生活》[英]爱玛·塔罗 著　郑嬿 译

113 《香水史诗》[法]伊丽莎白·德·费多 著　彭禄娴 译

114 《微生物改变命运：人类超级有机体的健康革命》[美]罗德尼·迪塔特 著　李秦川 译

115 《离开荒野：狗猫牛马的驯养史》[美]加文·艾林格 著　赵越 译

116 《不生不熟：发酵食物的文明史》[法]玛丽 – 克莱尔·弗雷德里克 著　冷碧莹 译

117 《好奇年代：英国科学浪漫史》[英]理查德·霍姆斯 著　暴永宁 译

118 《极度深寒：地球最冷地域的极限冒险》[英]雷纳夫·法恩斯 著　蒋功艳、岳玉庆 译

119 《时尚的精髓：法国路易十四时代的优雅品位及奢侈生活》[美]琼·德让 著　杨冀 译

120 《地狱与良伴：西班牙内战及其造就的世界》[美]理查德·罗兹 著　李阳 译

121 《骗局：历史上的骗子、赝品和诡计》[美]迈克尔·法夸尔 著　康怡 译

122 《丛林：澳大利亚内陆文明之旅》[澳]唐·沃森 著　李景艳 译

123 《书的大历史：六千年的演化与变迁》[英]基思·休斯敦 著　伊玉岩、邵慧敏 译

124 《战疫：传染病能否根除？》[美]南希·丽思·斯特潘 著　郭骏、赵谊 译

125 《伦敦的石头：十二座建筑塑名城》[英]利奥·霍利斯 著　罗隽、何晓昕、鲍捷 译